Nördliche Himmelshemisphäre

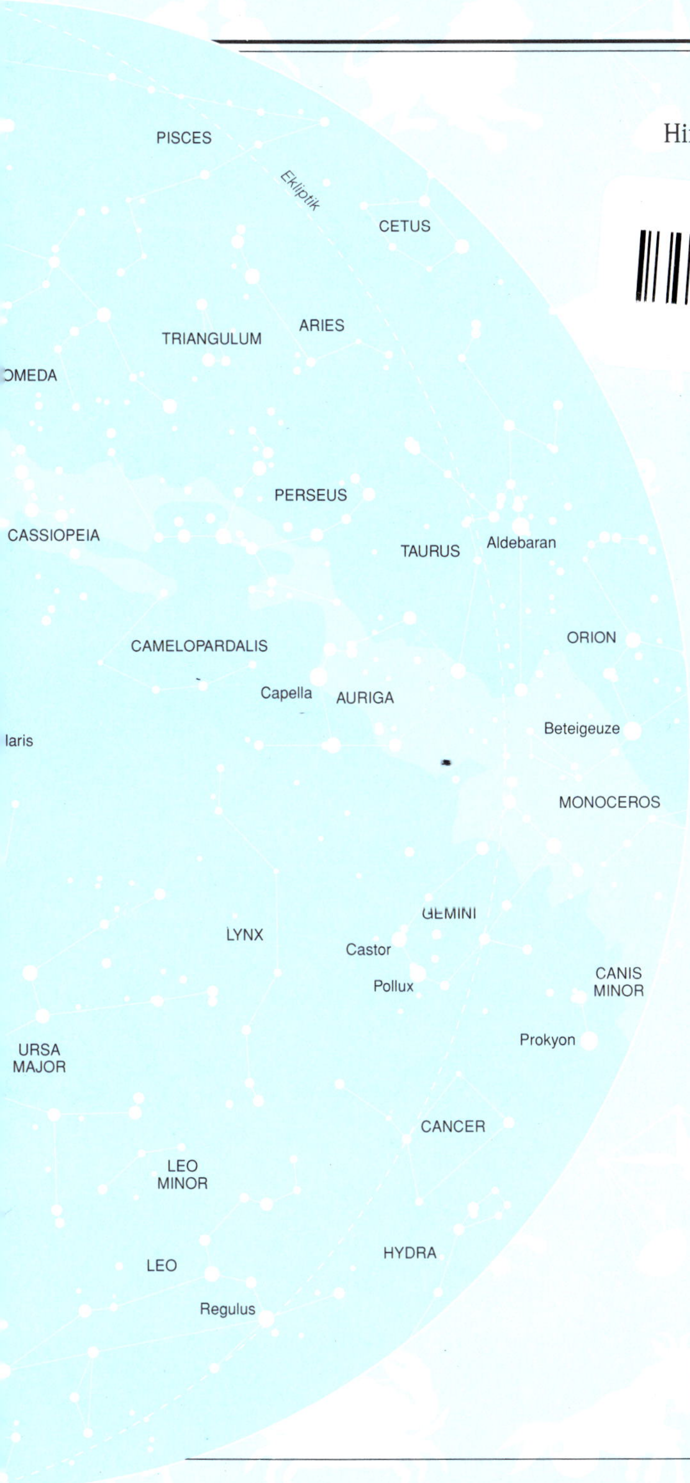

DER GROSSE BLV HIMMELSFÜHRER

Ian Ridpath

DER GROSSE BLV HIMMELSFÜHRER

Ian Ridpath

Sternbilder, Planeten, interessante Objekte am Nord- und Südhimmel

Beobachtungstips für das ganze Jahr
160 Sternkarten und über 500 farbige Abbildungen

BLV

Ein Dorling Kindersley Buch

Die Deutsche Bibliothek – CIP-Einheitsaufnahme

Der große BLV-Himmelsführer : Sternbilder, Planeten, interessante Objekte am Nord- und Südhimmel ; Beobachtungstips für das ganze Jahr / Ian Ridpath. [Übers. aus dem Engl.: Margit Röser]. – München ; Wien ; Zürich ; BLV, 1999
Einheitssacht.: Stars and planets <dt.>
ISBN 3-405-15496-0

Wichtiger Hinweis:
Die Beobachtung der Sonne durch irgendein optisches Instrument kann zum Erblinden führen. Autor und Verlag können keine Verantwortung für Leser übernehmen, die diesen Hinweis ignorieren.

BLV Verlagsgesellschaft mbH
München Wien Zürich
80797 München

Titel der englischen Originalausgabe:
Eyewitness Handbooks: Stars and Planets

Übersetzung und Bearbeitung der deutschen Ausgabe: Margit Röser
Lektorat: Dr. Friedrich Kögel, Dr. Eva Dempewolf
Herstellung: Peter Rudolph
DTP: Satz+Layout Fruth GmbH, München
Einbandgestaltung: Sharon Spencer / Studio Schübel, München
unter Verwendung von Darstellungen aus dem Innenteil
Druck und Bindung: Kyodo Printing Co., Singapore

ISBN 3-405-15496-0

Inhalt

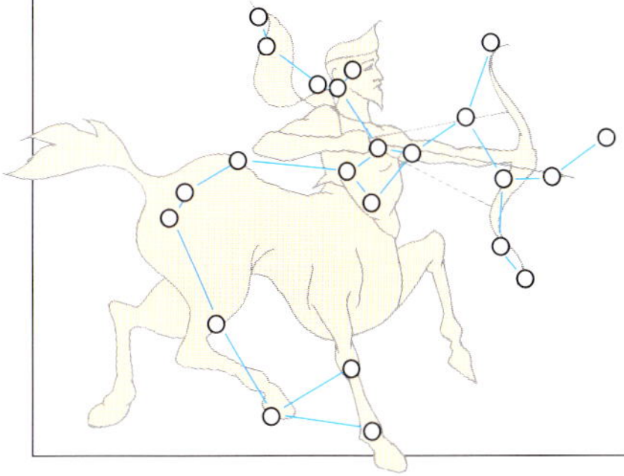

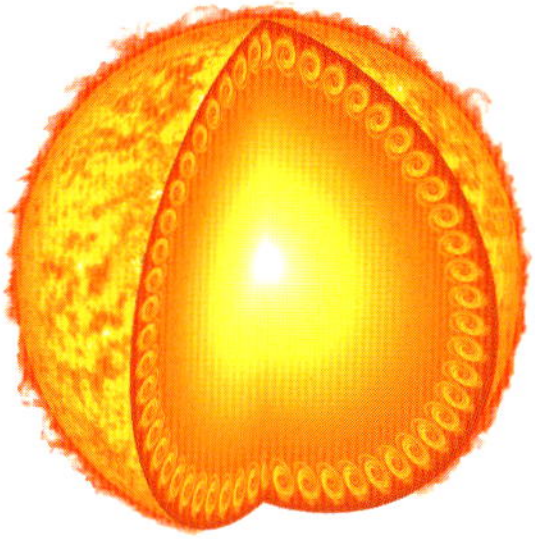

Vorwort

Wenn die Sonne untergeht und der Himmel sich verdunkelt, werden die Wunder des Nachthimmels sichtbar: Planeten in unserem Sonnensystem, Sterne, Sternhaufen und Nebel unserer Galaxis sowie andere Galaxien, die unvorstellbar weit entfernt sind. Einige dieser Objekte sind schon mit bloßem Auge zu sehen, während ein Fernglas oder ein kleines Teleskop noch viele weitere erkennen läßt. Dieses Buch zeigt Ihnen, wo und wie sie zu finden sind.

Die Astronomie wird gewöhnlich als die älteste Naturwissenschaft überhaupt angesehen, doch gehört sie durch die ständige Weiterentwicklung von Raumsonden und Teleskopen auch mit zu den modernsten.

Astronomie im Altertum

Die ernsthafte Untersuchung des Himmels begann vor Tausenden von Jahren im Mittleren Osten und erreichte vor 2000 Jahren bei den alten Griechen einen ersten Höhepunkt. Damals waren Sterne und Planeten noch geheimnisvolle Lichter, und die Erde hielt man für das Zentrum des Universums. Diese Sichtweise wurde erst im 16. Jahrhundert ernstlich in Frage gestellt, als der polnische Astronom Nikolaus Kopernikus behauptete, die Erde sei einfach nur ein Planet, und alle Planeten kreisten um die Sonne. Diese revolutionäre Vorstellung wurde dann von dem Italiener Galileo Galilei mit Hilfe des neu erfundenen Teleskops bestätigt. Johannes Kepler, ein deutscher Mathematiker und Astronom, fand heraus, daß Planeten auf elliptischen Bahnen kreisen, und der Engländer Isaac Newton erklärte, wie die Gravitationskräfte alle Bahnbewegungen beherrschen.

Farnese-Atlas
Die Himmelskugel, hier von Atlas getragen, zeigt die Sternbilder, die bereits den alten Griechen bekannt waren.

Moderne Astronomie

Von der Zeit Newtons im 17. Jahrhundert an erkannte man, daß die Sterne andere Sonnen sind. Aber erst im 20. Jahrhundert gelang dem amerikanischen Astronomen Edwin Hubble der Nachweis, daß unsere Galaxie nur eine unter zahllosen anderen ist und daß sich das Universum als Ganzes ausdehnt – infolge einer ungeheuren Explosion, die vor Milliarden von Jahren stattgefunden hat. Und erst die Kernphysik erklärte, wie Sterne die Energie erzeugen, die sie leuchten läßt.

Himmelsbeobachtung

Trotz aller moderner Fortschritte bleibt die Astronomie eine Naturwissenschaft, zu der Amateure echte Beiträge zu liefern vermögen, häufig schon mit bescheidener Ausrüstung. So können sie Helligkeitsschwankungen veränderlicher Sterne überwachen, Meteorschauer aufzeichnen, Stürme in den Atmosphären von Mars, Jupiter und Saturn verfolgen und – mit besonders viel Glück – einen explodierenden Stern (eine Nova) oder einen Kometen orten. Möglicherweise wird sogar der eine oder andere Leser dieses Buches eine solche Entdeckung machen.

Aufbau des Buches

Dieses Buch ist in vier Kapitel unterteilt: eine allgemeine Einführung in die Astronomie, einen detaillierten Führer durch das Sonnensystem, einen alphabetischen Katalog der Sternbilder und eine Beschreibung des Nachthimmels Monat für Monat. Beispielseiten aus den drei Hauptabschnitten (außer der Einführung) sind unten abgebildet. Weitere Erklärungen findet man zu Beginn jedes Abschnitts.

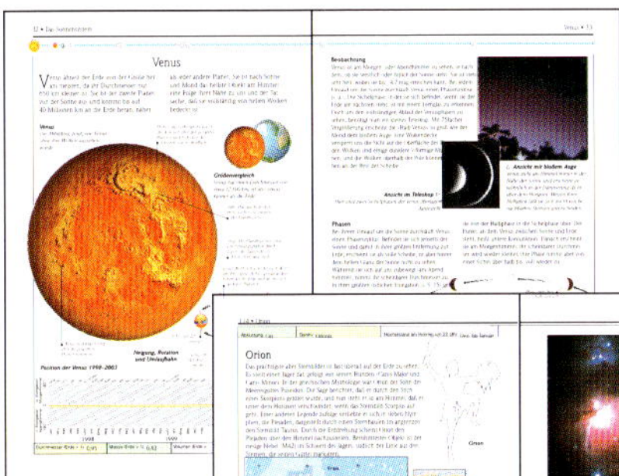

Das Sonnensystem, S. 25–62
Dieser Abschnitt enthält Beschreibungen der neun Planeten, der Sonne und des Mondes sowie der wichtigeren kleineren Körper. Er enthält auch Anweisungen, wie und wo sie aufzufinden sind.

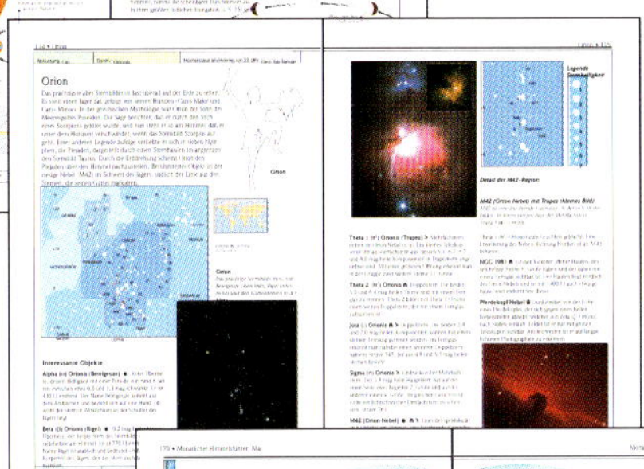

Die Sternbilder, S. 63–141
Angaben über die 88 Sternbilder sind alphabetisch nach ihren Namen geordnet. Zusammen bilden die Karten dieses Abschnitts einen vollständigen Himmelsatlas. Der Text beschreibt den Ursprung der jeweiligen Sternbilder sowie ausgewählte interessante Objekte.

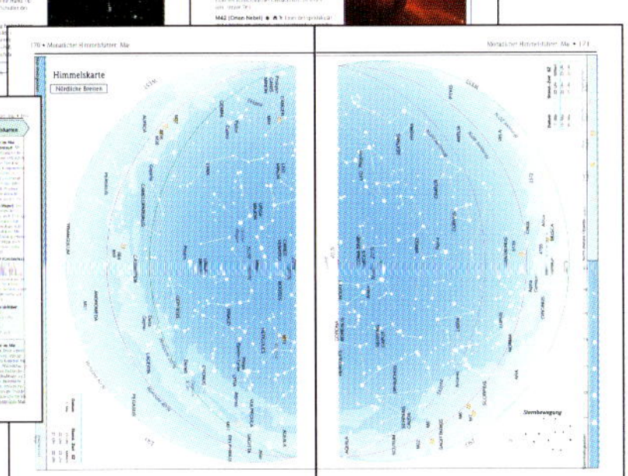

Monatlicher Himmelsführer, S. 142–215
Auf eine Einführung zu jedem Monat mit leicht zu handhabenden Karten und Beschreibungen, nach was man Ausschau halten soll, folgen detailliertere Karten des Nachthimmels, wie man ihn von nördlichen und südlichen Breiten aus sieht.

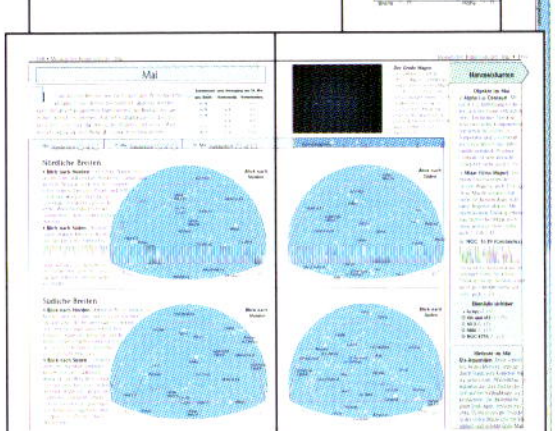

Einführung in den Monat

Legende

Griechisches Alphabet
Griechische Buchstaben sind Bestandteil der Namen bestimmter Sterne und erscheinen auf einigen Karten in diesem Buch.

α	Alpha	ι	Jota	ρ	Rho
β	Beta	κ	Kappa	σ	Sigma
γ	Gamma	λ	Lambda	τ	Tau
δ	Delta	μ	My	υ	Ypsilon
ε	Epsilon	ν	Ny	φ	Phi
ζ	Zeta	ξ	Xi	χ	Chi
η	Eta	ο	Omikron	ψ	Psi
θ	Theta	π	Pi	ω	Omega

Nicht-stellare Objekte
Diese Symbole erscheinen rot in den Sternbildern und auf den Ganzhimmelskarten.

- Galaxie
- Kugelhaufen
- offener Haufen
- Emissionsnebel
- planetarischer Nebel
- Röntgen- und Radioquellen

Beobachtungssymbole
Diese Symbole kennzeichnen die Art Instrument, die für die Beobachtung der im Abschnitt Sternbilder beschriebenen Objekte nötig ist.

- bloßes Auge
- Fernglas
- Teleskop
- mit Amateurausrüstung nicht beobachtbar

Das Weltall

Das Weltall ist alles, was existiert – alle Materie, Raum und Zeit. Es erstreckt sich so weit, wie unsere größten Teleskope schauen können, mindestens 10 Milliarden Lichtjahre in alle Richtungen. Man glaubt, daß das Weltall vor etwa 10–20 Milliarden Jahren in einer gigantischen Explosion, dem Urknall, entstanden ist und sich immer noch ausdehnt. Innerhalb des Weltalls wird die Materie durch Gravitation in Strukturen unterschiedlicher Größe zusammengehalten.

Unsere Galaxis

Der Großteil der sichtbaren Materie im Weltall ist in riesigen Ansammlungen von Sternen, Gas und Staub zusammengeballt, die man Galaxien nennt. Der uns nächste Stern, die Sonne, ist ein unbedeutender Stern in einer solchen Galaxie, die mindestens noch 100 Milliarden andere Sterne enthält und vermutlich eine spiralförmige Gestalt hat. Es gibt auch Hinweise auf eine balkenförmige Verdichtung aus Materie, die durch das Zentrum verläuft. Unsere Heimatgalaxie (gewöhnlich »Galaxis« genannt) hat einen Durchmesser von etwa 100 000 Lichtjahren, und unsere Erde liegt bei etwa 2/3 des Wegs vom Zentrum zum Rand in einem ihrer Spiralarme. Sämtliche Sterne, die wir am Himmel sehen, gehören zur Galaxis. Die uns am nächsten liegenden sind über den ganzen Himmel verteilt und formen die Sternbilder (s. S. 18). Da die Galaxis jedoch abgeflacht ist, drängen sich die weiter entfernten Sterne zu einem nebligen Band zusammen, das wir Milchstraße nennen.

△ ***Die Milchstraße***
Die Milchstraße, ein schwach leuchtendes Band, das in dunklen Nächten den Himmel überspannt, besteht aus unzähligen entfernten Sternen innerhalb unserer Galaxis. Auf dieser Ansicht der Milchstraße, die zum Zentrum der Galaxis hin blickt, erkennt man scheinbare Lücken. Sie rühren von dunklen Staubwolken her, die in den Spiralarmen liegen und das Licht dahinterliegender Sterne verdecken.

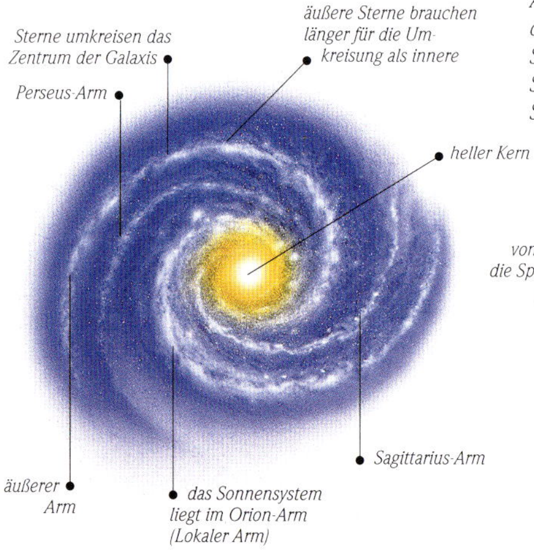

Blick von oben auf unsere Galaxis

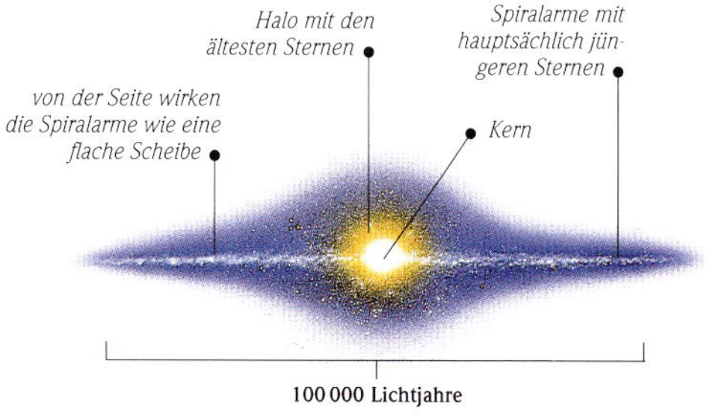

Seitenansicht unserer Galaxis

Andere Galaxien

Das Weltall enthält zahllose Galaxien, von denen viele von der Erde aus sichtbar sind. Man unterscheidet zwischen Spiralen, Balkenspiralen, elliptischen und irregulären Galaxien. Spiralgalaxien haben Arme, die aus relativ jungen Sternen, Gaswolken und Staub bestehen und sich bogenförmig von einem zentralen Bauch aus alten Sternen nach außen erstrecken. Bei Balkenspiralen gehen die Arme von den Enden einer zentralen balkenförmigen Verdichtung aus. Elliptische Galaxien, die aus alten Sternen bestehen, haben keine Arme und nur sehr wenig Gas oder Staub. Irreguläre Galaxien zeigen keine regelmäßige Gestalt oder Struktur. Die größten Galaxien sind elliptische, mit mehr als der 10fachen Masse unserer Galaxis. Einige elliptische Riesengalaxien haben sich möglicherweise durch die Verschmelzung kleinerer Galaxien gebildet. Weit draußen im Weltall gibt es Objekte, sogenannte Quasare, die aus einem Gebiet nicht viel größer als das Sonnensystem so viel Energie ausstrahlen wie eine ganze Galaxie. Quasare und ihre weniger leuchtkräftigen Verwandten, die Seyfert-Galaxien und BL Lacertae-Objekte, sind vermutlich Galaxien mit massereichen Schwarzen Löchern im Zentrum.

Spiralgalaxie
Diese Galaxie, M83, sehen wir »von oben«, so daß wir ihren Kern und die gekrümmten Spiralarme erkennen können.

Balkenspiralgalaxie
In einer Balkenspirale wie NGC 1365 geht eine balkenförmige Struktur aus Sternen und Gas quer durch den Kern.

Elliptische Galaxie
Elliptische Galaxien reichen in der Größe von Zwergen bis zu Riesen. M87 ist ein Beispiel für eine elliptische Riesengalaxie.

Galaxienhaufen

Galaxien treten gewöhnlich in Gruppen auf, die man Haufen nennt. Unsere Galaxis ist die zweitgrößte in einer relativ kleinen Familie von etwa 30 Galaxien, der sogenannten Lokalen Gruppe, die etwa 3 Millionen Lichtjahre Durchmesser hat. Das größte Mitglied der Gruppe ist die Andromeda-Galaxie, eine Spiralgalaxie. Mit einer Entfernung von mehr als 2 Millionen Lichtjahren ist sie das entfernteste mit bloßem Auge erkennbare Objekt. Einige Haufen haben mehrere tausend Mitglieder, wie zum Beispiel der Virgo-Haufen. Er ist der nächstgelegene große Haufen und rund 50 Millionen Lichtjahre entfernt. Seine hellsten Mitglieder können bereits mit Amateurteleskopen beobachtet werden.

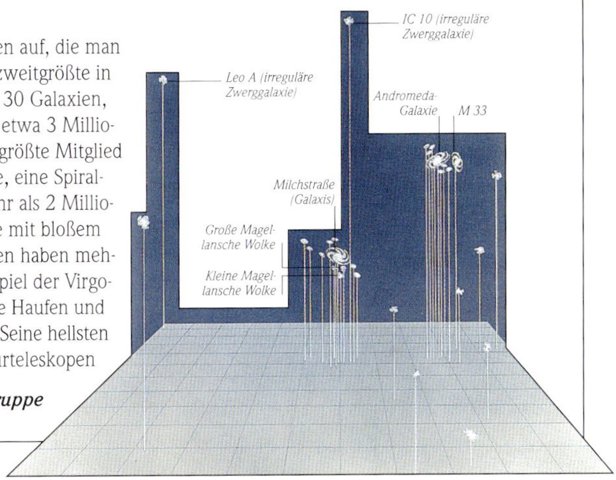

Lokale Gruppe

Was ist ein Stern?

Sterne sind Gaskugeln, die Energie freisetzen, die durch Kernreaktionen in ihren Zentralregionen erzeugt wird. Die meisten Sterne ähneln der Sonne, unserem nächsten Stern. Doch weil sie so weit entfernt sind, erscheinen sie uns nur als winzig kleine Lichtpünktchen. Überall in der Galaxis bilden sich Sterne, entwickeln sich und sterben wieder. Aus wissenschaftlichen Untersuchungen vieler unterschiedlicher Sterne konnten Astronomen die Lebenszyklen typischer Sterne rekonstruieren und so auch mehr über die Vergangenheit und die vermutliche Zukunft unserer Sonne erfahren.

Entstehung eines Sterns

Sterne bilden sich in riesigen Wolken aus Gas und Staub im Weltraum, die Nebel genannt werden. Ein solcher Nebel zieht sich durch seine eigene Schwerkraft zusammen und bildet einen Sternembryo, einen sogenannten Protostern. Schließlich werden Dichte und Temperatur im Zentrum des Protosterns so hoch, daß Kernreaktionen einsetzen. Das Objekt beginnt zu leuchten und wird ein echter Stern, der selbständig Wärme und Licht erzeugt. In diesem Stadium befindet sich der Stern auf der Hauptreihe. Wie lange er in diesem Zustand bleibt und was danach geschieht, hängt von seiner Masse ab.

Entstehung eines Sterns

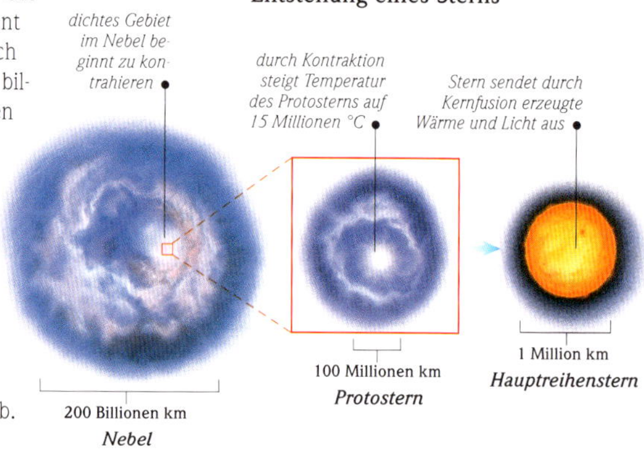

Nebel

Als Nebel bezeichnet man Wolken aus Gas und Staub innerhalb von Galaxien. Helle Emissionsnebel sind Gebiete mit Wasserstoffgas, in denen neue Sterne entstehen, die das Gas zum Leuchten bringen. Zwei Nebelarten sind mit den Spätstadien der Sternentwicklung verknüpft: Planetarische Nebel sind Gashüllen, die von Roten Riesensternen ausgestoßen wurden, während Supernova-Überreste die verstreuten Trümmer explodierter massereicher Sterne darstellen. Einige Nebel sind dunkel, weil sie keine Sterne enthalten, die sie leuchten lassen. Sie sind nur sichtbar, wenn sie sich gegen einen helleren Hintergrund abheben.

Orion-Nebel (heller Emissionsnebel)

Vela-Supernova-Überrest (Supernova-Überrest)

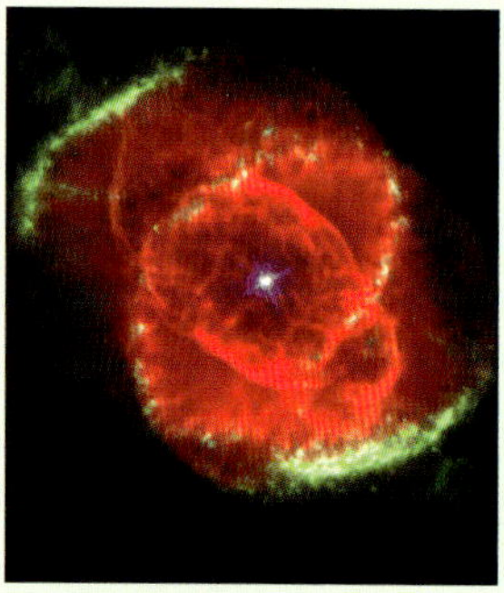

Katzenaugen-Nebel (planetarischer Nebel)

Massereiche Sterne

Hauptreihensterne mit einer Masse von mehr als etwa 10 Sonnenmassen erfahren ein sehr spektakuläres Ende. Sie schwellen zu roten Überriesen an, deren äußeren Schichten sich ausdehnen und abkühlen. Schließlich stürzt die Zentralregion in sich zusammen, was zu einer gewaltigen Explosion führt, die man Supernova nennt. Ein paar Wochen lang leuchtet die Supernova so hell wie eine ganze Galaxie. Während sich die äußeren Schichten des Sterns in den Weltraum zerstreuen, hängt das Schicksal der kollabierten Zentralregion wiederum von ihrer Masse ab. Eine Zentralregion mit relativ geringer Masse wird zu einem winzigen, überdichten Neutronenstern zusammengepreßt. Hat sie jedoch mehr als etwa 3 Sonnenmassen, wird sie durch ihre eigene Schwerkraft weiter zu einem Schwarzen Loch komprimiert.

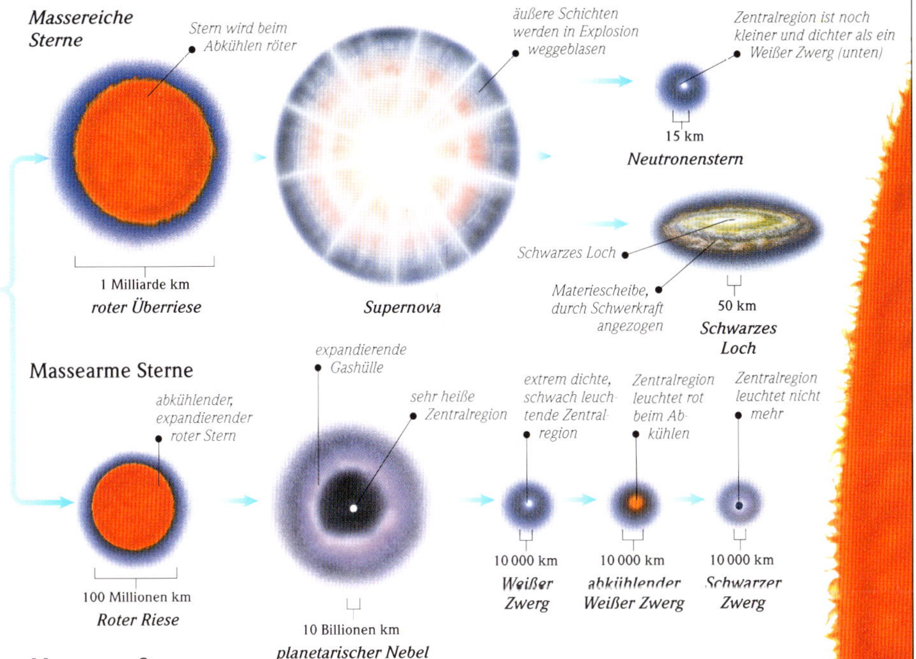

Massearme Sterne

Sterne von ähnlicher Masse wie die Sonne erfahren ein ruhigeres Ende. Sie schwellen zu Roten Riesen an und verlieren schließlich ihre äußeren Schichten, die eine Gashülle bilden, einen sogenannten planetarischen Nebel (»planetarisch«, weil er wie die Scheibe eines entfernten Planeten aussieht). Die Zentralregion liegt nun als heißer Weißer Zwerg frei, der sich über Milliarden von Jahren abkühlt und immer leuchtschwächer wird. Sobald er kein Licht mehr aussendet, wird er zu einem Schwarzen Zwerg. Die massearmsten Sterne, rote Zwerge mit nur etwa 1/10 Sonnenmasse, können 100 Milliarden Jahre und länger leben, während die massereichsten Sterne nach nur etwa 1 Million Jahren bereits ausgebrannt sind. Die Sonne, die vor rund 5 Milliarden Jahren entstanden ist, hat etwa die Hälfte ihres Lebens hinter sich.

Sterndurchmesser

Sterne haben sehr unterschiedliche Durchmesser. Ein Roter Riese kann bis zu 150 Millionen km groß sein. Die Sonne (ein Hauptreihenstern) hat einen Durchmesser von 1,39 Millionen km, während ein Weißer Zwerg, dessen Größe in diesem Diagramm immer noch stark übertrieben ist, typischerweise nur 10 000 km mißt.

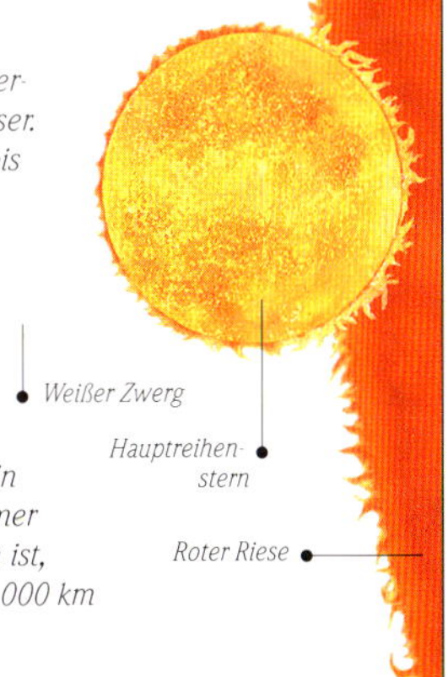

Sternfamilien und veränderliche Sterne

Sterne sind nicht immer die einfachen, unveränderlichen Lichtpünktchen, als die sie zunächst erscheinen. Viele treten in Zweier- oder Dreiergruppen auf, manchmal auch in sehr viel größeren Ansammlungen. Andere verändern ihre Helligkeit in Zyklen, die Tage, Monate oder Jahre dauern können. Beispiele für Doppel- und Mehrfachsterne, Sternhaufen und Veränderliche sind mit kleinen Instrumenten oder sogar mit bloßem Auge zu sehen.

Doppel- und Mehrfachsterne

In einem Fernglas oder Teleskop zeigt sich, daß viele Sterne einen oder mehrere Begleiter haben. Manchmal sind die Begleiter Objekte im Vorder- oder Hintergrund, die nichts mit dem Stern zu tun haben. In einem solchen Fall nennt man das Paar einen optischen Doppelstern. Meist jedoch liegen die Sterne räumlich nahe beieinander und bilden ein echtes Zweifachsystem. Durch die Schwerkraft miteinander verbunden, umkreisen die Partner eines Doppelsterns einander, wenn es auch gewöhnlich viele Jahre dauert, bis man irgendeine Bewegung nachweisen kann. Bei Mehrfachsternen können die Bahnbewegungen sehr kompliziert sein. Die Komponenten von Doppelsternen zu »trennen« ist eine beliebte Übung für Amateurastronomen. Haben die Sterne sehr unterschiedliche Helligkeiten, kann es sein, daß der schwächere (Sekundärstern) wegen des starken Glanzes des helleren (Primärsterns) nur schwer zu erkennen ist. Bei einigen Zweifachsystemen, den sogenannten spektroskopischen Doppelsternen, liegen die Komponenten zu dicht beieinander, um sie mit einem Teleskop optisch auflösen zu können. Nur anhand der Spektren dieser Sterne ist nachweisbar, daß es sich um Doppelsterne handelt.

Albireo
Der Farbkontrast von Orange und Blau macht diesen Doppelstern für Benutzer kleiner Teleskope besonders attraktiv.

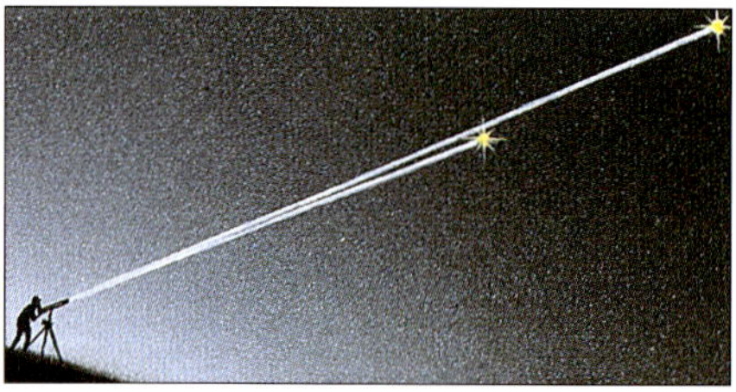

Optische Doppelsterne
Zwei Sterne, die auf derselben Sichtlinie liegen, aber unterschiedlich weit von uns entfernt sind, werden optischer Doppelstern genannt. Doppelsterne dieser Art sind weniger häufig als echte Zweifachsysteme. Tatsächlich sind mehr als Dreiviertel aller Sterne durch die Schwerkraft mit einem oder mehreren Begleitern verbunden.

Durch Schwerkraft verbundene Sterne

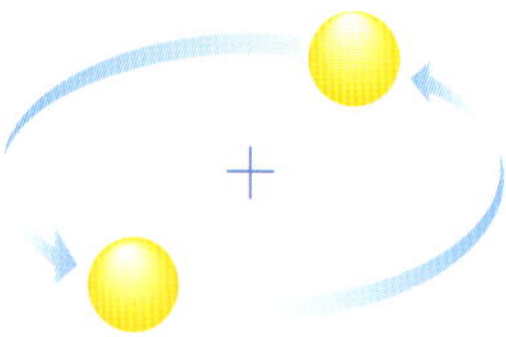

Gleiche Massen
Bei einem Doppelstern, dessen Partner gleiche Massen haben, kreisen die beiden Sterne um einen Schwerpunkt, der genau in der Mitte zwischen ihnen liegt.

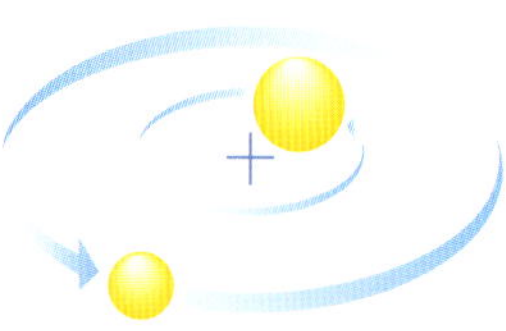

Ungleiche Massen
Hat ein Partner eines Doppelsternsystems eine größere Masse als der andere, so liegt der Schwerpunkt näher am massereicheren Stern.

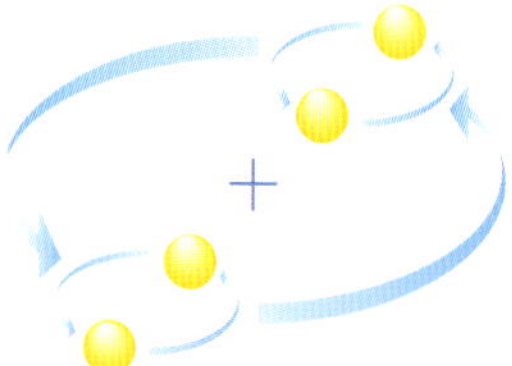

Mehrfachstern
Hier bilden vier Sterne gleicher Masse zwei Paare, die einen Schwerpunkt umkreisen. Umlaufbahnen von Mehrfachsternen sind gewöhnlich stark elliptisch.

Sternhaufen

Die meisten Sterne entstehen nicht einzeln, sondern in Gruppen oder Haufen. Es gibt zwei Arten von Sternhaufen: Die etwas häufigeren offenen Haufen liegen in den Spiralarmen unserer Galaxis. Sie haben keine spezielle Form, sondern sind lockere Ansammlungen von einigen Dutzend bis zu einigen hundert relativ jungen Sternen. Kugelhaufen, die einen Halo rings um unsere Galaxis bevölkern, haben eine kugelförmige oder leicht elliptische Gestalt und enthalten eine große Zahl sehr alter Sterne.

Omega Centauri* ▷ *(Kugelhaufen)

△ *Plejaden (offener Haufen)*

Veränderliche Sterne

Ein Veränderlicher ist ein Stern, dessen Helligkeit sich zeitlich ändert. Fast 20 % dieser Sterne sind Bedeckungsveränderliche – sehr enge Paare, bei denen der eine Stern periodisch vor dem anderen vorüberzieht, so daß sich die auf der Erde ankommende Gesamtlichtmenge verringert. Der berühmteste Bedeckungsveränderliche ist Algol (in Perseus). Doch die meisten Sterne, die in ihrer Helligkeit schwanken, tun dies, weil sie pulsieren, also größer und kleiner werden. Die häufigsten sind Rote Riesen und rote Überriesen, die nach ihrem Prototyp Mira (in Cetus) Mira-Veränderliche heißen. Solche Sterne schwanken bis um das 25 000fache, und ihre Zyklen dauern 3 Monate bis 3 Jahre. Viele andere Rote Riesen und Überriesen pulsieren ebenfalls, aber weniger regelmäßig und mit kleineren Schwankungen in der Leuchtkraft. Relativ selten, aber wichtig sind die Cepheiden-Veränderlichen, benannt nach Delta Cephei (in Cepheus). Die Pulsationsperiode dieser gelben Überriesen hängt direkt mit ihrer Leuchtkraft zusammen, weshalb sich aus der Zeitdauer der Helligkeitsschwankung eines solchen Sterns seine tatsächliche Helligkeit bestimmen läßt. Da die scheinbare Helligkeit eines Sterns am Himmel von seiner Entfernung zu uns abhängt, dienen solche Sterne als wertvolle »Standardkerzen« bei der Entfernungsbestimmung im Weltraum.

Die Helligkeit von Algol und Delta Cephei

Die Kurven zeigen, wie sich die scheinbare Helligkeit dieser beiden Sterne zeitlich ändert. Während die Kurve von Delta Cephei relativ glatt verläuft, nimmt die Helligkeit von Algol dramatisch ab, wenn der Hauptstern von seinem lichtschwächeren Partner verdeckt wird.

Delta Cephei

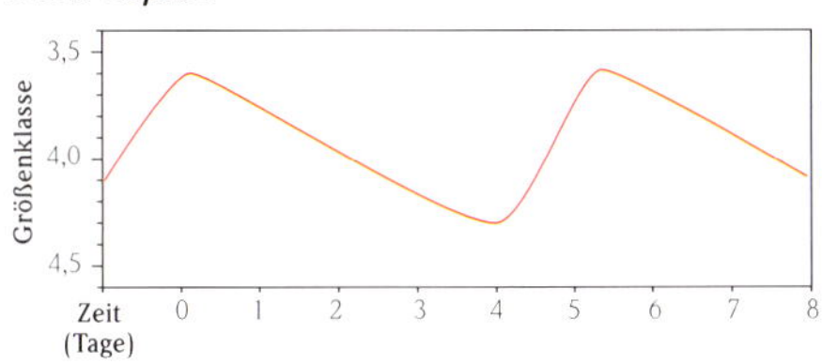

Algol

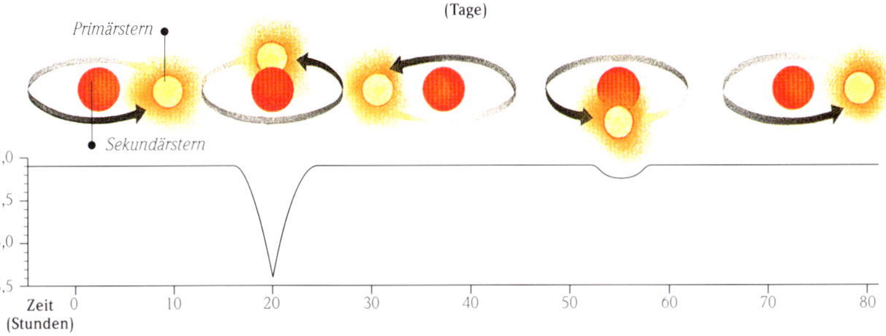

Das Sonnensystem

Die Nabe des Sonnensystems ist die Sonne. Um sie kreisen neun Planeten mit ihren Monden sowie ein Schwarm Asteroiden (auch Kleinplaneten genannt) und kleinere Trümmerstücke. Die Sonne enthält etwa 99,9 % der Gesamtmasse des Sonnensystems, und alle Objekte im System werden durch die Schwerkraft der Sonne an ihrem Platz gehalten. Am Rand des Sonnensystems liegt eine Kometenwolke, die sich über etwa die halbe Wegstrecke bis zum nächsten Stern erstreckt, eine Entfernung von rund 2 Lichtjahren.

Die Sonne und die Planeten

Das Sonnensystem umkreist das Zentrum der Galaxis. Gleichzeitig kreisen die Planeten um die Sonne, wobei sich alle (von oberhalb des Sonnennordpols aus betrachtet) gegen den Uhrzeigersinn bewegen. Jeder Planet wiederum dreht sich um seine eigene Rotationsachse. Die vier innersten Planeten – Merkur, Venus, Erde und Mars – sind kleine, steinige Körper, die manchmal auch terrestrische Planeten genannt werden. Jenseits des Mars liegen der Asteroidengürtel und die Gasriesen: Jupiter, Saturn, Uranus und Neptun – Gasriesen, weil sie sehr viel größer sind als die Erde und hauptsächlich aus Wasserstoff und Helium bestehen. Alle vier haben Ringsysteme und zahlreiche Monde. Pluto ist ein kleines, frostiges Kuriosum und kommt auf seiner Bahn zeitweise näher an die Sonne heran als Neptun. Man nimmt an, daß sich die Planeten vor etwa 4,6 Milliarden Jahren aus einer Gas- und Staubscheibe gebildet haben, die die neu entstandene Sonne umgab. Astronomen haben Hinweise gefunden, daß auch andere Sterne Planeten besitzen.

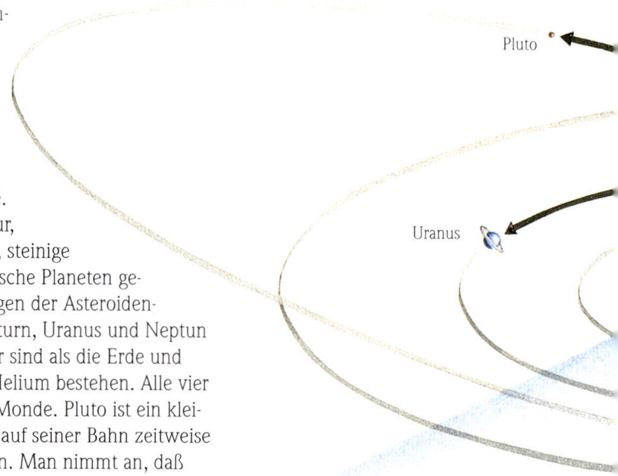

Umlaufbahnen der inneren Planeten ▷

Die Erde ist der größte der vier steinigen inneren Planeten. Merkur und Venus, die zwischen Sonne und Erde kreisen, werden untere Planeten genannt.

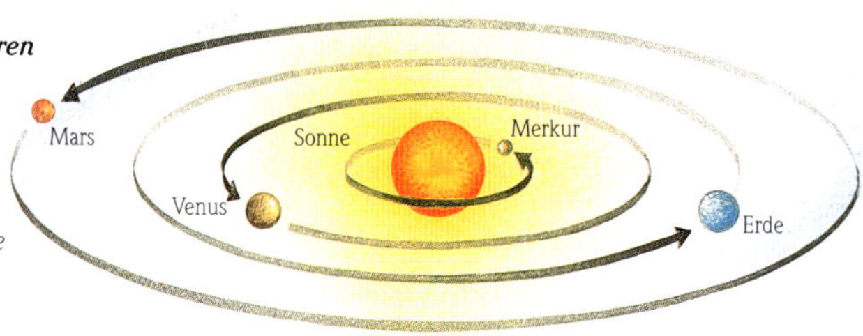

Die Planeten im Maßstab

Planetenbeobachtung
Die Umlaufbahnen der Erde und der anderen Planeten liegen nahezu in derselben Ebene. Infolgedessen bleiben die Planeten stets in der Nähe der Ekliptik (s. S. 16), einer imaginären Linie, die die scheinbare Bahn der Sonne am Himmel im Laufe eines Jahres darstellt. Die sogenannten unteren Planeten (Merkur und Venus) stehen am Himmel immer nahe bei der Sonne und erscheinen vor Sonnenaufgang oder nach Sonnenuntergang, aber nie an einem wirklich dunklen Himmel. Fünf Planeten – Merkur, Venus, Mars, Jupiter und Saturn – sind hell genug, um mit bloßem Auge sichtbar zu sein. Man kann sie erkennen, indem man ihre Bewegung von Nacht zu Nacht vor dem Hintergrund der scheinbar feststehenden Fixsterne verfolgt. Die am weitesten außen liegenden Planeten sind schwerer zu beobachten: Uranus und Neptun können mit einem Fernglas aufgefunden werden, Pluto ist nur im Teleskop zu sehen.

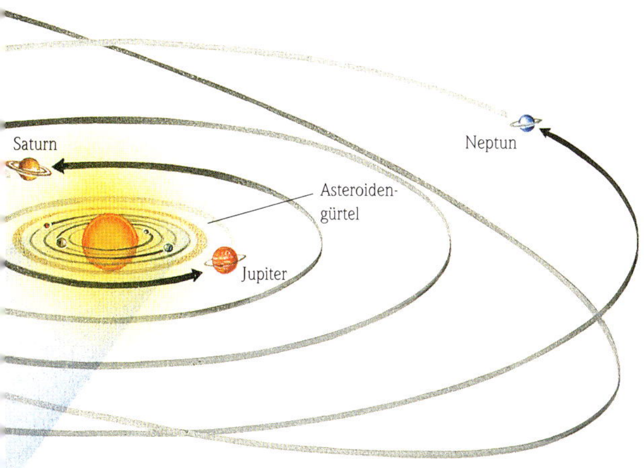

△ ***Umlaufbahnen der äußeren Planeten***
Die sechs Planeten jenseits der Erde heißen obere Planeten. Wie alle Planeten brauchen sie für einen vollständigen Umlauf um so länger, je weiter sie von der Sonne entfernt sind.

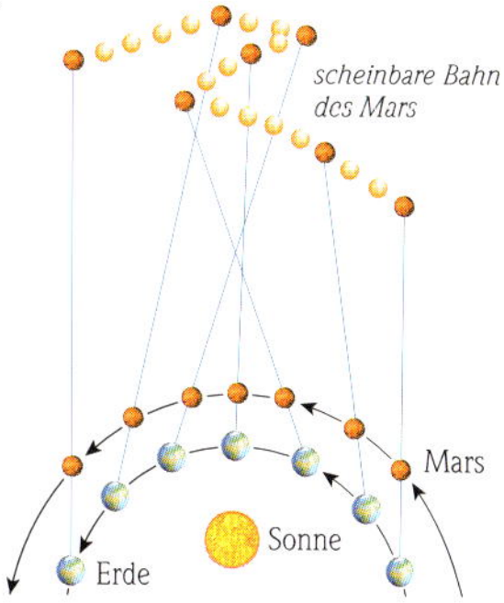

Rückläufiger Mars

Rückläufige Bewegung
Bezüglich der Sterne scheinen sich die Planeten von West nach Ost über den Erdhimmel zu bewegen. Doch wenn die Erde einen oberen Planeten überholt, weil sie sich auf ihrer inneren Bahn schneller um die Sonne bewegt als dieser, vollführt der Planet eine Rückwärtsschleife am Himmel. Dieser als rückläufige (retrograde) Bewegung bekannte Effekt ist bei Mars am deutlichsten zu erkennen.

Opposition und Konjunktion
Wie gut die meisten Planeten zu sehen sind, hängt von ihrer Position bezüglich der Sonne und der Erde ab. Der Winkel zwischen der Sonne und einem Planeten (von der Erde aus gesehen) heißt Elongation. Bei seiner größten östlichen und westlichen Elongation steht ein unterer Planet am Abend- beziehungsweise Morgenhimmel. Befindet er sich in Konjunktion (Elongation gleich Null), wird er von der Sonne überstrahlt und ist nicht sichtbar. Ein oberer Planet (von Mars an auswärts) kann am Himmel der Sonne genau gegenüberstehen. Diese Position heißt Opposition; zu dieser Zeit erscheint er uns am größten, ist die ganze Nacht zu sehen und steht um Mitternacht genau im Süden (von der Nordhalbkugel aus gesehen; in südlichen Breiten steht er genau im Norden).

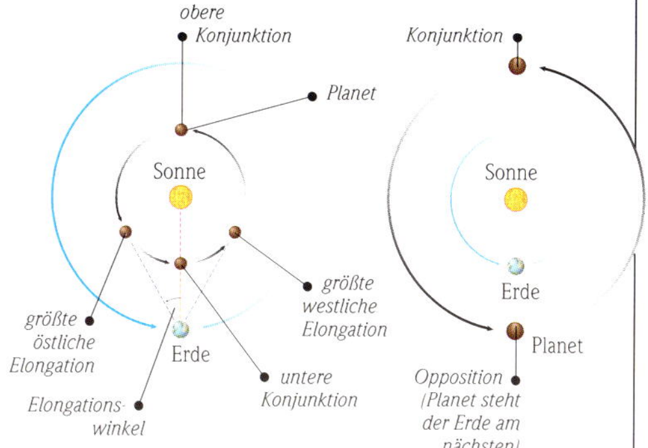

Untere Umlaufbahn ***Obere Umlaufbahn***

Die Himmelssphäre

Alle Himmelsobjekte scheinen an einer imaginären, unendlich großen Kugel befestigt, in deren Mittelpunkt die Erde liegt. Diese sogenannte Himmelssphäre scheint sich einmal pro Tag um die Erde zu drehen, obwohl es in Wirklichkeit natürlich die Erde ist, die um ihre Achse rotiert. Welcher Ausschnitt der Himmelssphäre von der Erde aus zu sehen ist, hängt von der geographischen Breite des Beobachters, der Uhrzeit und der Jahreszeit ab.

Die Himmelssphäre
Wie auf einem Erdglobus gibt es auch auf der Himmelssphäre verschiedene wichtige Punkte und Linien: Direkt über den Erdpolen liegen die Himmelspole, um die sich die Kugel jeden Tag zu drehen scheint. Der Himmelsäquator ist ein Großkreis oberhalb des Erdäquators. Ein weiterer Kreis, die sogenannte Ekliptik, stellt die scheinbare Bahn der Sonne im Laufe eines Jahres dar. Natürlich rührt diese Bewegung der Sonne eigentlich daher, daß die Erde um die Sonne kreist; deshalb ist die Ekliptik in Wirklichkeit die auf die Himmelskugel projizierte Bahnebene der Erde. Da die Erdachse um 23,5 Grad gegen die Erdbahn geneigt ist, ist auch der Himmelsäquator um denselben Winkel gegen die Ekliptik geneigt.

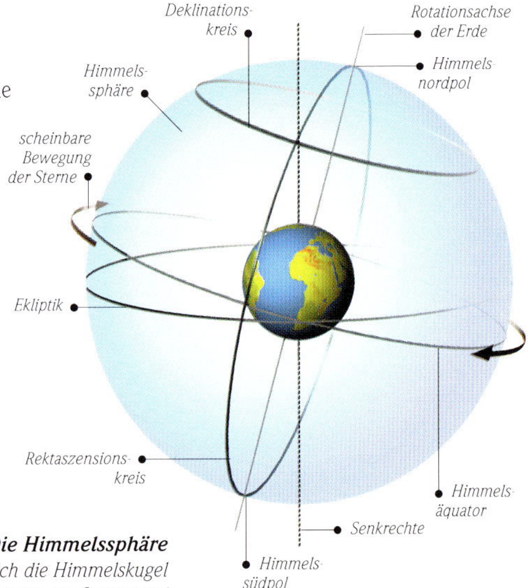

Die Himmelssphäre
Vom Nordpol der Erde aus gesehen scheint sich die Himmelskugel gegen den Uhrzeigersinn zu drehen, wobei sich die Sterne und alle anderen Objekte parallel zum Himmelsäquator bewegen.

Breite
Wieviel wir von der Himmelskugel sehen, hängt von der geographischen Breite unseres Standorts ab. Von den Polen aus kann nie mehr als der halbe Himmel beobachtet werden: Jede Nacht umkreisen die Objekte den Himmelspol, gehen aber nicht auf oder unter (sind zirkumpolar). Am Äquator ist im Laufe eines Jahres die gesamte Himmelskugel zu sehen: Die Himmelspole liegen am nördlichen beziehungsweise südlichen Horizont, und alle Objekte gehen auf und unter. In mittleren Breiten ist über das Jahr hinweg eine Himmelshemisphäre plus ein Teil der anderen sichtbar. Nur einige Objekte sind zirkumpolar.

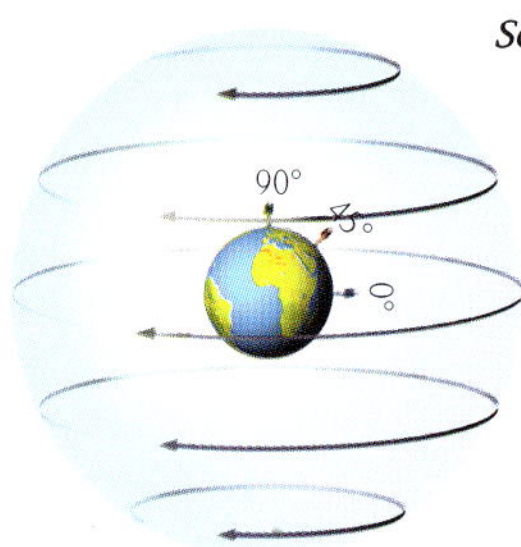

Scheinbare Bewegung
Von verschiedenen Orten auf der Erdkugel aus scheinen sich Himmelsobjekte unterschiedlich zu bewegen.

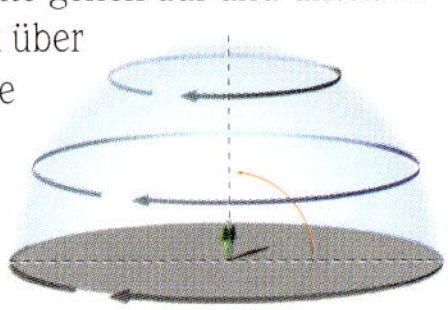

Nordpol (90°N)
Alle Objekte bewegen sich zirkumpolar, ohne auf- oder unterzugehen.

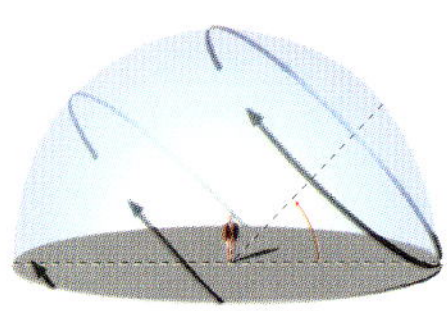

Mittlere Breite (45°N)
Einige Objekte gehen auf und unter; andere sind zirkumpolar.

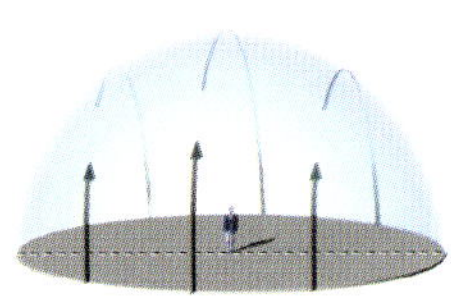

Äquator (0°)
Alle Himmelsobjekte gehen auf und wieder unter.

Uhrzeit und Jahreszeit

Während sich die Erde dreht, scheinen die Sterne über den Himmel zu wandern. Daher ändert sich für uns im Laufe einer Nacht der Anblick des Himmels. Für eine volle Umdrehung relativ zu den Sternen braucht die Erde 23 Stunden und 56 Minuten (1 Sterntag); dies ist auch die Zeit, in der sich die Himmelssphäre einmal zu drehen scheint. Bezüglich der Sonne dauert eine Erdumdrehung jedoch 4 Minuten länger, (24 Stunden, 1 mittlerer Sonnentag), weil die Erde inzwischen ein Stück auf ihrer Bahn weitergewandert ist. Daher geht ein Stern jede Nacht 4 Minuten früher auf. Der jährliche Umlauf der Erde um die Sonne führt auch dazu, daß ein Stern in der Nähe des Himmelsäquators in der einen Jahreszeit sichtbar am Nachthimmel, 6 Monate später aber unsichtbar am Taghimmel steht.

***Nächtliche Uhrzeit* ▷**
Auf dieser langbelichteten Aufnahme sind die Bilder der Sterne durch die Drehung der Erde zu Kreisbögen um den Himmelsnordpol auseinandergezogen.

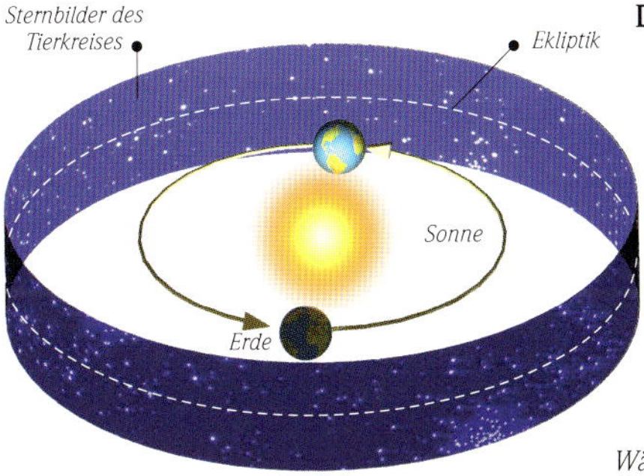

Der Tierkreis

Im Laufe eines Jahres zieht die Sonne entlang der Ekliptik (s. S. 18) vor einem Band von Sternbildern vorüber, das Tierkreis genannt wird. Die Planeten liegen stets im Gebiet dieser Sternbilder. Die Daten, zu denen sich die Sonne in jedem dieser Sternbilder befindet, stimmen heute nicht mehr mit den Daten überein, die den astrologischen Tierkreiszeichen gleichen Namens zugeordnet sind.

Ekliptik und Tierkreis
Während die Erde um die Sonne kreist, scheint sich die Sonne vor dem Hintergrund der Sterne zu bewegen.

Himmelskoordinaten

Die Positionen von Objekten an der Himmelssphäre werden in Koordinaten gemessen, die Rektaszension (RA) und Deklination (Dekl.) heißen. Die Rektaszension entspricht der geographischen Länge. Sie wird in Stunden gemessen, gegen den Uhrzeigersinn um den Himmelsäquator, beginnend an dem Punkt, wo die Sonne jedes Jahr am Frühlingsanfang den Äquator Richtung Norden überquert (Frühlingspunkt). Die Deklination entspricht der geographischen Breite und wird von 0° am Himmelsäquator bis zu 90° an den Himmelspolen gezählt.

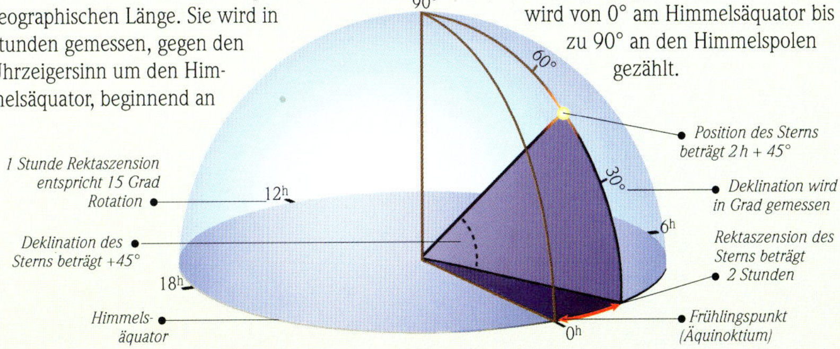

Sternnamen und Definitionen

Der Himmel ist unterteilt in 88 ineinandergreifende Felder, die sogenannten Sternbilder, deren Grenzen 1930 von der Internationalen Astronomischen Union (IAU) festgelegt wurden. Innerhalb dieser Felder verwenden die Astronomen ein vereinbartes System von Namen, Buchstaben und Nummern, um Himmelsobjekte zu identifizieren.

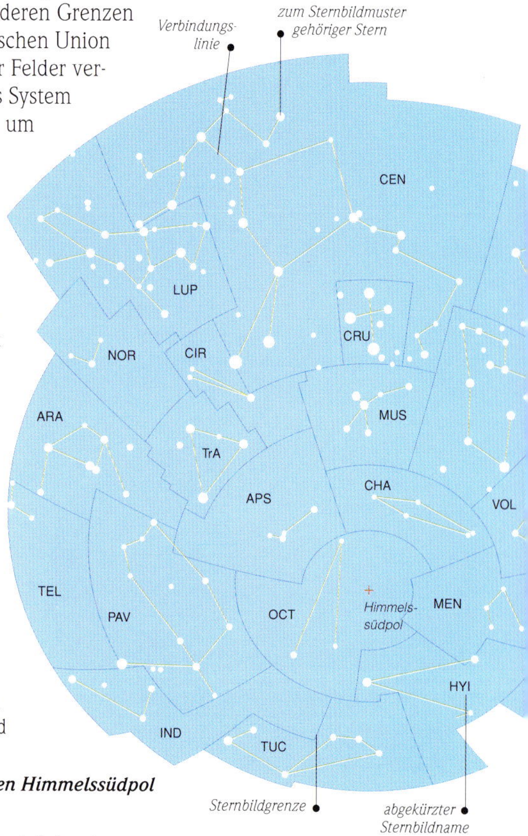

Sternbilder um den Himmelssüdpol

Die Sternbilder

In seinem Buch *Almagest* (etwa 150 n. Chr.) führte der griechische Astronom Ptolemäus 48 Sternbilder auf, viele davon Gestalten aus der griechischen Mythologie. Andere wurden später hinzugefügt, so daß es heute insgesamt 88 gibt. Viele jüngere Sternbilder liegen weit im Süden, jenseits des Horizonts der Griechen, und stellen wissenschaftliche oder technische Instrumente oder exotische Tiere dar. Auf Sternkarten sind die Hauptsterne eines Sternbilds häufig durch Linien zu einem Muster verbunden, welches das Objekt symbolisieren soll, nach dem das Sternbild benannt ist. Meistens besteht jedoch nur eine entfernte Ähnlichkeit. Die Verknüpfungslinien können je nach Karte auch unterschiedlich gezogen sein. Sternbilder werden häufig mit einem Satz Abkürzungen aus drei Buchstaben bezeichnet – so wird zum Beispiel Sagittarius mit Sgr abgekürzt und Ursa Major mit UMa.

Größenklassen

Die Helligkeit eines Objekts am Nachthimmel wird als seine scheinbare Helligkeit bezeichnet, angegeben in Größenklassen oder Magnituden (mag). Sie hängt sowohl von seiner tatsächlichen Leuchtkraft als auch von seiner Entfernung zur Erde ab. Die Astronomen geben die Größenklassen von Himmelsobjekten mittels einer Zahlenskala an. Helle Sterne erhalten niedrige oder negative Zahlen, lichtschwache Objekte dagegen hohe. Unter guten Sichtbedingungen kann man mit bloßem Auge Sterne bis etwa 6. Größe sehen. Um Objekte höherer Größenklassen zu beobachten, benötigt man ein Fernglas oder ein Teleskop. Die Skala ist logarithmisch: Ein Stern 1. Größe ist 100mal heller als ein Stern 6. Größe.

Scheinbare Helligkeit

Beteigeuze ist fast 10 000mal leuchtkräftiger als die Sonne und erscheint doch lichtschwächer als Sirius (der nur die 20fache Sonnenleuchtkraft hat), weil Beteigeuze 50mal weiter entfernt ist.

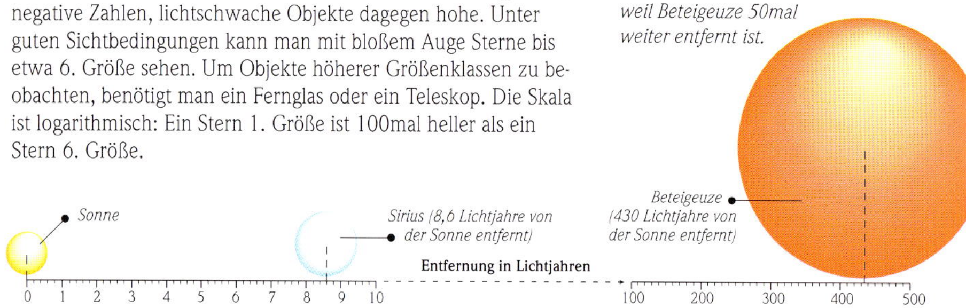

Sternnamen

Um den einzelnen Sternen eines Sternbilds Namen zu geben, sind verschiedene Systeme in Gebrauch. Eine große Zahl Sterne ist durch Buchstaben oder Nummern benannt, die mit dem Genitiv des lateinischen Sternbildnamens verknüpft sind. Die hellsten Sterne erhalten griechische Buchstaben (Bayer-Buchstaben), die etwa der Helligkeit nach alphabetisch zugeordnet sind. So heißt der hellste Stern in Cygnus Alpha Cygni. Die meisten mit bloßem Auge sichtbaren Sterne haben zudem Flamsteed-Nummern (z. B. 61 Cygni), die nach der Rektaszension geordnet sind. Einige nicht im Flamsteed-Katalog enthaltene Sterne werden durch Groß- oder Kleinbuchstaben gekennzeichnet, insbesondere in den südlichen Sternbildern. Ein gesondertes Buchstabensystem, das mit dem Großbuchstaben R beginnt, wird für bestimmte veränderliche Sterne verwendet (z. B. T Cygni). Einige helle Sterne haben auch Eigennamen, die aus dem Lateinischen, Griechischen oder Arabischen stammen – z. B. Deneb (arabisch). Weit entfernte, nicht-stellare Objekte wie Nebel, Haufen und Galaxien tragen Nummern mit den vorangestellten Buchstaben M, NGC oder IC, je nachdem, ob sie dem Messier-Katalog, dem New General Catalogue oder dem Index Catalogue entnommen sind.

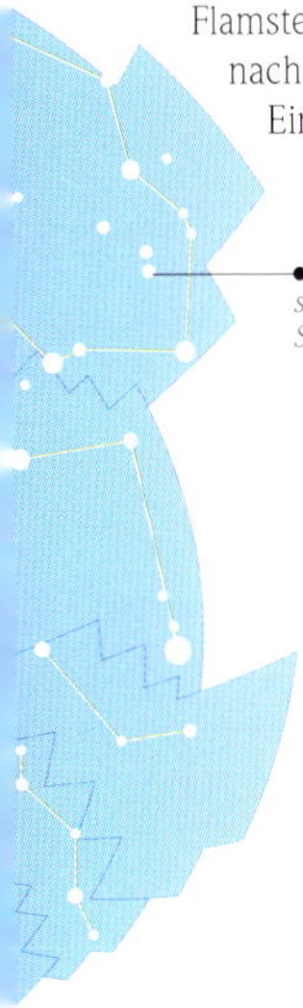

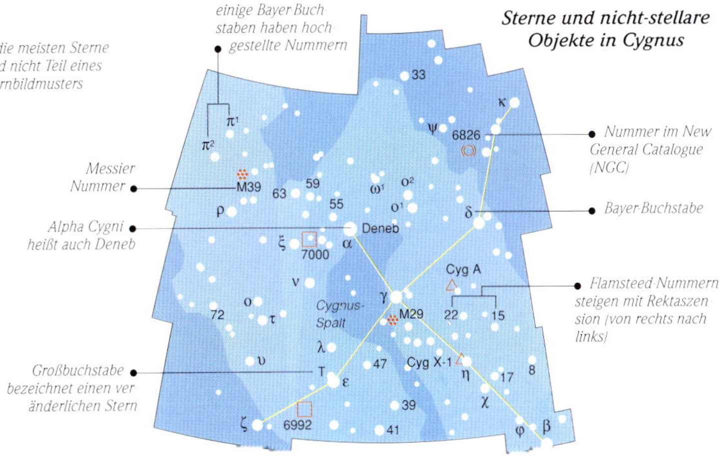

Sterne und nicht-stellare Objekte in Cygnus

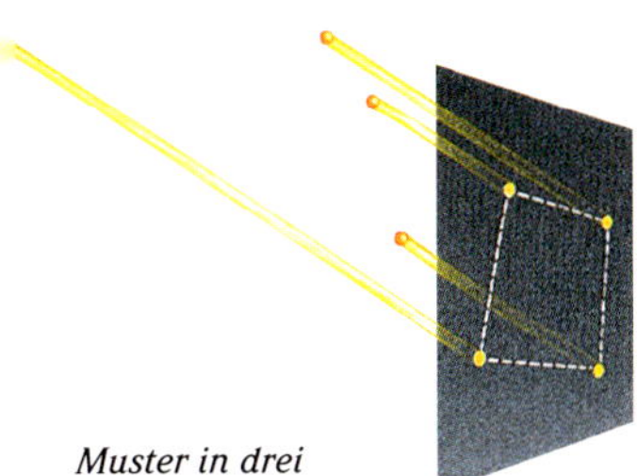

Muster in drei Dimensionen

Die Sterne eines Sternbilds liegen gewöhnlich in ganz unterschiedlichen Entfernungen zur Erde und stehen in keinem echten Zusammenhang. So sind zum Beispiel die Sterne des Pegasus-Quadrats zwischen 97 und 330 Lichtjahre von uns entfernt.

Entfernungen

Die Astronomen messen Entfernungen von Sternen genauso, wie es ein Landvermesser tut, nämlich durch Positionsbestimmung von zwei verschiedenen Orten aus – in diesem Falle von gegenüberliegenden Seiten der Erdbahn, die 6 Monate auseinanderliegen. Selbst dann ist die Positionsverschiebung, die Parallaxe, nur sehr gering. Ist die Verschiebung zu klein, um nachgewiesen zu werden, schätzen die Astronomen die Entfernung eines Sterns ab, indem sie berechnen, wieviel Licht er in Wirklichkeit aussendet, und diesen Wert mit seiner scheinbaren Helligkeit vergleichen.

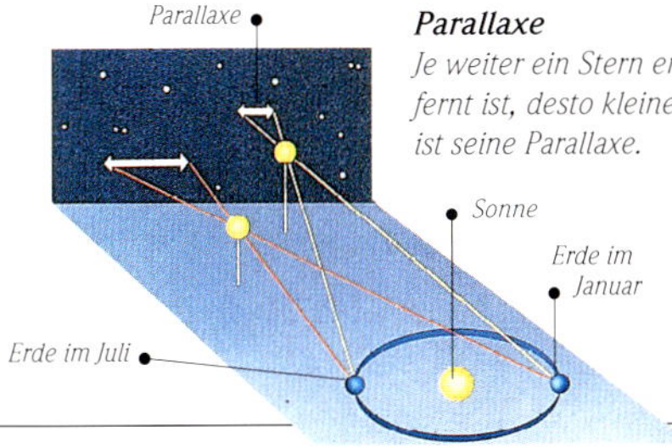

Parallaxe

Je weiter ein Stern entfernt ist, desto kleiner ist seine Parallaxe.

Beobachtung von Sternen

Wer zum ersten Mal versucht, Objekte am Nachthimmel zu identifizieren, ist leicht entmutigt. Eine gute Methode für den Neuling besteht darin, Winkelabstände zu schätzen und einige helle Sterne und Schlüsselsternbilder zu finden. Sobald diese Bezugspunkte lokalisiert sind, können von ihnen aus imaginäre Linien gezogen werden, um andere Sterne und Muster aufzufinden, die ihrerseits wieder als nützliche Wegweiser zum restlichen Himmel dienen.

Maßstab am Himmel

Meist fällt es schwer, allein durch den Blick auf eine Karte abzuschätzen, wie groß ein Gebilde am Himmel erscheint. Zum Glück stellt eine auf Armeslänge ausgestreckte Hand einen praktischen Maßstab dar. So bedeckt zum Beispiel ein Zeigefinger mit Leichtigkeit den Mond oder die Sonne, die beide einen Durchmesser von nur 1/2° haben. Ein Handrücken ist etwa 10° breit, was der Breite des Kastens vom Großen Wagen entspricht. Um das Pegasus-Quadrat zu überdecken (16° Durchmesser), muß man die Finger spreizen.

▽ ***Handspannenmaß***
Eine auf Armeslänge ausgestreckte Hand kann sowohl von Kindern als auch von Erwachsenen als Maß verwendet werden.

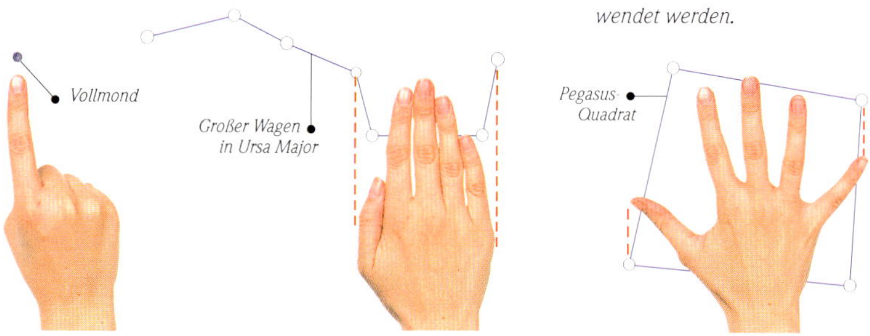

ein Finger ***Finger geschlossen*** ***Finger gespreizt***

Der Nordhimmel

Der Große Wagen, der im Frühjahr auf der Nordhalbkugel hoch am Himmel steht, ist ein Schlüsselsternbild für den Nordhimmel. Seine beiden hinteren Kastensterne, Alpha und Beta Ursae Majoris, weisen zum Polarstern, Polaris. Auf der anderen Seite des Himmelspols liegt das W-förmige Sternbild Cassiopeia. Mit Hilfe des Kastens des Großen Wagens kann man auch die helle Wega lokalisieren, einen recht auffälligen Stern am nördlichen Sommerhimmel. Führt man die Linie der gekrümmten Deichsel weiter, gelangt man zunächst zu Arktur, einem Leuchtfeuer am Frühjahrshimmel, und dann zu Spica, dem hellsten Stern in Virgo. Ebenfalls südlich des Großen Wagens liegen Leo sowie die Sterne Castor und Pollux in Gemini.

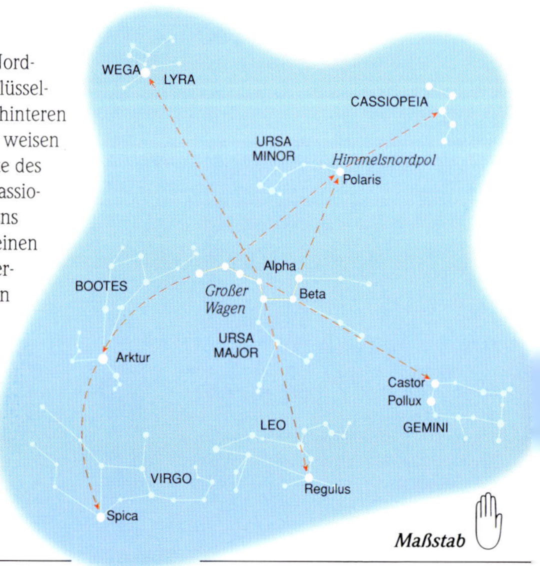

Nördliche Wegweiser

Der Himmel mittlerer Breiten

Orion ist ein auffälliges Sternbild am nördlichen Winter- oder südlichen Sommerhimmel. Die verlängerte Linie der drei Sterne, die den Gürtel des Orion bilden, weist zum hellsten Stern am Himmel: Sirius (in Canis Major). Sirius markiert eine Ecke eines riesigen Dreiecks (auf der Nordhalbkugel als Winterdreieck bekannt). Die anderen Ecken bilden Beteigeuze (in Orion) und Prokyon (in Canis Minor). Ein weiterer auffälliger Stern in Orion ist Rigel. Die Verlängerung der Geraden durch Rigel und Beteigeuze weist auf Castor und Pollux im Nachbarsternbild Gemini. Auf der anderen Seite des Orion prangt Aldebaran, der hellste Stern in Taurus; jenseits von Aldebaran, in derselben Richtung, liegt der offene Sternhaufen der Plejaden. Und fast direkt nördlich von Orion leuchtet Capella, der hellste Stern in Auriga, der in mittleren nördlichen Breiten in Januarnächten im Zenit steht.

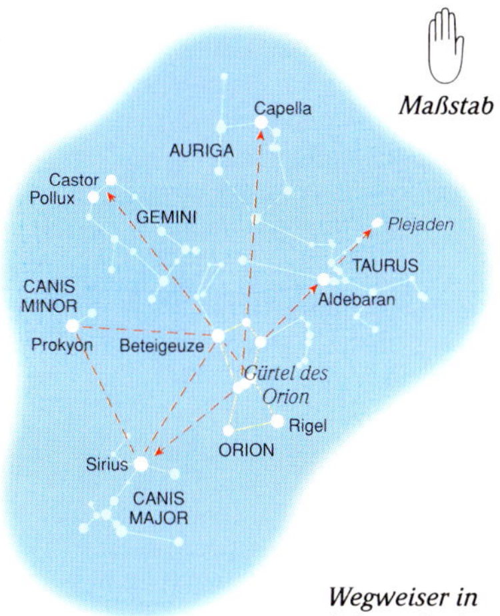

Wegweiser in mittleren Breiten

Der Südhimmel

Zwei helle Sterne in Centaurus und das charakteristische Kreuz des Südens (Crux) – die alle in April- und Mainächten am höchsten stehen – dienen als Wegweiser am Südhimmel. Eine Linie von Alpha zum nahegelegenen Beta Centauri weist auf Crux, das kleinste aller Sternbilder, aber auch eines der markantesten. Das Kreuz des Südens ist nicht mit dem etwas größeren Falschen Kreuz zu verwechseln, das näher bei dem hellen Stern Canopus liegt. Anders als auf der Nordhalbkugel, gibt es in der Nähe des südlichen Himmelspols keinen hellen Stern. Aber die längere Achse von Crux weist auf den Pol, wie auch eine Linie, die senkrecht zu der Verbindungslinie zwischen Alpha und Beta Centauri liegt (siehe auch S. 87). Canopus und Achernar bilden zusammen mit dem Himmelssüdpol ein großes Dreieck.

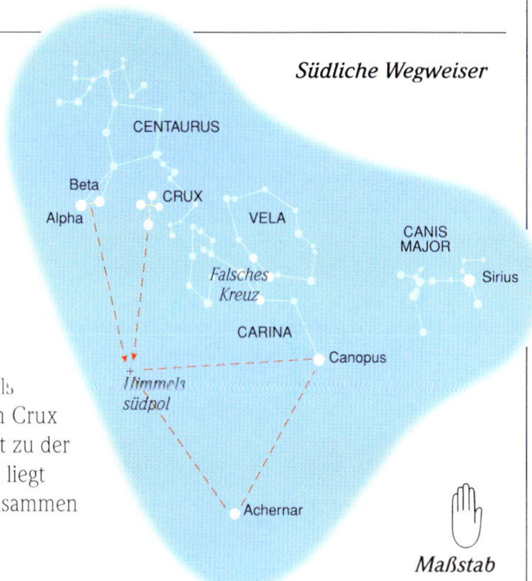

Südliche Wegweiser

Tips für Sternengucker

- Immer warm anziehen, da selbst Sommernächte empfindlich kalt werden können.
- Augen mindestens 10 Minuten lang an die Dunkelheit gewöhnen, bevor man ernsthafte Beobachtungen beginnt.
- Wenn nötig, nur eine schwache, rot leuchtende Taschenlampe verwenden, damit die Augen an die Dunkelheit adaptiert bleiben.
- Wann immer möglich, Objekte beobachten, wenn diese deutlich über dem Horizont stehen.
- Um schwache Objekte leichter zu erkennen, etwas seitlich daran vorbeischauen. Das Licht fällt dann auf den empfindlicheren äußeren Bereich der Netzhaut. Diese Technik heißt »indirektes Sehen«.
- Ein Beobachtungstagebuch führen, in das stets Datum und Uhrzeit aller Beobachtungen eingetragen werden.

mit Plastik abgedeckte Taschenlampe

Ferngläser und Teleskope

Astronomen verwenden Ferngläser und Teleskope, um Objekte heller und größer erscheinen zu lassen. Diese Instrumente sammeln mehr Licht als das menschliche Auge, d. h. es können sehr viel schwächere Objekte beobachtet werden als mit dem Auge allein. Sie vergrößern auch Objekte, so daß kleine Einzelheiten zu erkennen sind. Anfängern reicht meist ein guter Feldstecher; für ernsthaftere Untersuchungen ist ein Teleskop erforderlich.

Fernglas oder Teleskop?

Zum einfachen »Spazierenschauen« sind Ferngläser ideal, weil sie tragbar und relativ billig sind. Man sieht mit ihnen sehr viel mehr Sterne als mit bloßem Auge, und aufgrund ihres großen Gesichtsfelds eignen sie sich besonders für das Beobachten großer Himmelsgebiete oder Objekte wie Kometen. Sie erzeugen auch aufrecht stehende Bilder. Teleskope haben größere Öffnungen und stärkere Vergrößerungen als Ferngläser, zeigen aber Bilder, die auf dem Kopf stehen. Die Öffnung eines Teleskops steht fest, aber die Vergrößerung kann durch Auswechseln des Okulars geändert werden. Bei der Angabe des Leistungsvermögens eines Teleskops ist die Öffnung wichtiger als die Vergrößerung (s. u.). Wichtige Voraussetzung ist auch eine stabile Montierung, damit die Bilder nicht wackeln. Die meisten Amateurastronomen verwenden ein Teleskop mit »kleiner« oder »mittlerer« Öffnung – wobei klein weniger als 100 mm und mittel 100–250 mm bedeutet.

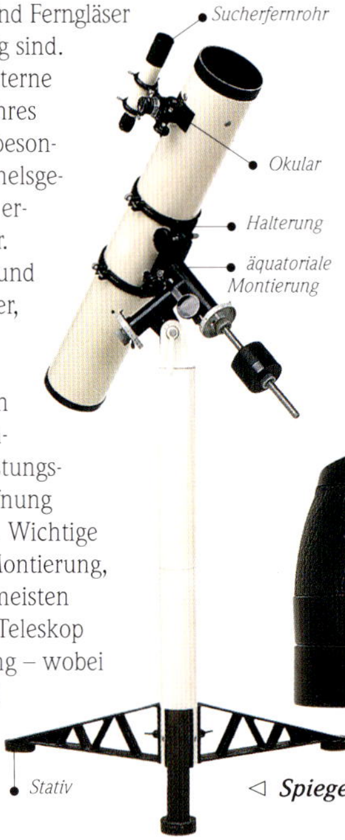

◁ ***Spiegelteleskop***

▽ ***Ferngläser***

Ferngläser haben Öffnungen bis etwa 50 mm und gehen bis rund 10fache Vergrößerung. Eine starke Vergrößerung läßt mehr Details erkennen, aber bei mehr als 10facher Vergrößerung ist es nicht leicht, das Fernglas so ruhig zu halten, daß Objekte noch deutlich zu erkennen sind.

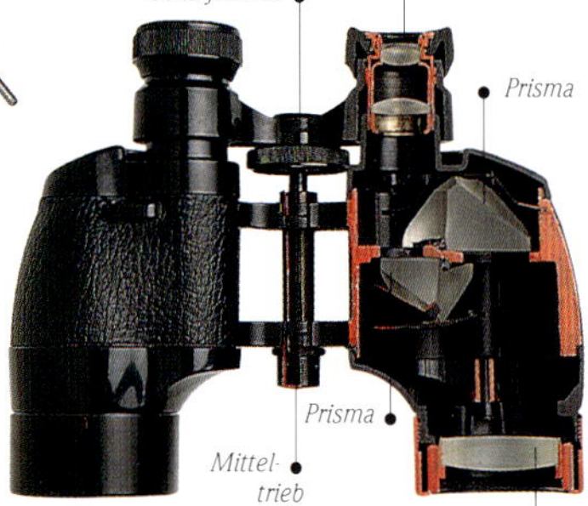

Öffnung und Vergrößerung

Obwohl die Vergrößerung Objekte größer und näher erscheinen läßt, gibt es Grenzen für eine sinnvolle Vergrößerung. Ein Bild wird nämlich schwächer, wenn es größer wird. Als Anhaltspunkt dient folgende Regel: Die maximale Vergrößerung ist etwa gleich der doppelten Teleskop-Öffnung in Millimeter. Doch ganz gleich wie groß die Öffnung – bei zunehmender Vergrößerung macht sich die Unruhe der Atmosphäre, hervorgerufen durch Luftströmungen, immer stärker bemerkbar und begrenzt so die nutzbare Vergrößerung.

Vergrößerung

Starke Vergrößerungen sind nützlich, wenn man den Mond (s. Abb.), Planeten oder enge Doppelsterne beobachtet. Für diffuse Objekte wie Kometen, Nebel und Galaxien sind schwache Vergrößerungen besser geeignet.

bloßes Auge

Fernglas

Teleskop

Linsenfernrohre (Refraktoren)

Refraktoren haben eine Hauptlinse, das sogenannte Objektiv, die das Licht sammelt und fokussiert. Das Bild wird von einem Okular am anderen Ende des Rohres vergrößert. Bei einigen kleinen Refraktoren wird das Licht mit Hilfe eines Prismas umgelenkt, so daß das Okular an einer für den Beobachter bequemeren Stelle sitzt (s. Abb.). Die meisten kleinen Refraktoren haben eine einfache Montierung, die sogenannte azimutale (oder horizontale) Montierung, mit der das Teleskop auf und ab sowie seitwärts hin und her geschwenkt werden kann.

Refraktor
Dieses kleine Linsenfernrohr hat eine azimutale (horizontale) Montierung.

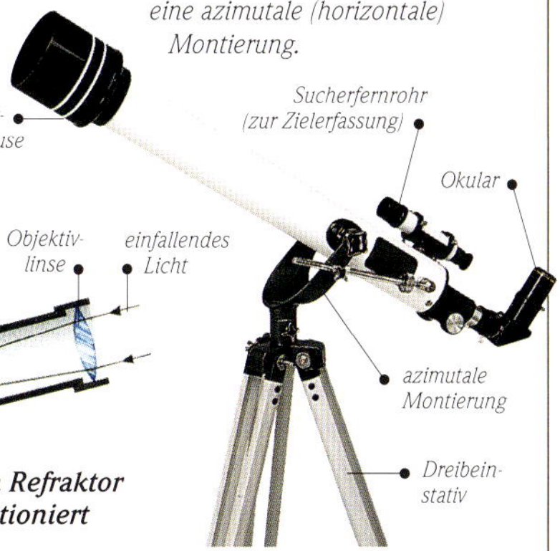

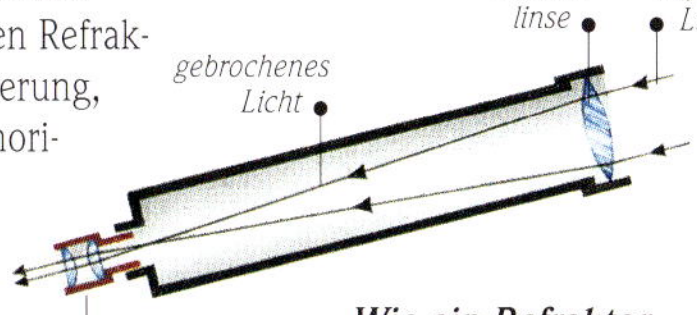

Wie ein Refraktor funktioniert

Spiegelteleskope (Reflektoren)

Die meisten von Amateuren verwendeten Spiegelteleskope sind vom Newton-Typ, bei dem das Licht von einem konkaven Hauptspiegel gesammelt und von einem ebenen Sekundärspiegel in ein Okular an der Seite des Rohres gelenkt wird. Sie haben oft eine äquatoriale Montierung, die es ermöglicht, Objekte am Himmel zu verfolgen, indem das Teleskop nur um eine Achse gedreht wird, die sogenannte Polachse, die auf den Himmelspol weist; ein Motorantrieb kann dies automatisch ausführen. Die Dobson-Montierung, eine Form der azimutalen Montierung, ist heute ebenfalls verbreitet.

Spiegelteleskop
Dieses Spiegelteleskop vom Newton-Typ ist auf einer Dobson-Montierung befestigt.

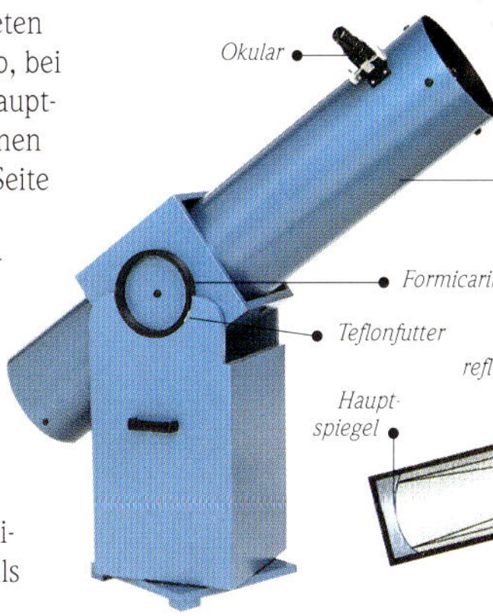

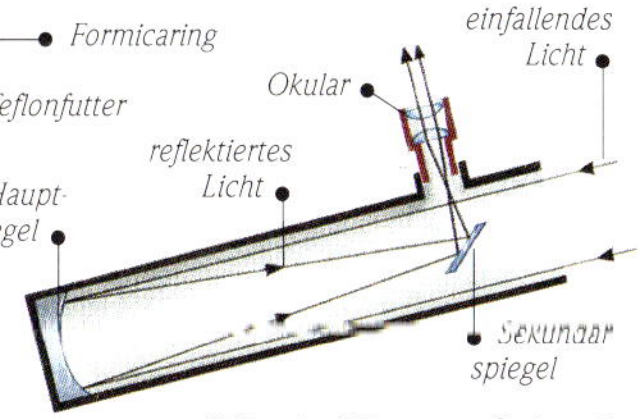

Wie ein Newton-Spiegelteleskop funktioniert

Cassegrain-Teleskope

Bei einem anderen Spiegelteleskoptyp, dem sogenannten Cassegrain, wird mit Hilfe eines konvexen Sekundärspiegels das Licht zurück durch ein Loch in der Mitte des Hauptspiegels geworfen, wo ein Okular angebracht ist. Da der Lichtweg im Rohr in sich selbst gefaltet wird, ist diese Bauweise kompakter als die Newtonsche. Eine abgewandelte Form, das Schmidt-Cassegrain, ist bei Amateuren beliebt. Es hat vorne am Rohr eine dünne Linse, die sogenannte Korrektionsplatte, die Bildfehler korrigiert und so das Gesichtsfeld vergrößert.

Cassegrain
Dieses Schmidt-Cassegrain-Teleskop hat eine äquatoriale Gabelmontierung.

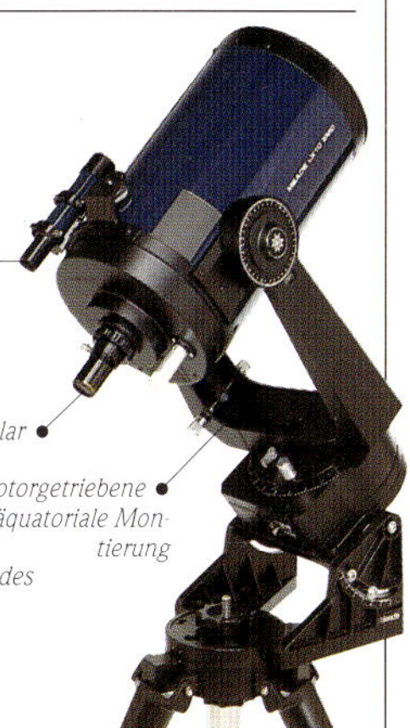

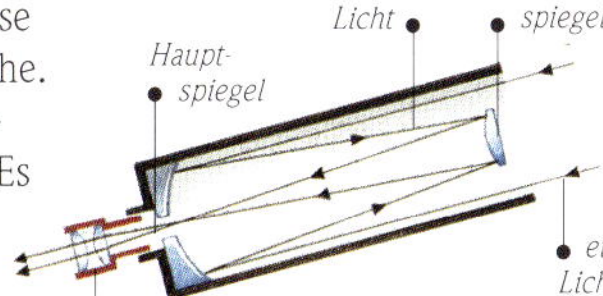

Wie ein Cassegrain funktioniert

Astrophotographie

Schon mit einer einlinsigen Spiegelreflexkamera kann man attraktive Aufnahmen vom Nachthimmel machen, von Schnappschüssen heller Sterne und Planeten bis hin zu langen, nachgeführten Belichtungen, die Objekte zeigen, die für das bloße Auge viel zu lichtschwach sind. Für Großaufnahmen sollte man statt der Kameralinse ein Teleskop verwenden. Fortgeschrittenere Astrophotographen benutzen anstelle eines Films elektronische Detektoren, sogenannte CCD.

△ ***Kamera am Teleskop***
Mit Hilfe des Teleskop-Antriebs bleibt die Kamera auf das Ziel ausgerichtet, so daß lange Belichtungen ohne Sternspuren möglich sind.

Herkömmliche Photographie

Eine Langzeitbelichtung mit einer feststehenden Kamera liefert Sternspuren wie die auf S. 17 abgebildeten. Verwenden Sie hochempfindliche Filme (wie ISO 400) und stellen Sie die Kameralinse auf ihre größte Öffnung ein. Die Belichtungen sollten den Himmelsbedingungen angepaßt sein – in Städten wird die »Lichtverschmutzung« (s. S. 37) den Film schon nach wenigen Minuten verschleiern. Um scharfe Sternbilder zu erhalten, muß die Kamera den Sternen nachgeführt werden, während sich die Erde dreht. Dies erreicht man, indem man die Kamera an einer motorgetriebenen Montierung anbringt oder am Rohr eines Teleskops befestigt, das eine solche Montierung hat. Für detailliertere Aufnahmen kann die Kameralinse entfernt und das Teleskop selbst als Teleobjektiv verwendet werden. In diesem Falle muß das Teleskop dem Ziel sehr exakt nachgeführt werden.

Kamera am Okular ▷
Das Objektiv der Kamera wurde entfernt und das Gehäuse anstelle des Okulars am Teleskop befestigt.

Montieren einer CCD-Kamera

CCD-Kameras

Charge-coupled Devices (CCD) sind lichtempfindliche Silicium-Chips, die anstelle einer herkömmlichen Kamera und eines Films verwendet werden. Sie sind sehr viel empfindlicher als normale Photofilme, so daß eine Belichtung von nur wenigen Minuten ebensoviel zeigen kann wie eine stundenlange Belichtung auf Film. CCD-Bilder können im Computer gespeichert und auf dem Bildschirm betrachtet werden.

CCD-Mikrochip
Ein CCD-Chip ist sehr viel kleiner als ein Einzelbild eines 35-mm-Films, was auch von Nachteil sein kann.

Das Sonnensystem

Aufbau des Kapitels

Dieses Kapitel befaßt sich mit der Sonne und den Körpern, die sie umkreisen. Es gibt Beiträge über die neun Planeten (einschließlich der Erde), die jeweils eine illustrierte Beschreibung, Hinweise zur Beobachtung sowie Karten und Diagramme zum Auffinden enthalten. Andere Abschnitte sind der Sonne selbst, dem Mond und kleineren Himmelskörpern wie beispielsweise Kometen und Meteoren gewidmet.

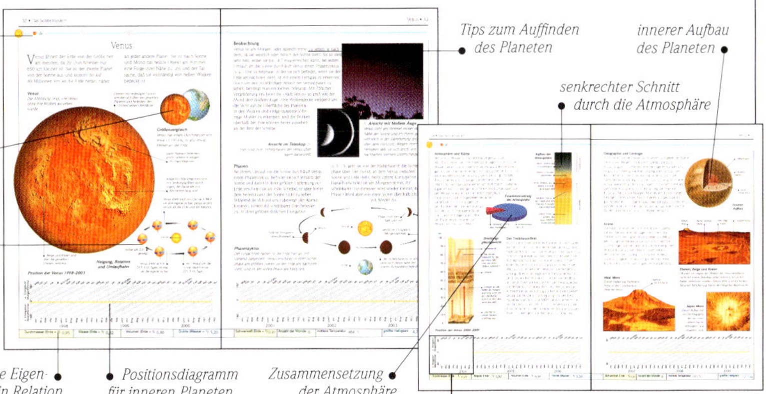

Position der Planeten ▷
Die Planeten sind immer in einem der 13 Sternbilder des Tierkreises zu finden (s. S. 17). Das Sternbild, in dem man die Planeten Merkur, Venus, Mars, Jupiter und Saturn zu einem bestimmten Zeitpunkt antrifft, ist in einem Streifendiagramm angegeben.

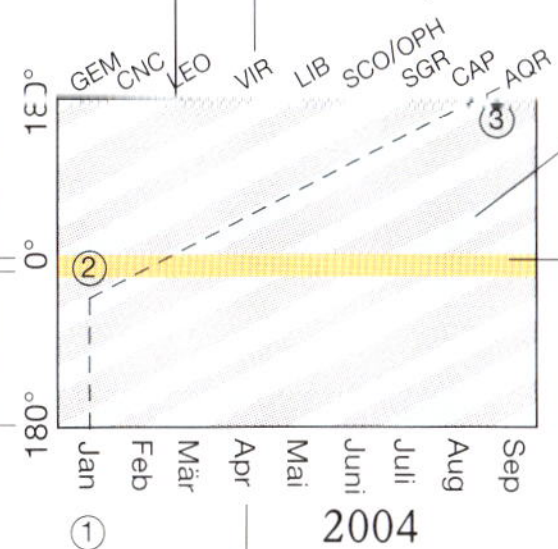

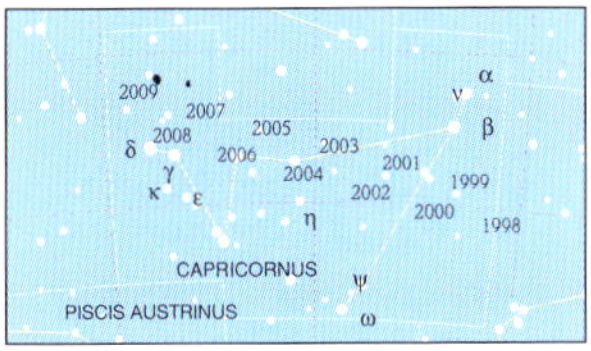

△ ***Äußere Planeten***
Die scheinbaren Bewegungen von Uranus, Neptun und Pluto sind relativ langsam. Ihre Positionen am Nachthimmel sind daher auf herkömmlichen Karten angegeben.

△ **Hinweise zur Benutzung des Streifendiagramms**

1. Auf der horizontalen Skala das Datum suchen. Um zum Beispiel Venus im Januar 2004 auf dem oben gezeigten Ausschnitt zu lokalisieren, zunächst am unteren Rand des Diagramms den Januar suchen.
2. Nun nach oben bis zur gekrümmten Bahnkurve gehen.
3. Dem gefärbten Streifens schräg nach oben zu dem Sternbild folgen, in dem der Planet erscheint. Im Januar 2004 steht Venus in Aquarius. Aquarius findet man dann mit Hilfe einer der Karten im Monatlichen Himmelsführer.

Die Sonne

Die Sonne ist unser lokaler Stern. Sie ist eine Kugel aus leuchtendem Gas, die verglichen mit anderen Sternen durchschnittliche Größe, Temperatur und Helligkeit besitzt. Die Sonne beherrscht das Sonnensystem: Sie ist Wärme- und Lichtquelle für sämtliche Planeten, und ihre große Masse übt eine Anziehung aus, die alle Planeten um sie kreisen läßt. **Vorsicht:** Schauen Sie niemals durch ein Fernglas oder Teleskop direkt in die Sonne!

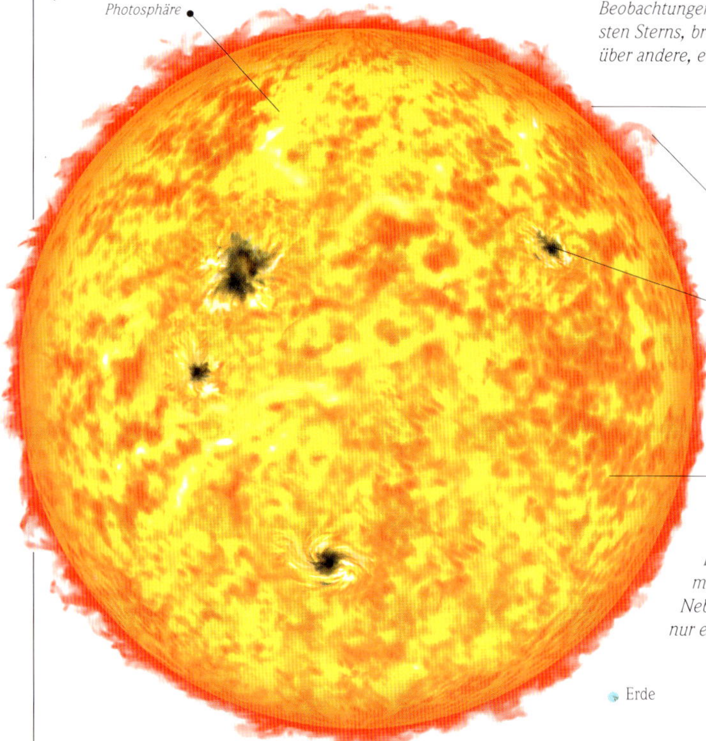

Die Sonne

Beobachtungen der Sonne, des uns nächsten Sterns, bringen auch Erkenntnisse über andere, entferntere Sterne.

Größenvergleich

Die Sonne hat einen Durchmesser von 1,39 Millionen km. Neben der Sonne ist die Erde nur ein winziger Punkt.

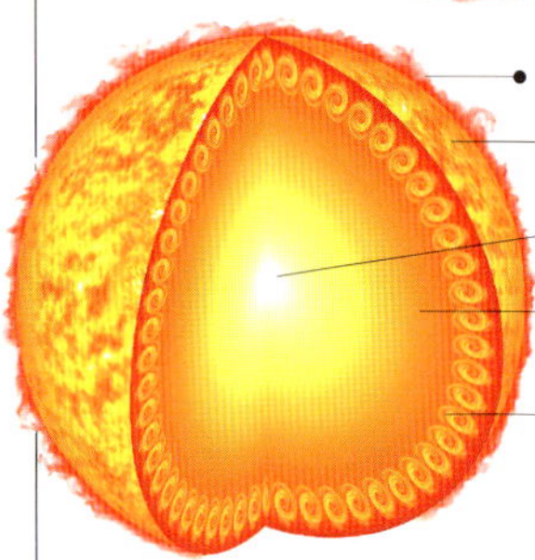

Innerer Aufbau

Aufbau

Die Energie der Sonne wird in ihrer Zentralregion erzeugt, wo die Temperatur schätzungsweise 15 Millionen °C erreicht. Unter diesen extremen Bedingungen wird Wasserstoff durch Kernfusion in Helium umgewandelt. Die bei diesen Reaktionen frei werdende Energie wird nach außen transportiert – zunächst durch Strahlung und dann durch Konvektion – und gelangt schließlich in die Photosphäre. Über der Photosphäre liegt eine weniger dichte Gasschicht (Chromosphäre), von der helle Fontänen (Protuberanzen) in die verdünnte äußerste Region (Korona) hineinragen.

Durchmesser (Erde = 1) 109	Masse (Erde = 1) 333 000	Volumen (Erde = 1) 1 300 000

Sonnenflecken

Sonnenflecken, dunkle Stellen auf der Sonnenoberfläche, sind Gebiete mit kühlerem Gas. Sie können einige Tage bis mehrere Monate alt werden, und ihre Größe reicht von einigen 100 km Durchmesser bis hin zu komplexen Gruppen, die sich über 100 000 km erstrecken. Bei gelegentlichen Ausbrüchen in der Nähe von Sonnenflecken, sogenannten Flares, werden atomare Teilchen ausgeschleudert, die bis zur Erde fliegen und dort Polarlichter erzeugen können.

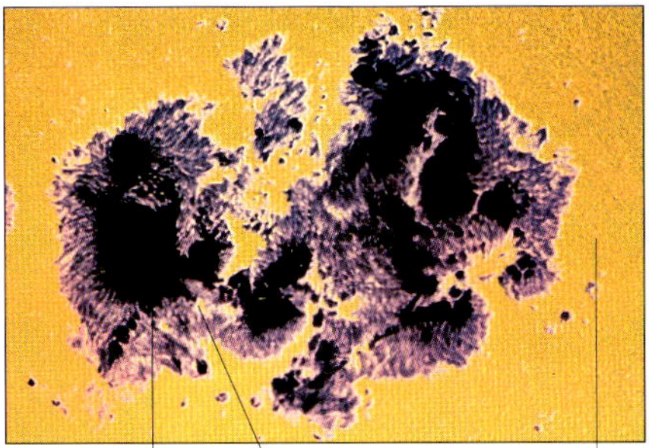

△ ***Sonnenfleckengruppe***
Das Zentrum eines Sonnenflecks, Umbra genannt, ist sein dunkelster und mit etwa 4500°C auch sein kühlster Teil. Die Umbra ist von einem helleren, heißeren Bereich umgeben, der Penumbra heißt.

Der Sonnenfleckenzyklus

Die Zahl der Sonnenflecken steigt und sinkt in einem Zyklus, der etwa 11 Jahre dauert. Zu Beginn eines Zyklus gibt es nur wenige Sonnenflecken, die auch weiter vom Äquator entfernt liegen. Gegen das Maximum des Zyklus werden die Flecken zahlreicher (wobei bis zu 100 gleichzeitig sichtbar sein können), und sie erscheinen dicht am Äquator.

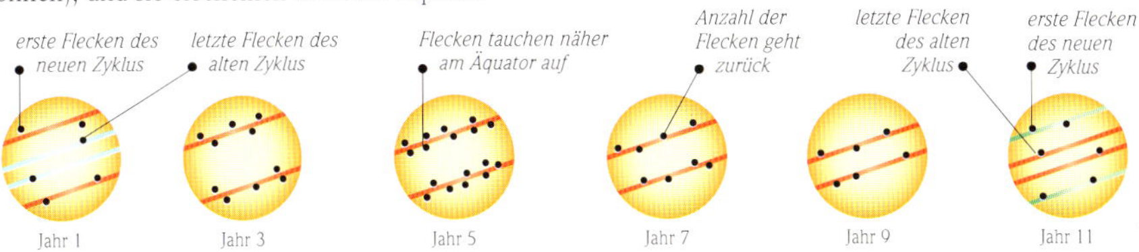

Beobachtung von Sonnenflecken

Mit einem Fernglas oder einem Teleskop direkt in die Sonne zu schauen, kann zum Erblinden führen. Die einzig sichere Methode, die Sonne zu beobachten, besteht darin, ihr Bild auf eine weiße Oberfläche zu projizieren, wie unten gezeigt. Der Rand der Sonne erscheint dunkler als ihr Zentrum – ein Effekt, der Randverdunklung genannt wird. Sonnenflecken tauchen als kleine, dunkle Stellen auf, die durch die Rotation der Sonne täglich ihre Position verändern.

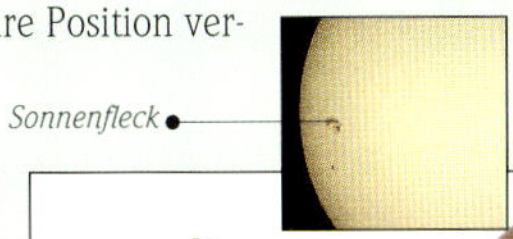

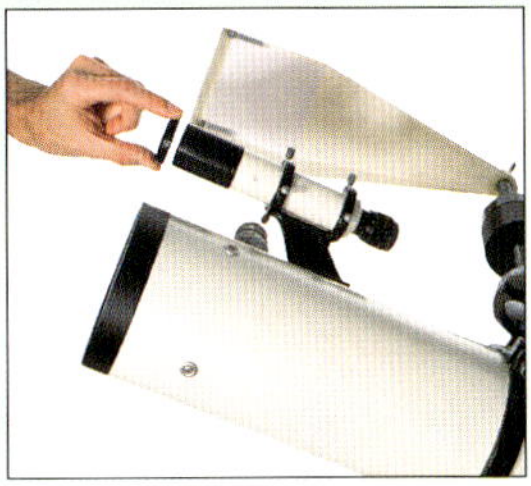

1. Zur Sicherheit eine Abdeckkappe vor das Sucherfernrohr setzen. Bei einem Refraktor auch die Hauptlinse abdecken.

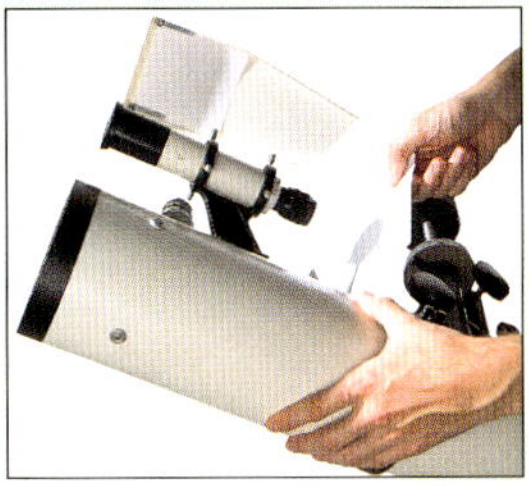

2. Das Teleskop auf die Sonne ausrichten, indem man den Schatten des Teleskops weitmöglichst verkleinert.

3. Die Linsenabdeckung entfernen (bei einem Refraktor) und das Sonnenbild auf einem Stück weißen Karton scharfstellen.

Dichte (Wasser = 1) 1,41	Schwerkraft (Erde = 1) 27,94	Oberflächentemperatur 5500 °C	Helligk. –26,7 mag

Sonnenfinsternis

Gelegentlich zieht der Mond vor der Sonne vorüber und verdeckt kurzzeitig ihr Licht, so daß es zu einer Sonnenfinsternis kommt. Jedes Jahr gibt es mindestens zwei, die aber nicht überall gleichermaßen sichtbar sind. Bei einer Sonnenfinsternis fällt der Schatten des Mondes auf die Erde. Wer sich innerhalb des dunklen inneren Teils des Schattens (der Umbra) befindet, sieht eine totale Sonnenfinsternis. Im helleren äußeren Schatten (der Penumbra) beobachtet man eine partielle Sonnenfinsternis. Da die Umbra recht klein ist, sind totale Sonnenfinsternisse an jedem gegebenen Ort auf der Erde selten.
Ist die Sonnenscheibe vollständig bedeckt, wird der schwache äußere Gashalo, die Korona, sichtbar. Wissenschaftler reisen für einen der seltenen, kurzen Blicke auf die Korona um die halbe Welt. Eine totale Sonnenfinsternis kann bis zu 7½ Minuten (üblicher sind 2–3 Minuten), eine partielle Finsternis bis 4 Stunden dauern. Wie alles bei der Sonne beobachtet man auch eine Finsternis am besten am projizierten Sonnenbild. Ist die Sonne vollständig verdeckt, kann die Korona auch mit einem Fernglas sicher beobachtet werden.

Bildfolge einer totalen Sonnenfinsternis

1. Eine partielle Finsternis – der Mond wandert über die Sonnenscheibe.

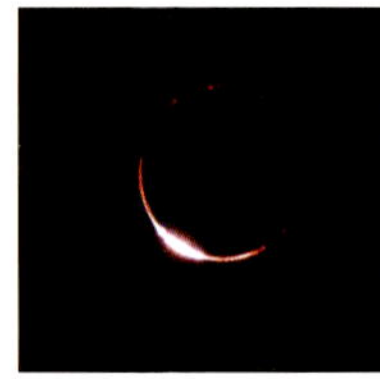

2. Unmittelbar vor der Totalität ist eine Figur ähnlich einem Diamantring sichtbar.

3. Bei Totalität ist die schwache, aber ausgedehnte Korona der Sonne zu sehen.

4. Der Mond wandert weiter, und die Finsternis ist beendet.

Entstehung einer Sonnenfinsternis

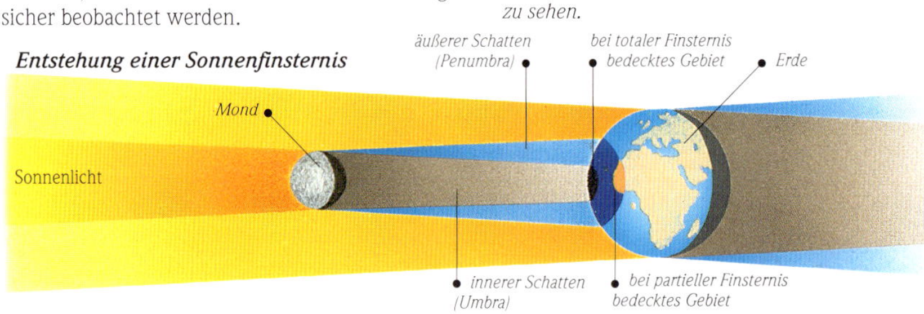

Ringförmige Sonnenfinsternis

Befindet sich der Mond in seiner größten Entfernung zur Erde, ist seine Scheibe nicht groß genug, um die Sonne vollständig zu verdecken. Dies führt zu einer ringförmigen Finsternis, die so heißt, weil im Höhepunkt der Finsternis ein Ring aus Licht sichtbar bleibt.

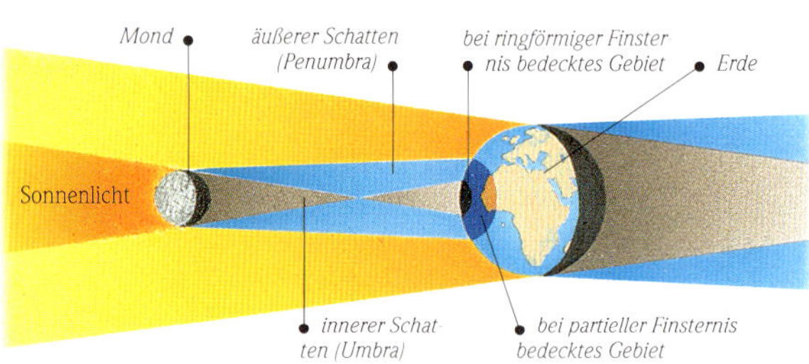

Entstehung einer ringförmigen Sonnenfinsternis

Ring aus Sonnenlicht
Der Lichtring um den verfinsterten Mond stammt von der Photosphäre (und nicht von der Korona).

Durchmesser (Erde = 1) 109	Masse (Erde = 1) 333 000	Volumen (Erde = 1) 1 300 000

Merkur

Merkur ist der sonnennächste Planet und schwer zu beobachten, weil er immer nur in der Abend- oder Morgendämmerung sichtbar ist und relativ tief am Himmel steht. Er ist ein kleiner, steiniger Körper mit weniger als der Hälfte des Erddurchmessers. Von zahllosen Kratern übersät, ähnelt er im Aussehen unserem Mond. Merkur hat weder Luft noch Wasser. Am Tage wird seine Oberfläche von starker Sonnenstrahlung versengt, während nachts seine Temperatur weit unter den Gefrierpunkt fällt.

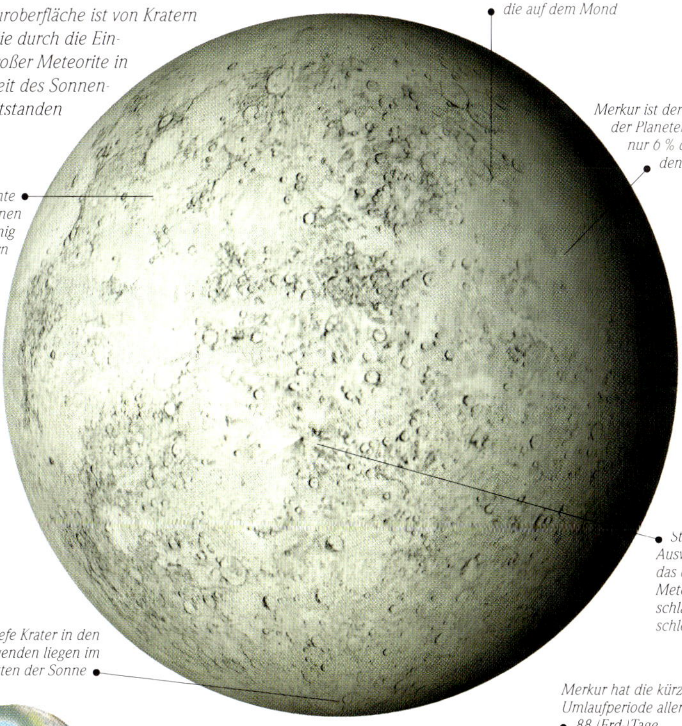

Merkur
Die Merkuroberfläche ist von Kratern geprägt, die durch die Einschläge großer Meteorite in der Frühzeit des Sonnensystem entstanden sind.

Größenvergleich
Mit einem Durchmesser von nur 4880 km ist Merkur noch nicht einmal halb so groß wie die Erde.

Neigung, Rotation und Umlaufbahn

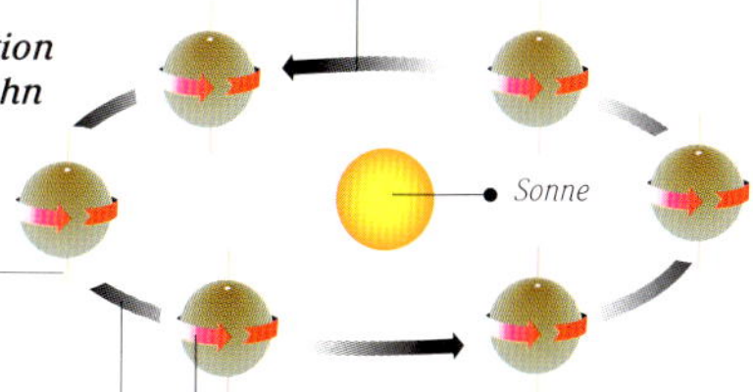

Durchmesser (Erde = 1)	Masse (Erde = 1)	Volumen (Erde = 1)	Dichte (Wasser = 1)
0,38	0,06	0,06	5,43

Beobachtung

Von den fünf mit bloßem Auge sichtbaren Planeten ist Merkur am schwierigsten aufzufinden, weil er immer dicht bei der Sonne steht. Gewöhnlich benötigt man ein Fernglas, um ihn zu lokalisieren. Am besten läßt sich Merkur um die Zeit seiner größten Elongation (s. S. 15) herum beobachten, wenn er den größten Winkelabstand zur Sonne hat. Zu dieser Zeit erscheint Merkur bei 250facher Vergrößerung so groß wie der Vollmond mit bloßem Auge. Wie Venus und der Mond zeigt die Merkurscheibe Phasen, die mit einem kleinen Teleskop zu sehen sind. Mit mittleren bis großen Öffnungen lassen sich dunkle, verschmierte Oberflächenmuster erkennen.

Durchgänge
Gelegentlich kann man Merkur vor der Sonnenscheibe vorüberziehen sehen. Ein solches Ereignis nennt man einen Durchgang. Auf diesem Photo, das beim Durchgang 1993 aufgenommen wurde, erscheint Merkur als kleiner, runder Punkt. Weitere Merkurdurchgänge werden am 15. November 1999, am 7. Mai 2003 und am 8. November 2006 stattfinden.

Merkur am Abendhimmel
Zu optimalen Beobachtungszeiten ähnelt Merkur einem Stern 1. Größe. Auf diesem Bild ist er dicht am Horizont zu sehen, rechts über dem großen Baum.

Atmosphäre und Klima

Merkur hat weder Wasser noch eine Lufthülle. Die ausgedörrte, felsige Oberfläche ist der sengenden Sonnenstrahlung ausgesetzt, die die Temperatur in größter Sonnennähe mittags am Äquator auf über 450°C ansteigen läßt. Dennoch liegen einige Schattengebiete in Kratern nahe der Pole wahrscheinlich dauerhaft unter dem Gefrierpunkt. Deshalb hält man es für möglich, daß dort Eis existiert. Nachts sinkt die Oberflächentemperatur bis unter −180°C ab.

Position des Merkur 1998–2009

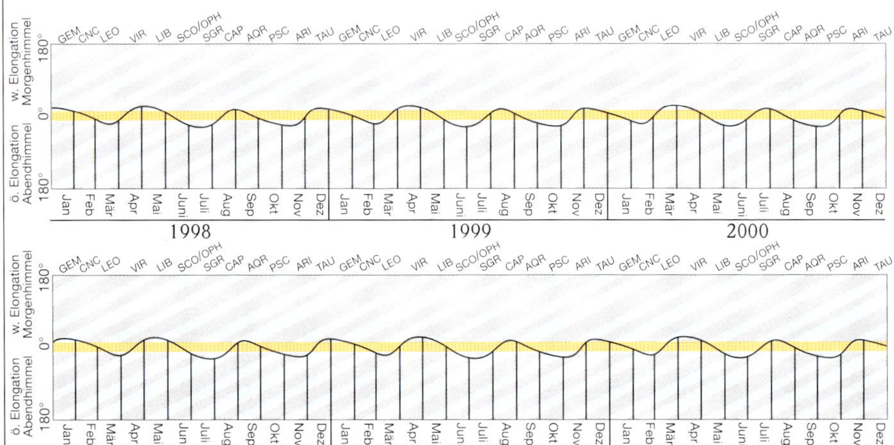

Durchmesser (Erde = 1) 0,38	Masse (Erde = 1) 0,06	Volumen (Erde = 1) 0,06	Dichte (Wasser = 1) 5,43

Geographie und Geologie

Merkur sieht unserem Mond sehr ähnlich, da weite Gebiete der steinigen Oberflächen beider Körper durch Meteoriteneinschläge stark mit Kratern übersät wurden und Merkur nur einen 40 % größeren Durchmesser hat als der Mond. Ein deutlicher Unterschied sind die bis 3 km hohen Steilhänge auf Merkur, die mehrere hundert Kilometer lang sind und vermutlich dadurch entstanden, daß der Planet beim Abkühlen schrumpfte und »runzlig« wurde. Man vermutet, daß Merkur einen großen Eisenkern hat, der 3/4 seines Durchmessers einnimmt.

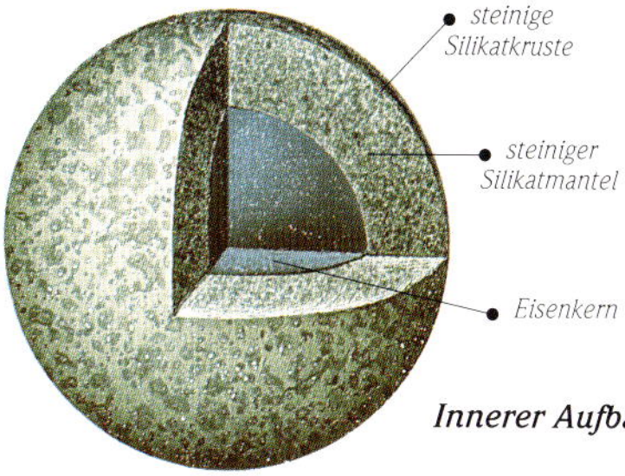

Innerer Aufbau

△ ***Das Caloris-Becken***
Ein Teil des 1300 km großen Beckens ist auf der linken Hälfte dieser Aufnahme zu sehen. Es wurde durch einen Meteoriteneinschlag gebildet und später mit Lava überflutet.

Krater

Wie auf dem Mond sind die jüngsten Krater auf Merkur hell und von einem Strahlenkranz aus Material umgeben, das beim Einschlag des Meteoriten ausgeworfen wurde. Zwischen den Hauptkratern des Merkur liegen ältere, glattere Gebiete, sogenannte Zwischenkraterebenen, die von kleinen Kratern bedeckt sind. Sekundärkrater, die durch Trümmer vom Haupteinschlag entstanden, liegen dichter an den Hauptkratern als auf dem Mond, da Merkur eine stärkere Schwerkraft hat. Merkur hat eine große Tiefebene, das Caloris-Becken, das den Mare auf dem Mond ähnelt. Auf Merkur sind keine Vulkankrater bekannt.

Degas und Brontë ▷
Diese beiden Strahlenkrater (hier links der Mitte) haben jeweils einen Durchmesser von etwa 60 km.

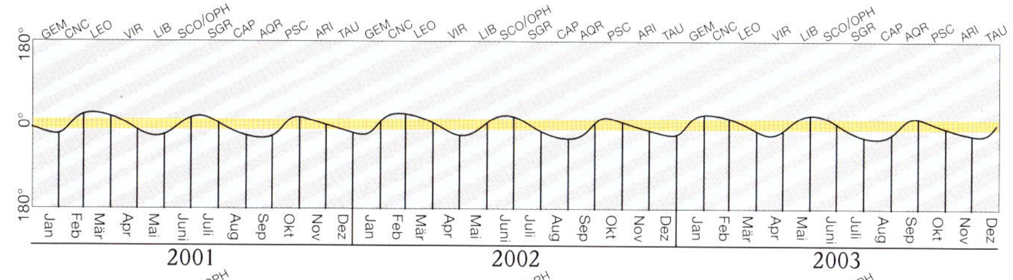

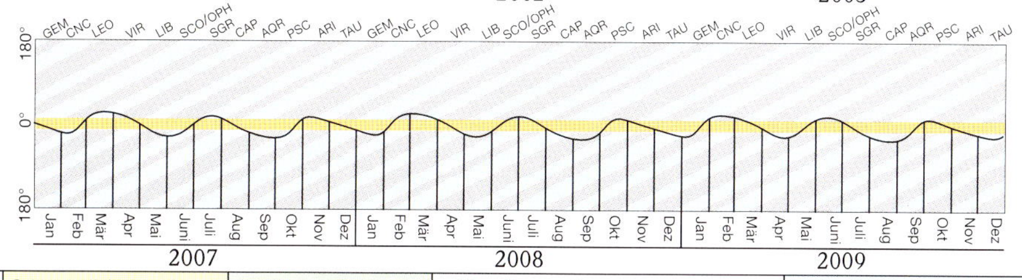

Schwerkraft (Erde = 1)	Anzahl der Monde	mittlere Temperatur	größte Helligkeit
0,38	0	167 °C	–1,5 mag

Venus

Venus ähnelt der Erde von der Größe her am meisten, da ihr Durchmesser nur 650 km kleiner ist. Sie ist der zweite Planet von der Sonne aus und kommt bis auf 40 Millionen km an die Erde heran, näher als jeder andere Planet. Sie ist nach Sonne und Mond das hellste Objekt am Himmel – eine Folge ihrer Nähe zu uns und der Tatsache, daß sie vollständig von hellen Wolken bedeckt ist.

Venus
Die Abbildung zeigt, wie Venus ohne ihre Wolken aussehen würde.

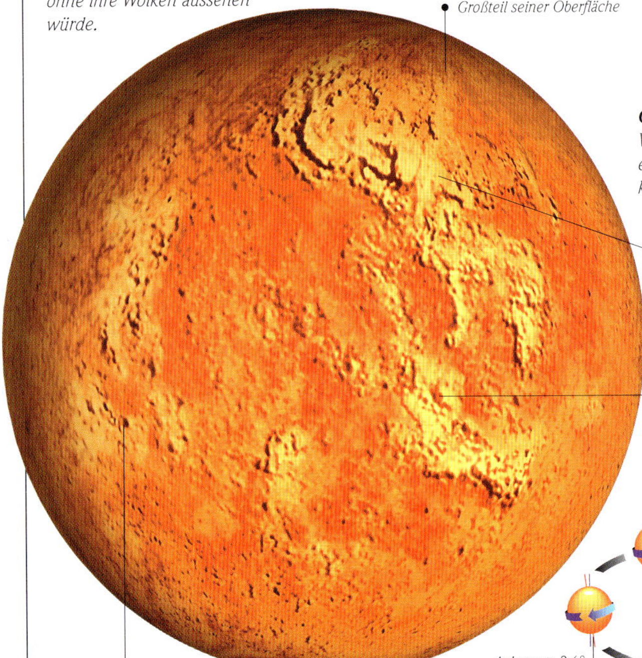

Ebenen aus verfestigter Lava erstrecken sich über den gesamten Planeten und bedecken den Großteil seiner Oberfläche

glatte Plateaus bedecken große Gebiete in einigen Hochlandregionen

einige Hochlandregionen sind von Senkungsgräben durchzogen, die Tausende von Kilometern lang sind

Berge und Krater sind über die gewellten Ebenen verstreut

Größenvergleich
Venus hat einen Durchmesser von etwa 12 100 km, ist also etwas kleiner als die Erde.

Venus dreht sich von Ost nach West um ihre eigene Achse, genau anders herum als die Erde und die meisten anderen Planeten

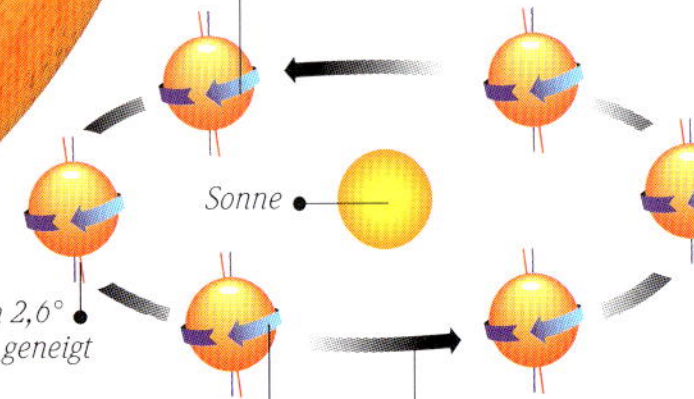

Venus dreht sich in 243 (Erd-)Tagen einmal um die eigene Achse

ein Umlauf um die Sonne dauert etwa 225 (Erd-)Tage

Neigung, Rotation und Umlaufbahn

Position der Venus 1998–2003

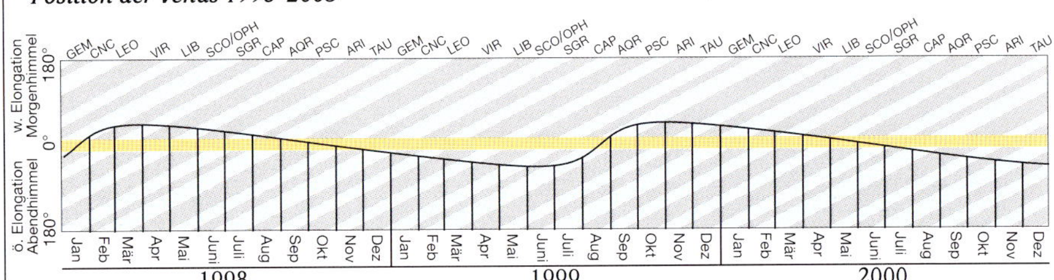

Durchmesser (Erde = 1)	Masse (Erde = 1)	Volumen (Erde = 1)	Dichte (Wasser = 1)
0,95	0,82	0,86	5,20

Beobachtung

Venus ist am Morgen- oder Abendhimmel zu sehen, je nachdem, ob sie westlich oder östlich der Sonne steht. Sie ist stets sehr hell, wobei sie bis –4,7 mag erreichen kann. Bei jedem Umlauf um die Sonne durchläuft Venus einen Phasenzyklus (s. u.). Die Sichelphase, in der sie sich befindet, wenn sie der Erde am nächsten steht, ist mit einem Fernglas zu erkennen. Doch um den vollständigen Ablauf der Venusphasen zu sehen, benötigt man ein kleines Teleskop. Mit 75facher Vergrößerung erscheint die »Halb-Venus« so groß wie der Mond dem bloßem Auge. Eine Wolkendecke versperrt uns die Sicht auf die Oberfläche des Planeten. In den Wolken sind einige dunklere V-förmige Muster zu erkennen, und die Wolken oberhalb der Pole können heller aussehen als der Rest der Scheibe.

△ *Ansicht mit bloßem Auge*
Venus steht am Himmel immer in der Nähe der Sonne und erscheint gewöhnlich in der Dämmerung dicht über dem Horizont. Wegen ihrer Helligkeit läßt sie sich leicht von benachbarten Sternen unterscheiden.

***Ansicht im Teleskop* ▷**
Hier sind zwei Sichelphasen der Venus überlagert dargestellt.

Phasen

Bei ihrem Umlauf um die Sonne durchläuft Venus einen Phasenzyklus. Befindet sie sich jenseits der Sonne und damit in ihrer größten Entfernung zur Erde, erscheint sie als volle Scheibe, ist aber hinter dem hellen Glanz der Sonne nicht zu sehen. Während sie sich auf uns zubewegt (am Abendhimmel), nimmt ihr scheinbarer Durchmesser zu. In ihrer größten östlichen Elongation (s. S. 15) geht sie von der Halbphase in die Sichelphase über. Der Punkt, an dem Venus zwischen Sonne und Erde steht, heißt untere Konjunktion. Danach erscheint sie am Morgenhimmel, ihr scheinbarer Durchmesser wird wieder kleiner, ihre Phase nimmt aber von einer Sichel über halb bis voll wieder zu.

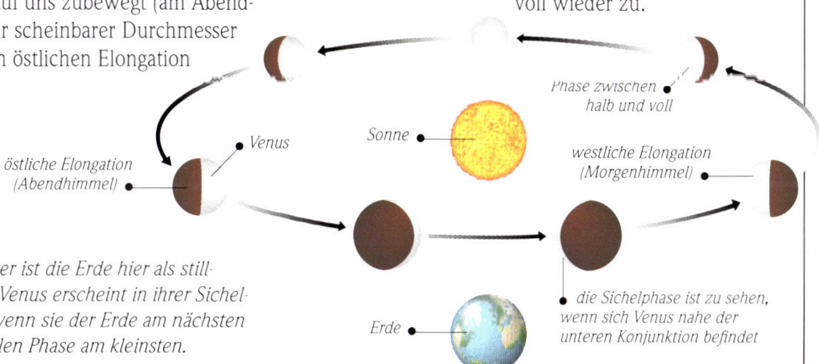

Phasenzyklus
Der Einfachheit halber ist die Erde hier als stillstehend dargestellt. Venus erscheint in ihrer Sichelphase am größten (wenn sie der Erde am nächsten steht) und in der vollen Phase am kleinsten.

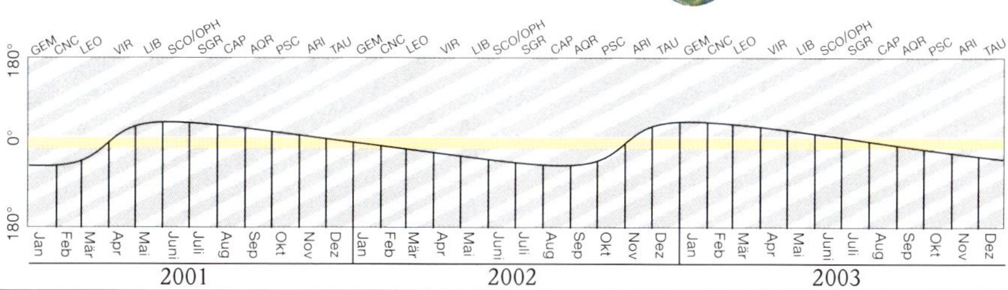

Schwerkraft (Erde = 1) 0,91	Anzahl der Monde 0	mittlere Temperatur 464 °C	größte Helligkeit –4,7 mag

Atmosphäre und Klima

Venus ist in Wolken aus Schwefelsäure gehüllt, die in 50–70 km Höhe über ihrer Oberfläche liegen. Unterhalb der Wolken besteht die Atmosphäre fast völlig aus Kohlendioxidgas. Auf der Oberfläche herrscht ein zermalmender Luftdruck, der etwa 90mal stärker ist als auf der Erde. Aufgrund des Treibhauseffekts (s. u.) steigen die Temperaturen auf über 460°C. An der Oberfläche wehen sanfte Winde mit Geschwindigkeiten von nur wenigen Kilometern pro Stunde, aber über den Wolken erreichen sie mehrere hundert Kilometer pro Stunde. Infolgedessen peitschen die Winde in nur 4 Erdtagen um den Planeten, sehr viel schneller als sich Venus um ihre eigene Achse dreht, was 243 Tage dauert. Wie der Planet selbst, rotieren die Wolken von Ost nach West.

Zusammensetzung der Atmosphäre

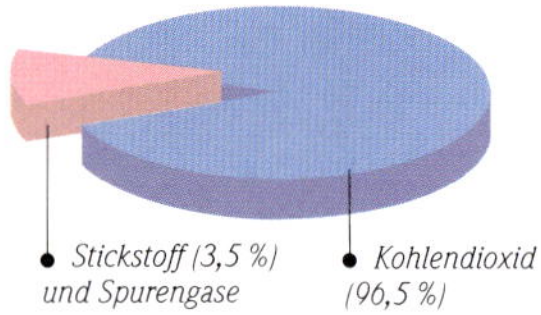

Aufbau der Atmosphäre

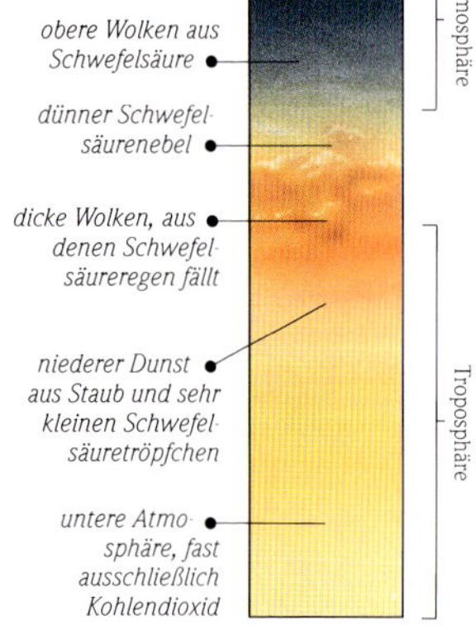

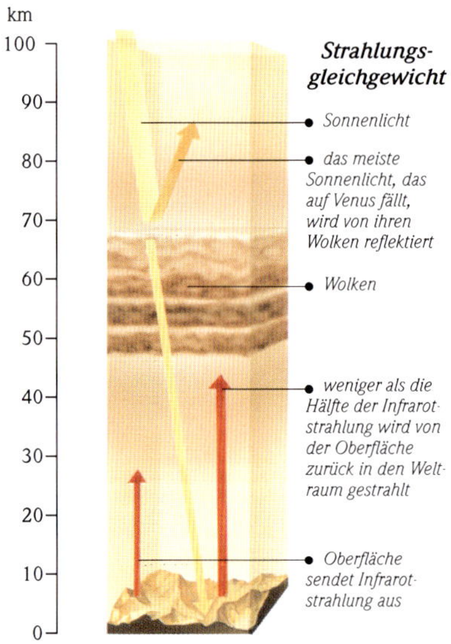

Der Treibhauseffekt

Durch die Atmosphäre eines Planeten fällt sichtbares Sonnenlicht ein und heizt seine Oberfläche auf. Die Oberfläche strahlt dann die Hitze als unsichtbare Infrarotstrahlung wieder ab. Doch bestimmte Gase in der Atmosphäre, hauptsächlich Kohlendioxid, hindern einen Teil der Infrarotstrahlung daran, direkt in den Weltraum zu entweichen, wodurch die Temperatur ansteigt. Dies ist der sogenannte Treibhauseffekt. Auf der Erde, wo Kohlendioxid nur einen kleinen Bruchteil der Atmosphäre stellt, erhöht der Treibhauseffekt die Temperatur um etwa 35°C. Auf Venus, wo die Atmosphäre fast vollständig aus Kohlendioxid besteht, beträgt der Temperaturanstieg aufgrund des Treibhauseffekts beträchtliche 500°C, was zu einer mittleren Temperatur von 464°C führt. Anders als auf der Erde herrschen auf Venus zwischen Äquator und den Polen nur wenige Grade Temperaturunterschied.

Position der Venus 2004–2009

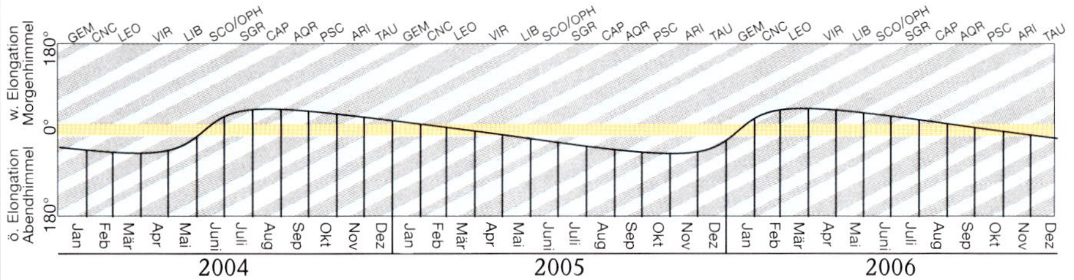

Durchmesser (Erde = 1) 0,95	Masse (Erde = 1) 0,82	Volumen (Erde = 1) 0,86	Dichte (Wasser = 1) 5,20

Geographie und Geologie

Ein Großteil der Venusoberfläche besteht aus gewellten Ebenen. Sie sind von Bergen und Kratern übersät, die durch Vulkantätigkeit und Meteoriteneinschläge entstanden sind. Es gibt auch zwei große Hochlandregionen, ähnlich den Kontinenten auf der Erde: Aphrodite Terra, die in der Nähe des Äquators liegt und mehr als halb so groß ist wie Afrika, sowie Ishtar Terra hoch oben im Norden, die etwa die Größe Australiens hat. In Ishtar liegt der höchste Punkt auf Venus, die Maxwell Montes, ein 11 km hohes Gebirge – höher als der Mount Everest auf der Erde. Es gibt Anzeichen für jüngere Lavaflüsse, die darauf hindeuten, daß Venus heute immer noch vulkanisch aktiv sein könnte. Da Venus so heiß ist, ist all ihr Wasser verdampft.

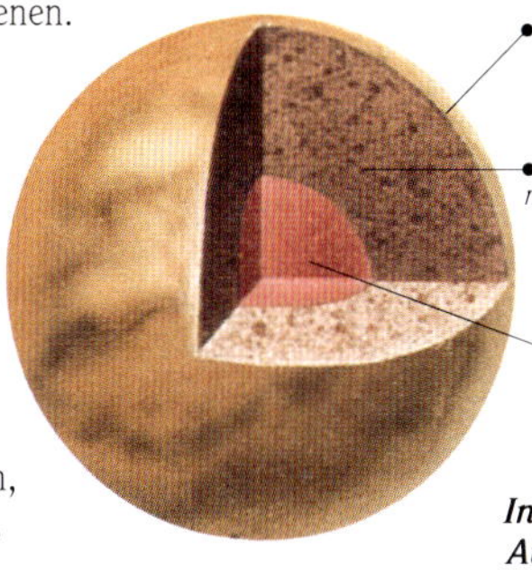

Innerer Aufbau

Krater

Die Oberfläche der Venus ist von Kratern übersät, die von Meteoriteneinschlägen herrühren. Die meisten sind recht groß (Durchmesser bis 300 km), weil nur große Meteorite die dichte Atmosphäre durchdringen können, während kleinere verglühen. Wie die Krater auf dem Mond, haben viele auf Venus einen Zentralberg und sind von Auswurfmaterial umgeben. Zusätzlich gibt es noch viele Krater, die durch Vulkantätigkeit entstanden sind.

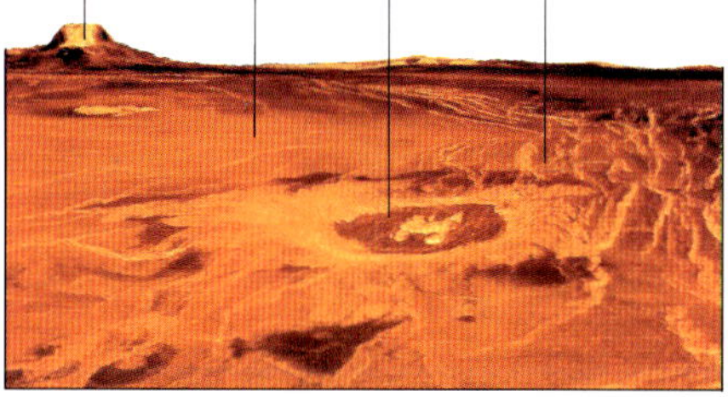

Ebenen, Berge und Krater
Obwohl wir wegen der Wolken die Venusoberfläche nicht mit einem Teleskop sehen können, ist sie mit Radar vermessen worden. Dieses Bild (und die beiden darunter) beruhen auf Daten der Magellan-Raumsonde.

Maat Mons
Dieser Vulkan auf Aphrodite Terra ist der zweithöchste Berg der Venus.

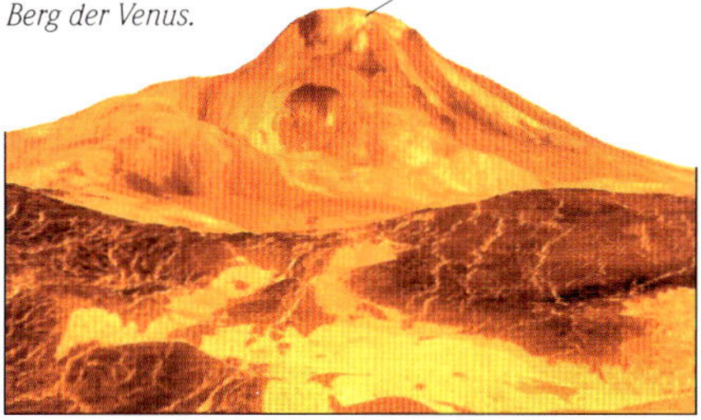

Sapas Mons
Dieser Vulkan hat zwei Zentralgipfel, die von einer weiten Fläche verfestigter Lava umgeben sind.

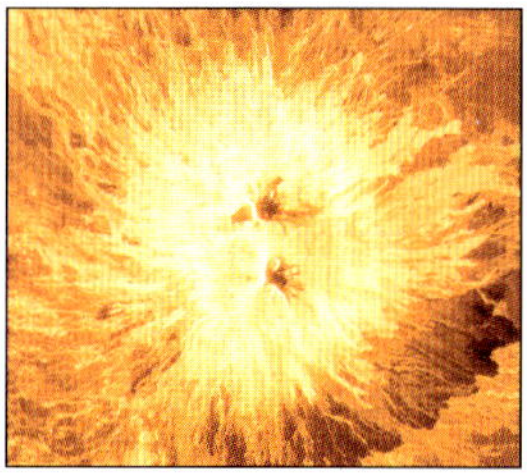

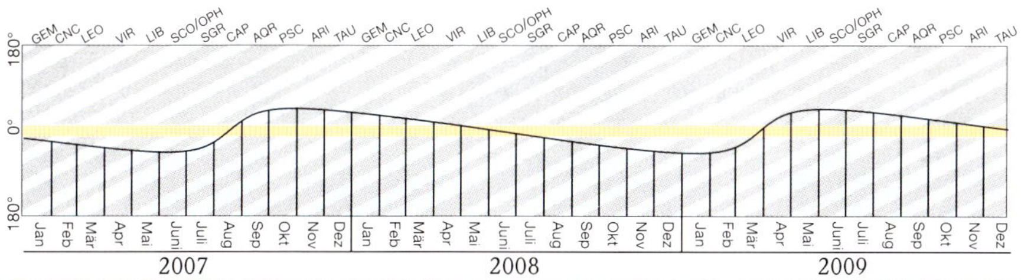

Schwerkraft (Erde = 1) 0,91	Anzahl der Monde 0	mittlere Temperatur 464 °C	größte Helligkeit –4,7 mag

Die Erde

Die Erde, unsere Heimatwelt, ist der dritte Planet von der Sonne aus und der größte der vier steinigen inneren Planeten. Unter den Planeten des Sonnensystems zeichnet sich die Erde auch insofern aus, als sie als einziger reichlich Oberflächenwasser und eine Atmosphäre hat, die reich an Stickstoff und Sauerstoff ist. Sie ist zudem der einzige Planet, von dem mit Sicherheit bekannt ist, daß er Leben beherbergt.

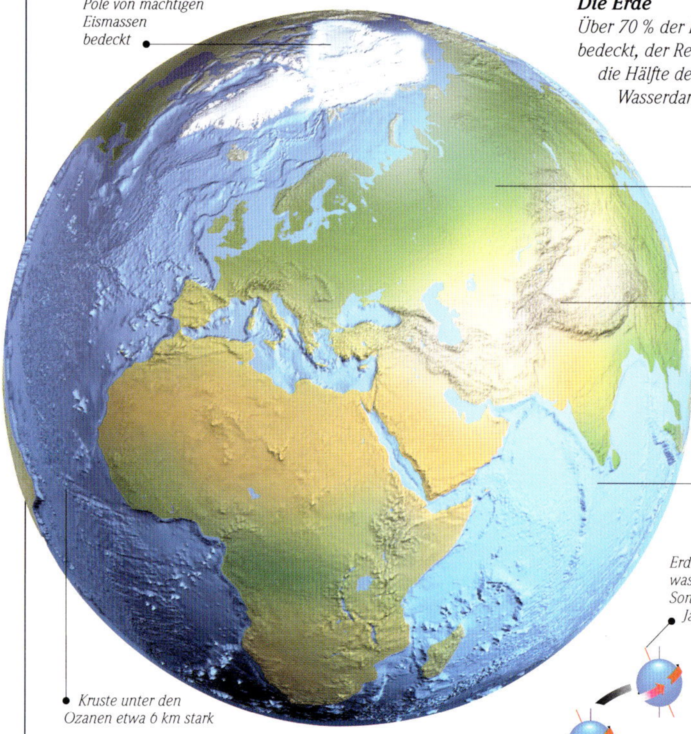

Die Erde
Über 70 % der Erdoberfläche sind von Wasser bedeckt, der Rest ist Land. Zuweilen liegt fast die Hälfte der Erdkugel unter Wolken aus Wasserdampf.

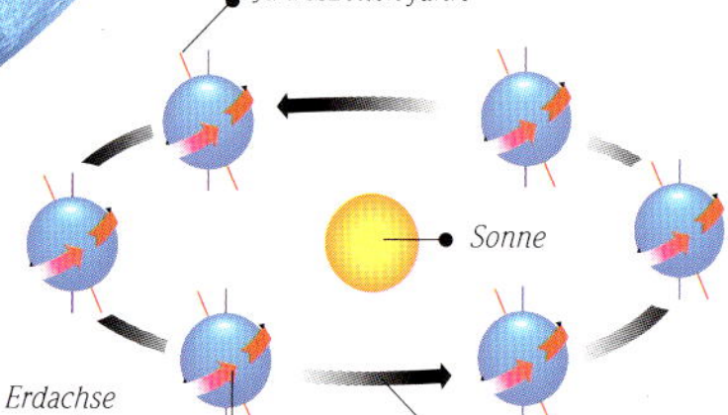

Neigung, Rotation und Umlaufbahn

Die schwankende Achse der Erde
Die Anziehungskraft von Sonne und Mond lassen die Erde im Weltraum schwanken wie einen sich drehenden Kinderkreisel – auch wenn sie für eine Kreiselumdrehung 25 000 Jahre benötigt. Diese Schwankungen, Präzession genannt, führen dazu, daß sich die Koordinaten der Sterne im Laufe der Zeit langsam verändern. Astronomen müssen dies bei der Bestimmung von Sternpositionen berücksichtigen.

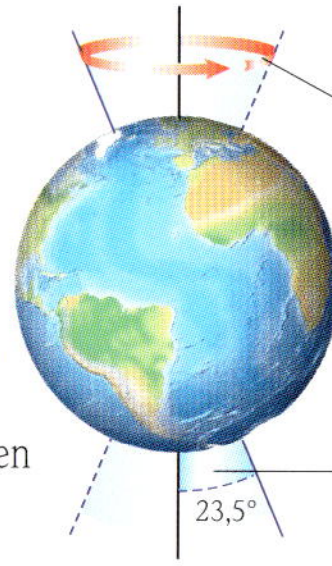

Durchmesser 12 756 km	Masse 5,98 x 10^{21} Tonnen	Volumen 1,08 x 10^{12} km^3

Atmosphäre und Klima

Die Gasschicht, die die Erde umgibt, spielt eine wichtige Rolle für Schutz und Erhalt des Lebens. Sie schirmt nicht nur die Oberfläche gegen übermäßige Sonnenstrahlung und Meteoriteneinschläge ab, sondern ihre Dichte sorgt zusammen mit der günstigen Entfernung der Erde von der Sonne auch noch für genau die richtige Temperatur, bei der Wasser in flüssiger Form existieren kann. Wasser und Kohlendioxid dienen den Pflanzen als Nahrung, die ihrerseits den Sauerstoff freisetzen, der für tierisches Leben entscheidend ist. Zirkulation in der Atmosphäre ist ebenfalls ein wichtiger Mechanismus, durch den Wärmeenergie vom Äquator zu den Polen transportiert wird.

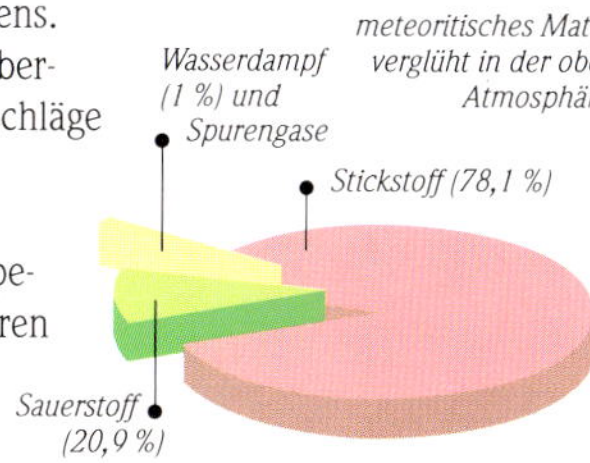

Zusammensetzung der Atmosphäre

Aufbau der Atmosphäre

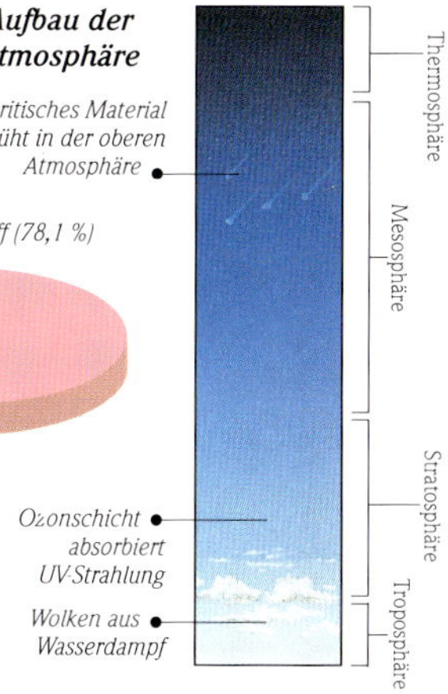

Geographie und Geologie

Die Erdkruste besteht aus einzelnen Teilen, sogenannten Platten, die auf der Oberfläche des zähflüssigen Mantels schwimmen und langsam auseinanderdriften oder sich übereinander schieben. Entlang der Plattenränder gibt es Gebirge, Vulkane und Erdbeben. Die Erde hat einen Kern aus Eisen und Nickel, dessen äußerer Bereich flüssig ist. Bewegungen im flüssigen äußeren Kern erzeugen das Erdmagnetfeld, das sich bis in den Weltraum erstreckt und einen magnetischen Kokon um unseren Planeten bildet, der Magnetosphäre genannt wird.

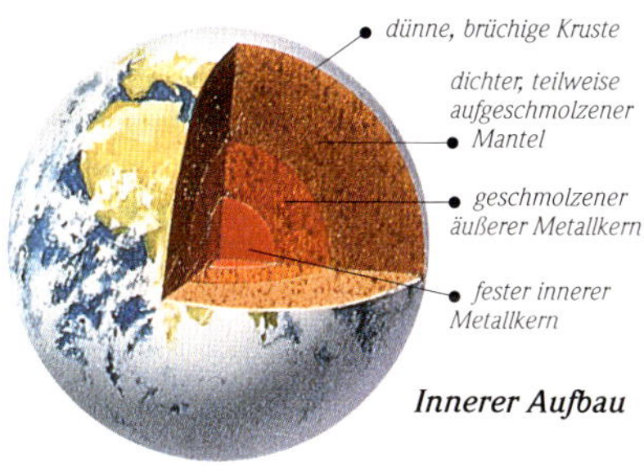

Innerer Aufbau

Lichtverschmutzung

Lichtverschmutzung entsteht durch künstliche Lichtquellen, die in den Himmel scheinen. Das Problem ist in städtischen Gebieten am größten und so verbreitet, daß es in einigen hochentwickelten Ländern kaum noch Orte mit wirklich dunklem Himmel gibt. Sie stellt nicht nur eine Energieverschwendung dar, sondern auch ein zunehmendes Ärgernis für Astronomen, da relativ lichtschwache Himmelsobjekte im hellen Streulicht der künstlichen Beleuchtung nicht mehr zu sehen sind.

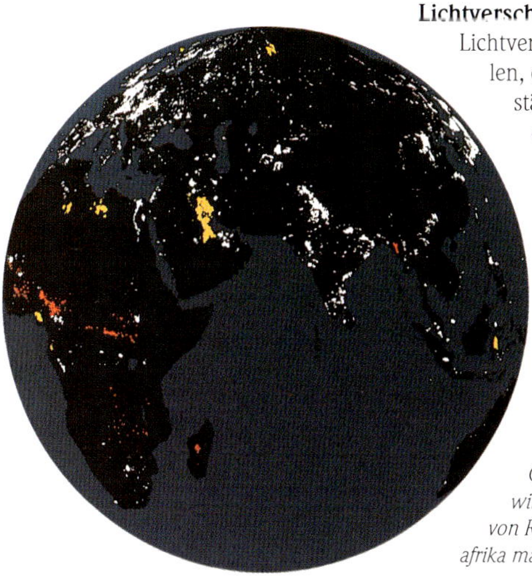

Die Erde bei Nacht

Links oben im Bild erkennt man die Lichter des industrialisierten Europa, rechts oben liegt Japan. Die gelben Gebiete, wie die um den Mittleren Osten, stellen Gas dar, das auf Ölfeldern abgefackelt wird, während die roten Flecken in Äquatorialafrika von Rodungsbränden herrühren. Das helle Band in Nordafrika markiert das Niltal.

Dichte (Wasser = 1) 5,52	Schwerkraft 1	Anzahl der Monde 1	mittlere Temperatur 15 °C

Der Mond

Der Mond ist der einzige natürliche Satellit der Erde. Er steht so nahe bei ihr – in einer mittleren Entfernung von nur 384 000 km –, daß schon mit einem Fernglas faszinierende Einzelheiten seiner Oberfläche zu erkennen sind. Der Mond hat weder eine Lufthülle noch flüssiges Wasser und somit auch kein Wetter. Es gibt auch kein Leben auf ihm und keine geologische Aktivität. Seine Hauptlandschaftsformen rühren alle von Meteoriteneinschlägen her.

Mondvorderseite
Die charakteristischen Tiefebenen des Mondes, die Mare, sind hier direkt beschriftet; die Namen der anderen gekennzeichneten Gebilde indet man in der Tabelle auf S. 39.

Plato ist ein von Lava überfluteter Krater mit dunklem Boden

Gebirge wie die Montes Apenninus sind Reste alter Kraterwälle

Oceanus Procellarum (Meer der Stürme) ist das größte Mondmare

Strahlen um Krater wie Tycho bestehen aus Bruchstücken hellen Gesteins, die durch Meteoriteneinschläge ausgeschleudert wurden

Durchmesser (Erde = 1) 0,27	Masse (Erde = 1) 0,01	Volumen (Erde = 1) 0,02	Dichte (Wasser = 1) 3,34

Größenvergleich
Der Durchmesser des Mondes beträgt 3476 km, ein wenig mehr als 1/4 des Erddurchmessers.

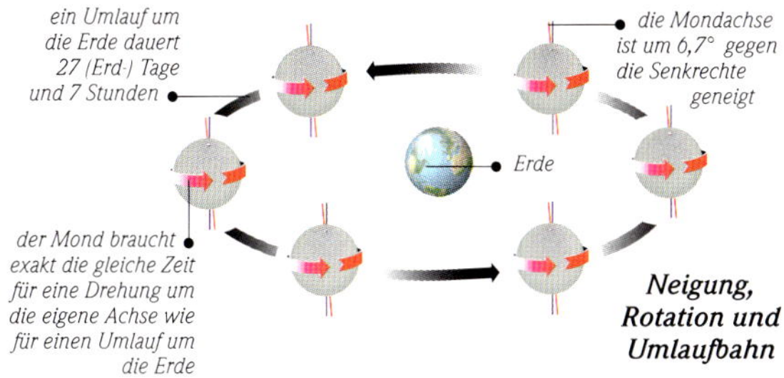

Neigung, Rotation und Umlaufbahn

Beobachtung des Mondes

Da sich der Mond in genau derselben Zeit einmal um seine eigene Achse dreht, die er für einen Umlauf um die Erde benötigt, kehrt er der Erde stets dieselbe Seite zu, die seine Vorderseite genannt wird. Deshalb können wir immer nur etwa die Hälfte der Mondoberfläche sehen. Die Hauptmerkmale sind mit bloßem Auge erkennbar. Dunkle Tiefebenen, die Mare, stehen im Gegensatz zu den hellen Hochländern. Ein Fernglas oder ein kleines Teleskop zeigt unzählige Krater und Gebirge. Das Oberflächenrelief tritt am deutlichsten nahe der Grenze zwischen beleuchtetem und unbeleuchtetem Gebiet, dem sogenannten Terminator hervor, wo die Schatten am längsten sind. Wird die Oberfläche um die Zeit des Vollmondes frontal ausgeleuchtet, erscheint sie wie ausgewaschen, so daß sogar große Krater nicht mehr zu sehen sind. Einige Merkmale benötigen jedoch starken Kontrast, um sichtbar zu sein, und sind daher bei Vollmond am auffälligsten; hierzu gehören die dunklen Mare und die hellen Strahlen um einige Krater.

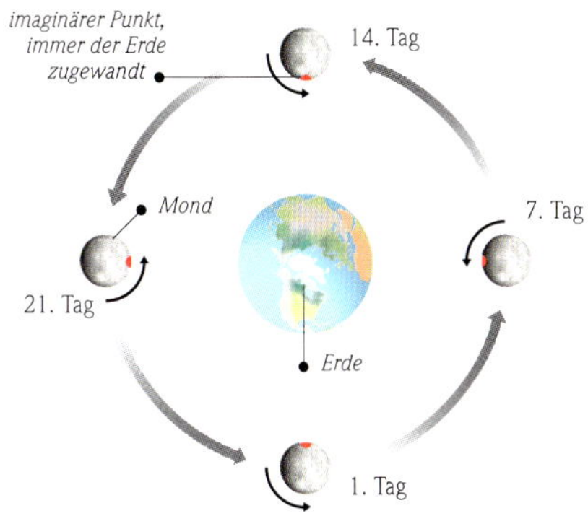

△ ***Gebundene Rotation***
Die Anziehungskraft der Erde hat die Rotation des Mondes so abgebremst, daß diese genau synchron mit seiner Bewegung auf der Umlaufbahn verläuft.

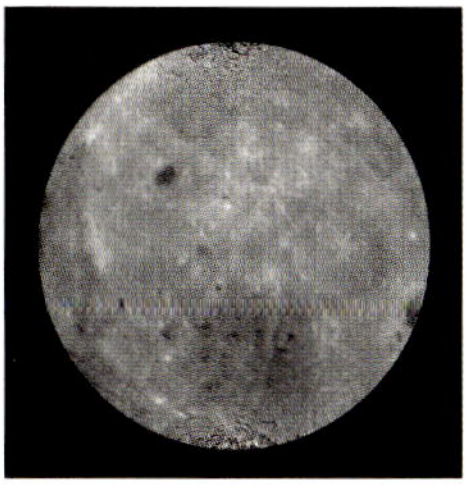

◁ ***Mondrückseite***
Die Mondrückseite, die von der Erde aus nicht zu sehen ist, wurde vom Weltraum aus photographiert.

Legende der Mondformationen

Krater			Tieflandformationen
1. Aristillus	13. Alpetragius	25. Fracastorius	36. Sinus Iridum
2. Autolycus	14. Arzachel	26. Theophilus	37. Sinus Medii
3. Archimedes	15. Gassendi	27. Langrenus	38. Sinus Asperitatis
4. Plato	16. Walter	28. Proclus	39. Lacus Somniorum
5. Eratosthenes	17. Tycho	29. Posidonius	40. Lacus Mortis
6. Grimaldi	18. Longomontanus	30. Atlas	Hochlandformationen
7. Copernicus	19. Clavius	31. Hercules	41. Montes Alpes
8. Aristarchus	20. Maginus	32. Endymion	42. Montes Caucasus
9. Marius	21. Stöfler	33. Aristoteles	43. Montes Jura
10. Ptolemaeus	22. Piccolomini	34. Eudoxus	44. Montes Carpatus
11. Albategnius	23. Catharina	35. Cassini	45. Montes Apenninus
12. Alphonsus	24. Cyrillus		46. Rupes Altai

Schwerkraft (Erde = 1) 0,17	mittlere Temperatur −18 °C	größte Helligkeit −12,7 mag

Die Mondphasen

Die Phasen des Mondes entstehen, weil wir während seines Umlaufs um die Erde unterschiedlich große Anteile seiner sonnenbeschienenen Seite sehen. Bei Neumond liegt die Vorderseite des Mondes vollkommen im Schatten. Läuft er auf seiner Bahn weiter, wächst das sichtbare Gebiet von einer Sichelphase über Halb- bis Vollmond an (zunehmender Mond). Während das sichtbare Gebiet dann wieder kleiner wird (abnehmender Mond), erscheinen die Phasen in umgekehrter Reihenfolge. Ist der Mond eine dünne Sichel, kann man den unbeleuchteten Teil schwach schimmern sehen, weil reflektiertes Erdlicht auf ihn fällt – ein Effekt, der Erdschein genannt wird.

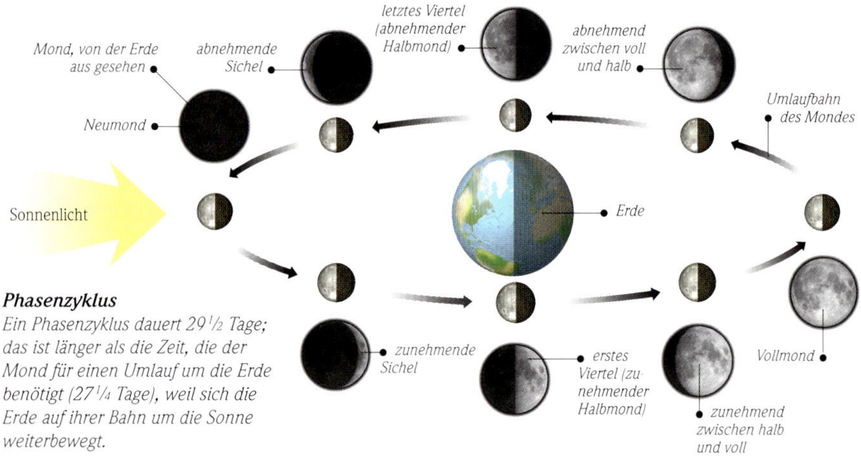

Phasenzyklus
Ein Phasenzyklus dauert 29 ½ Tage; das ist länger als die Zeit, die der Mond für einen Umlauf um die Erde benötigt (27 ¼ Tage), weil sich die Erde auf ihrer Bahn um die Sonne weiterbewegt.

Mondfinsternis

Gelegentlich wandert der Vollmond in den Erdschatten und verfinstert sich. Vom Beginn des Eintritts des Mondes in den Schatten bis zu seinem vollständigen Wiederauftauchen können 4 Stunden vergehen, und die Phase der totalen Finsternis kann deutlich mehr als 1 Stunde dauern. In einem Jahr kann es bis zu drei Mondfinsternisse geben, obwohl in manchen Jahren gar keine stattfinden. Mondfinsternisse sind über weite Gebiete der Erde sichtbar – überall dort, wo der Mond über dem Horizont steht.

Abfolge einer Mondfinsternis
Sonnenlicht, das durch die Atmosphäre der Erde in den Erdschatten gelenkt wird, kann bewirken, daß der verfinsterte Mond nicht völlig verschwindet, sondern tiefrot erscheint.

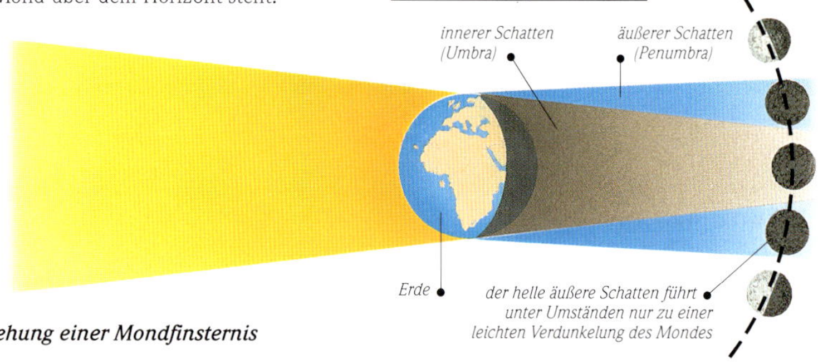

Entstehung einer Mondfinsternis

Durchmesser (Erde = 1) 0,27	Masse (Erde = 1) 0,01	Volumen (Erde = 1) 0,02	Dichte (Wasser = 1) 3,34

Geschichte und Geologie

Man nimmt an, daß der Mond vor etwa 4,5 Milliarden Jahren entstand, als ein marsgroßer Körper die Erde traf, die selbst erst weniger als 100 Millionen Jahre alt war. Trümmer aus dem Zusammenstoß wurden in die Erdumlaufbahn geschleudert und ballten sich zum Mond zusammen. Der junge Mond wurde bis vor etwa 3,9 Milliarden Jahren heftig von Meteoriten bombardiert. Danach ließen die Einschläge deutlich nach, und aus seinem Inneren quoll geschmolzene Lava hervor und bildete die Mare. Dieser Prozeß dauerte mehr als 2 Milliarden Jahre an. Auf der Mondrückseite gibt es kaum Mare, weil dort die Kruste dicker ist und weniger Lava an die Oberfläche drang.

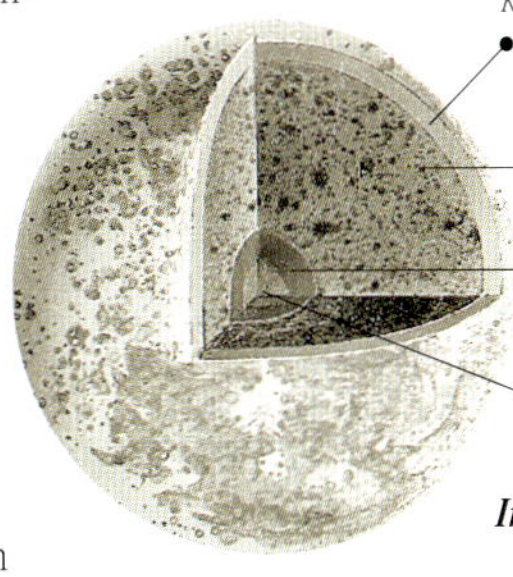

Innerer Aufbau

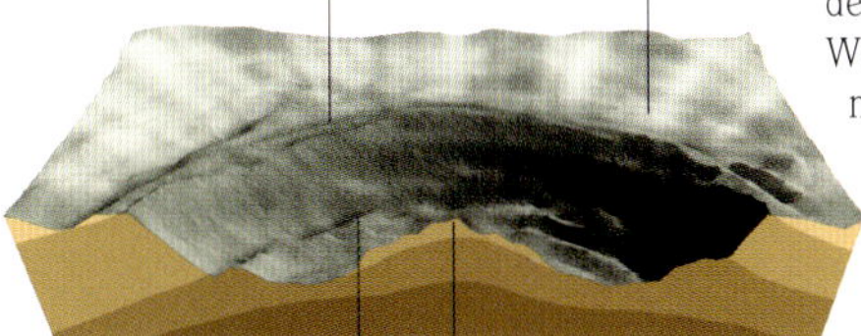

Einschlagkrater

Große Krater haben häufig einen ebenen Boden mit einem oder mehreren Bergen im Zentrum. Da es auf dem Mond keine Erosion gibt, bleiben die Krater gut erhalten.

Landschaftsformen

Die tiefliegenden Mare des Mondes weisen nur wenige große Krater auf. Im Gegensatz dazu sind die älteren Hochlandregionen völlig von Kratern aller Größen bedeckt, von winzigen Mulden bis hin zu riesigen, von Wällen umgebenen Ebenen mit mehr als 200 km Durchmesser. Mit Ausnahme einiger weniger Vulkankrater sind alle durch Meteoriteneinschläge entstanden. Große Krater haben oft Zentralberge, die durch das Zurückprallen des Kraterbodens beim Einschlag gebildet wurden, sowie terrassenförmige Wälle, die entstanden, als die Kraterwände später nach innen abrutschten. Junge Krater sind hell und von Strahlen aus pulverisiertem Gestein umgeben, das beim Einschlag ausgeschleudert wurde. Der Mond hat auch Täler, sogenannte Rillen, von denen es zwei Haupttypen gibt: durch Verwerfungen entstandene, die gerade oder gebogen sein können, und gewundene, die wie Flüsse aussehen, in Wirklichkeit aber Lavarinnen sind.

◁ ***Krater und Rillen***
Aristarch (links) ist ein junger Strahlenkrater. Vom angrenzenden Krater Herodot führt eine lange Rille fort.

▽ ***Überlappende Krater***
Der Krater Theophilus (rechts) hat einen Zentralberg und einen terrassenförmigen Wall.

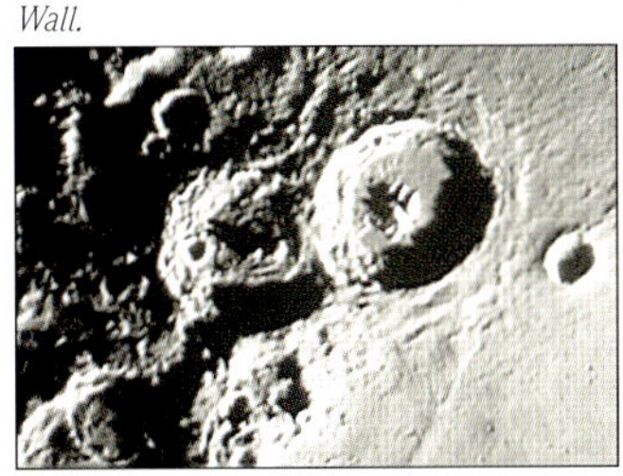

Schwerkraft (Erde = 1) 0,17	mittlere Temperatur −18 °C	größte Helligkeit −12,7 mag

Mars

Mars ist ein kleiner, steiniger Planet, der in gewisser Weise der Erde ähnelt. Er hat einen 24-Stunden-Tag, ähnliche Jahreszeiten wie die Erde und auch Eiskappen an den Polen. Es bestehen jedoch wichtige Unterschiede: Die Temperaturen steigen auf Mars kaum über den Gefrierpunkt, und die Atmosphäre ist dünn und enthält fast keinen Sauerstoff. Mars wird häufig der Rote Planet genannt, weil er von roten Wüsten bedeckt ist.

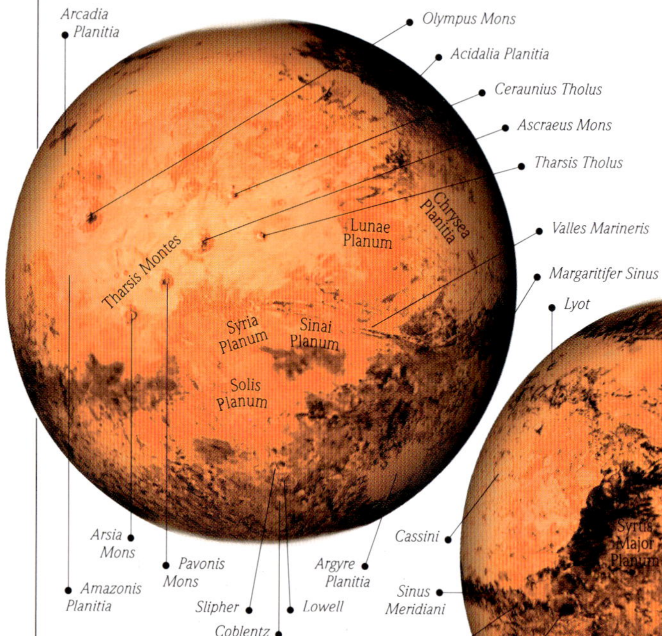

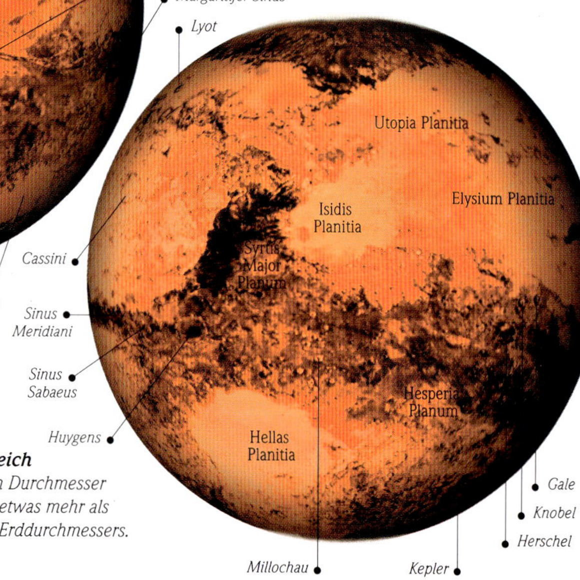

Mars
Wenn Mars der Erde am nächsten steht, kann man unter Umständen einige der großräumigen Formationen des Planeten erkennen. Diese beiden Abbildungen zeigen die gesamte Marsoberfläche.

Größenvergleich
Mars hat einen Durchmesser von 6794 km, etwas mehr als die Hälfte des Erddurchmessers.

Position des Mars 1998–2003

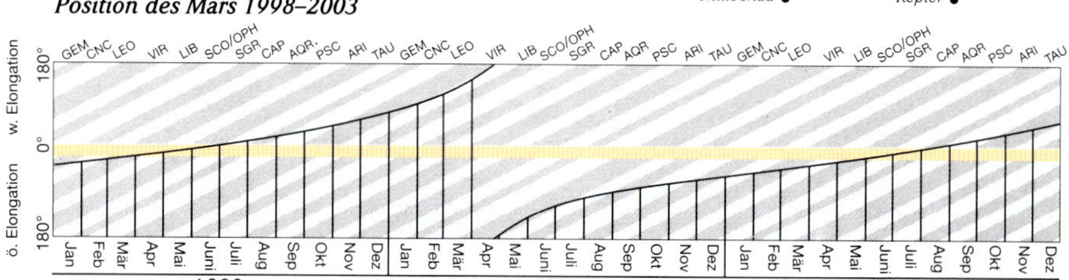

Druchmesser (Erde = 1)	Masse (Erde = 1)	Volumen (Erde = 1)	Dichte (Wasser = 1)
0,53	0,11	0,15	3,93

Beobachtung

Mars ist um die Zeit seiner Opposition (s. u.) leicht mit bloßem Auge aufzufinden und ähnelt dann einem hellen, deutlich orange gefärbten Stern. Im Fernglas sieht man nur eine winzige Scheibe, aber schon mit einem kleinen Teleskop sind unter geeigneten Umständen die Polkappen des Planeten und die größten seiner dunklen Oberflächenmuster erkennbar. Für ernsthafte Beobachtungen empfiehlt sich ein Teleskop mit mindestens 200 mm Öffnung. In seiner mittleren Oppositionsentfernung erscheint Mars bei etwa 100facher Vergrößerung so groß wie der Mond mit bloßem Auge.

◁ ***Mit bloßem Auge***
Der orange Punkt über der rechten Seite der Turmspitze ist Mars.

△ ***Im Fernglas***
Die Scheibe unterhalb der Bildmitte ist Mars.

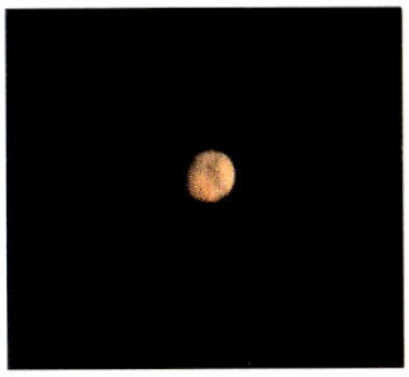

◁ ***Im Teleskop***
Großräumige Formationen erscheinen als helle und dunkle Flecken.

Neigung, Rotation und Umlaufbahn

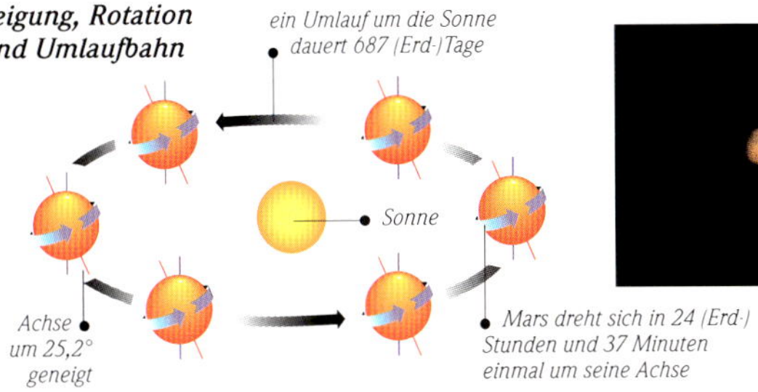

Oppositionen

Mars kommt rund alle 2 Jahre und 2 Monate in Opposition (s. S. 15), doch wegen seiner stark elliptischen Bahn schwankt die Entfernung, die er zur Zeit der Opposition von uns hat, merklich. Bei nahen Oppositionen – alle 15 oder 17 Jahre – erscheint er am größten und hellsten.

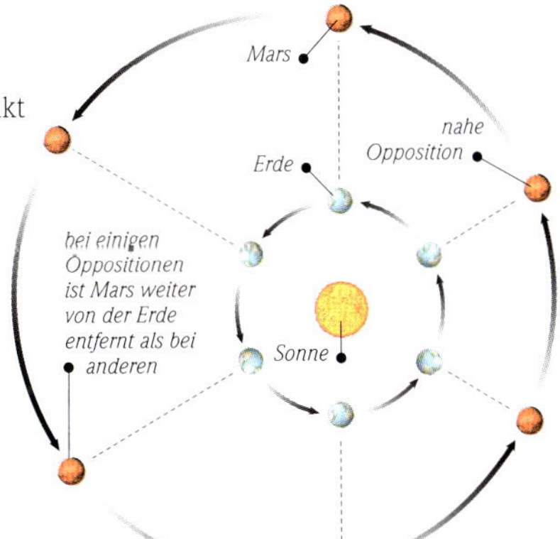

Oppositionen des Mars

Daten der Oppositionen

Datum	Wo Mars erscheint	Helligkeit	Entfernung von Erde (Mio. km)
24. April 1999	Virgo	-1,5	87
13. Juni 2001	Ophiuchus	-2,1	68
28. August 2003	Aquarius	-2,7	56
7. November 2005	Aries	-2,1	70
24. Dezember 2007	Gemini–Taurus	-1,4	89
29. Januar 2010	Cancer	-1,1	99

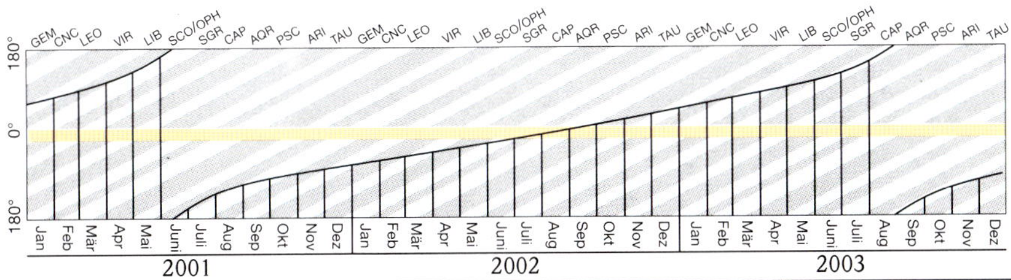

Schwerkraft (Erde = 1)	Anzahl der Monde	mittlere Temperatur	größte Helligkeit
0,38	2	-63 °C	-2,8 mag

Atmosphäre und Klima

Die Atmosphäre des Mars besteht hauptsächlich aus Kohlendioxid und ist so dünn, daß der Luftdruck an der Oberfläche weniger als 1 % des Luftdrucks auf der Erde beträgt. Die Temperatur liegt gewöhnlich deutlich unter dem Gefrierpunkt. Im Winter gefriert die Atmosphäre an den Polen aus und fügt den dauerhaften Polkappen aus Wassereis eine Schicht aus Kohlendioxidschnee hinzu. Von der Erde aus sind Morgennebel und insbesondere in den Polargebieten hohe Wolken zu erkennen. Lokale Staubstürme treten das ganze Marsjahr über auf. Wenn der Mars jedoch der Sonne am nächsten steht – und Temperatur und Windgeschwindigkeit ihr Maximum erreichen –, können Stürme den ganzen Planeten überziehen und ihn völlig in Staub einhüllen.

Aufbau der Atmosphäre

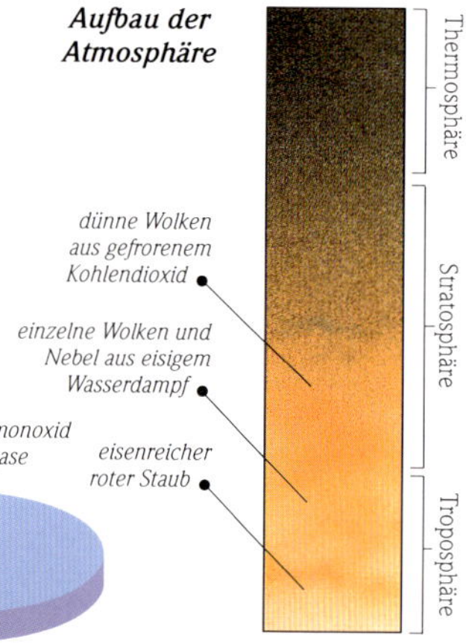

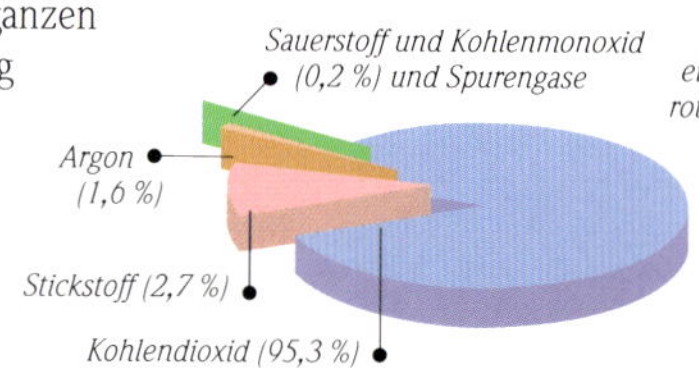

Zusammensetzung der Atmosphäre

Monde

Mars hat zwei kleine Monde namens Phobos und Deimos, deren mittlerer Durchmesser etwa 22 bzw. 12 km beträgt. Beide Monde haben unregelmäßige Gestalt und sind wahrscheinlich Asteroiden, die durch die Schwerkraft des Mars in eine Umlaufbahn um den Planeten gezogen wurden. Phobos umläuft den Mars schneller als dieser sich um seine eigene Achse dreht. Deshalb scheint er von der Oberfläche des Planeten aus gesehen im Westen auf- und im Osten unterzugehen. Phobos und Deimos sind sehr lichtschwach und nur mit einem großen Teleskop sichtbar. Nahaufnahmen von Raumsonden haben gezeigt, daß beide von zahlreichen Kratern bedeckt sind.

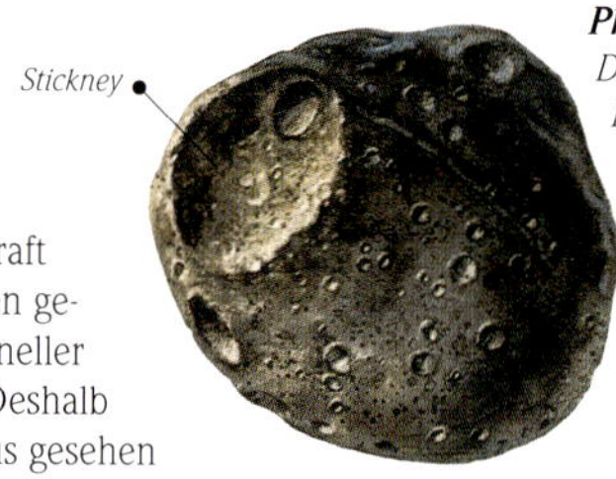

Phobos
Der größte Krater auf Phobos, Stickney genannt, hat einen Durchmesser von etwa 10 km.

Deimos
Deimos, der kleinere der beiden Monde, weist keine großen Krater auf.

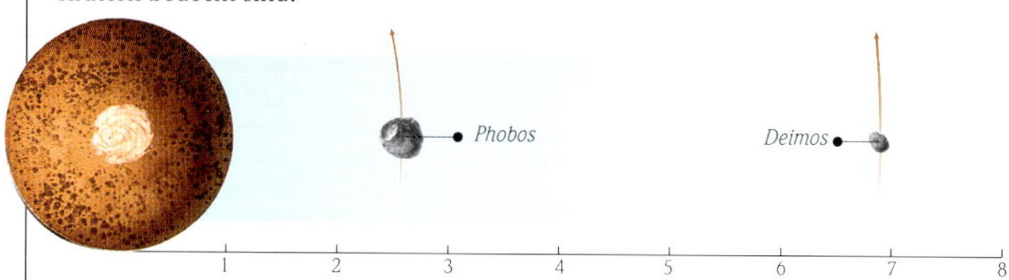

Mondumlaufbahnen
Hier ist dargestellt, wie Phobos und Deimos den Mars umkreisen (nicht maßstabsgerecht).

Position des Mars 2004–2009

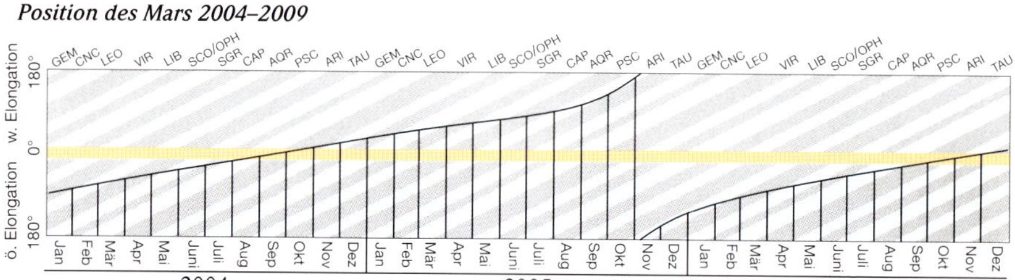

Durchmesser (Erde = 1)	Masse (Erde = 1)	Volumen (Erde = 1)	Dichte (Wasser = 1)
0,53	0,11	0,15	3,93

Geographie und Geologie

Mars ist ein zweigeteilter Planet: Die Südhalbkugel besteht hauptsächlich aus Hochland, das unzählige Krater von Meteoriteneinschlägen aufweist; die Nordhalbkugel ist glatter und liegt im Mittel einige Kilometer tiefer. Es gibt einige riesige Vulkane; der eindrucksvollste ist Olympus Mons, ein 27 km hoher Berg mit einem Durchmesser von 600 km. Er liegt häufig unter weißen Wolken, die mit einem Teleskop von der Erde aus zu erkennen sind. Ein weiteres spektakuläres Gebilde ist ein Canyon-System, Valles Marineris: Mit über 4000 km Länge umspannt es 1/5 des Planetenumfangs und ist mit einem Teleskop als dunkler Streifen zu sehen. Die Oberfläche des Mars ähnelt einer felsenübersäten Wüste, die durch Eisenoxid rostrot gefärbt und bis in eine Tiefe von mehreren Kilometern gefroren ist. Es gibt Anzeichen dafür, daß früher, als das Klima wärmer war, Wasser über die Oberfläche floß.

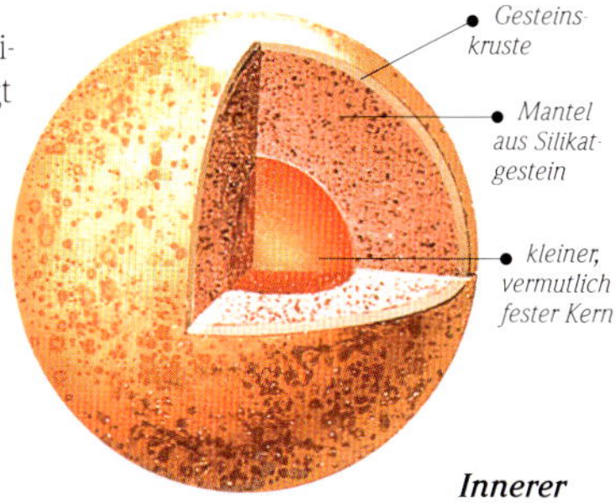

Innerer Aufbau

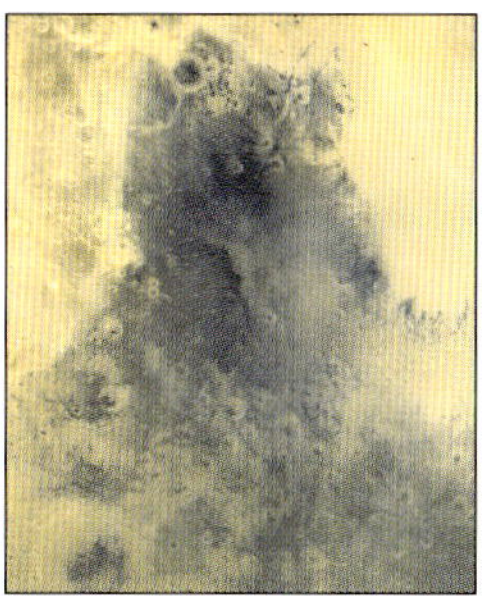

◁ ***Syrtis Major***
Einst hielt man diesen länglichen dunklen Fleck für ein Vegetationsgebiet, doch in Wirklichkeit besteht er aus dunklerem Gestein und Staub.

Tharsis-Rücken ▷
In dieser Hochlandregion gibt es drei Vulkane, die eine 2000 km lange Kette bilden. Rechts im Bild erkennt man den Rand der Valles Marineris.

Der Stein »Chimp« ▷
Dieser Stein scheint von Staub bedeckt, der vom Wind transportiert wurde. Winde können auf Mars eine Geschwindigkeit von 200 km/h erreichen.

»Pfadfinder« auf dem Mars ▷
1997 übermittelte die Marssonde Pathfinder Bilder einer gefrorenen, steinigen Wüste.

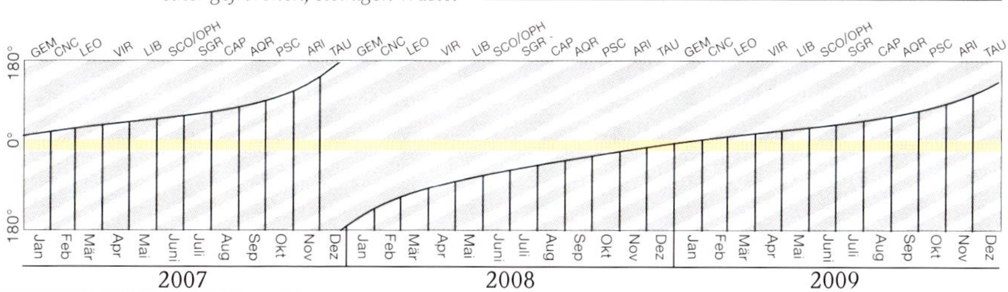

Schwerkraft (Erde = 1)	Anzahl der Monde	mittlere Temperatur	größte Helligkeit
0,38	2	−63 °C	−2,8 mag

Jupiter

Mit mehr als doppelt soviel Masse wie alle anderen Planeten zusammengenommen, ist Jupiter der größte Planet des Sonnensystems. Er dreht sich schneller um seine eigene Achse als jeder andere Planet – eine Rotation dauert weniger als 10 Stunden. Die sichtbare Oberfläche des Jupiter besteht aus wirbelnden Wolken, die deutliche Bänder bilden. Darunter liegen hauptsächlich flüssiger Wasserstoff und Helium.

Jupiter
Die sich ständig verändernden Wolken des Jupiter bilden Bänder, die parallel zum Äquator verlaufen.

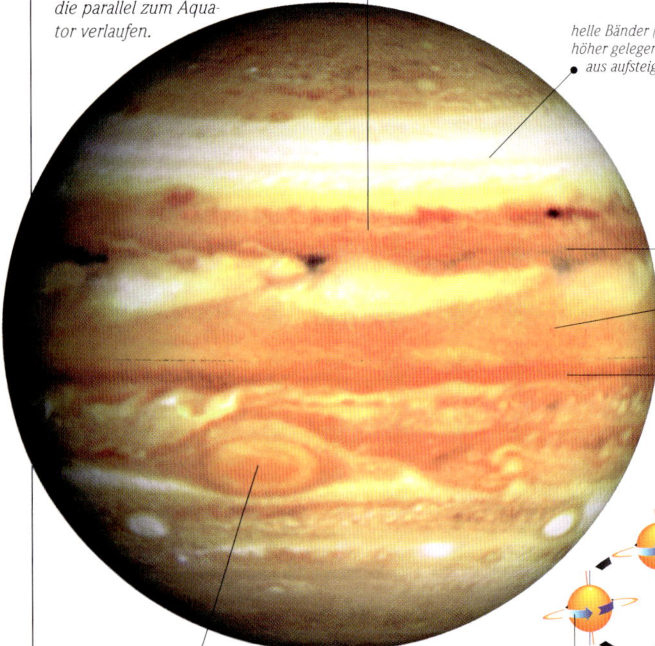

Größenvergleich
Mit 143 000 km Durchmesser ist Jupiter 11mal größer als die Erde.

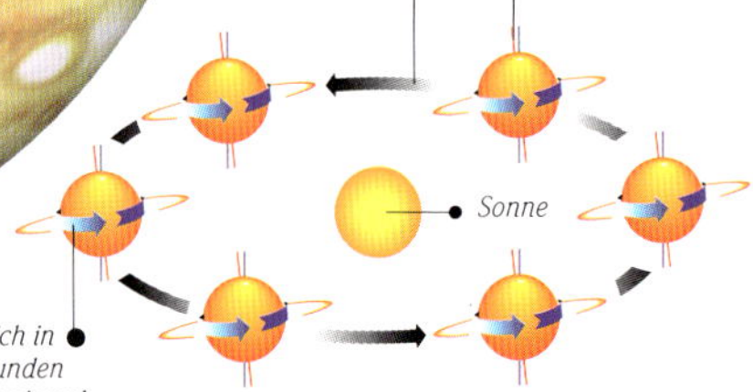

Neigung, Rotation und Umlaufbahn

Position des Jupiter 1998–2003

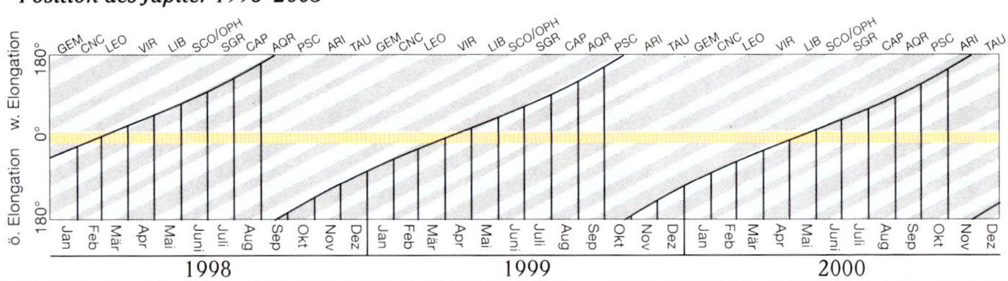

Durchmesser (Erde = 1)	Masse (Erde = 1)	Volumen (Erde = 1)	Dichte (Wasser = 1)
11,21	318	1 321	1,33

Beobachtung

Jupiter zählt zu den interessantesten Planeten für Amateurastronomen. Gewöhnlich ist er nach Venus der hellste Planet (obwohl Mars zu bestimmten Zeiten ein wenig heller werden kann) und so groß, daß man ihn schon durch das Fernglas als abgerundete Scheibe sieht. Ein kleines Teleskop zeigt die auffälligsten Wolkenbänder, gewöhnlich das dunkle Nördliche und das Südliche Äquatorialband, die zu beiden Seiten der hellen Äquatorialzone liegen. Mit einer Teleskop-Öffnung von 75 mm sind einige der größeren Gebilde in den Wolken zu erkennen. Schon innerhalb von 10 Minuten kann man beobachten, daß sich diese Gebilde bewegen. Ein kleines Teleskop läßt auch erkennen, daß die Jupiterscheibe elliptisch ist – der äquatoriale Durchmesser des Planeten ist aufgrund seiner schnellen Rotation mehr als 9000 km größer als sein polarer Durchmesser. Jupiter erscheint am größten und hellsten, wenn er in Opposition steht (s. S. 15), was alle 13 Monate der Fall ist. Zu diesem Zeitpunkt wirkt er mit nur 40facher Vergrößerung so groß wie der Mond mit bloßem Auge.

Beobachtung des Jupiter
Im Fernglas unterscheidet sich Jupiter von Sternen, weil er als Scheibe und nicht als Lichtpunkt erscheint. Teleskope und CCD-Kameras lassen nähere Einzelheiten auf der Oberfläche erkennen.

Fernglas ***Teleskop*** ***CCD***

Beobachtung der Galileischen Monde

Die vier größten Monde des Jupiter – Io, Europa, Ganymed und Kallisto – wurden erstmals 1610 von dem italienischen Wissenschaftler Galileo Galilei beobachtet und heißen daher Galileische Monde. In einem kleinen Teleskop oder Fernglas erscheinen sie wie lichtschwache Sterne, die rechts und links des Äquators des Planeten aufgereiht sind und bei ihrem Umlauf ihre Position verändern. Zuweilen mögen einer oder mehrere fehlen, weil sie entweder vor oder hinter Jupiter vorüberziehen oder in seinem Schatten liegen.

Den Monden auf der Spur
Hier sind die Positionen der Monde über vier Nächte hinweg angegeben. Die Monde sind als farbige Scheibchen dargestellt; im Fernglas oder Teleskop erscheinen sie jedoch als kleine Lichtpünktchen.

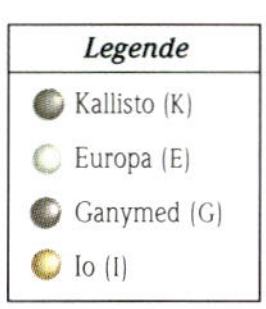

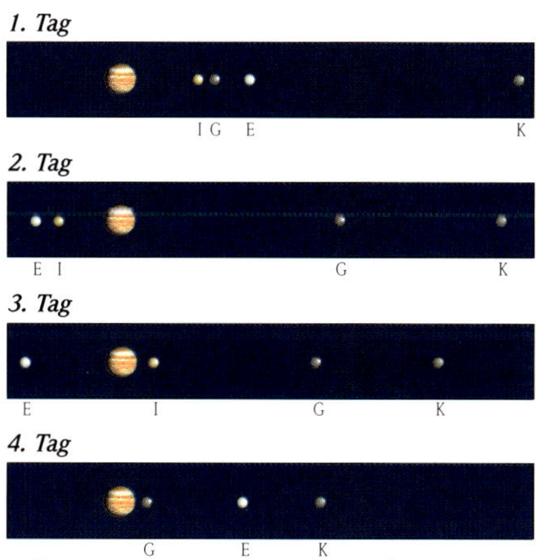

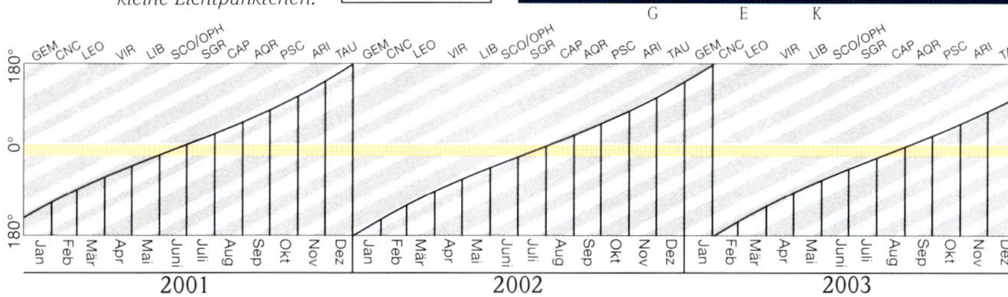

Schwerkraft (Erde = 1) 2,36	Anzahl der Monde 16	mittlere Temperatur −144 °C	größte Helligkeit −2,9 mag

Aufbau und Atmosphäre

Jupiter ist in eine wolkige Atmosphäre gehüllt, die etwa 1000 km mächtig ist. In verschiedenen Höhen bilden sich Wolken unterschiedlicher Zusammensetzung, je nach Temperatur und Dichte, die beide mit der Tiefe zunehmen. Unterhalb der Wolken gibt es keine feste Oberfläche. Statt dessen werden Wasserstoff und Helium durch die starke Schwerkraft zu Flüssigkeiten zusammengepreßt. Tief im Inneren, wo sich flüssiger Wasserstoff wie geschmolzenes Metall verhält, erzeugt Konvektion ein starkes Magnetfeld, das sich Millionen von Kilometer weit in den Weltraum erstreckt. Im Zentrum des Jupiter vermutet man einen Gesteinskern.

Aufbau der Atmosphäre

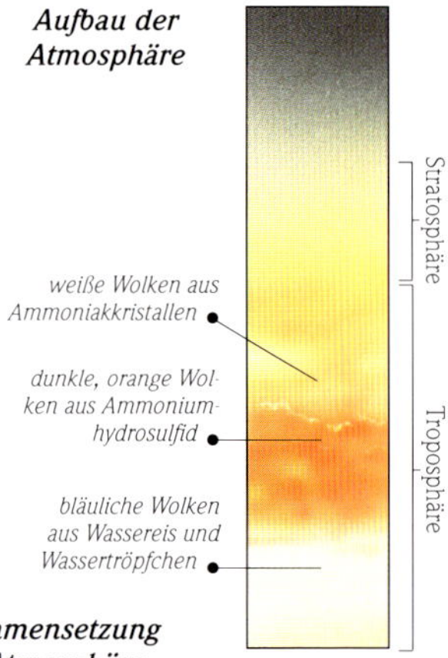

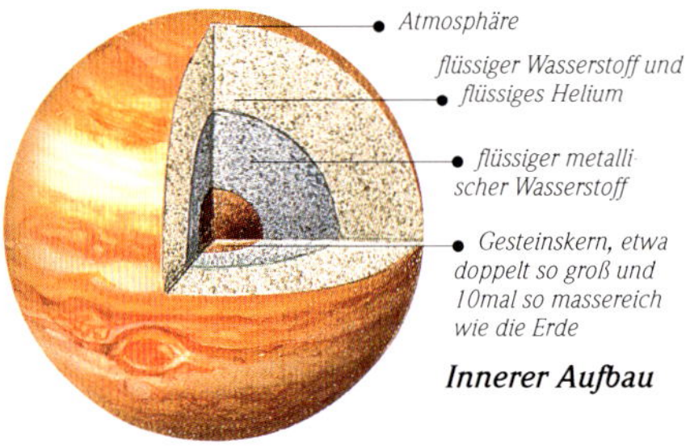

Innerer Aufbau

Zusammensetzung der Atmosphäre

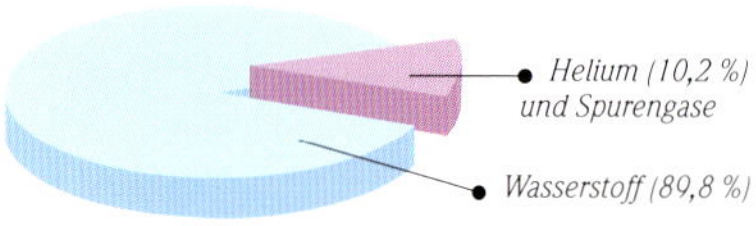

Wolkenbänder und Stürme

Die rasche Rotation des Jupiter zieht seine Wolken zu hellen und dunklen Bändern auseinander. In den hellen Gebieten, Zonen genannt, steigt Gas aus dem warmen Inneren auf und kondensiert zu hochliegenden Wolken. Die dunkleren Wolken, Bänder genannt, bilden sich in geringeren Höhen, wo das Gas absinkt. Die Farben der Bänder reichen von Rot und Braun bis Blau, je nach den chemischen Verbindungen, die sie enthalten. Einzelne Wolkengebilde überdauern selten länger als ein paar Wochen, doch einige weiße ovale Wolken existieren schon mehr als ein halbes Jahrhundert. Das auffälligste Gebilde ist der Große Rote Fleck am Südrand des Südlichen Äquatorialbandes. Diese wirbelnde, in großer Höhe liegende Sturmwolke dreht sich ungefähr einmal in der Woche gegen den Uhrzeigersinn um sich selbst. Sie wird seit 1831 regelmäßig verfolgt; ein ähnliches Gebilde hatten frühe Astronomen bereits im 17. Jahrhundert beobachtet.

Der Große Rote Fleck

Dieses Bild stammt von der Galileo-Raumsonde. Die Färbung des Flecks rührt vermutlich von rotem Phosphor oder vielleicht von Kohlenstoffverbindungen her.

Position des Jupiter 2004–2009

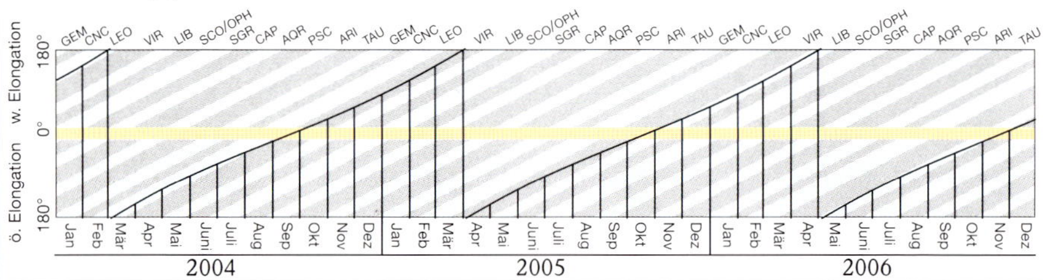

Durchmesser (Erde = 1) 11,21	Masse (Erde = 1) 318	Volumen (Erde = 1) 1321	Dichte (Wasser = 1) 1,33

Ringe und Monde

Die 16 bekannten Monde des Jupiter lassen sich in drei Gruppen einteilen: die inneren acht, einschließlich der vier Galileischen Monde, deren kreisförmige Bahnen in der Äquatorebene des Planeten liegen; die mittleren vier, deren elliptische Bahnen um etwa 25–30° gegen den Jupiteräquator geneigt sind; und die äußeren vier, deren Bahnen elliptisch und retrograd (von Ost nach West) verlaufen. Bei den beiden letzten Gruppen handelt es sich wahrscheinlich um eingefangene Asteroiden. Abgesehen von den Galileischen sind die Monde klein und lichtschwach – ein großes Teleskop ist nötig, um sie zu erkennen. Jupiter hat einen dünnen Staubring, dessen äußerer Durchmesser rund 250 000 km beträgt.

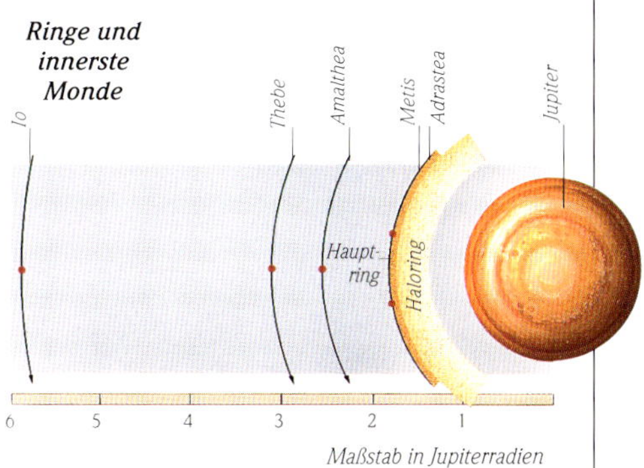

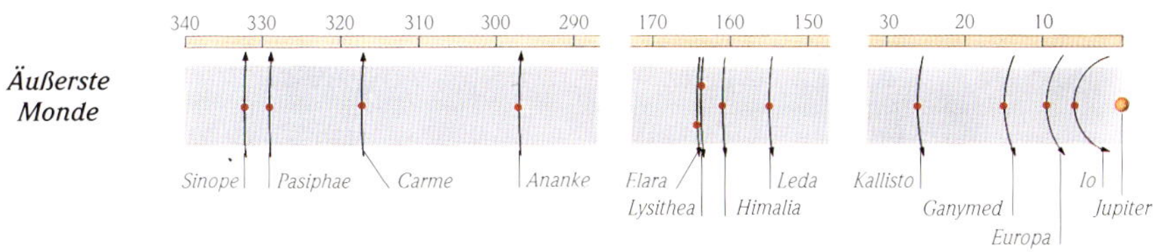

Die Galileischen Monde

Io, der innerste Galileische Mond, ähnelt mit einem Durchmesser von 3630 km von der Größe her unserem Mond. Er ist von gelb-orangem Schwefel bedeckt, der von noch tätigen Vulkanen ausgeschleudert wird. Die Anziehungskräfte des Jupiter bewirken, daß das Innere von Io geschmolzen bleibt. Europa ist mit 3140 km Durchmesser der kleinste der vier Monde. Seine glatte, eisbedeckte Oberfläche ähnelt einer zersprungenen Eierschale. Ganymed – 5260 km Durchmesser – ist der größte Mond im Sonnensystem, größer noch als Merkur. Seine komplexe, teilweise von Kratern bedeckte Oberfläche zeigt dunkle Flecke und hellere Furchen. Der äußerste der vier Monde ist Kallisto – 4800 km Durchmesser –, dessen dunkle Oberfläche von Einschlagskratern übersät ist.

Io

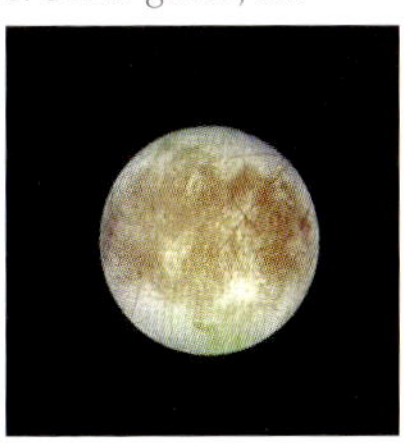
Europa

Ganymed

Kallisto

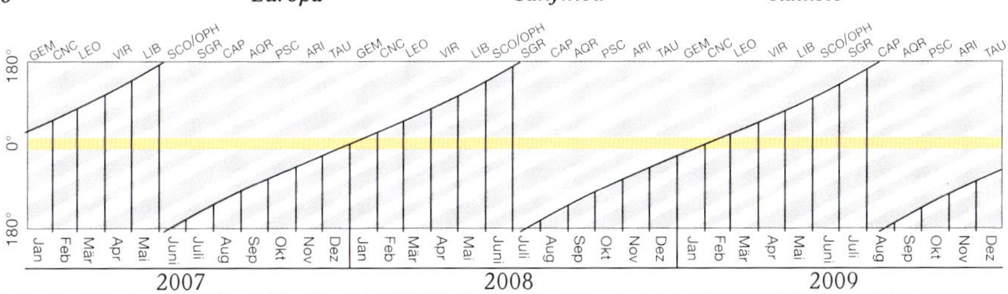

Schwerkraft (Erde = 1) 2,36	Anzahl der Monde 16	mittlere Temperatur −144 °C	größte Helligkeit −2,9 mag

Saturn

Saturn, der entfernteste Planet, der den Astronomen des Altertums bekannt war, ist der zweitgrößte im Sonnensystem und wegen seiner breiten, hellen Ringe um seinen Äquator auch am leichtesten im Teleskop zu identifizieren. Wie Jupiter hat er eine wolkenreiche Atmosphäre, die über dem aus flüssigem Wasserstoff und Helium bestehenden Inneren liegt. Saturn hat 18 Monde, mehr als jeder andere Planet.

Saturn
Saturns bekanntestes Merkmal ist sein auffälliges Ringsystem.

Größenvergleich
Saturn hat einen Durchmesser von 120 500 km und ist damit 9mal größer als die Erde.

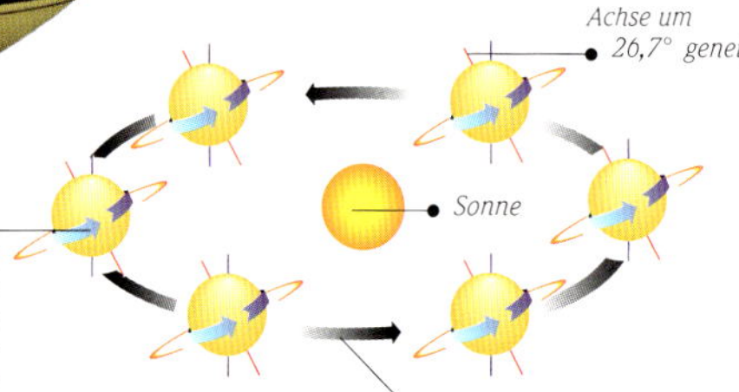

Neigung, Rotation und Umlaufbahn

Position des Saturn 1998–2003

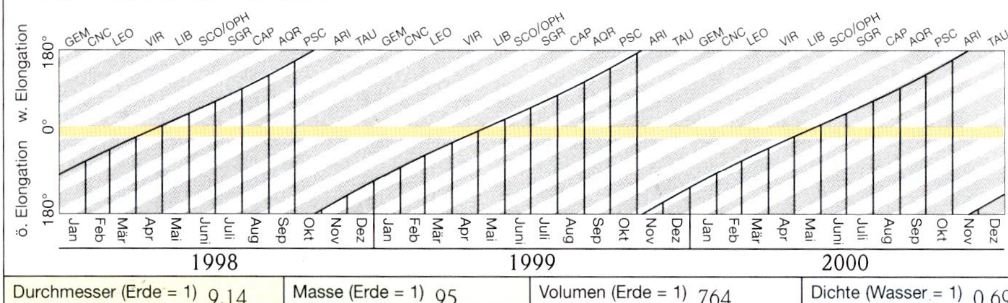

Durchmesser (Erde = 1) 9,14	Masse (Erde = 1) 95	Volumen (Erde = 1) 764	Dichte (Wasser = 1) 0,69

Beobachtung

Mit bloßem Auge wirkt Saturn wie ein heller, gelblicher Stern. Im Fernglas sieht man gerade eben ein kleines Scheibchen, das durch die Ringe etwas länglich erscheint. Mit einem kleinen Teleskop sind die Ringe, die mehr als 2mal so groß sind wie der Planet selbst, klar erkennbar. Von den fünf mit bloßem Auge sichtbaren Planeten bewegt sich Saturn am langsamsten. Seine Oppositionen (s. S. 15) liegen 1 Jahr und 2 Wochen auseinander. In Opposition erscheint Saturn bei 100facher Vergrößerung so groß wie der Vollmond mit bloßem Auge. Die Saturnscheibe ist von Wolkenbändern durchzogen, die aber nicht so ausgeprägt sind wie die des Jupiter; es gibt auch kein Gegenstück zum Großen Roten Fleck. Etwa alle 30 Jahre erscheinen jedoch im Sommer auf der Nordhalbkugel in der Äquatorialzone weiße Flecken.

Ansicht mit bloßem Auge △
Saturn ist das helle sternähnliche Objekt in der Mitte des Bildes.

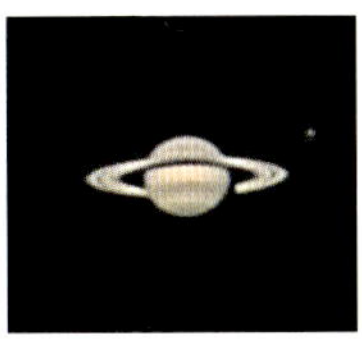

Ansicht mit CCD-Kamera
Mit einer CCD-Kamera kann man die größeren Teilungen der Ringe erkennen.

◁ ***Ansicht im Teleskop***
Ein kleines Teleskop zeigt den Umriß der Saturnringe.

Die Saturnringe in wechselnder Perspektive

Während Saturn die Sonne umkreist, sehen wir seine Ringe unter verschiedenen Winkeln, ein Effekt, der sowohl auf seiner Achsenneigung als auch auf der Neigung seiner Bahn gegen die unsrige beruht. Im Maximalfall sind die Ringe etwa 27° gegen die Erde gekippt. Zweimal bei jedem Umlauf Saturns um die Sonne präsentieren sich die Ringe von der Kante; sie scheinen dann verschwunden, weil sie so dünn sind. Das nächste Mal wird dies im September 2009 der Fall sein.

Erde und Saturn im Raum

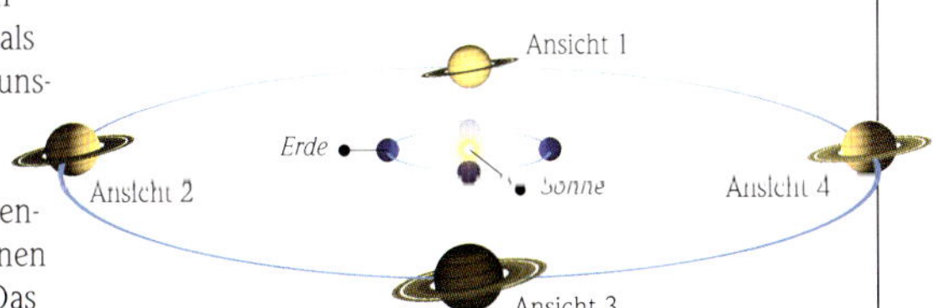

Ringansichten von der Erde aus

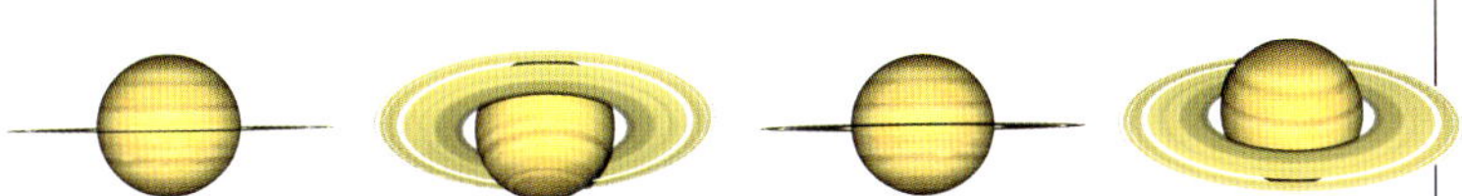

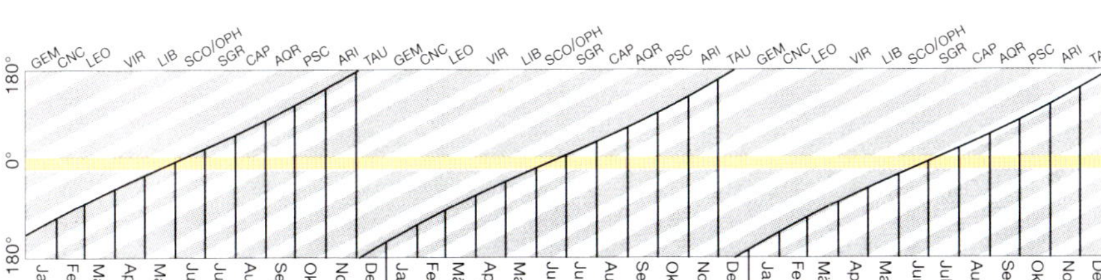

Schwerkraft (Erde = 1)	0,92	Anzahl der Monde	18	mittlere Temperatur	−176°C	größte Helligkeit	−0,3 mag

Aufbau und Atmosphäre

Saturns wolkenreiche Atmosphäre ähnelt der des Jupiter, ist jedoch kälter. Nahe am Äquator erreichen die Windgeschwindigkeiten 1800 km/h, mehr als auf jedem anderen Planeten. Unter den Wolken liegt das Innere aus flüssigem Wasserstoff und Helium sowie ein Gesteinskern. Saturns mittlere Dichte beträgt nur etwa 70 % der Dichte von Wasser und ist damit die niedrigste von allen Planeten. Diese geringe Dichte bewirkt zusammen mit seiner raschen Rotation, daß Saturn eine stark elliptische Gestalt hat, wobei sein Durchmesser am Äquator fast 12 000 km größer ist als am Pol.

Aufbau der Atmosphäre

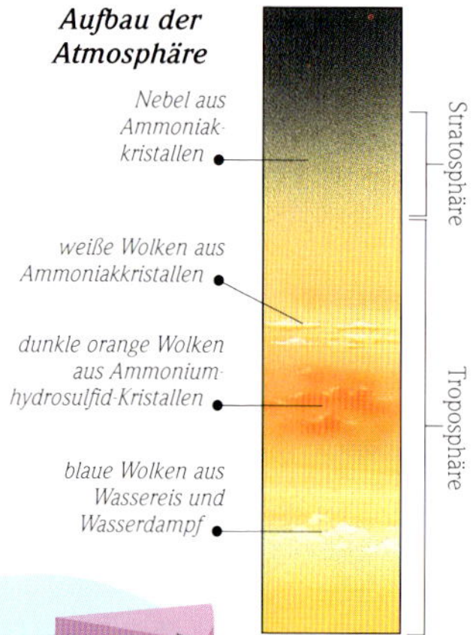

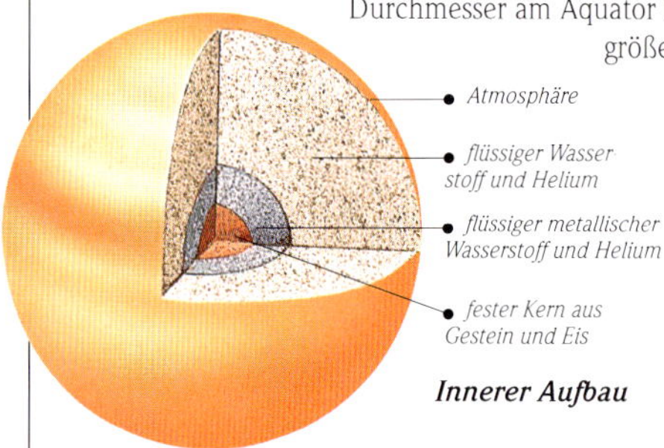

Innerer Aufbau

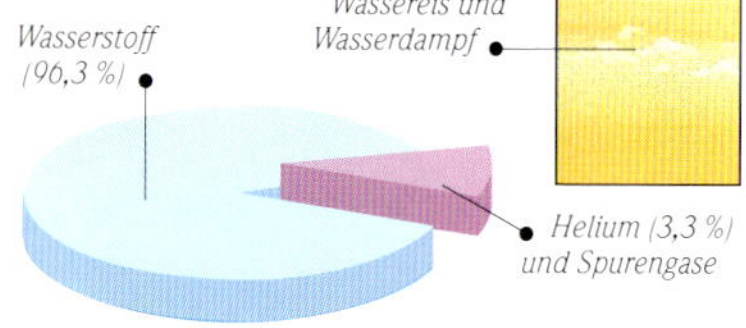

Zusammensetzung der Atmosphäre

Ringe und Monde

Die Saturnringe bestehen aus einem den Planeten umkreisenden Schwarm von Eisbrocken, die jeweils nicht größer als ein paar Meter sind. Die Umlaufbahnen der innersten Monde liegen innerhalb der Ringe. Der Mond Pan kreist in einer Lücke, der Encke-Teilung, im äußeren Bereich des A-Ringes. Der nächste Mond, Atlas, kreist am Rand von Ring A, während Prometheus und Pandora zu beiden Seiten von Ring F umlaufen. Einige Monde teilen sich sogar dieselben Bahnen.

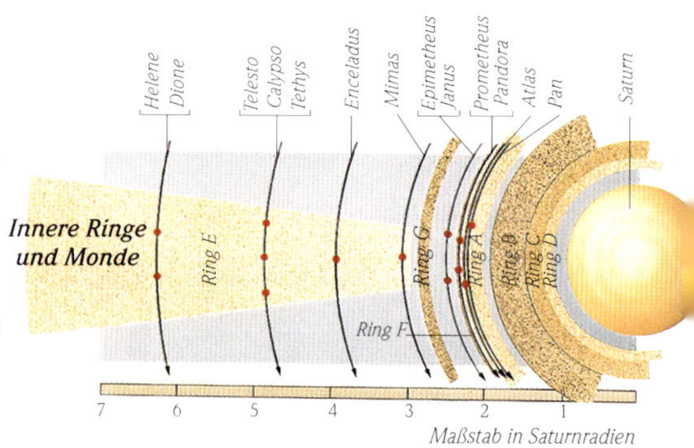

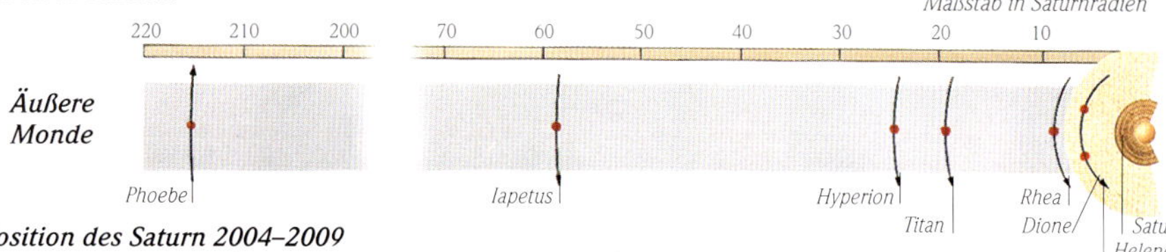

Position des Saturn 2004–2009

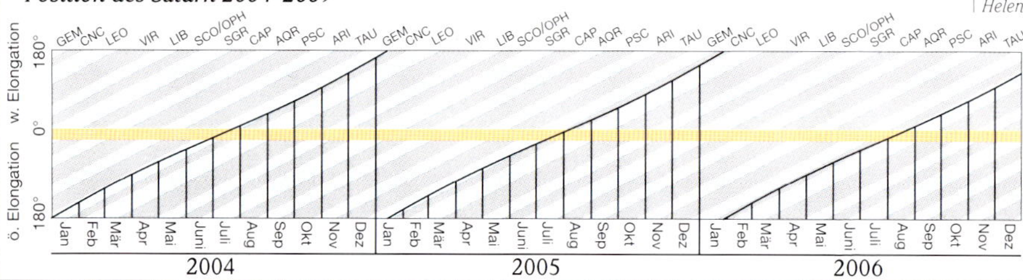

Durchmesser (Erde = 1) 9,14	Masse (Erde = 1) 95	Volumen (Erde = 1) 764	Dichte (Wasser = 1) 0,69

Die inneren Ringe

Der äußerste Teil des Saturn-Ringsystems, der von der Erde aus zu sehen ist, heißt Ring A; sein Durchmesser beträgt fast 275 000 km. Er ist durch die Cassini-Teilung, eine etwa 4500 km breite Lücke, die mit einem 75-mm-Teleskop zu erkennen ist, vom hellsten und breitesten Teil, Ring B, getrennt. Es folgt der teilweise durchsichtige Ring C (oder Krepp-Ring). Innerhalb und außerhalb der sichtbaren Ringe liegen schwächere Ringe, D und F genannt. Jenseits von Ring F gibt es zwei weitere sehr schwache Ringe, G und E, die hier aber nicht abgebildet sind.

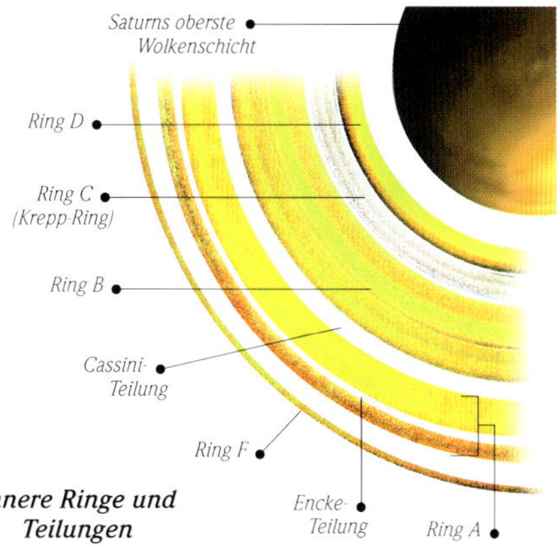

Innere Ringe und Teilungen

Voyager-Ansicht der Saturnringe

Diese kontrastverstärkte Aufnahme von Ring C und einem Teil von Ring B (aufgenommen 1981 von der Voyager-2-Sonde) zeigt, daß jeder der Hauptringe aus Tausenden von schmalen Ringen besteht. Die Saturnringe haben einen Durchmesser von 420 000 km, sind aber nur wenige hundert Meter dick.

Monde

Saturn hat 18 bekannte Monde. Der größte ist Titan mit 5150 km Durchmesser. Er ist der zweitgrößte Mond im Sonnensystem (nach Jupiters Ganymed) und der einzige mit einer merklichen Atmosphäre. Mit einer Helligkeit von 8 mag ist er in einem kleinen Teleskop zu sehen und kann bei seinem 16tägigen Umlauf um den Planeten beobachtet werden. Mit einer Teleskop-Öffnung von 150 mm sollten mehrere andere Monde zu erkennen sein – wie Rhea, Tethys, Dione, Iapetus, Enceladus und vielleicht auch Mimas. Iapetus bietet einen ungewöhnlichen Anblick: Steht er auf der einen Seite von Saturn, erscheint 4mal schwächer als auf der anderen, weil er eine dunkle und eine helle Hemisphäre hat.

Titan

Die Oberfläche Titans ist von orangem Dunst verdeckt, der in der stickstoffreichen Atmosphäre des Saturnmondes schwebt.

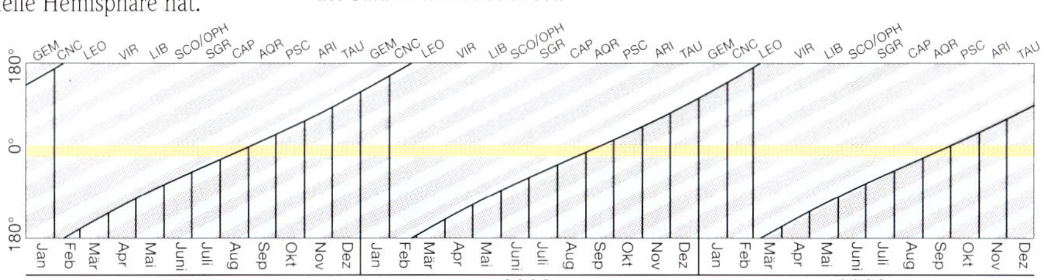

Schwerkraft (Erde = 1) 0,92	Anzahl der Monde 18	mittlere Temperatur –176°C	größte Helligkeit –0,3 mag

Uranus

Der kalte Gasriese Uranus ist der drittgrößte Planet im Sonnensystem. Das Außergewöhnlichste an ihm ist, daß seine Rotationsachse fast in seiner Bahnebene liegt, so daß er auf der Seite liegend um die Sonne zu rollen scheint. Obwohl er bei seiner größten Helligkeit bereits mit bloßem Auge zu sehen ist, wurde Uranus erst 1781 von dem englischen Astronomen William Herschel entdeckt.

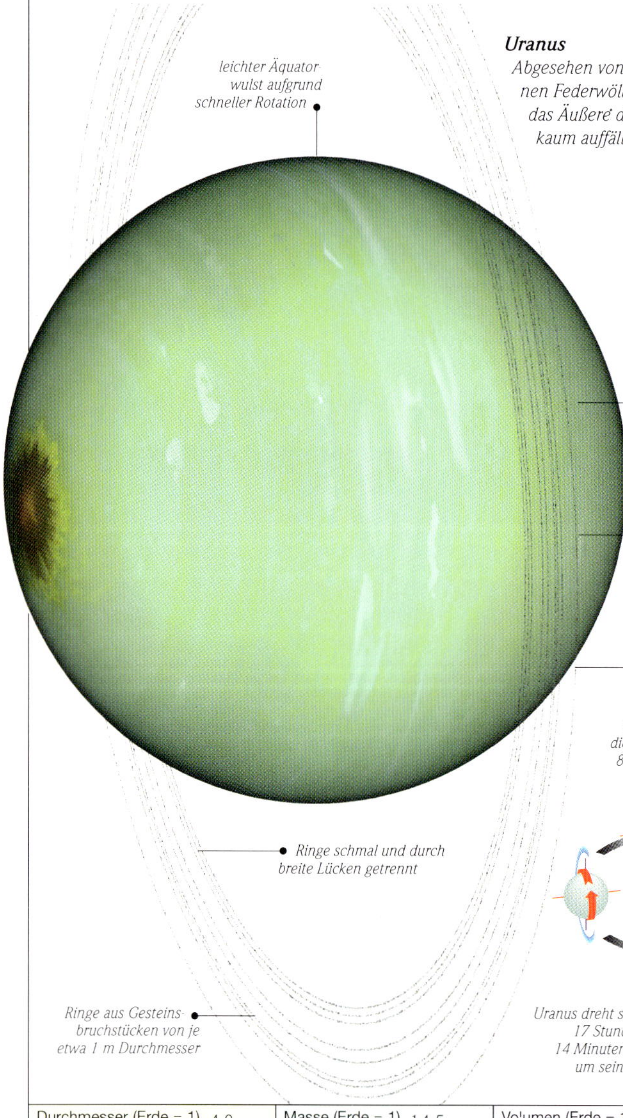

Uranus
Abgesehen von einigen kleinen Federwölkchen zeigt das Äußere des Uranus kaum auffällige Merkmale.

Größenvergleich
Uranus ist mit einem Durchmesser von 51 000 km 4mal größer als die Erde.

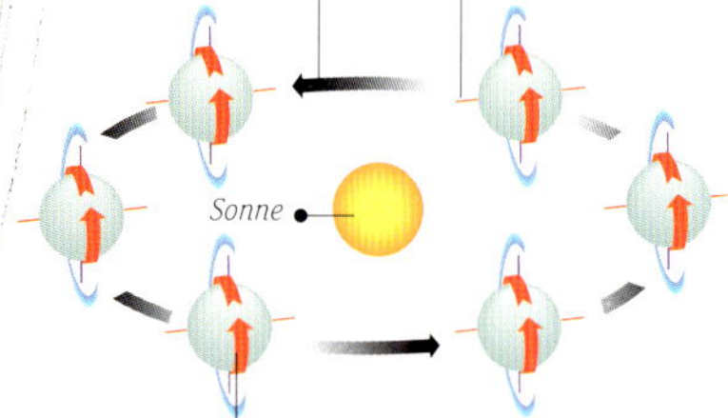

Neigung, Rotation und Umlaufbahn

Durchmesser (Erde = 1) 4,0	Masse (Erde = 1) 14,5	Volumen (Erde = 1) 63	Dichte (Wasser = 1) 1,32

Atmosphäre und Klima

Uranus ist in Methanwolken gehüllt, die rotes Licht absorbieren und dadurch dem Planet ein grünliches Aussehen verleihen. Seine Scheibe weist fast keine Merkmale auf, aber 1986 beobachtete die Voyager-2-Raumsonde und später auch das Hubble-Weltraumteleskop einige helle Wolken. Die extreme Achsenneigung des Planeten führt dazu, daß im Verlauf einer Sonnenumkreisung die Sonne sowohl am Äquator als auch an beiden Polen irgendwann im Zenit steht; an jedem Pol herrscht 42 Erdjahre lang Tag und dann 42 Jahre lang Nacht. Das Innere unterscheidet sich vermutlich deutlich von Jupiter und Saturn; statt aus flüssigem Wasserstoff besteht es wahrscheinlich hauptsächlich aus Wasser, Methan, Ammoniak und Gestein.

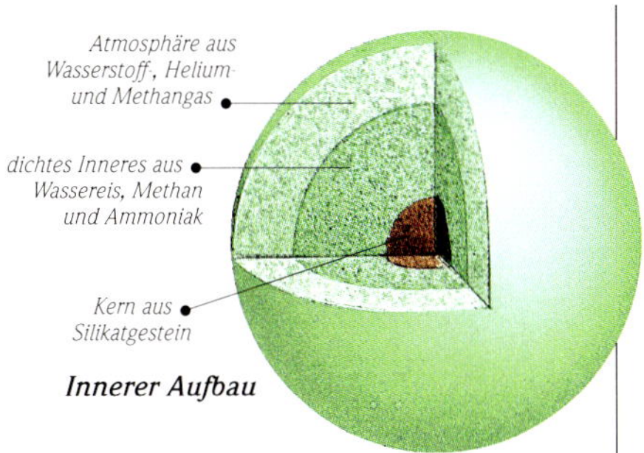

Innerer Aufbau

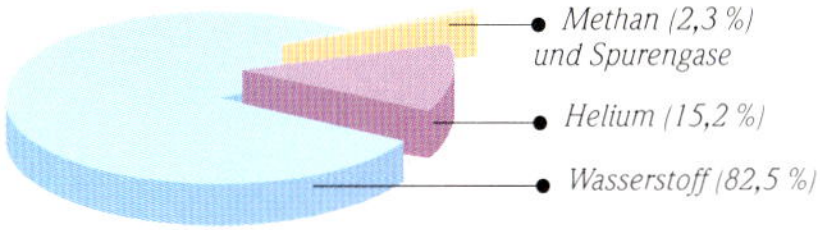

Zusammensetzung der Atmosphäre

Innere Ringe und Monde

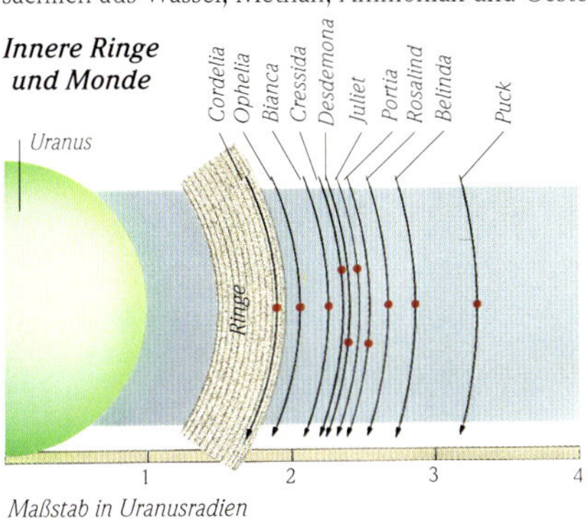

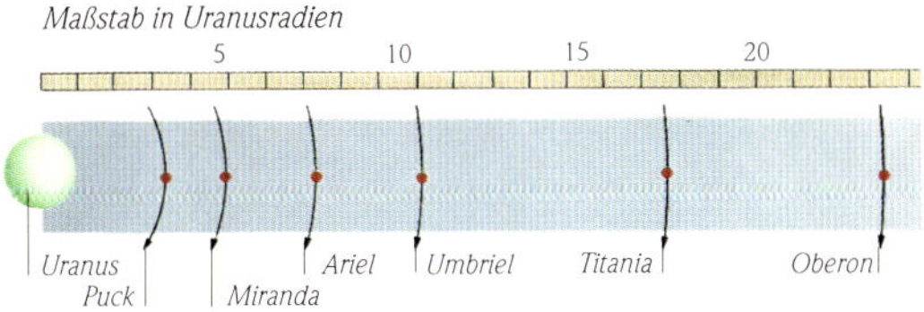

Äußere Monde

Ringe und Monde

Uranus hat 11 dünne Ringe und 17 bekannte Monde (von denen zwei erst kürzlich entdeckt wurden), die alle in seiner stark geneigten Äquatorebene liegen. Die Ringe sind zu lichtschwach, um mit Amateurteleskopen beobachtet zu werden. Der äußerste Ring, Epsilon-Ring genannt, ist 100 km breit und hat auf beiden Seiten »Hirten«-Monde: Cordelia und Ophelia. Die Monde sind ebenfalls lichtschwach; selbst der größte und hellste, Titania, hat nur 14. Größe und ist daher ohne großes Teleskop nicht sichtbar.

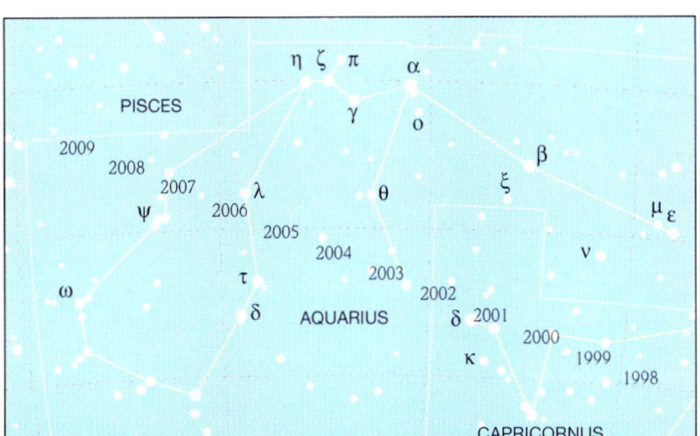

Position des Uranus 1998–2009

Beobachtung

Unter guten Bedingungen und wenn seine Position bekannt ist, kann Uranus, der einem Stern 6. Größe ähnelt, mit bloßem Auge ausgemacht werden. Mit einem Fernglas ist er selbst in »lichtverschmutzten« Städten leicht zu finden. Seine Identität läßt sich bestätigen, indem man seine Bewegungen von Nacht zu Nacht verfolgt. Bei Oppositionen, die 1 Jahr und 4 Tage auseinanderliegen, erscheint Uranus mit 500facher Vergrößerung etwa so groß wie der Vollmond mit bloßem Auge.

Schwerkraft (Erde = 1)	Anzahl der Monde	mittlere Temperatur	größte Helligkeit
0,89	17	–215 °C	5,5 mag

Neptun

Neptun ist der äußerste der Gasriesen. Wie Uranus hat er eine Atmosphäre, die reich an Wasserstoff, Helium und Methan ist, sowie ein lichtschwaches Ringsystem. Neptun wurde 1846 entdeckt, nachdem man seine Position aufgrund von Störungen vorhergesagt hatte, die seine Anziehungskraft auf die Bewegung des Uranus ausübt. Vor dem Vorbeiflug der Raumsonde Voyager 2 im Jahr 1989 war nur wenig über den Planeten bekannt.

Neptun
Ein ferner Gasriese mit einigen hellen Wolkengebilden.

Größenvergleich
Neptun ist mit 49 500 km Durchmesser 4mal größer als die Erde.

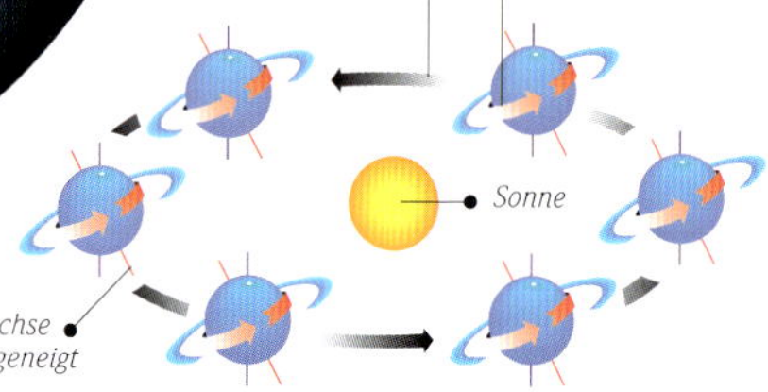

Neigung, Rotation und Umlaufbahn

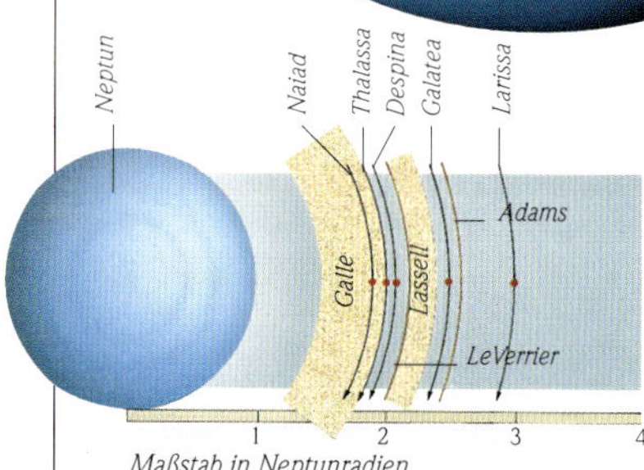

Innere Ringe und Monde

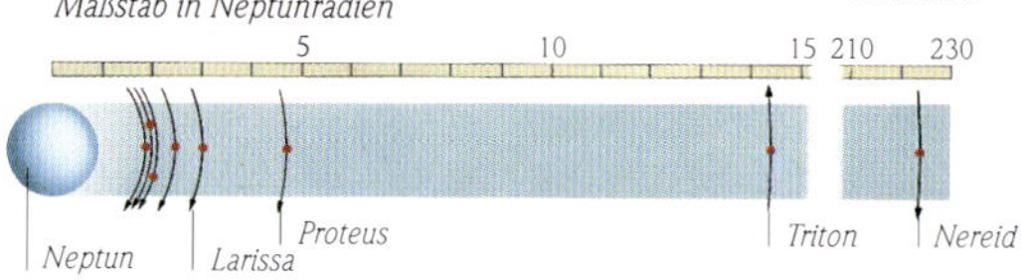

Äußere Monde

Ringe und Monde

Neptun hat mindestens vier Ringe und acht Monde. Die Ringe, die zu lichtschwach sind, um sie mit Teleskopen von der Erde aus zu erkennen, wurden von der Voyager-2-Sonde photographiert. Der äußerste Ring, der den Namen Adams erhielt, enthält einige dichtere Materieanhäufungen, die Ringbögen genannt werden.

Durchmesser (Erde = 1)	Masse (Erde = 1)	Volumen (Erde = 1)	Dichte (Wasser= 1)
3,9	17,1	58	1,64

Atmosphäre und Klima

Die Atmosphären von Neptun und Uranus sind ähnlich, obwohl die des Neptun stürmischer ist und blau erscheint (statt blau-grün), weil sie in ihren oberen Schichten mehr Methan enthält. Voyager 2 photographierte 1989 einen großen dunklen Fleck auf der Südhalbkugel, der an den Großen Roten Fleck auf Jupiter erinnert. Als 5 Jahre später das Hubble-Weltraumteleskop Neptun beobachtete, war der Fleck verschwunden. Doch Ende 1994 erschien ein anderer dunkler Fleck, diesmal auf der Nordhalbkugel. Sowohl Voyager als auch Hubble nahmen helle Streifen von Methan-Zirruswolken wahr. Die Zusammensetzung der Hauptwolkendecke ist nicht mit Sicherheit bekannt, doch vermutlich sind Schwefelwasserstoff und Ammoniak vorhanden. Das Innere von Neptun ähnelt wahrscheinlich dem von Uranus und besteht aus Wasser, Ammoniak und Methan über einem Gesteinskern.

Innerer Aufbau

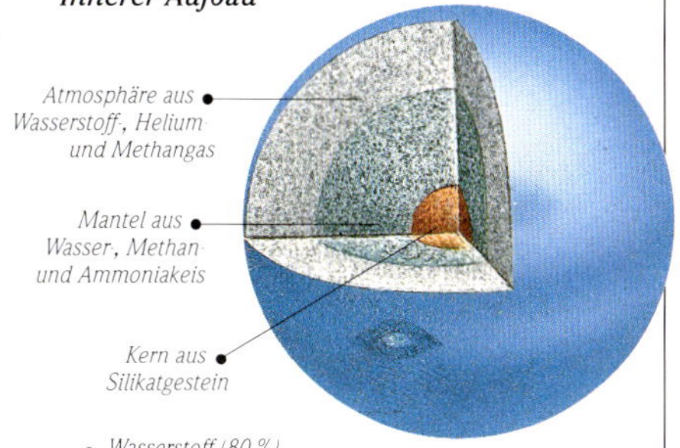

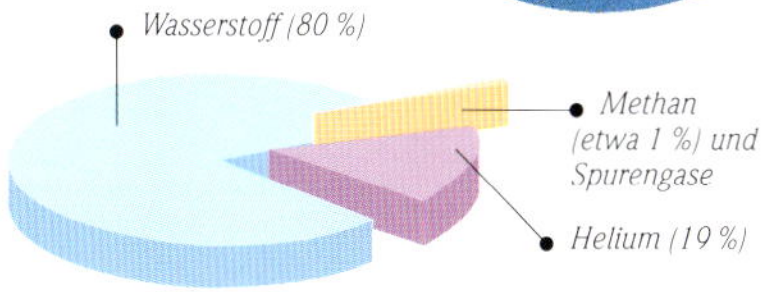

Zusammensetzung der Atmosphäre

Monde

Von den acht bekannten Neptunmonden ist allein Triton von einiger Bedeutung und mit 2700 km Durchmesser auch der größte. Seine Oberfläche ist von Stickstoff- und Methanrauhreif bedeckt und mit –235 °C der kälteste bekannte Ort im Sonnensystem. Flüssiger Stickstoff bricht durch die Oberfläche und erzeugt Geysire, die dunkle Streifen hinterlassen. Triton hat eine retrograde Bahn (er bewegt sich in entgegengesetzter Richtung zu Neptun) und war vermutlich wie Pluto ein eigenständiger Körper, der von Neptun eingefangen wurde. Tatsächlich ist Triton größer als Pluto; die beiden sind sich möglicherweise physikalisch ähnlich.

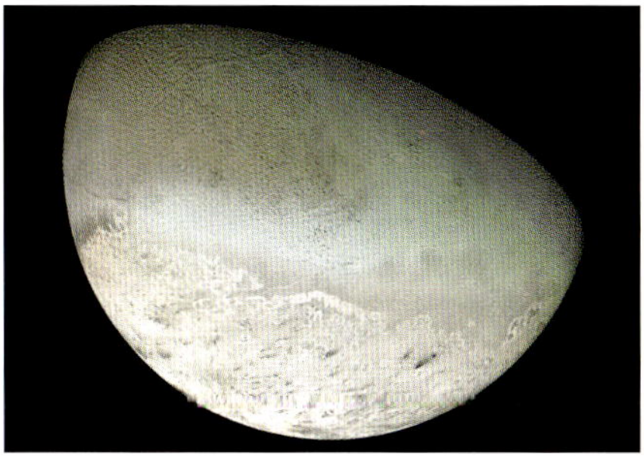

Tritons Südpol
Das Stickstoff- und Methaneis am Südpol von Triton zeigt eine leichte, aber deutliche Rosafärbung.

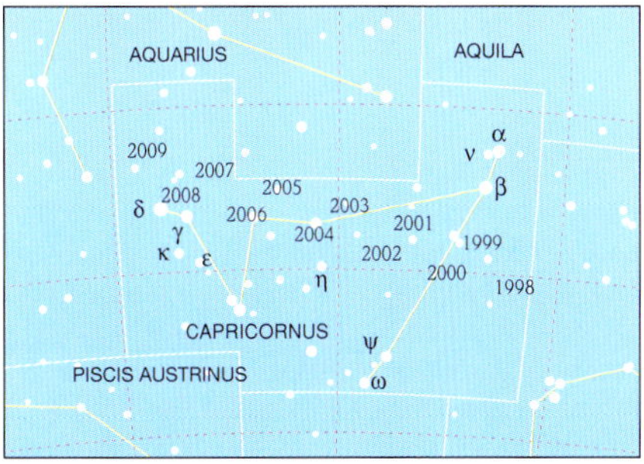

Position des Neptun 1998–2009

Beobachtung

Neptun wird nie heller als 8. Größe und ist damit mit bloßem Auge nicht sichtbar. Aber er kann mit einem Fernglas ausgemacht werden und leuchtet dann wie ein schwacher Stern. Sichtungen von Neptun lassen sich bestätigen, indem man über mehrere Nächte seine langsame Bewegung vor dem Sternhintergrund verfolgt. Im Teleskop erscheint der Planet als bläuliche Scheibe ohne besondere Merkmale, etwa 2/3 so groß wie Uranus. Der zeitliche Abstand zwischen zwei Oppositionen (s. S. 15) beträgt bei Neptun 1 Jahr und 2,5 Tage.

Schwerkraft (Erde = 1) 1,12	Anzahl der Monate 8	mittlere Temperatur –215 °C	größte Helligkeit 7,6 mag

Pluto

Pluto, eine kleine Welt aus Gestein und Eis, ist nur $2/3$ so groß wie unser Mond und damit der kleinste der Planeten. Gewöhnlich ist er der äußerste Planet, aber seine Bahn ist so stark elliptisch, daß er zuweilen der Sonne näher kommt als Neptun. Pluto wurde 1930 von dem amerikanischen Astronom Clyde Tombaugh entdeckt, der mit Hilfe von Himmelsphotographien nach einem Planeten jenseits des Neptun gesucht hatte.

Pluto
Diese Darstellung zeigt, wie Plutos Oberfläche aussehen könnte.

Größenvergleich
Mit einem Durchmesser von 2300 km ist Pluto weniger als $1/5$ so groß wie die Erde.

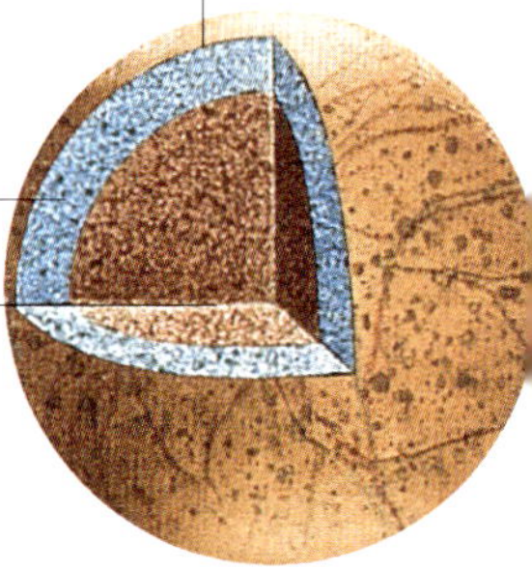

Innerer Aufbau

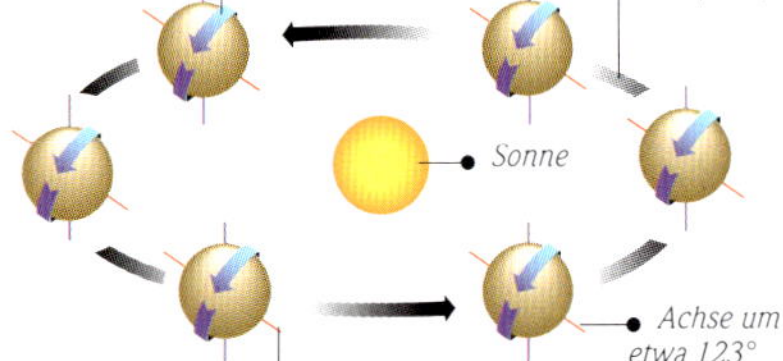

Neigung, Rotation und Umlaufbahn

Aufbau und Atmosphäre

Über Pluto ist nur sehr wenig bekannt, da der Planet noch nie von einer Raumsonde besucht wurde. Man nimmt an, daß seine Oberfläche mit Methaneis bedeckt ist, das in der Zeit, in der Pluto der Sonne am nächsten ist, teilweise verdampft und einige Jahrzehnte lang eine dünne Atmosphäre bildet. Unter dem Methaneis vermutet man eine Schicht aus gefrorenem Wasser und einen großen Gesteinskern.

Durchmesser (Erde = 1) 0,18	Masse (Erde = 1) 0,002	Volumen (Erde = 1) 0,006	Dichte (Wasser = 1) 2,0

Charon

Plutos einziger Mond Charon wurde 1978 entdeckt. Er ist mehr als halb so groß wie Pluto und hat 1/5 von dessen Masse. Damit ist er in Relation zu seinem Mutterkörper der größte Mond im Sonnensystem. Tatsächlich stellen die beiden Körper eher einen Doppelplaneten dar. Charon umkreist Pluto in etwa 18 400 km Entfernung in 6,4 Tagen. Da sich Pluto und Charon in 6,4 Tagen auch jeweils um ihre eigene Achse drehen, kehren sie einander stets dieselbe Seite zu.

Charons Oberfläche
Charon ist vermutlich von gefrorenem Wasser bedeckt (wie hier dargestellt) und nicht mit Methaneis wie Pluto.

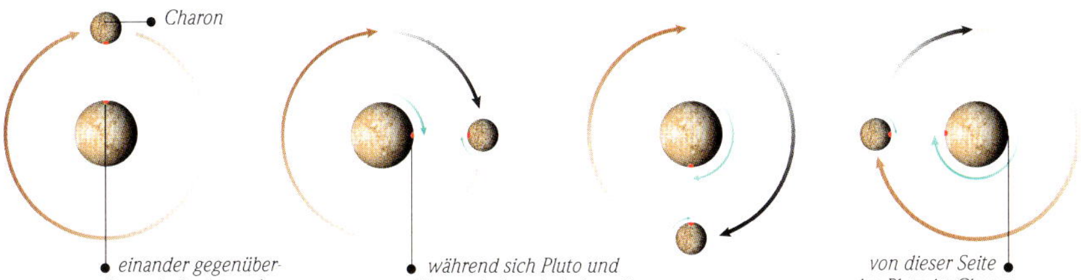

△ ***Synchrone Umlaufbahnen***
Von einer Halbkugel des Pluto aus ist Charon immer sichtbar und steht unbeweglich am Himmel. Von der anderen Seite aus ist er nie zu sehen.

Pluto und Charon ▷
Mit einem Teleskop auf der Erde ist es sehr schwer, Pluto und Charon zu trennen. Diese Aufnahme des Hubble-Weltraumteleskops ist die beste, die bislang von Pluto und seinem Mond gemacht wurde.

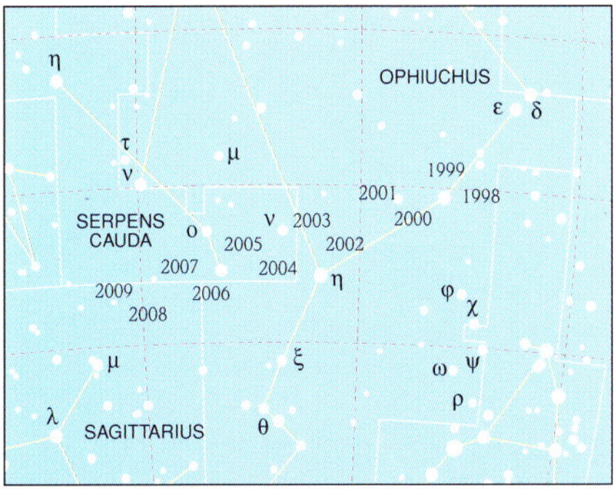

Position des Pluto 1998–2009

Beobachtung

Pluto hat eine Helligkeit von nur 14 mag. Das heißt, man benötigt ein Teleskop mit mindestens 200 mm Öffnung, um ihn überhaupt zu sehen. Selbst in einem großen Teleskop erscheint Pluto nur als sternartiges Lichtpünktchen. Auf seiner Oberfläche sind keine Einzelheiten erkennbar. Am einfachsten ist Pluto zu identifizieren, indem man seine Bewegung gegen den Sternhintergrund auf einer Reihe von Photographien untersucht – eine ähnliche Technik, wie sie Clyde Tombaugh bei seiner Suche nach dem Planeten verwendete. Die Plutobahn ist 17° gegen die Erdbahn geneigt, so daß er sich weiter von der Ekliptik (s. S. 15) entfernt als jeder andere Planet.

Schwerkraft (Erde = 1) 0,07	Anzahl der Monde 1	mittlere Temperatur –223 °C	größte Helligkeit 14 mag

Kometen und Meteore

Kometen bestehen aus gefrorenem Gas und Staub und halten sich in einem riesigen Schwarm am Rand des Sonnensystems auf. Manchmal nähern sie sich der Sonne auf sehr langgestreckten Bahnen, erwärmen sich und setzen Gas und Staub frei, bevor sie wieder in der Dunkelheit verschwinden. Staubteilchen von Kometen können in die Erdatmosphäre eindringen, wo sie verglühen und helle Leuchtspuren am Himmel erzeugen – sogenannte Meteore oder Sternschnuppen.

Kometen

Kometen sind eisige Überbleibsel der Entstehung der äußeren Planeten. Gewöhnlich umkreisen sie die Sonne ungesehen in der sogenannten Oortschen Wolke, die sich bis in eine Entfernung von mehr als 1 Lichtjahr von der Sonne erstreckt. Zuweilen stößt die Schwerkraft eines vorüberziehenden Sterns einen Kometen aus der Wolke ins innere Sonnensystem, so daß er von der Erde aus sichtbar wird. Etwa 1000 Kometen sind bekannt, aber die Oortsche Wolke und ihr innerer Bereich, der Kuiper-Gürtel, enthalten vermutlich Milliarden von ihnen.

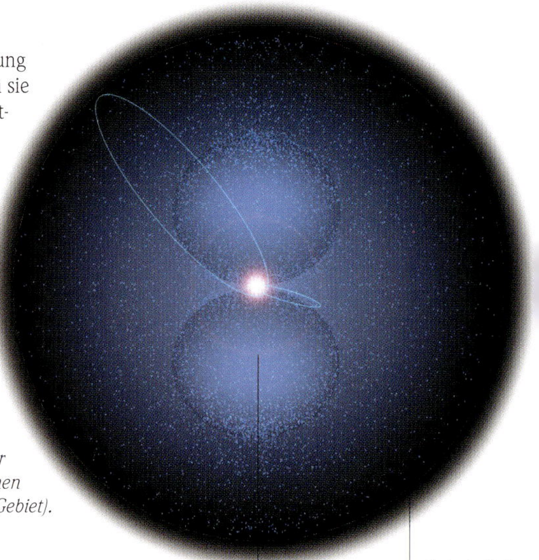

Heimat der Kometen

Kometen mit langen Bahnperioden stammen vermutlich aus der Oortschen Wolke (am Rand dieser Abbildung); solche mit kürzeren Perioden kommen aus dem Kuiper-Gürtel (das heller blaue Gebiet).

Kerne und Schweife

Der einzige feste Teil eines Kometen ist sein Kern, der typischerweise ca. 1 km mißt. Bei seiner Annäherung an die Sonne erwärmt sich der Kern und sendet Gas und Staub aus, die einen leuchtenden Kopf, Koma genannt, bilden, der bis zu 100 000 km groß sein kann. Bei einigen Kometen entwickeln sich aus dem Gas und Staub der Koma Schweife.

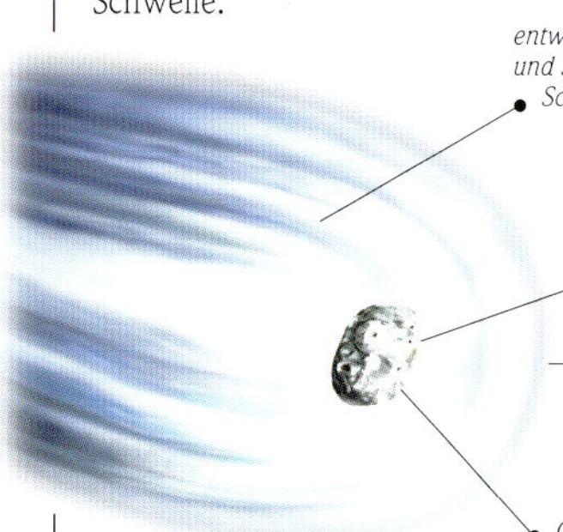

Merkmale eines Kometen

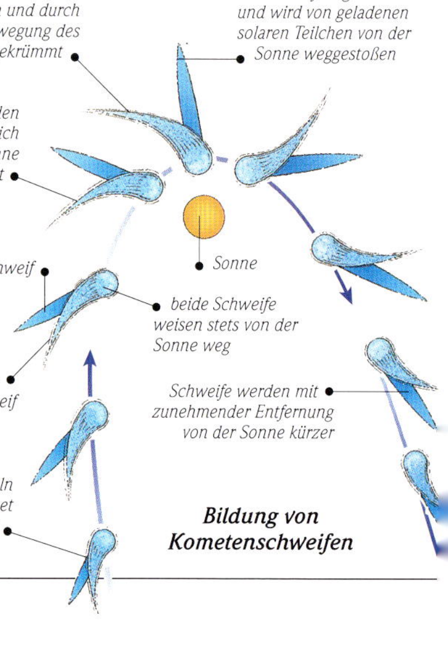

Bildung von Kometenschweifen

Kometenbeobachtung

Mit einem großen Teleskop sind jedes Jahr etwa zwei Dutzend Kometen zu sehen, aber selten ist einer hell genug, um mit bloßem Auge sichtbar zu sein. Es gibt zwei Hauptklassen: Periodische Kometen umkreisen die Sonne in weniger als 200 Jahren, während langperiodische möglicherweise erst nach Hunderttausenden von Jahren wiederkehren. Große, helle Kometen bilden Schweife aus, von denen es wiederum zwei Arten gibt: Die eine besteht aus Gas und sieht bläulich aus; die andere ist aus Staub und erscheint gelblich. Gasschweife sind gewöhnlich schmal und gerade, Staubschweife dagegen häufig breit und gekrümmt. Beide sind mit einem Fernglas sichtbar.

Komet Hale-Bopp

Dieser helle Komet war 1997 gut mit bloßem Auge sichtbar. Er wird erst in 2400 Jahren wiederkehren.

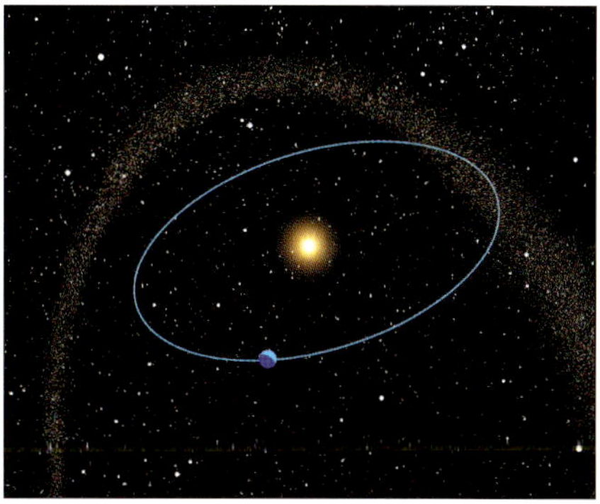

Ursprung eines Meteorschauers

Einzelne Meteorschauer treten jedes Jahr zur selben Zeit auf, wenn die Erde auf ihrer Bahn die Staubspur durchquert, die ein Komet auf seiner Bahn zurückgelassen hat.

Meteore

In jeder klaren Nacht sieht man von Zeit zu Zeit helle Lichtspuren am Himmel. Sie tauchen plötzlich auf und sind nicht ganz eine Sekunde lang zu sehen. Dies sind Meteore oder Sternschnuppen; sie werden durch Staubteilchen von Kometen erzeugt, die in einer Höhe von etwa 100 km in der Atmosphäre verglühen. Normalerweise sind in einer Stunde etwa eine Handvoll sogenannte sporadische Meteore zu sehen. Aber einige Male im Jahr durchquert die Erde eine Staubspur, die von einem Kometen auf seiner Bahn zurückgelassen wurde, was zu einem Meteorschauer führt. Meteore eines Schauers scheinen von einem einzelnen Punkt (Radiant) auszugehen. Der Schauer wird nach dem Sternbild benannt, in dem der Radiant liegt – die Leoniden scheinen demnach aus dem Sternbild Leo zu kommen. Meteore sind leicht mit bloßem Auge sichtbar, und Aufzeichnungen von Amateurbeobachtern können nützliche Daten liefern.

Schauer	Datum	Sternbild	stündliche Rate
Quadrantiden	3.–4. Januar	Bootes	100
Lyriden	21. April	Lyra	10
Eta-Aquariden	5. Mai	Aquarius	35
Delta-Aquariden (S)	29. Juli	Aquarius	25
Delta-Aquariden (N)	6. August	Aquarius	10
Perseiden	12. August	Perseus	80
Orioniden	20.–22. Oktober	Orion	25
Tauriden	5. November	Taurus	10
Leoniden	17. November	Leo	10
Geminiden	13. Dezember	Gemini	100
Ursiden	23. Dezember	Ursa Minor	10

Helle Meteorschauer

Diese Tabelle zeigt die stärksten Meteorschauer, die jedes Jahr auftreten. Die stündliche Rate entspricht der unter optimalen Bedingungen sichtbaren Höchstzahl. Das genannte Datum bezeichnet die Zeit der größten Aktivität – eine kleinere Anzahl Meteore ist gewöhnlich auch vorher und nachher zu beobachten.

Asteroiden und Meteorite

Asteroiden – oder Kleinplaneten – sind kleine Körper aus Eisen und Gestein, die bei der Entstehung des Sonnensystems übrigblieben. Die meisten Asteroiden umkreisen die Sonne in einem Gürtel zwischen Mars und Jupiter. Von Zeit zu Zeit sondern sich jedoch einige von dieser Gruppe ab und kreuzen die Bahnen der inneren Planeten. Meteorite sind kleine Bruchstücke, gewöhnlich von Asteroiden, die in die Erdatmosphäre eingedrungen und auf die Oberfläche gefallen sind.

Asteroiden

Man vermutet, daß es mehr als eine Million Asteroiden gibt, wenngleich bislang nur etwa 10 000 entdeckt wurden. Die meisten Asteroiden kreisen in dem Gürtel zwischen Mars und Jupiter; aber es gibt ein Gruppe, Trojaner genannt, die sich auf der Jupiterbahn bewegt. Mitglieder einer anderen Gruppe, die Apollo-Asteroiden, kreuzen die Erdbahn und können daher im Prinzip mit unserem Planeten zusammenstoßen. Der größte Asteroid, Ceres, hat einen Durchmesser von 940 km. Der hellste ist Vesta (Durchmesser 580 km), der bis 5. Größe erreicht, so daß er leicht mit einem Fernglas zu sehen ist.

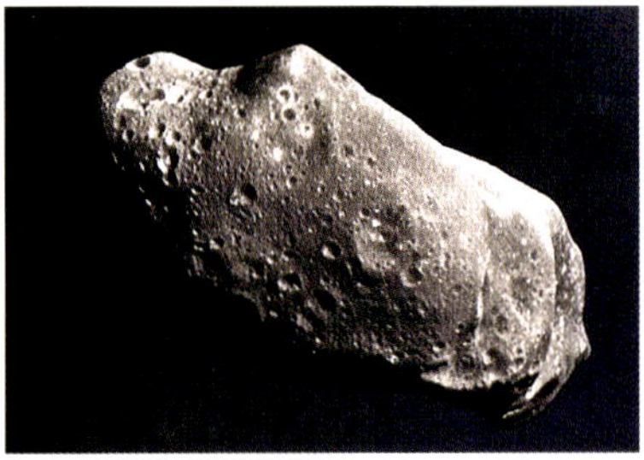

△ ***Ida***
Dieser 55 km lange Asteroid wird von einem kleinen Mond umkreist, der den Namen Daktyl erhielt.

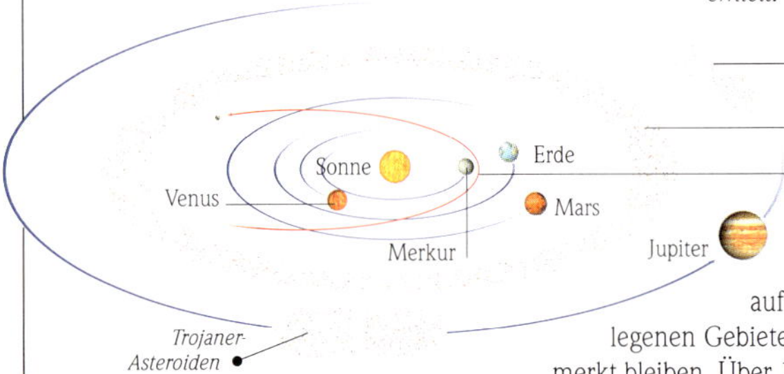

△ ***Asteroidenbahnen***
Der Asteroidengürtel liegt zwischen etwa 320 und 490 Millionen km Entfernung zur Sonne. Die Trojaner umkreisen die Sonne auf der Jupiterbahn, jeweils ein Stück vor und hinter dem Planeten.

Meteorite

Jeden Tag fallen etwa 10 Meteorite auf die Erde, wovon die meisten in abgelegenen Gebieten oder im Meer landen und unbemerkt bleiben. Über 10 000 Meteorite sind bislang gefunden worden, viele lange nach ihrem Niedergehen. Meteorite bestehen aus Stein oder Eisen oder einer Mischung aus beiden. Große Meteorite schlagen gewöhnlich mit so hoher Geschwindigkeit auf der Erdoberfläche auf, daß sie einen Krater ausheben; kleinere werden durch die Atmosphäre abgebremst und fallen herab, ohne Schaden anzurichten.

»Meteor Crater« ▷
Dieser 1,2 km große Krater in der Wüste Arizonas entstand vor rund 50 000 Jahren beim Einschlag eines Eisenmeteorits.

Stein-Eisen-Meteorit

Die Sternbilder

Aufbau des Kapitels

Dieses Kapitel enthält Beiträge über die 88 Sternbilder, alphabetisch geordnet nach ihren international vereinbarten Namen. Die Karten sind die detailliertesten in diesem Buch und zeigen alle mit bloßem Auge sichtbaren Sterne. Der Text beschreibt den Ursprung der jeweiligen Sternbilder sowie eine Auswahl interessanter Sterne und nicht-stellarer Objekte, die in ihnen zu finden sind.

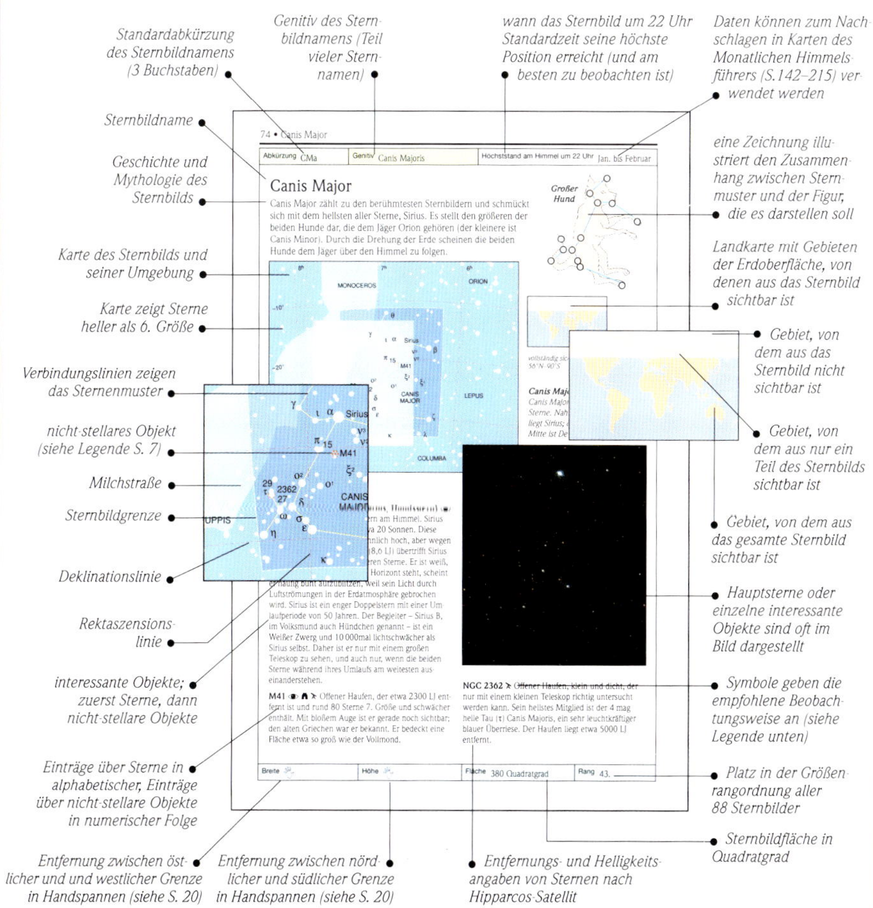

Beobachtungssymbole

- bloßes Auge
- Fernglas
- Teleskop
- mit Amateurausrüstung nicht beobachtbar

Legende der Sternhelligkeiten (in mag)

–1 0 1 2 3 4 5 6

Abkürzung And	Genitiv Andromedae	Höchststand am Himmel um 22 Uhr Okt. bis Nov.

Andromeda

Andromeda, eines der berühmtesten Sternbilder, stellt die Tochter der Königin Cassiopeia dar, die an einen Felsen gekettet einem Meeresungeheuer geopfert werden sollte, aber von Perseus gerettet wurde. Das Sternbild enthält die uns am nächsten gelegene große Galaxie: M31, die Andromeda-Galaxie – das entfernteste mit bloßem Auge sichtbare Objekt.

Andromeda

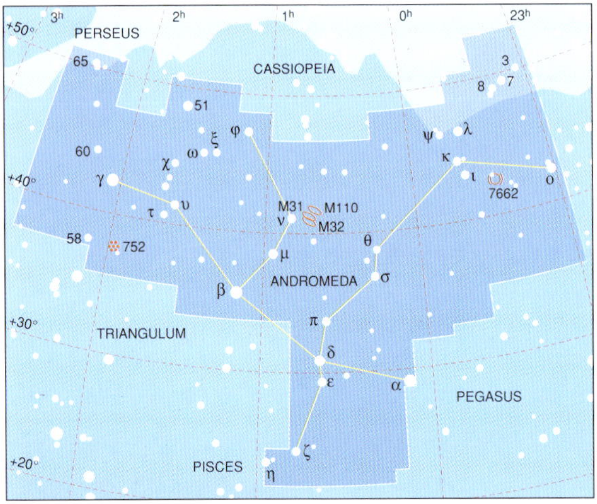

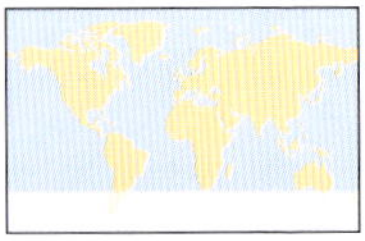

vollständig sichtbar 90°N–37°S

M31 (Andromeda-Galaxie) *Diese Spiralgalaxie sieht elliptisch aus, weil sie gegen uns geneigt ist.*

Die Umgebung von M31 *M31 liegt am oberen Bildrand. Der helle Stern unten links ist Beta (β) Andromedae.*

Interessante Objekte

Gamma (γ) Andromedae Einer der schönsten Doppelsterne am Himmel. Mit bloßem Auge sieht man ihn als 2,1 mag hellen Einzelstern, doch schon ein kleines Teleskop zeigt einen orangen Primärstern (ein Riese) sowie einen blauen Begleiter 5. Größe.

M31 (Andromeda-Galaxie) Eine Spiralgalaxie ähnlich unserer Milchstraße, aber größer. In klaren, dunklen Nächten ist sie mit bloßem Auge als länglicher Nebelfleck zu sehen. Mit einem Fernglas oder kleinen Teleskop sieht sie sehr viel größer aus und erstreckt sich über mehrere Monddurchmesser. Doch selbst dies ist nur der zentrale Teil der Galaxie; um ihre Spiralarme erkennen zu können, braucht man ein größeres Teleskop. M31 ist etwa 2,4 Millionen LJ entfernt und die größte Galaxie der Lokalen Gruppe. Ihre beiden kleinen elliptischen Begleitgalaxien (Pendants zu unseren Magellanschen Wolken), M32 und NGC 205 (oder M110), sind mit einem Teleskop mit mindestens 100 mm Öffnung zu sehen.

NGC 752 Mit dem Fernglas sichtbarer offener Haufen aus lichtschwachen Sternen, die über eine Fläche größer als der Vollmond verteilt sind. Seine Entfernung beträgt etwa 1300 LJ.

NGC 7662 Planetarischer Nebel, etwa 4000 LJ entfernt. Im Teleskop gleicht er einem bläulichgrünen Stern 9. Größe; eine starke Vergrößerung zeigt einen rundlichen Umriß, wie bei einem nicht scharf eingestellten Stern.

Breite	Höhe	Fläche 722 Quadratgrad	Rang 19.

Abkürzung Ant	Genitiv Antliae	Höchststand am Himmel um 22 Uhr März bis April

Antlia

Antlia ist ein unauffälliges Sternbild, das fast völlig im Schatten seiner prächtigen südlichen Nachbarn Centaurus und Vela steht. Antlia wurde im 18. Jh. von dem französischen Astronomen N. L. de Lacaille »erfunden« und stellt eine mechanische Luftpumpe dar. Sein hellster Stern ist Alpha (α) Antliae (4,3 mag).

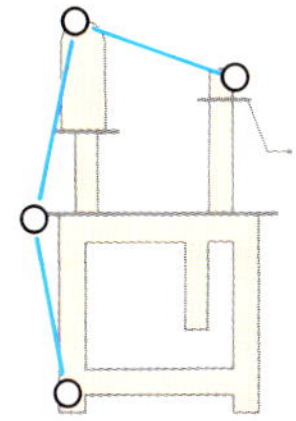

Luftpumpe

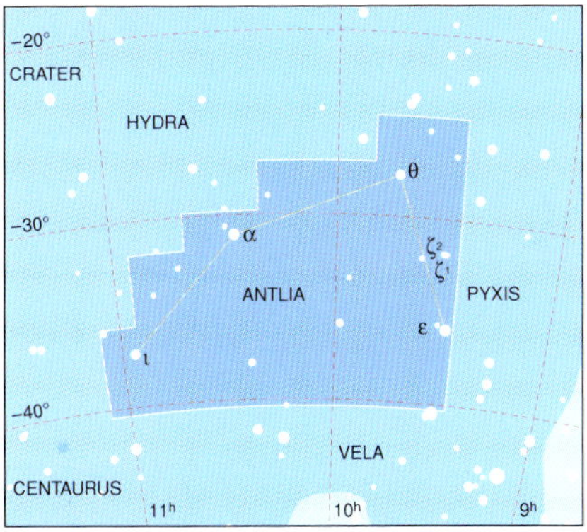

vollständig sichtbar 49°N–90°S

Interessante Objekte

Zeta (ζ) Antliae Ein Mehrfachstern, der im Fernglas als weiter Doppelstern 6. Größe erscheint. Mit einem kleinen Teleskop läßt sich die hellere der beiden Komponenten in ein weiteres Sternpaar trennen. Alle drei Sterne sind 370 LJ von uns entfernt.

Breite	Höhe	Fläche 239 Quadratgrad	Rang 62.

Abkürzung Aps	Genitiv Apodis	Höchststand am Himmel um 22 Uhr Mai bis Juli

Apus

Apus liegt nahe am Himmelssüdpol, südlich von Centaurus. Es ist nicht einfach zu erkennen und enthält nur wenige beachtenswerte Objekte. Es gehört zu den Sternbildern, die Ende des 16. Jh.s von den holländischen Seefahrern P. D. Keyser und F. de Houtman eingeführt wurden, und stellt einen Paradiesvogel aus Neuguinea dar. Sein hellster Stern ist Alpha (α) Apodis (3,8 mag).

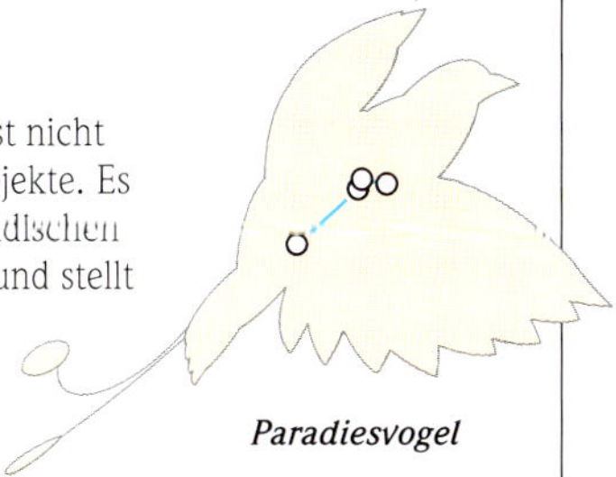

Paradiesvogel

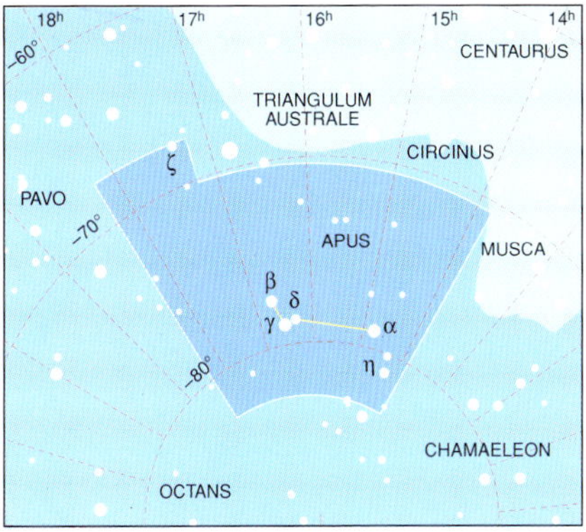

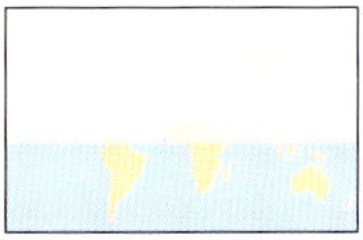

vollständig sichtbar 7°N–90°S

Interessante Objekte

Delta (δ) Apodis Weiter Doppelstern mit 4,7 und 5,3 mag hellen Komponenten, die leicht mit dem Fernglas zu trennen sind. Beide Sterne sind Rote Riesen. Sie liegen jedoch unterschiedlich weit von uns entfernt (760 bzw. 660 LJ), so daß sie wahrscheinlich einen optischen und keinen echten Doppelstern bilden.

Breite	Höhe	Fläche 206 Quadratgrad	Rang 67.

Abkürzung Aqr	Genitiv Aquarii	Höchststand am Himmel um 22 Uhr Aug. bis Okt.

Aquarius

Das bekannte Sternbild zeigt einen jungen Mann, der Wasser aus einem Krug gießt. Den »Wasserkrug« bildet eine Y-förmige Gruppe aus vier Sternen, Gamma (γ), Zeta (ζ), Eta (η) und Pi (π) Aquarii. Das Wasser fließt ins Maul eines großen Fisches, verkörpert vom südlich gelegenen Sternbild Piscis Austrinus. Der Wassermann gehört zum Tierkreis und wird von 16. Februar bis 11. März von der Sonne durchquert.

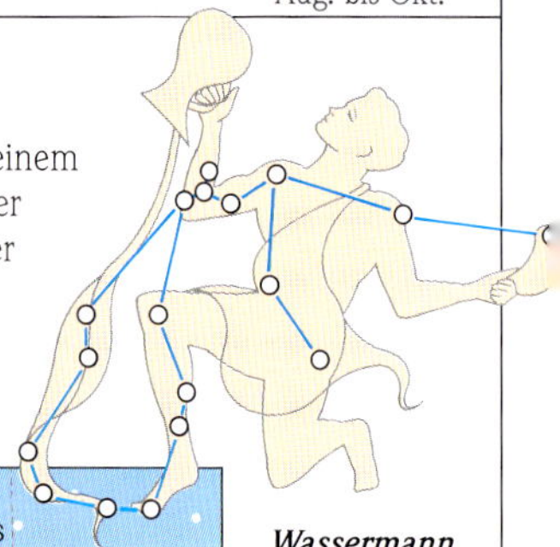

Wassermann

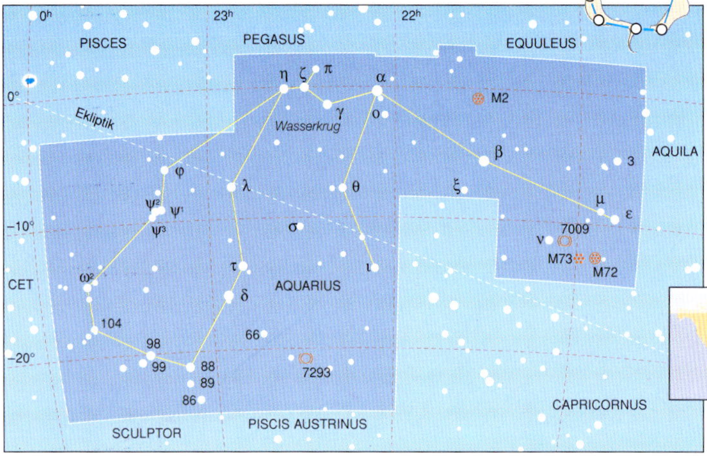

vollständig sichtbar 65°N–86°S

Interessante Objekte

Zeta (ζ) Aquarii Enger Doppelstern aus zwei weißen Sternen 4. Größe, die sich in etwa 850 Jahren einmal umkreisen. Bei starker Vergrößerung müßten sie mit einem Teleskop mit mindestens 75 mm Öffnung zu trennen sein.

M2 Kugelhaufen, nur unter optimalen Bedingungen gerade noch mit bloßem Auge sichtbar, aber mit einem Fernglas oder kleinen Teleskop leicht zu erkennen. Er ähnelt einem verwaschenen Stern.

NGC 7009 (Saturn-Nebel) Planetarischer Nebel. In einem Teleskop mit mindestens 200 mm Öffnung scheint er Anhängsel zu haben, die den Saturnringen ähneln – daher sein volkstümlicher Name. Ein kleineres Teleskop zeigt ihn als Scheibe 8. Größe von ähnlichem scheinbaren Durchmesser wie Saturn.

NGC 7293 (Helix-Nebel) Wahrscheinlich der uns am nächsten gelegene planetarische Nebel (nur etwa 300 LJ entfernt) und mit einem scheinbaren Durchmesser von mehr als 1/3 des Vollmonddurchmessers auch einer der größten. Wegen seiner Größe verteilt sich sein Licht über eine große Fläche, wodurch er schwer aufzufinden ist. Bei klarem dunklem Himmel sieht man ihn im Fernglas oder in einem Teleskop mit großem Gesichtsfeld als blassen grauen Fleck.

NGC 7293 (Helix-Nebel)
Auf Farbphotos ähnelt der Helix-Nebel einer exotischen Blume. Die Gashülle wurde von dem lichtschwachen Stern im Zentrum des Nebels ausgestoßen.

Breite	Höhe	Fläche 980 Quadratgrad	Rang 10.

Abkürzung	Genitiv	Höchststand am Himmel um 22 Uhr
Aql	Aquilae	Juli bis August

Aquila

Aquila liegt am Himmelsäquator und stellt den Adler dar, der die Blitze des griechischen Gottes Zeus trug. Die Milchstraße verläuft mitten durch das Sternbild, das in Richtung Scutum reiche Sternfelder enthält, deren hellster Teil auch Scutum-Sternwolke genannt wird.

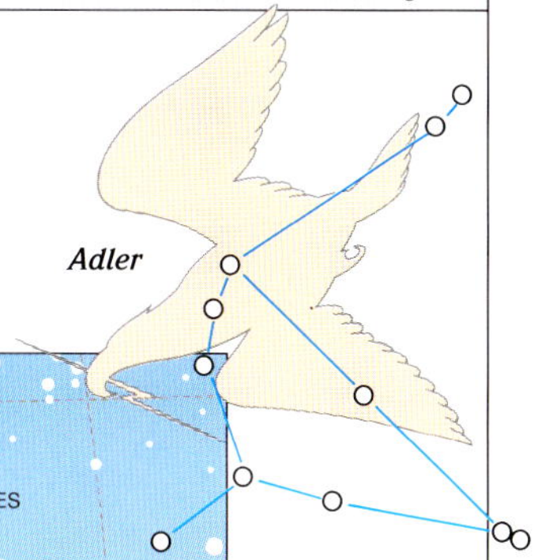

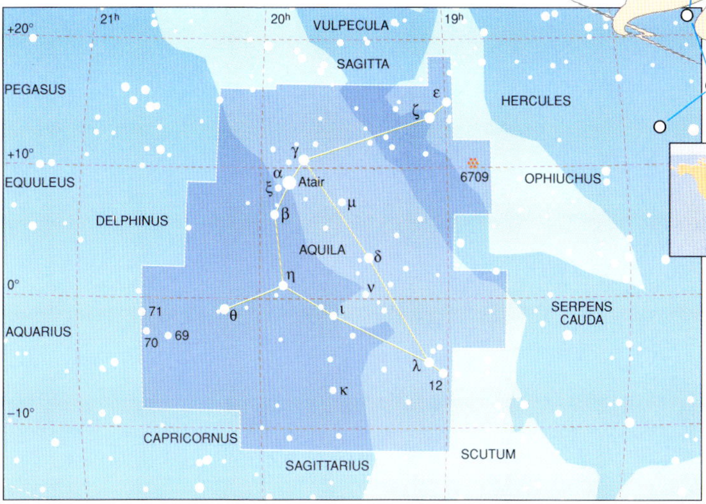

vollständig sichtbar 78°N–71°S

Interessante Objekte

Alpha (α) Aquilae (Atair) Mit 0,8 mag einer der 20 hellsten Sterne am Himmel und mit nur 17 LJ Entfernung auch einer der nächsten Sterne 1. Größe. Er markiert den Hals des Adlers und bildet eine Ecke des großen Sommerdreiecks, das von Deneb (in Cygnus) und Wega (in Lyra) vervollständigt wird. Atair wird von zwei Sternen flankiert, dem 4 mag hellen Beta (β) Aquilae (auch Alschain genannt) und dem 3 mag hellen Gamma (γ) Aquilae (oder Tarazet).

Eta (η) Aquilae Cepheiden-Veränderlicher, einer der hellsten dieser wichtigen Sternklasse. Er schwankt mit einer Periode von 7 Tagen und 4 Stunden zwischen 3,6 und 4,5 mag; die Helligkeitsänderung kann mit bloßem Auge oder mit einem Fernglas verfolgt werden. Er ist ein Überriese und etwa 1200 LJ entfernt.

Die Grenze zwischen Aquila und Scutum
Diese auffällige hakenförmige Sterngruppe liegt im südlichen Teil von Aquila. Der hellste Stern der Gruppe (Mitte links) ist Lambda (λ) Aquilae (3,4 mag).

Die Hauptsterne in Aquila
Der helle Stern oben links ist Atair. Flankiert wird er links und rechts von Beta (β) und Gamma (γ) Aquilae, auch Alschain und Tarazet genannt.

Breite	Höhe	Fläche	Rang
		652 Quadratgrad	22.

Abkürzung Ara	Genitiv Arae	Höchststand am Himmel um 22 Uhr Juni bis Juli

Ara

Ara liegt in der Milchstraße, südlich von Scorpius und weit südlich des Himmelsäquators, war aber schon den alten Griechen bekannt. Sie sahen in ihm den Altar, an dem ihre Götter einen Treueeid schworen, bevor sie den Titanen die Herrschaft über das Weltall streitig machten, oder aber jenen Altar, auf dem Centaurus gerade Lupus, den Wolf, opfern will.

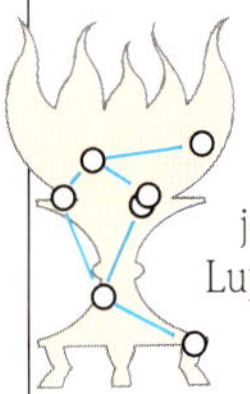

Altar

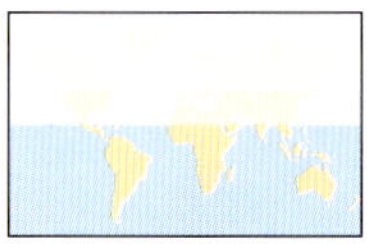

vollständig sichtbar 22°N–90°S

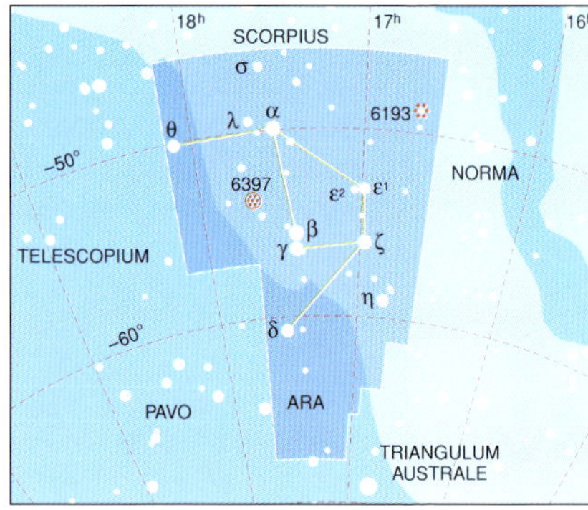

Interessante Objekte

NGC 6193 Offener Haufen aus einer Handvoll Sterne, die über eine Fläche halb so groß wie der Vollmond verstreut sind. Sein hellster Stern hat 6. Größe; der ganze Haufen ist am besten mit einem Fernglas zu sehen.

NGC 6397 Großer Kugelhaufen, etwa 2/3 so groß wie der Vollmond und mit etwas mehr als 7000 LJ Entfernung einer der nächsten. Er ist mit bloßem Auge gerade noch sichtbar und mit einem Fernglas leicht zu beobachten. Die Sterne sind weniger dicht gedrängt als in vielen anderen Kugelhaufen.

Breite	Höhe	Fläche 237 Quadratgrad	Rang 63.

Abkürzung Ari	Genitiv Arietis	Höchststand am Himmel um 22 Uhr Nov. bis Dez.

Aries

Widder

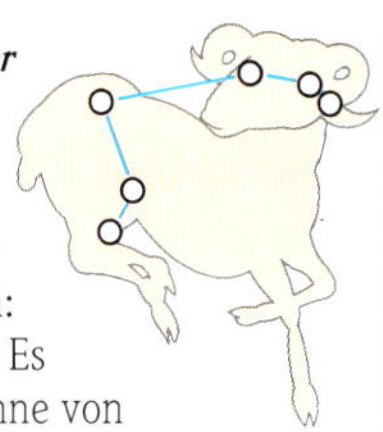

Aries repräsentiert den berühmten Widder mit dem goldenen Vlies aus der griechischen Mythologie. Sein einziges auffälliges Merkmal ist eine Linie aus drei Sternen: Alpha (α), Beta (β) und Gamma (γ) Arietis. Es gehört zum Tierkreis und wird von der Sonne von 18. April bis 14. Mai durchquert. Aries liegt zwischen Pisces und Taurus.

Der Mittelteil von Aries
Rechts im Bild leuchten Alpha (α), Beta (β) und Gamma (γ) Arietis.

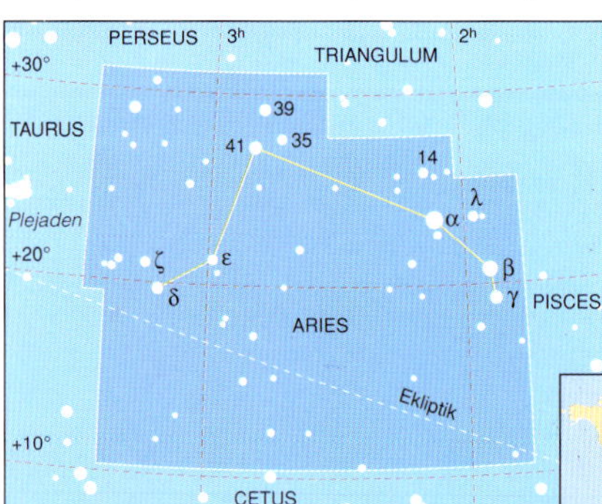

Interessante Objekte

Gamma (γ) Arietis Weiter Doppelstern, mit einem kleinen Teleskop leicht zu trennen. Die beiden Komponenten sind fast identisch: beide bläulichweiß und 4,6 mag hell. Er wurde 1664, als Teleskope noch recht primitiv waren, von dem englischen Wissenschaftler Robert Hooke entdeckt und gehört zu den ersten bekannten Doppelsternen.

vollständig sichtbar 90°N–58°S

Breite	Höhe	Fläche 441 Quadratgrad	Rang 39.

Abkürzung Aur	Genitiv Aurigae	Höchststand am Himmel um 22 Uhr Dez. bis Februar

Auriga

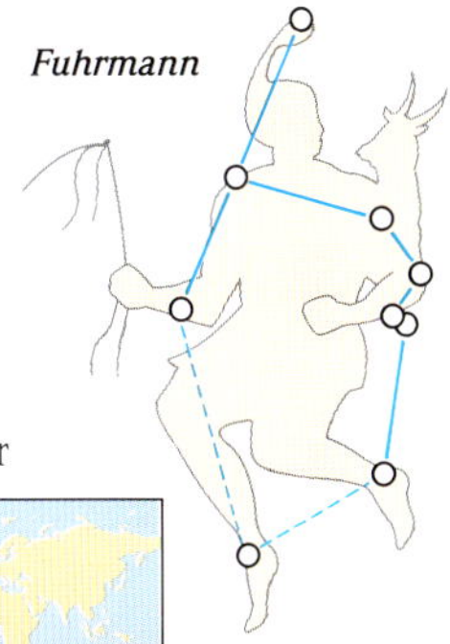

Auriga, der Fuhrmann, zeigt den Lenker eines Pferdewagens. Der Sage zufolge ist er Erichthonius, König von Athen. In der Mythologie findet sich jedoch keine Erklärung, warum er am Himmel mit einer Ziege und ihren Jungen auf seinem linken Arm dargestellt wird. Die Ziege wird durch den hellsten Stern des Sternbilds verkörpert, Capella (lat. Ziege), während Zeta (ζ) und Eta (η) Aurigae (auch Haedi genannt, lat. Böckchen) als die Jungen gelten. Zur Zeit der alten Griechen und Römer wurde der rechte Fuß des Fuhrmanns von einem Stern markiert, den man heute Taurus zuordnet, Beta (β) Tauri.

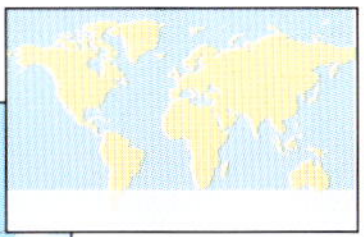

vollständig sichtbar 90°N–34°S

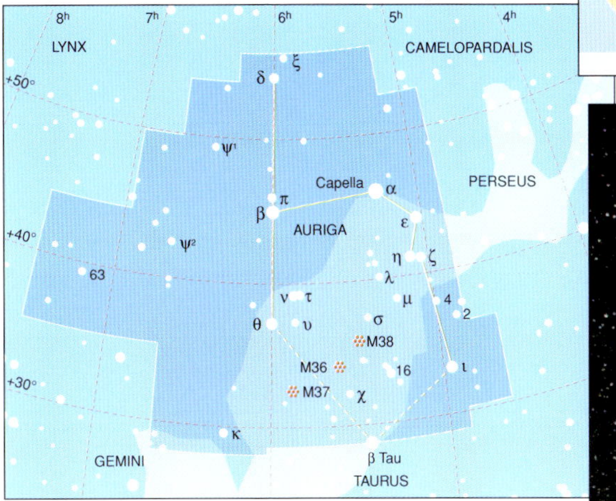

Die Hauptsterne in Auriga
Capella prangt oben im Bild. M36, M37 und M38 sind gerade noch sichtbar.

Interessante Objekte

Alpha (α) Aurigae (Capella) Mit 0,1 mag der sechsthellste Stern am Himmel. Mit bloßem Auge sieht er gelblich aus. Tatsächlich ist er ein spektroskopischer Doppelstern aus zwei gelben Riesensternen, die einander in 104 Tagen umkreisen. Seine Entfernung beträgt 42 LJ.

Epsilon (ε) Aurigae Ein außergewöhnlicher Bedeckungsveränderlicher, bestehend aus einem strahlend weißen Überriesen und einem merkwürdigen dunklen Begleiter. Dieser zieht alle 27 Jahre vor dem Hauptstern vorüber und verdunkelt ihn; das ist die längste bekannte Periode eines Bedeckungsveränderlichen. Die Helligkeit des Sterns sinkt durch die Bedeckung auf weniger als die Hälfte ab, von 2,9 auf 3,8 mag, und bleibt über ein Jahr lang so niedrig. Nach Beobachtung der letzten Bedeckung, die 1984 endete, glauben die Astronomen, daß der mysteriöse Partner ein enger Doppelstern sein könnte, der von einer länglichen dunklen Gas- und Staubwolke umgeben ist. Der Beginn der nächsten Bedeckung wird Ende 2009 erwartet.

Zeta (ζ) Aurigae Bedeckungsveränderlicher, bestehend aus einem orangen Riesenstern, der mit einer Umlaufperiode von 2,7 Jahren von einem kleineren blauen Stern umkreist wird. Während einer Bedeckung, die 40 Tage dauert, fällt die Helligkeit des Sterns von 3,7 auf 4,0 mag ab.

M36, M37 und M38 Diese drei offenen Haufen, die mit bloßem Auge gerade noch sichtbar und mit einem Fernglas leicht zu beobachten sind, liegen in 4000–4500 LJ Entfernung. Bei einem Gesichtsfeld von mindestens 6° kann man alle drei gleichzeitig als neblige Flecke sehen. Der kleinste des Trios, M36, ist am leichtesten zu finden; ein kleines Teleskop löst ihn in seine hellsten Sterne auf. Der größte, M37, ist etwa 2/3 so groß wie der Vollmond; er enthält zwar mehr Sterne, aber sie sind lichtschwächer. M38 ist der lockerste der drei Haufen.

Breite	Höhe	Fläche 657 Quadratgrad	Rang 21.

Abkürzung Boo	Genitiv Bootis	Höchststand um 22 Uhr Mai bis Juni

Bootes

In diesem länglichen Sternbild sah man im Altertum einen Bärenhüter, wobei Ursa Major der Bär ist. Der Name seines hellsten Sterns Arktur ist griechisch und bedeutet gleichfalls »Bärenhüter«. Der nördliche Teil von Bootes bildete früher ein eigenes Sternbild – Quadrans Muralis (Mauerquadrant). Nach ihm ist der Quadrantiden-Meteorschauer benannt, der jeden Januar von diesem Gebiet ausgeht.

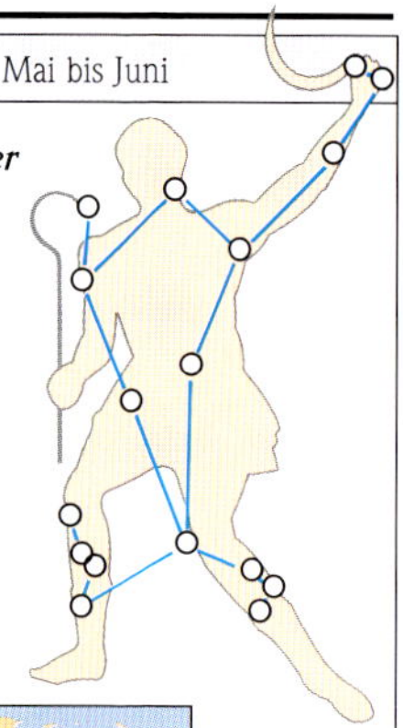

Bärenhüter

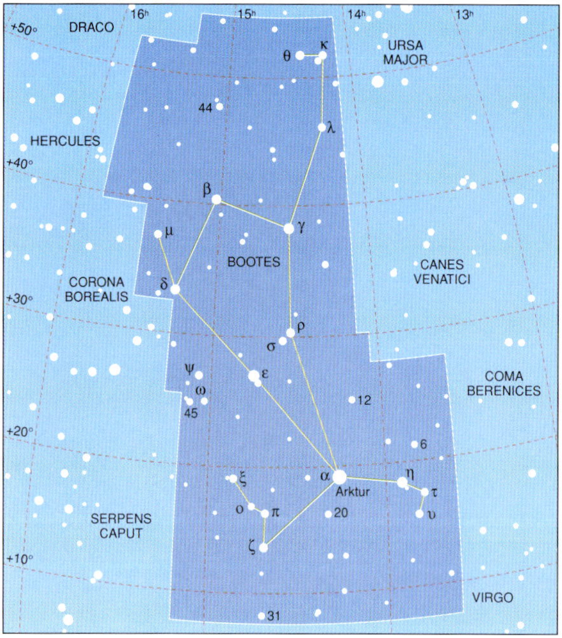

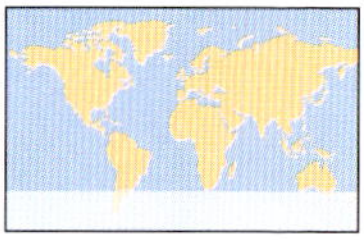

vollständig sichtbar 90°N–35°S

Die Hauptsterne in Bootes
Der helle Stern unten im Bild ist Arktur.

Interessante Objekte

Alpha (α) Bootis (Arktur) Hellster Stern nördlich des Himmelsäquators, mit -0,1 mag der vierthellste überhaupt. Er ist ein Roter Riese, 100mal leuchtkräftiger als die Sonne, aber mit einer kühleren (und daher röteren) Oberfläche. Mit bloßem Auge erkennt man seine auffällig warme Tönung, die im Fernglas noch verstärkt wird.

Epsilon (ε) Bootis Wunderschöner Doppelstern, aber schwer zu trennen. Dem bloßem Auge erscheint er 2,4 mag hell. Ein Teleskop mit mindestens 75 mm Öffnung zeigt einen Roten Riesen mit einem nahen blaugrünen Begleiter 5. Größe. Um die Sterne zu trennen, sind starke Vergrößerung und gute Sichtbedingungen erforderlich.

Kappa (κ) Bootis Doppelstern, mit einem kleinen Teleskop leicht in zwei weiße Sterne 5. und 7. Größe zu trennen.

My (μ) Bootis Mehrfachstern. Im Fernglas erkennt man einen weiten Doppelstern mit 4,3 und 6,5 mag hellen Komponenten. Die schwächere ist selbst ein Doppelstern, dessen Partner 7. und 8. Größe haben und einander in 260 Jahren umkreisen. Mit einer mittleren Öffnung sollten sie zu trennen sein.

Xi (ξ) Bootis Doppelstern, mit einem kleinen Teleskop trennbar. Die 4,7 und 7,0 mag hellen Sterne sind beide gelblichorange, wobei der eine etwas kräftiger im Ton ist. Sie bilden einen echten Doppelstern mit einer Umlaufperiode von 152 Jahren.

Breite	Höhe	Fläche 907 Quadratgrad	Rang 13.

Abkürzung Cae	Genitiv Caeli	Höchststand am Himmel um 22 Uhr Dez. bis Januar

Caelum

Grabstichel

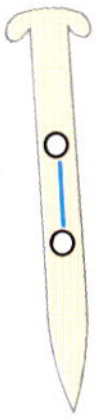

Caelum ist ein kleines, unscheinbares Sternbild in einem unauffälligen Gebiet am Südhimmel. Es stellt den Grabstichel eines Steinmetzen dar und wurde im 18. Jh. von dem französischen Astronomen N. L. de Lacaille eingeführt. Hellster Stern ist Alpha (α) Caeli (4,4 mag).

vollständig sichtbar 41°N–90°S

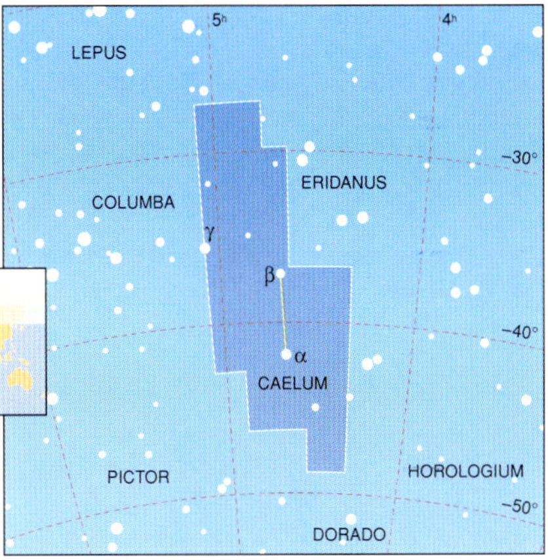

Interessante Objekte

Gamma (γ) Caeli Doppelstern, wenn auch ein mittelgroßes Teleskop erforderlich ist, um ihn als solchen zu erkennen. Seine Helligkeit beträgt 4,6 mag, der nahe Begleiter hat 8. Größe.

Breite	Höhe	Fläche 125 Quadratgrad	Rang 81.

Abkürzung Cam	Genitiv Camelopardalis	Höchststand am Himmel um 22 Uhr Dez. bis Mai

Camelopardalis

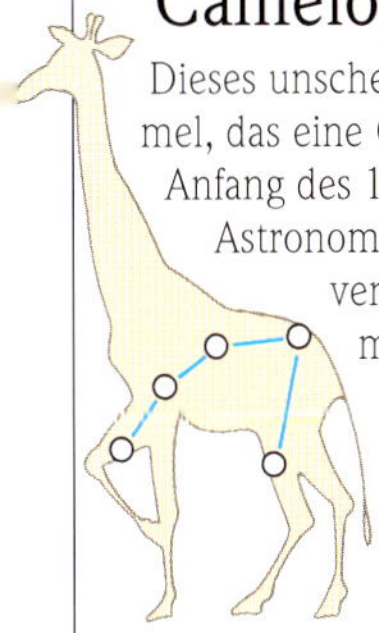

Dieses unscheinbare Sternbild am Nordhimmel, das eine Giraffe darstellen soll, wurde Anfang des 17. Jh.s von dem holländischen Astronomen P. Plancius eingeführt. Eine veraltete Variante des Sternbildnamens lautet Camelopardus.

Giraffe

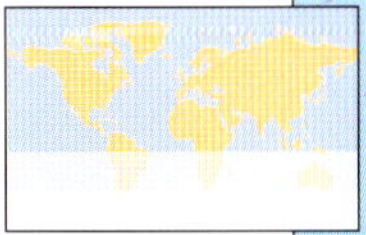

vollständig sichtbar 90°N–3°S

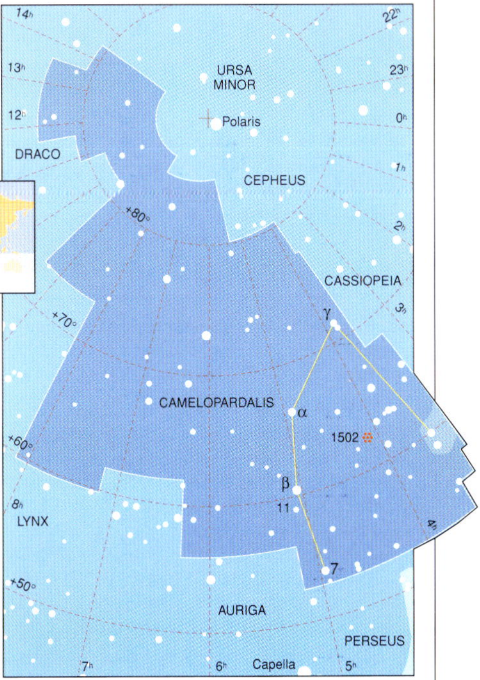

Interessante Objekte

Beta (β) Camelopardalis Weiter Doppelstern. Die hellere Komponente ist mit 4,0 mag der hellste Stern des Sternbilds. Er hat einen 7,4 mag hellen Begleiter, der mit einem kleinen Teleskop oder sogar mit einem starken Fernglas leicht zu erkennen ist. Im gleichen Gesichtsfeld kann man ein noch weiter auseinanderstehendes Paar beobachten; die beiden Sterne, 11 und 12 Camelopardalis, sind 5,2 und 6,1 mag hell.

NGC 1502 Offener Haufen, sichtbar mit einem Fernglas oder kleinen Teleskop. Obwohl er klein ist, enthält er relativ helle Sterne, darunter auch einen auffälligen Doppelstern 7. Größe.

Breite	Höhe	Fläche 757 Quadratgrad	Rang 18.

Abkürzung Cnc	Genitiv Cancri	Höchststand am Himmel um 22 Uhr Februar bis März

Cancer

Cancer stellt den Krebs dar, den in der griechischen Sage Herkules bei seinem Kampf mit der vielköpfigen Hydra mit einem mächtigen Fußtritt zertrat. Das Sternbild liegt zwischen Gemini und Leo und ist das lichtschwächste des Tierkreises. Sein hellster Stern Beta (β) Cancri hat 3,5 mag. Die Sonne steht von 20. Juli bis 10. August in Cancer.

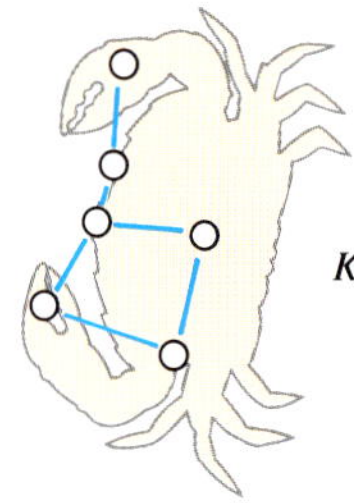

Krebs

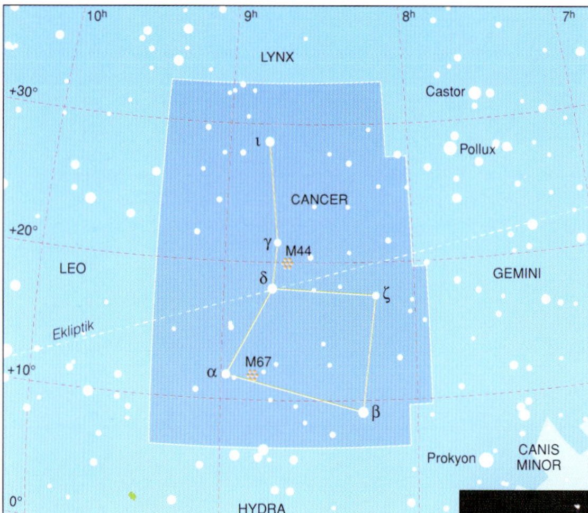

vollständig sichtbar 90°N–57°S

M44 (Praesepe)
M44 ist so groß, daß er bei den meisten Teleskopen nicht in das Gesichtsfeld paßt. Die Abbildung zeigt den Anblick des Haufens im Fernglas. Die beiden als Aselli bekannten Sterne, die als Wegweiser zu M44 dienen, liegen hier knapp außerhalb des Bildfelds.

Interessante Objekte

Zeta (ζ) Cancri ⊼ Mehrfachstern. Mit einem kleinen Teleskop erkennt man zwei 5,1 und 6,2 mag helle Komponenten. Ein Teleskop von mehr als 150 mm Öffnung zeigt, daß der hellere Stern einen sehr viel näheren Begleiter mit 6,1 mag hat, der ihn in 60 Jahren umkreist.

Jota (ι) Cancri ⊼ Weiter Doppelstern, dessen Komponenten 4,2 und 6,6 mag hell und bereits mit einem kleinen Amateurteleskop leicht zu trennen sind.

M44 (Praesepe) Offener Haufen, auch als Bienenkorb-Haufen oder Krippe bekannt. (Praesepe ist lateinisch und bedeutet sowohl »Krippe« als auch »Bienenkorb«.) Für das bloße Auge liegt er an der Sichtbarkeitsgrenze und erscheint als wolkiger Fleck (seine hellsten Sterne haben 6. Größe). Im Fernglas sieht man ihn jedoch als Sternfeld, das mehr als 3mal so groß ist wie der Vollmond. Er ist etwa 520 LJ entfernt. Nördlich und südlich des Haufens liegen die Sterne Gamma (γ) Cancri (4,7 mag) und Delta (δ) Cancri (3,9 mag). Im Altertum sah man in ihnen zwei Esel, die an der Krippe fressen; daher nennt man sie auch Aselli, was auf Deutsch »Eselchen« bedeutet.

M67 ⊼ Offener Haufen. Er enthält mehr Sterne als M44 (Praesepe), ist aber weiter entfernt (etwa 2600 LJ), so daß er lichtschwächer und kleiner erscheint.

Breite	Höhe	Fläche 506 Quadratgrad	Rang 31.

Abkürzung CVn	Genitiv Canum Venaticorum	Höchststand am Himmel um 22 Uhr April bis Mai

Canes Venatici

Canes Venatici stellt zwei Jagdhunde dar, die der Bärenhüter Bootes an der Leine hält. Das Sternbild wurde 1687 von dem Astronomen J. Hevelius aus Sternen gebildet, die zuvor zu Ursa Major gehört hatten.

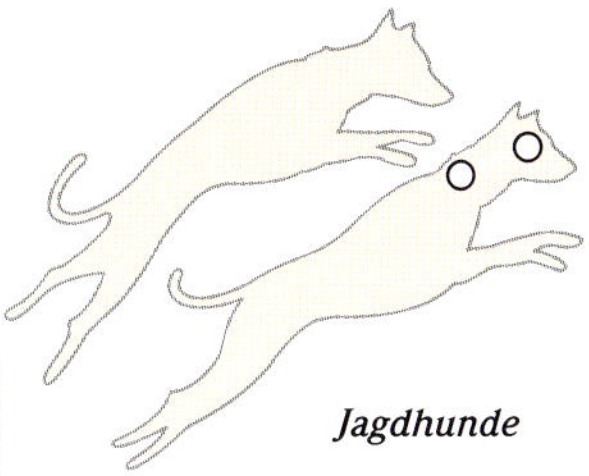

Jagdhunde

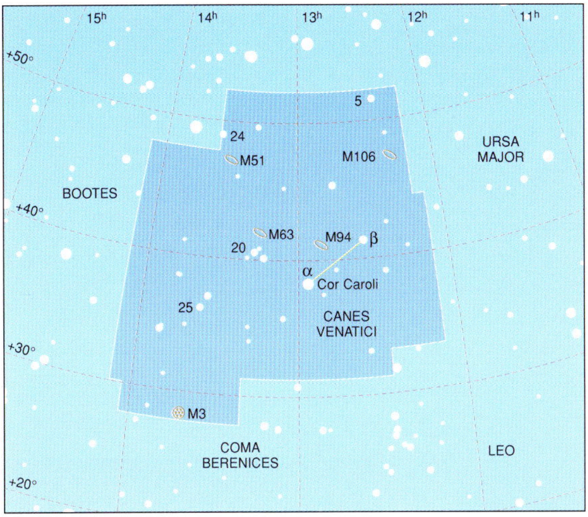

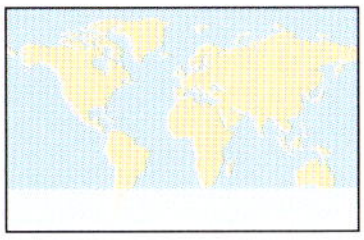

vollständig sichtbar 90°N–37°S

M51 (Whirlpool-Galaxie)
Diese Spiralgalaxie steht in Wechselwirkung mit einer kleineren Begleitgalaxie, NGC 5195. Wir sehen M51 von oben, wobei NGC 5195 am Ende eines ihrer Spiralarme zu liegen scheint.

Interessante Objekte

Alpha (α) Canum Venaticorum (Cor Caroli) Doppelstern, mit einem kleinen Teleskop leicht in seine beiden 2,9 und 5,6 mag hellen Komponenten zu trennen. Obwohl beide weiß erscheinen sollten, wollen einige Beobachter zarte Farbtönungen erkannt haben. Dies ist möglich, da der hellere Stern eine ungewöhnliche Zusammensetzung hat, wie spektroskopische Untersuchungen zeigen. Der Name Cor Caroli bedeutet »Karls Herz« und erinnert an König Charles I. von England.

M3 Kugelhaufen an der Sichtbarkeitsgrenze für das bloße Auge. Mit einem Fernglas oder kleinen Teleskop ist er leicht zu finden und erscheint etwa halb so groß wie der Vollmond. Um die einzelnen Sterne des Haufens auszumachen, ist ein Teleskop mit etwa 100 mm Öffnung oder größer nötig.

M51 (Whirlpool-Galaxie) Berühmte Spiralgalaxie, die man fast direkt von oben sieht und deren Spiralstruktur auch aus diesem Grund sehr leicht zu erkennen ist. Die Galaxie kann mit einem Fernglas aufgefunden werden. Ein kleines Teleskop zeigt ihren hellen Kern sowie den Kern einer kleineren irregulären Galaxie, NGC 5195, die nahe an ihr vorüberzieht. Mit einem Teleskop mittlerer oder großer Öffnung – 200 mm oder größer – sollten die Spiralarme von M51 erkennbar sein. M51 und NGC 5195 sind beide etwa 25 Millionen LJ von uns entfernt.

Breite	Höhe	Fläche 465 Quadratgrad	Rang 38.

Abkürzung CMa	Genitiv Canis Majoris	Höchststand am Himmel um 22 Uhr Jan. bis Februar

Canis Major

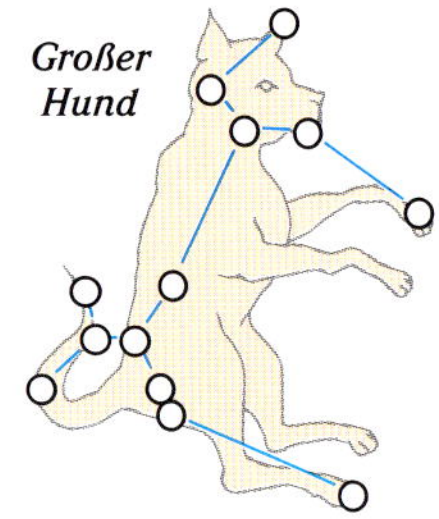

Canis Major zählt zu den berühmtesten Sternbildern und schmückt sich mit dem hellsten aller Sterne, Sirius. Es stellt den größeren der beiden Hunde dar, die dem Jäger Orion gehören (der kleinere ist Canis Minor). Durch die Drehung der Erde scheinen die beiden Hunde dem Jäger über den Himmel zu folgen.

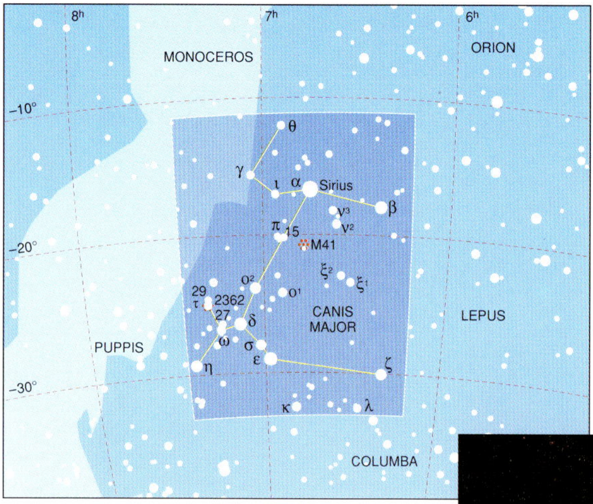

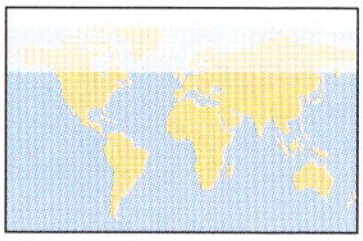

vollständig sichtbar
56°N–90°S

Canis Major
Canis Major enthält mehrere helle Sterne. Nahe am oberen Bildrand liegt Sirius; der helle Stern fast in der Mitte ist Delta (δ) Canis Majoris.

Interessante Objekte

Alpha (α) Canis Majoris (Sirius, Hundsstern) 👁 Mit –1,44 mag der hellste Stern am Himmel. Sirius strahlt soviel Licht ab wie etwa 20 Sonnen. Diese Leuchtkraft ist nicht ungewöhnlich hoch, aber wegen seiner relativen Nähe zu uns (8,6 LJ) übertrifft Sirius mit seiner Helligkeit alle anderen Sterne. Er ist weiß, aber wenn er dicht über dem Horizont steht, scheint er häufig bunt aufzublitzen, weil sein Licht durch Luftströmungen in der Erdatmosphäre gebrochen wird. Sirius ist ein enger Doppelstern mit einer Umlaufperiode von 50 Jahren. Der Begleiter – Sirius B, im Volksmund auch Hündchen genannt – ist ein Weißer Zwerg und 10 000mal lichtschwächer als Sirius selbst. Daher ist er nur mit einem großen Teleskop zu sehen, und auch nur, wenn die beiden Sterne während ihres Umlaufs am weitesten auseinanderstehen.

M41 👁 🔭 Offener Haufen, der etwa 2300 LJ entfernt ist und rund 80 Sterne 7. Größe und schwächer enthält. Mit bloßem Auge ist er gerade noch sichtbar; den alten Griechen war er bekannt. Er bedeckt eine Fläche etwa so groß wie der Vollmond.

NGC 2362 🔭 Offener Haufen, klein und dicht, der nur mit einem kleinen Teleskop richtig untersucht werden kann. Sein hellstes Mitglied ist der 4 mag helle Tau (τ) Canis Majoris, ein sehr leuchtkräftiger blauer Überriese. Der Haufen liegt etwa 5000 LJ entfernt.

Breite ✋	Höhe ✋	Fläche 380 Quadratgrad	Rang 43.

Abkürzung CMi	Genitiv Canis Minoris	Höchststand am Himmel um 22 Uhr Februar

Canis Minor

Canis Minor repräsentiert den kleineren der beiden Hunde des Jägers Orion. Sowohl Orion als auch Canis Major, der größere Hund, liegen in der Nähe. Außer seinen beiden hellsten Sternen enthält Canis Minor kaum etwas Bemerkenswertes.

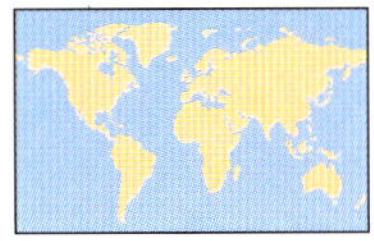

vollständig sichtbar 89°N–77°S

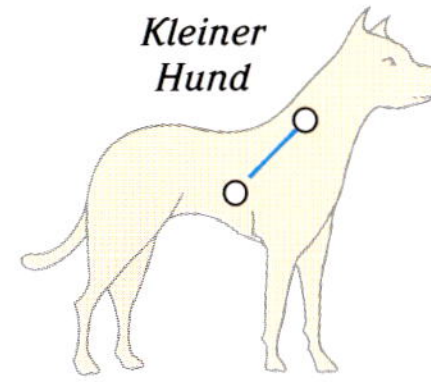

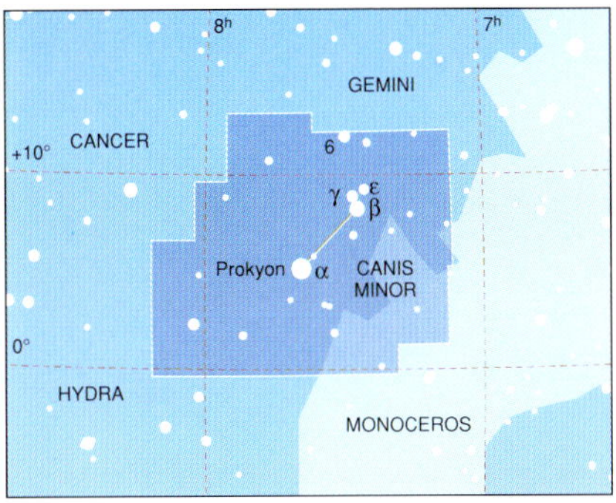

Interessante Objekte

Alpha (α) Canis Minoris (Prokyon) Mit 0,4 mag der achthellste Stern am Himmel. Der Name Prokyon stammt aus dem Griechischen und bedeutet »vor dem Hund«, ein Hinweis darauf, daß er vor dem anderen Hundsstern, Sirius, aufgeht. Er ist ein weißer Stern, etwas weniger leuchtkräftig als Sirius und mit 11,4 LJ auch etwas weiter entfernt. Mit Sirius teilt er die Besonderheit, einen Weißen Zwerg als Begleiter zu haben: Prokyon B, der mehr als 10 000mal lichtschwächer ist als Prokyon und diesen in 41 Jahren einmal umkreist. Die beiden stehen so eng beieinander, daß sie mit Amateurteleskopen nicht getrennt werden können.

Breite	Höhe	Fläche 183 Quadratgrad	Rang 71.

Abkürzung Cap	Genitiv Capricorni	Höchststand am Himmel um 22 Uhr Aug. bis Sept.

Capricornus

Das kleinste Sternbild des Tierkreises, das zwischen Sagittarius und Aquarius liegt, soll einen Steinbock darstellen. Es wurde von den Babyloniern und Sumerern eingeführt, ist aber in der griechischen Mythologie mit dem bockähnlichen Gott Pan verknüpft. Capricornus ist nicht sehr auffällig: Sein hellster Stern Delta (δ) Capricorni (Deneb Algedi) hat 2,9 mag. Die Sonne durchläuft das Sternbild von 19. Januar bis 16. Februar.

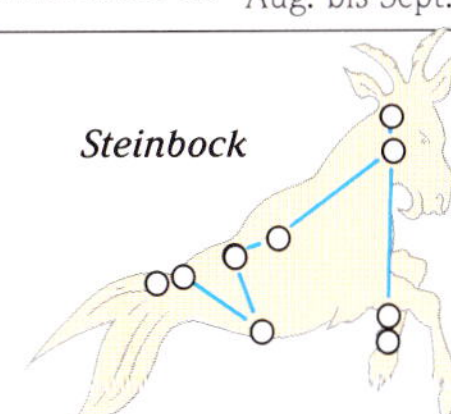

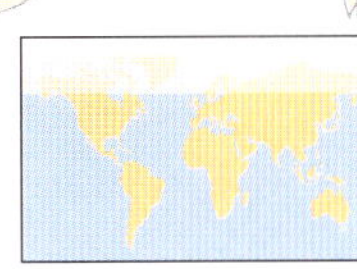

vollständig sichtbar 62°N–90°S

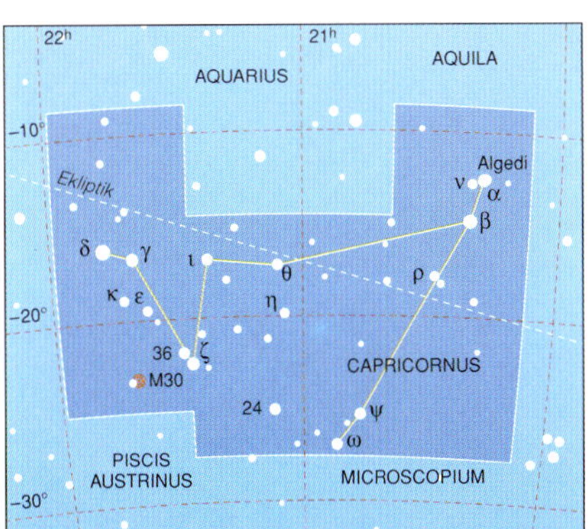

Interessante Objekte

Alpha (α) Capricorni (Algedi, Dabih) Weiter optischer Doppelstern. Mit einem gewöhnlichen Fernglas oder gutem Sehvermögen erkennt man zwei 3,6 und 4,3 mag helle, gelbliche Sterne. Der hellere ist ein Riese in einer Entfernung von 110 LJ, der schwächere ein mehr als 6mal so weit entfernter Überriese.

Beta (β) Capricorni Weiter Doppelstern. Der Primärstern ist ein 3,1 mag heller gelber Riese, mit bloßem Auge sichtbar. Im Fernglas oder kleinen Teleskop erkennt man auch den zweiten Stern (6. Größe). Beide liegen etwa 300 LJ entfernt.

Breite	Höhe	Fläche 414 Quadratgrad	Rang 40.

Abkürzung Car	Genitiv Carinae	Höchststand am Himmel um 22 Uhr Jan. bis April

Carina

Carina, das mit Canopus den zweithellsten aller Sterne enthält, ist ein beeindruckendes Sternbild in einem sehr sternreichen Gebiet der Milchstraße. Bei den alten Griechen war es Teil eines sehr viel größeren Sternbilds, Argo Navis oder Schiff der Argonauten genannt. Im 18. Jh. trennte der Franzose N. L. de Lacaille Carina ab. Es stellt den Schiffskiel dar, mit Canopus als Steuerruder. Die anderen Teile des Schiffs – Vela (die Segel) und Puppis (das Hinterdeck) – liegen nördlich von Carina.

Schiffskiel

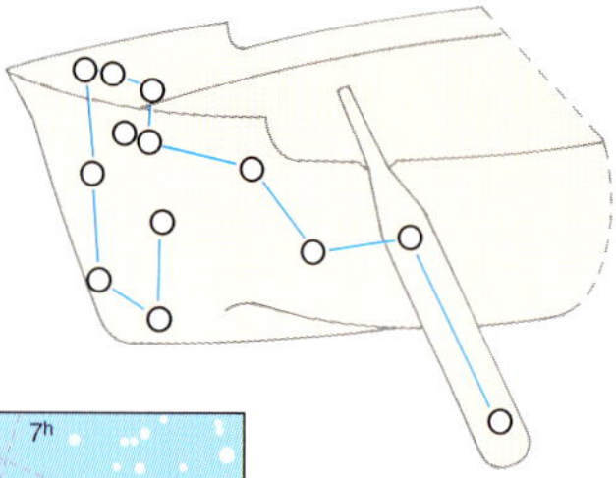

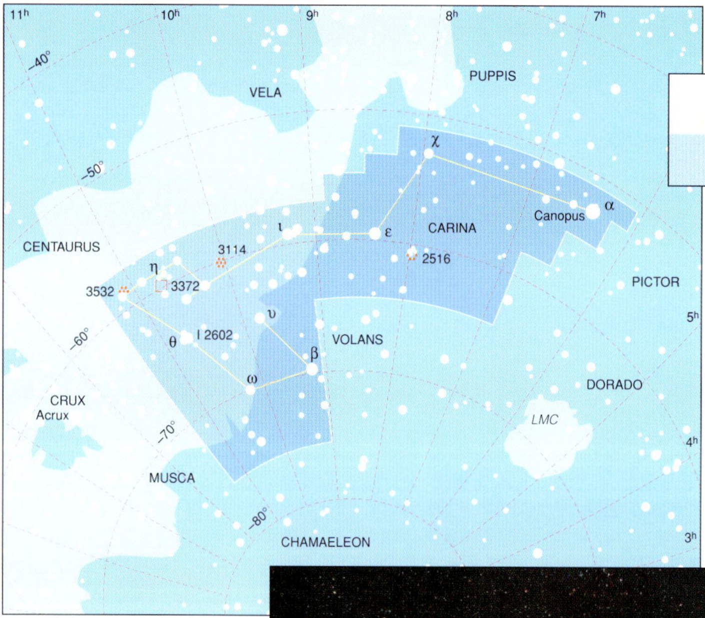

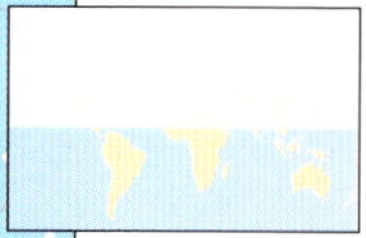

vollständig sichtbar 14°N–90°S

Sternhaufen und Nebel in Carina
Dieses Bild zeigt die ganze Pracht dieses südlichen Sternbilds. Oben rechts prangt der helle Stern Canopus; der Eta-Carinae-Nebel (NGC 3372) liegt ganz links, mit dem offenen Haufen IC 2602 (auch als Südliche Plejaden bekannt) rechts unterhalb. NGC 2516, ein weiterer auffälliger Haufen, befindet sich rechts der Mitte.

Breite ✋✋	Höhe ✋	Fläche 494 Quadratgrad	Rang 34.

Interessante Objekte

Alpha (α) Carinae (Canopus) Mit –0,6 mag der zweithellste Stern am Himmel. Er ist ein weißer Überriese, 14 000mal leuchtkräftiger als die Sonne und 310 LJ entfernt.

Eta (η) Carinae Bemerkenswerter veränderlicher Stern. Zur Zeit hat er 6. Größe, aber in der Vergangenheit war er viel heller, am auffälligsten im 19. Jh., als er auf fast –1 mag anstieg. Eta Carinae ist vermutlich entweder ein Überriese mit der 100fachen Masse der Sonne und damit einer der massereichsten Sterne, die wir kennen, oder ein massereicher Doppelstern. Im Teleskop erscheint er aufgrund der beim letzten Helligkeitsausbruch ausgestoßenen Materie als neblige orange Ellipse. Seine Entfernung wird auf über 8000 LJ geschätzt; er liegt in dem ausgedehnten Nebel NGC 3372 (siehe unten).

NGC 2516 Offener Haufen, mit bloßem Auge sichtbar. Mit einem Fernglas sind seine einzelnen Sterne – der hellste ein 5 mag heller Roter Riese – zu sehen, die über eine Himmelsfläche so groß wie der Vollmond verstreut liegen. Er ist etwa 1300 LJ entfernt.

NGC 3114 Offener Haufen, mit bloßem Auge sichtbar; erscheint etwa so groß wie der Vollmond. Mit einem Fernglas sind seine einzelnen Sterne zu erkennen. Er ist fast 3000 LJ entfernt.

IC 2602 (Südliche Plejaden)
Dieser große, helle offene Haufen enthält einige mit bloßem Auge sichtbare Sterne. Der helle Stern rechts im Bild ist Theta (θ) Carinae.

NGC 3372 (Eta-Carinae-Nebel) Großer, heller Emissionsnebel (4mal so groß wie der Vollmond), der den Stern Eta (η) Carinae (s. o.) umgibt. Der Nebel ist mit bloßem Auge vor dem Hintergrund der Milchstraße sichtbar; am besten sieht man ihn im Fernglas. Er ist von einem dunklen V-förmigen Staubstreifen durchzogen. In der Nähe von Eta Carinae selbst zeigen Teleskope eine dunkle knollenförmige Staubwolke, die Schlüsselloch-Nebel heißt.

NGC 3532 Heller, dichter offener Haufen von elliptischer Gestalt. Er ist mit bloßem Auge zu sehen und bietet im Fernglas einen prächtigen Anblick. An seiner breitesten Stelle ist er fast doppelt so groß wie der Vollmond. Seine Entfernung beträgt 1300 LJ.

IC 2602 (Südliche Plejaden) Großer, auffälliger offener Haufen, der acht Sterne heller als 6. Größe enthält. Das hellste Mitglied ist Theta (θ) Carinae, ein 2,7 mag heller bläulichweißer Stern. Der Haufen erscheint doppelt so groß wie der Vollmond und liegt etwa 500 LJ entfernt.

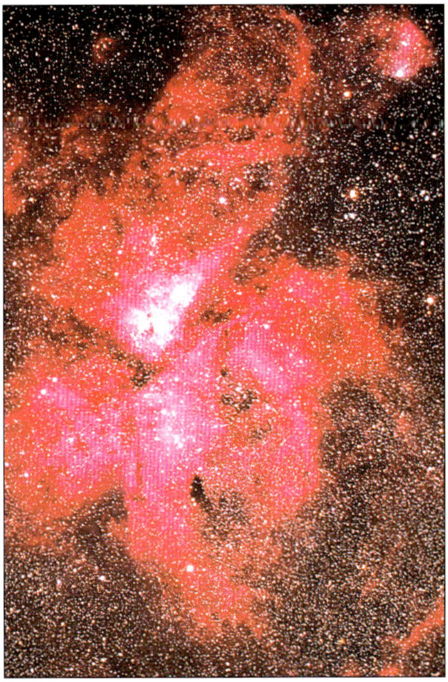

NGC 3372 (Eta-Carinae-Nebel)
Dieser prächtige Nebel, der den merkwürdigen veränderlichen Stern Eta (η) Carinae umgibt, ist von dunklen Staubstreifen durchzogen. Eta Carinae selbst liegt im hellsten Teil des Nebels, hier direkt oberhalb der Bildmitte.

Abkürzung Cas	Genitiv Cassiopeiae	Höchststand am Himmel um 22 Uhr Okt. bis Dez.

Cassiopeia

Das Sternbild repräsentiert die mythische Königin Cassiopeia, deren Gemahl und Tochter von den angrenzenden Sternbildern Cepheus und Andromeda verkörpert werden. Cassiopeia war für ihre Eitelkeit bekannt und wird auf ihrem Thron sitzend und mit ihrem Haar spielend dargestellt. Die hellsten Sterne Cassiopeias bilden ein deutliches W. Am einen Ende des W markiert Epsilon (ε) Cassiopeiae den Knöchel, am anderen Beta (β) die Schulter der Königin.

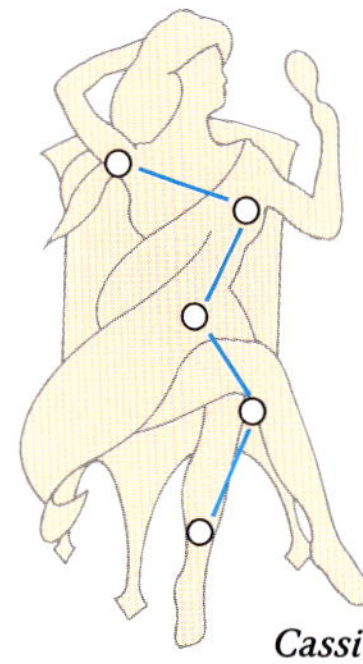

Cassiopeia

vollständig sichtbar
90°N–12°S

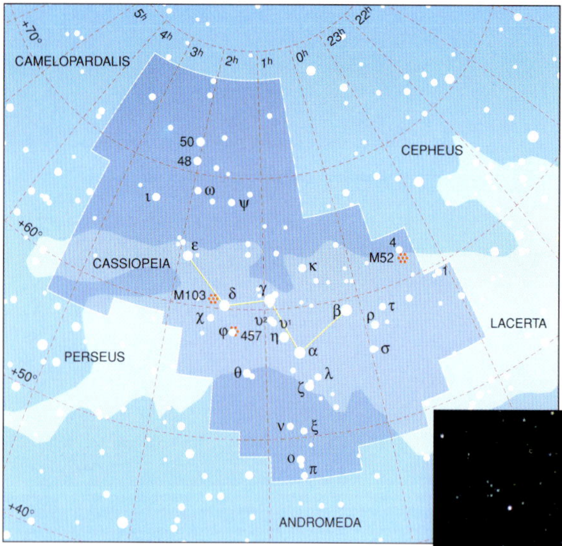

Die Hauptsterne in Cassiopeia
Durch das deutliche W, das seine hellsten Sterne bilden, ist das Sternbild leicht zu erkennen.

Interessante Objekte

Gamma (γ) Cassiopeia 👁 Veränderlicher, zur Zeit etwa 2,2 mag hell. Weil er so schnell rotiert, stößt er am Äquator Gasringe ab, die seine Helligkeit vorübergehend verändern.

Eta (η) Cassiopeia 🔭 Doppelstern aus einem 3,5 mag hellen gelben Stern und einem 7,2 mag hellen orangen Begleiter, die mit einem kleinen Teleskop aufgelöst werden können. Beide Sterne sind 19 LJ von der Erde entfernt und bilden einen echten Doppelstern mit einer Umlaufperiode von 480 Jahren.

Rho (ρ) Cassiopeia 👁 🔭 Sehr leuchtkräftiger gelber Überriese. Da er pulsiert, d. h. größer und kleiner wird, schwankt seine Helligkeit mit einer Periode von knapp einem Jahr zwischen etwa 4. und 5. Größe.

M52 🔭 🔭 Offener Haufen. Er ist mit einem Fernglas sichtbar und bedeckt eine Fläche etwa 1/3 so groß wie der Vollmond. Um seine einzelnen Sterne zu erkennen, ist allerdings ein Teleskop nötig. Er ist 5200 LJ entfernt. Ein Stern 5. Größe, der Mitglied des Haufens zu sein scheint, liegt in Wirklichkeit viel näher bei uns.

NGC 457 🔭 🔭 Länglicher offener Haufen, etwa 1/3 so groß wie der Vollmond und mit einem Fernglas oder kleinen Teleskop sichtbar. Der Haufen gleicht – einige Phantasie vorausgesetzt – einer Eule, wobei seine beiden strahlendsten Sterne die Augen des Vogels markieren sollen. Der hellste Stern ist der 5 mag helle Phi (φ) Cassiopeiae, ein leuchtkräftiger Überriese.

Breite	Höhe	Fläche 598 Quadratgrad	Rang 25.

Abkürzung Cen	Genitiv Centauri	Höchststand am Himmel um 22 Uhr April bis Juni

Centaurus

Dieses große Sternbild in der südlichen Milchstraße stellt einen Kentaur dar, eine mythologische Gestalt halb Pferd, halb Mensch. Dieser Kentaur wird mit Chiron identifiziert, einem heilkundigen und weisen Lehrer, Erzieher des Achill. Sein hellster Stern, Alpha (α) Centauri, ist der dritthellste Stern am Himmel. Die Verbindungslinie zwischen Alpha (α) und Beta (β) Centauri weist zum Kreuz des Südens, Crux.

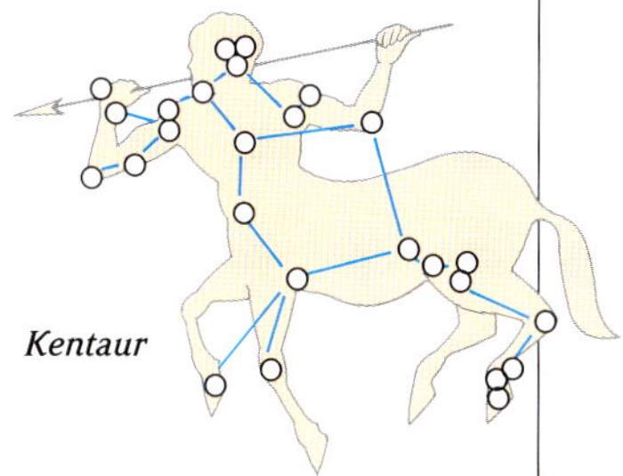

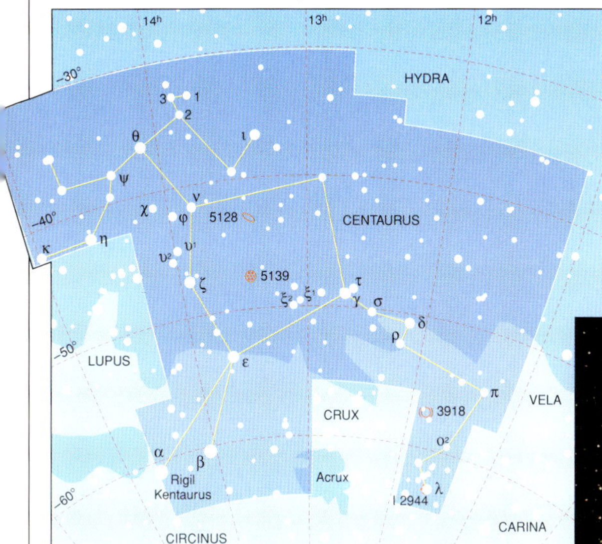

vollständig sichtbar 25°N–90°S

NGC 5139 (Omega Centauri)
Im Teleskop erscheint dieser helle Kugelhaufen oft eher elliptisch als rund.

Interessante Objekte

Alpha (α) Centauri (Rigil Kentaurus) Naher Mehrfachstern. Mit bloßem Auge sieht man ihn als –0,3 mag hellen Stern, den dritthellsten am Himmel. Ein kleines Teleskop weist ihn als prächtigen Doppelstern aus, bestehend aus einer gelben und einer orangen Komponente mit 0,0 und 1,4 mag. Sie umkreisen einander in 80 Jahren – ein vollständiger Umlauf kann also gerade in einem Menschenleben verfolgt werden. 2° von diesem Paar entfernt liegt ein sehr viel schwächerer dritter Stern, ein 11 mag heller roter Zwerg namens Proxima Centauri. Er ist der sonnennächste Stern, nur 4,2 LJ entfernt, etwa 0,2 LJ näher als die beiden helleren Mitglieder des Alpha-Centauri-Systems.

Beta (β) Centauri 0,6 mag heller bläulichweißer Riese. Er ist der elfthellste Stern am Himmel und etwa 525 LJ entfernt.

NGC 5139 (Omega (ω) Centauri) Größter und hellster Kugelhaufen am Himmel, etwa 17 000 LJ entfernt. Mit bloßem Auge oder einem Fernglas sieht man ihn als 4 mag hellen nebligen Fleck, größer als der Vollmond. In einem kleinen Teleskop sind seine hellsten Sterne erkennbar.

NGC 3918 (Blauer planetarischer Nebel) Planetarischer Nebel, der in einem kleinen Teleskop als rundliche blaue Scheibe zu sehen ist.

NGC 5128 (Centaurus A) Ungewöhnliche Galaxie. In einem kleinen Teleskop sieht sie wie eine elliptische Galaxie aus, aber größere Öffnungen und langbelichtete Photographien zeigen, daß sie von einem dunklen Staubstreifen in zwei Teile geteilt ist, offenbar aufgrund einer Verschmelzung mit einer anderen Galaxie. Centaurus A ist eine starke Radioquelle.

Breite	Höhe	Fläche 1060 Quadratgrad	Rang 9.

Abkürzung Cep	Genitiv Cephei	Höchststand am Himmel um 22 Uhr Sept. bis Okt.

Cepheus

Dieses weit im Norden gelegene Sternbild, das an Cassiopeia angrenzt und sich fast bis zum Himmelsnordpol erstreckt, symbolisiert König Kepheus, den Gemahl der eitlen Königin Cassiopeia und Vater von Andromeda. Sein hellster Stern ist Alpha (α) Cephei (2,5 mag).

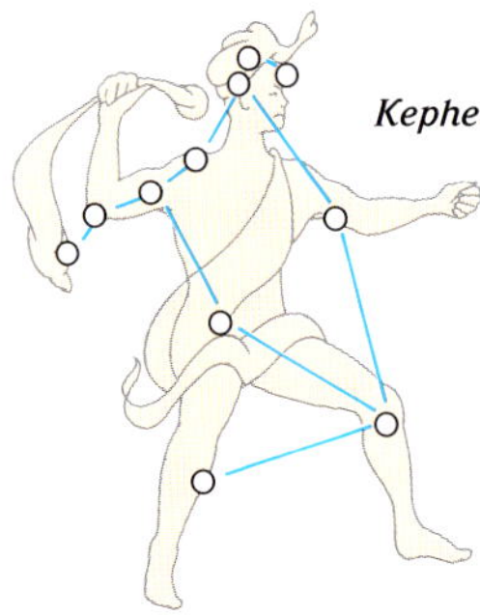

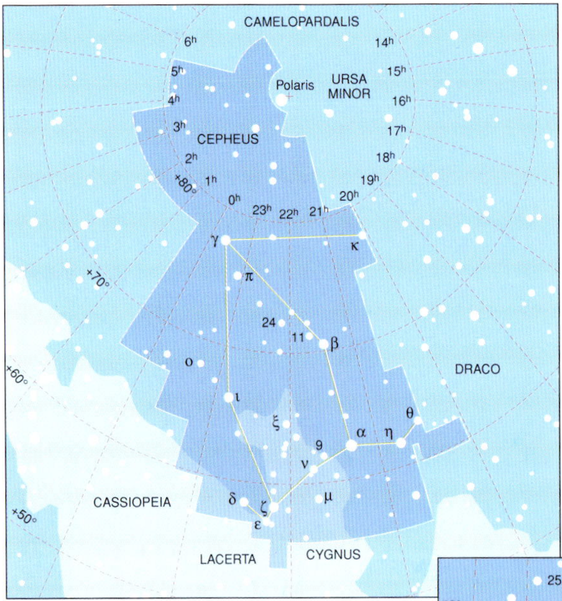

vollständig sichtbar
90°N–1°S

Delta und My Cephei

Folgende Sterne helfen, die Helligkeiten von Delta (δ) und My (μ) Cephei abzuschätzen: Zeta (ζ) (3,4 mag), Epsilon (ε) (4,2 mag) und Lambda (λ) (5,1 mag).

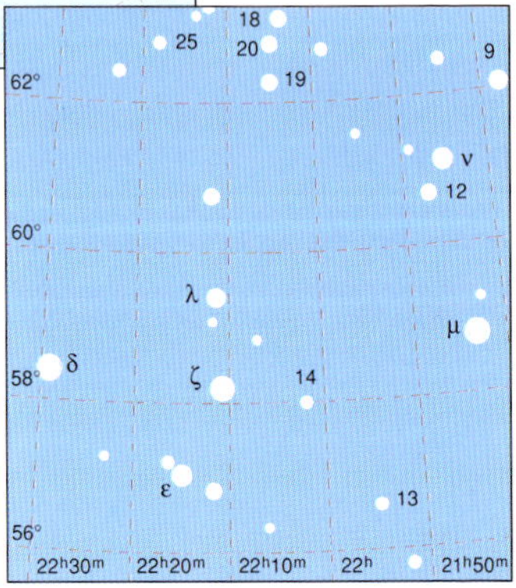

Legende

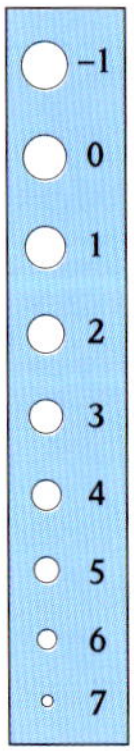

Interessante Objekte

Beta (β) Cephei Veränderlicher Doppelstern. Die hellere Komponente ist ein blauer Riese mit 3,2 mag, etwa 600 LJ entfernt. Er ist ein pulsierender Veränderlicher (Prototyp der sogenannten Beta-Cephei-Sterne), allerdings mit so geringen Helligkeitsschwankungen, daß sie mit bloßem Auge kaum wahrzunehmen sind. Ein kleines Teleskop zeigt einen 7,9 mag hellen Begleiter.

Delta (δ) Cephei Doppelstern und berühmter Veränderlicher. Der hellere Stern, ein gelber Überriese, ist der Prototyp der sogenannten Cepheiden-Veränderlichen, die den Astronomen zur Entfernungsbestimmung im Weltall dienen. Diese Sterne ändern ihre Helligkeit, weil sie pulsieren, d. h. größer und kleiner werden. Delta Cephei selbst schwankt mit einer Periode von 5 Tagen und 9 Stunden zwischen 3,5 und 4,4 mag. Er ist etwa 1000 LJ entfernt. Ein kleines Teleskop zeigt in größerem Winkelabstand einen Begleiter mit 6,3 mag.

My (μ) Cephei (Granat-Stern) Veränderlicher mit intensiv roter Farbe – daher sein volkstümlicher Name –, die schon mit einem Fernglas oder kleinen Teleskop erkennbar ist. Er ist ein pulsierender roter Überriese, der mit einer Periode von etwa 2 Jahren zwischen 3,4 und 5,1 mag schwankt.

Breite	Höhe	Fläche 588 Quadratgrad	Rang 27.

Abkürzung Cet	Genitiv Ceti	Höchststand am Himmel um 22 Uhr Okt. bis Dez.

Cetus

Cetus ist ein ausgedehntes Sternbild südlich von Pisces und Aries, das vom Himmelsäquator durchquert wird. Es stellt das mythische Meeresungeheuer dar, vor dem der heldenhafte Perseus Andromeda rettete. Hellster Stern ist Beta (β) Ceti (2,0 mag).

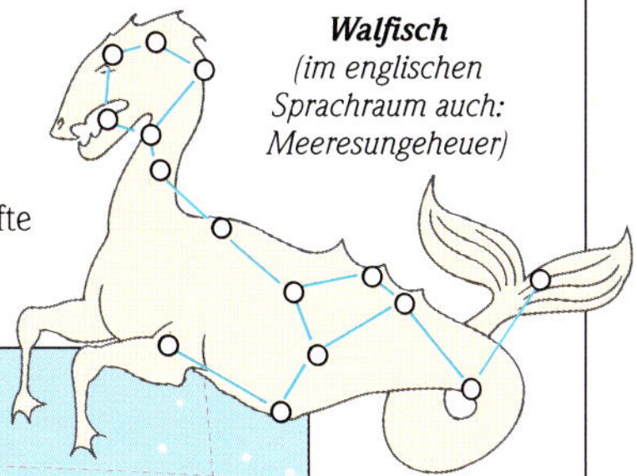

Walfisch
(im englischen Sprachraum auch: Meeresungeheuer)

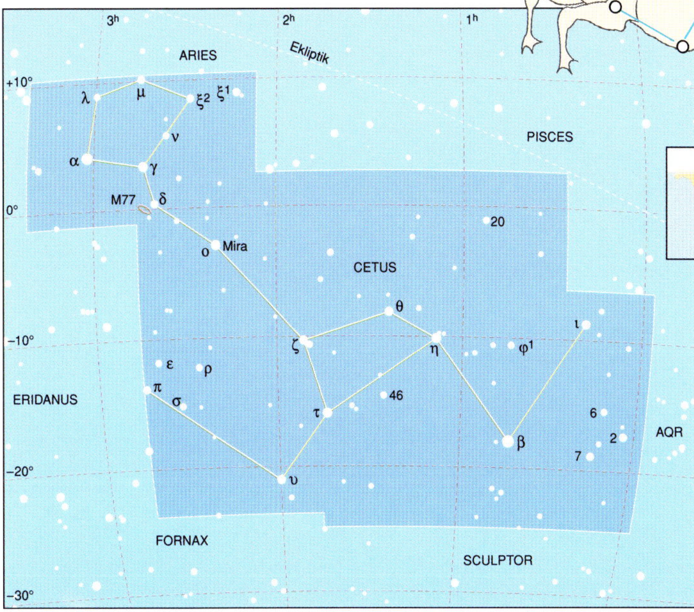

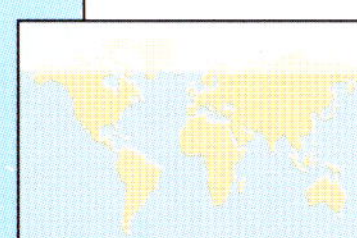

vollständig sichtbar 65°N–79°S

Interessante Objekte

Omikron (o) Ceti (Mira) Berühmter Veränderlicher. Mira ist ein Roter Riese, etwa 300mal größer als die Sonne, dessen Helligkeit stark schwankt, während er mit einer Periode von etwa 11 Monaten an- und abschwillt (pulsiert). Im Maximum kann er 3. oder sogar 2. Größe erreichen, sinkt im Minimum aber auf 10. Größe ab. Mira, erstmals 1596 als veränderlich erkannt, wurde zum Prototyp einer Klasse langperiodischer Veränderlicher, der sogenannten Mira-Sterne, die die größte Gruppe der Veränderlichen bilden. Mira ist lateinisch und bedeutet »die Wunderbare«.

Omikron** (o) **Ceti (Mira) *Der veränderliche Stern Mira (unterhalb der Bildmitte) ist hier bei seiner größten Helligkeit zu sehen.*

Tau (τ) Ceti Naher sonnenähnlicher Stern. Er gleicht der Sonne in Temperatur und Leuchtkraft und gehört mit einer Entfernung von 11,9 LJ zu den 20 erdnächsten Sternen. Seine Helligkeit beträgt 3,5 mag.

M77 Spiralgalaxie, die wir von oben sehen. Im Teleskop erscheint sie als kleiner, runder Fleck. Sie ist die hellste einer Klasse von Galaxien, der sogenannten Seyfert-Galaxien, die besonders helle Zentren aufweisen.

Breite	Höhe	Fläche 1231 Quadratgrad	Rang 4.

Abkürzung Cha	Genitiv Chamaeleontis	Höchststand am Himmel um 22 Uhr Februar bis Mai

Chamaeleon

Chamaeleon ist ein kleines, unscheinbares Sternbild in der Nähe des Himmelssüdpols. Es wurde Ende des 16. Jh.s von den holländischen Seefahrern P. D. Keyser und F. de Houtmann eingeführt und soll ein Chamäleon darstellen. Seine hellsten Sterne haben 4. Größe.

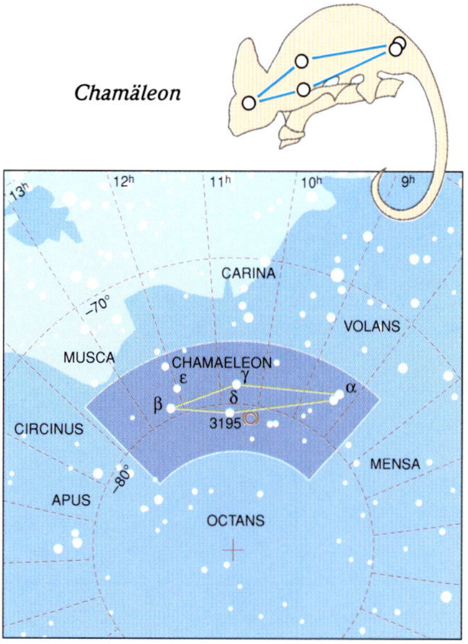

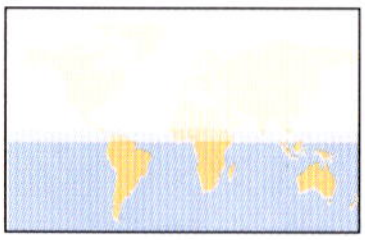

vollständig sichtbar 7°N–90°S

Interessante Objekte

Delta (δ) Chamaeleontis Weiter Doppelstern. Mit einem Fernglas sind die beiden 4,4 und 5,5 mag hellen Komponenten leicht zu erkennen. Beide Sterne liegen etwa 360 LJ von uns entfernt.

NGC 3195 Lichtschwacher planetarischer Nebel, der etwa so groß erscheint wie die Jupiterscheibe; sichtbar mit einem mittelgroßen Teleskop.

Breite	Höhe	Fläche 132 Quadratgrad	Rang 79.

Abkürzung Cir	Genitiv Circini	Höchststand am Himmel um 22 Uhr Mai bis Juni

Circinus

Dieses kleine Sternbild neben Centaurus wurde im 18. Jh. von dem französischen Astronomen N. L. de Lacaille eingeführt. Es stellt einen Zirkel dar und liegt passenderweise am Himmel neben Norma, dem Winkelmaß. Circinus ist zwar unscheinbar, aber wegen seiner Nachbarschaft zu Alpha Centauri dennoch leicht zu finden. Obwohl es in der Milchstraße liegt, enthält es keine beachtenswerten Sternhaufen.

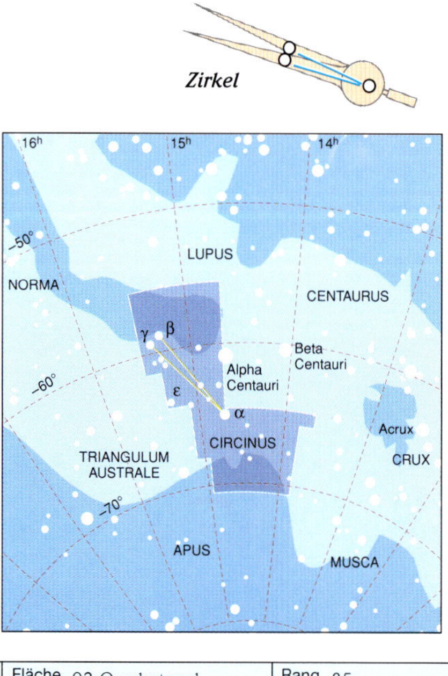

vollständig sichtbar 19°N–90°S

Interessante Objekte

Alpha (α) Circini Doppelstern. Der Hauptstern und mit 3,2 mag hellste Stern der Konstellation liegt 54 LJ entfernt. Sein 8,6 mag heller Begleiter ist mit einem kleinen Teleskop zu sehen.

Breite	Höhe	Fläche 93 Quadratgrad	Rang 85.

Abkürzung Col	Genitiv Columbae	Höchststand am Himmel um 22 Uhr Januar

Columba

Columba wurde Ende des 16. Jh.s von dem holländischen Astronomen P. Plancius eingeführt, der es aus Sternen in der Nähe von Canis Major schuf. Es symbolisiert die Taube Noahs.

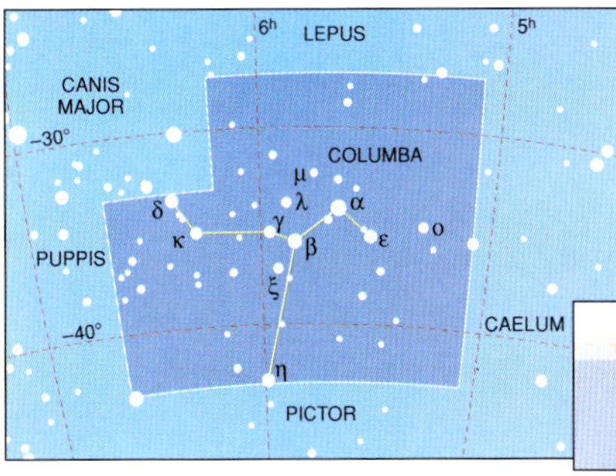

Taube

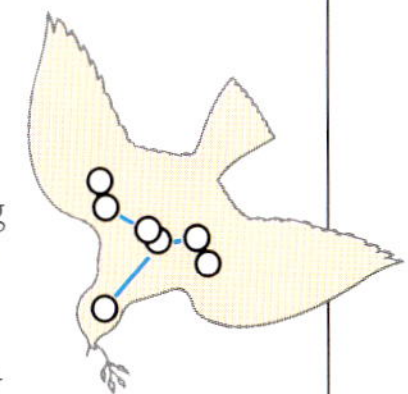

Interessante Objekte

Alpha (α) Columbae 2,6 mag heller bläulichweißer Stern, 270 LJ entfernt.

My (μ) Columbae Ein sogenannter Schnelläufer, der sich mit ungewöhnlich hoher Geschwindigkeit – etwa 100 km/s – durch unsere Galaxis bewegt. Mindestens zwei weitere schwächere Sterne, 53 Arietis und AE Aurigae (auf der Karte nicht eingezeichnet), scheinen denselben Ausgangspunkt südlich des Gürtels des Orion zu haben. Sie könnten einst Teil eines Mehrfachsternsystems gewesen sein, das auseinandergerissen wurde, als einer der Sterne vor 2–3 Millionen Jahren als Supernova explodierte.

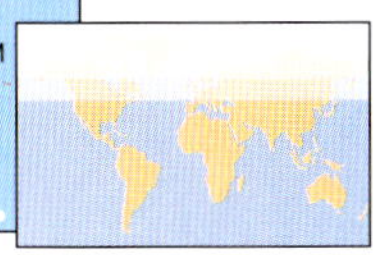

vollständig sichtbar 46°N–90°S

Breite	Höhe	Fläche 270 Quadratgrad	Rang 54.

Abkürzung Com	Genitiv Comae Berenices	Höchststand am Himmel um 22 Uhr April bis Mai

Coma Berenices

Dieses Sternbild stellt die Haarpracht der ägyptischen Königin Berenike dar. Der Sage nach schnitt sie ihre Locken ab, um den Göttern für die glückliche Rückkehr ihres Gemahls Ptolemäus aus der Schlacht zu danken. Es wurde im 16. Jh. von dem holländischen Kartographen G. Mercator aus einer Gruppe Sterne geschaffen, die die Griechen als Schwanz des Löwen ansahen. Die Galaxien in seinem südlichen Bereich gehören zum Virgo-Haufen.

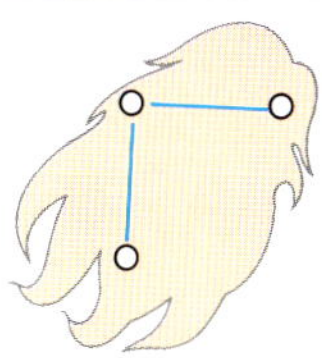

Haar der Berenike

NGC 4565
Diese Spiralgalaxie, die wir in Kantenstellung sehen, ist von einem Staubband durchzogen.

vollständig sichtbar 90°N–55°S

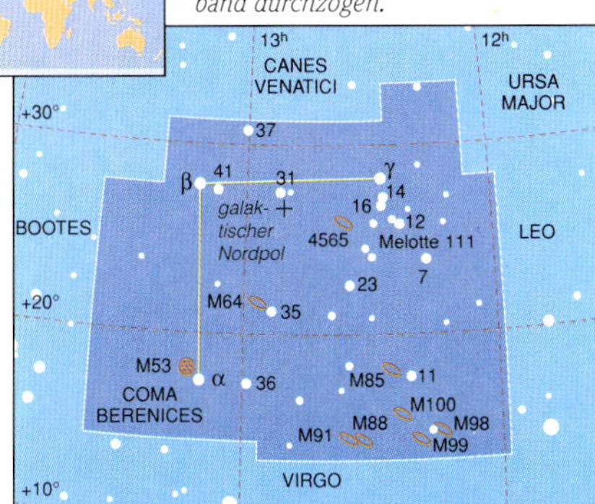

Interessante Objekte

M64 Spiralgalaxie, mit einem kleinen Teleskop als elliptischer Nebelfleck zu sehen. Größere Öffnungen zeigen eine dunkle Staubwolke vor dem Zentrum der Galaxie.

Coma-Sternhaufen (Melotte 111) Offener Haufen aus einer verstreuten Gruppe von Sternen, die sich von Gamma (γ) Comae Berenices, seinem mit 4,4 mag hellsten Mitglied, fächerartig südwärts erstrecken. Der Haufen liegt von uns rund 260 LJ entfernt.

Breite	Höhe	Fläche 386 Quadratgrad	Rang 42.

Abkürzung CrA	Genitiv Coronae Australis	Höchststand am Himmel um 22 Uhr Juli bis August

Corona Australis

Die alten Griechen sahen in diesem kleinen, aber hübschen Sternbild einen vor den Vorderbeinen des Sagittarius liegenden Kranz. Sein Hauptmerkmal ist ein Bogen aus Sternen, der klar erkennbar ist, obwohl der hellste nur 4. Größe hat.

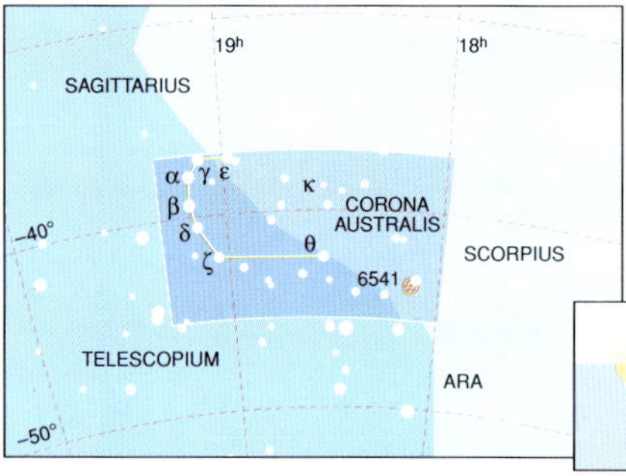

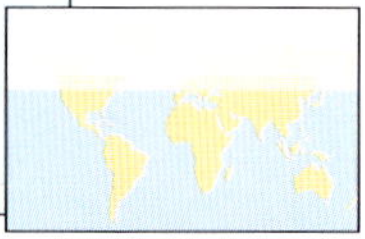

vollständig sichtbar 44°N–90°S

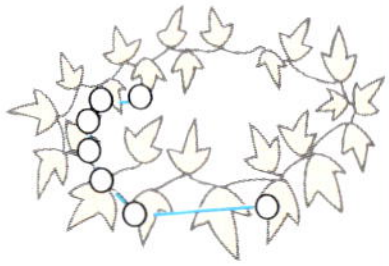

Südliche Krone

Interessante Objekte

Gamma (γ) Coronae Australis Enger Doppelstern, mit einem Teleskop mittlerer Öffnung zu trennen. Die beiden 5 mag hellen Sternen umkreisen einander in 120 Jahren. Sie sind 58 LJ entfernt.

Kappa (κ) Coronae Australis Doppelstern, dessen Komponenten 5,7 und 6,3 mag hell und leicht mit einem kleinen Teleskop zu trennen sind.

NGC 6541 Kugelhaufen, sichtbar mit einem kleinen Teleskop oder sogar einem Fernglas. Er bedeckt eine Fläche, die etwa 1/3 so groß ist wie der Vollmond.

Breite	Höhe	Fläche 128 Quadratgrad	Rang 80.

Abkürzung CrB	Genitiv Coronae Borealis	Höchststand am Himmel um 22 Uhr Juni

Corona Borealis

Dieses halbkreisförmige Sternbild zwischen Bootes und Hercules stellt die Krone dar, die die mythische Prinzessin Ariadne von Kreta bei ihrer Hochzeit mit dem Gott Dionysos trug. Dieser schleuderte die Krone in den Himmel, wo ihre Edelsteine zu Sternen wurden. Der hellste Stern des Sternbilds, Alpha (α) Coronae Borealis (2,2 mag) trägt daher den Namen Gemma, lat. »Edelstein«.

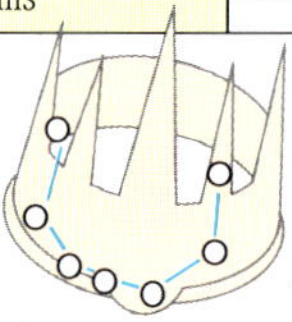

Nördliche Krone

Der Bogen von Corona Borealis
Sieben Sterne bilden die Nördliche Krone.

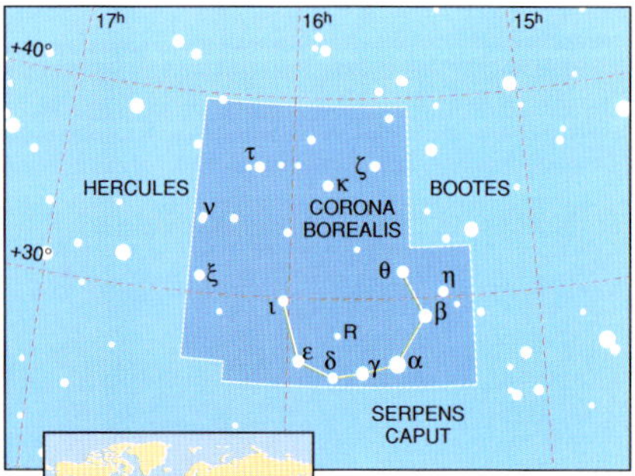

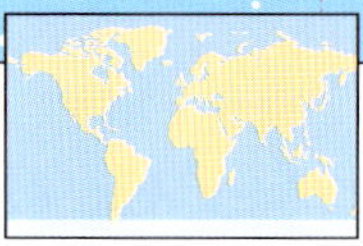

vollständig sichtbar 90°N–50°S

Interessante Objekte

Zeta (ζ) Coronae Borealis Doppelstern, dessen 5,0 und 6,0 mag helle Komponenten mit einem kleinen Teleskop getrennt werden können.

Ny (ν) Coronae Borealis Doppelstern. Im Fernglas sieht man die beiden 5,2 und 5,4 mag hellen Sterne, beides Rote Riesen; sie sind etwa 550 LJ entfernt, umkreisen einander aber nicht.

R Coronae Borealis Ungewöhnlicher Veränderlicher, normalerweise etwa 6. Größe. Er ist ein sehr leuchtkräftiger gelber Überriese, rund 7000 LJ entfernt. Gelegentlich und unvorhersehbar kann er innerhalb weniger Wochen bis auf 15. Größe absinken und einige Monate lang so lichtschwach bleiben, bevor er wieder heller wird.

Breite	Höhe	Fläche 179 Quadratgrad	Rang 73.

Abkürzung Crv	Genitiv Corvi	Höchststand am Himmel um 22 Uhr April bis Mai

Corvus

Dieses kleine Sternbild stellt einen Raben dar, der auf Hydra, der Wasserschlange, sitzt. Der Sage nach wurde er von Apollo ausgesandt, um in einem Becher (verkörpert durch das Sternbild Crater) Wasser zu holen. Doch statt dessen hielt er an, um gierig Feigen zu fressen. Bei seiner Rückkehr beschuldigte der Rabe die Wasserschlange, ihn aufgehalten zu haben. Doch Apollo, der sich nicht täuschen ließ, verdammte den Raben zu ewigem Durst – der Becher am Himmel liegt gerade außerhalb seiner Reichweite. Gamma (γ) Corvi ist mit 2,6 mag sein hellster Stern.

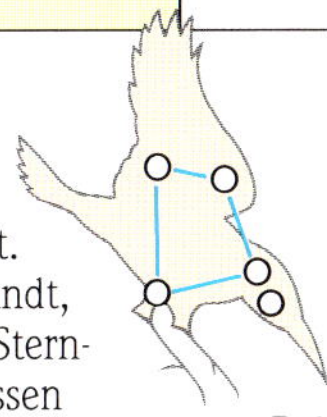

Rabe

Die Hauptsterne in Corvus
Die vier hellsten Sterne in Corvus bilden ein deutliches Viereck. Beta (β) *Corvi liegt unten links.*

vollständig sichtbar 65°N–90°S

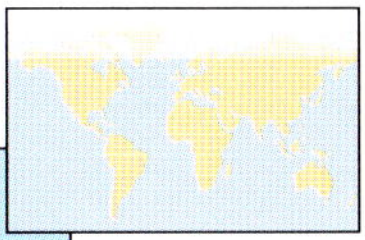

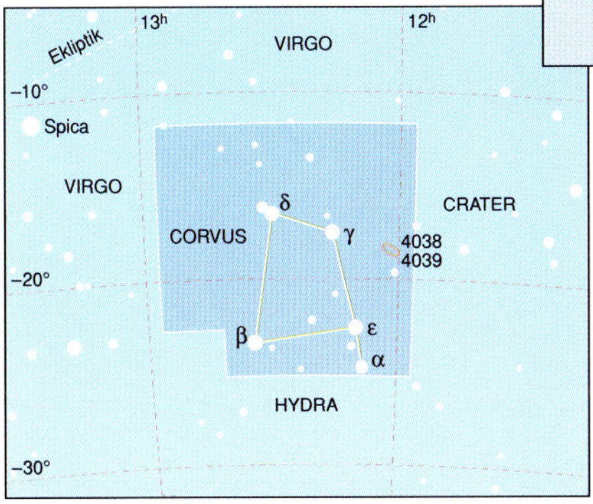

Interessante Objekte

Delta (δ) Corvi Doppelstern, dessen Komponenten sich stark in der Helligkeit unterscheiden. Der hellere Stern (3,0 mag) hat einen Partner 9. Größe, der mit einem kleinen Teleskop zu sehen ist.

NGC 4038 und 4039 (Antennen-Galaxien) Berühmtes Paar wechselwirkender Galaxien. Da sie klein und nur 11. Größe sind, ist ein Teleskop mit mittlerer bis großer Öffnung nötig. Langbelichtete Aufnahmen zeigen zwei Streifen aus Sternen und Gas, die wie die Fühler eines Insekts von den kollidierenden Galaxien ausgehen und zu dem volkstümlichen Namen geführt haben.

Breite	Höhe	Fläche 184 Quadratgrad	Rang 70.

Abkürzung Crt	Genitiv Crateris	Höchststand am Himmel um 22 Uhr April

Crater

Dieses unscheinbare Sternbild stellt einen Becher oder Kelch dar. In der griechischen Sage ist es mit den benachbarten Sternbildern Corvus und Hydra verknüpft. Der hellste Stern in Crater ist Delta (δ) Crateris (3,6 mag); für Beobachter mit einem kleinen Teleskop enthält es keine interessanten Objekte.

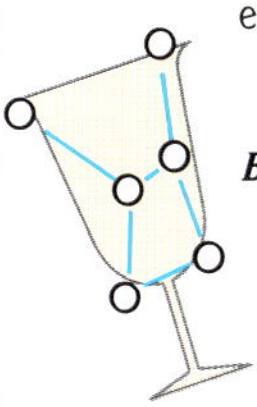

Becher

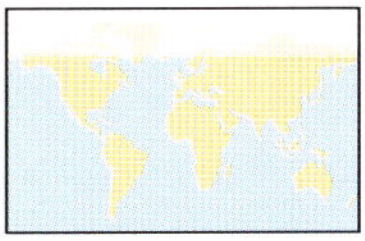

vollständig sichtbar 65°N–90°S

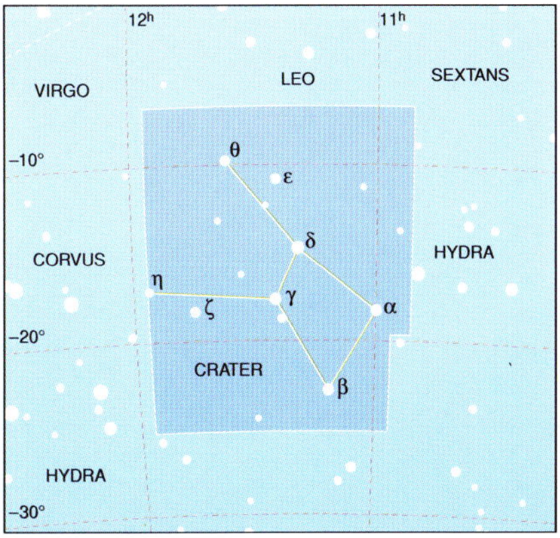

Breite	Höhe	Fläche 282 Quadratgrad	Rang 53.

Abkürzung Cru	Genitiv Crucis	Höchststand am Himmel um 22 Uhr April bis Mai

Crux

Crux, das kleinste Sternbild am Himmel, bedeckt nur etwa 5 % der Fläche, die das größte, Hydra, einnimmt. Trotzdem ist es eine der berühmtesten und am leichtesten zu erkennenden Konstellationen. Bei den alten Griechen bildeten seine Sterne einen Teil der Hinterbeine von Centaurus, dem Kentaur. Ein eigenständiges Sternbild wurde Crux Ende des 16. Jh.s, als Europäer die südlichen Ozeane erkundeten, wenngleich nicht bekannt ist, wer es »erfunden« hat. Es liegt in einem strahlendhellen Bereich der Milchstraße. Seine längere Achse weist zu Himmelssüdpol.

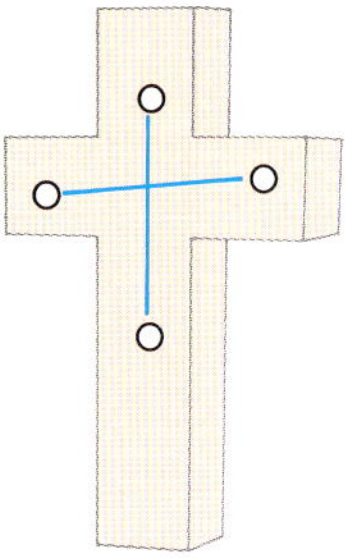

Kreuz des Südens

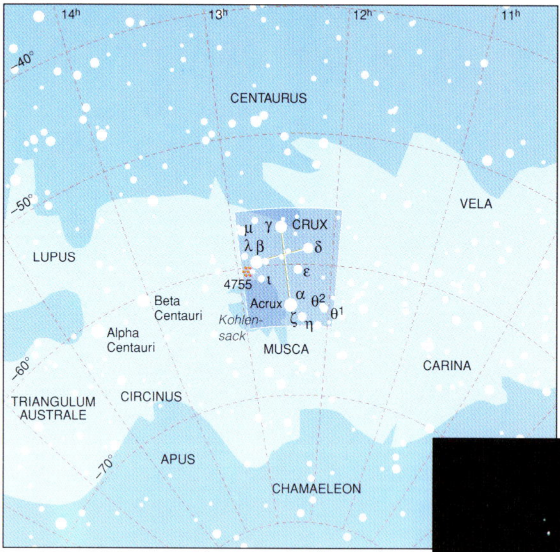

vollständig sichtbar 25°N–90°S

Interessante Objekte

Alpha (α) Crucis (Acrux) Doppelstern, der dem bloßen Auge als 0,8 mag heller Einzelstern erscheint, der 13.hellste Stern am Himmel. Ein kleines Teleskop teilt ihn in ein glitzerndes bläulichweißes Paar mit 1,3 und 1,7 mag. Beide Sterne sind 320 LJ entfernt und bilden wahrscheinlich einen echten Doppelstern, dessen Umlaufperiode jedoch nicht bekannt ist. In weit größerem Winkelabstand steht noch ein Stern 5. Größe, der im Fernglas zu sehen ist, aber nichts mit den beiden zu tun hat.

Beta (β) Crucis Bläulichweißer Riese, 350 LJ entfernt. Mit 1,3 mag gehört er zu den 20 hellsten Sternen am Himmel. Er pulsiert 5mal am Tag, wobei seine Helligkeit um weniger als eine zehntel Größenklasse schwankt – nicht genug, um dies mit bloßem Auge wahrzunehmen.

Das Kreuz des Südens
Die vier hellsten Sterne von Crux bilden ein deutliches Kreuzmuster. Ein fünfter heller Stern, Epsilon (ε) Crucis, liegt nahe der Mitte des Kreuzes.

Breite	Höhe	Fläche 68 Quadratgrad	Rang 88.

NGC 4755 (Schmuckkästchen)
Dieser funkelnde offene Haufen erhielt seinen Namen im 19. Jh. von dem englischen Astronomen John Herschel, der ihn mit einem »Kästchen voller verschiedenfarbiger Edelsteine« verglich.

Der Kohlensack
Diese dunkle Staubwolke links unter dem Kreuz des Südens ist schon mit bloßen Auge leicht zu erkennen. Sterne, die in diesem Gebiet zu sehen sind, liegen zwischen uns und dem Dunkelnebel.

Gamma (γ) Crucis 👁 🔭 Weiter optischer Doppelstern. Der hellere Stern ist ein 1,6 mag heller Roter Riese, der 88 LJ entfernt ist. Mit einem Fernglas erkennt man einen Begleiter 6. Größe, der mehr als 3mal so weit entfernt liegt und nicht mit ihm in Beziehung steht.

Jota (ι) Crucis 🔭 Weiter Doppelstern mit 4,7 und 9,5 mag hellen Komponenten, die mit einem kleinen Teleskop getrennt werden können.

My (μ) Crucis 👁 🔭 Weiter optischer Doppelstern. Ein kleines Teleskop oder starkes Fernglas zeigt die beiden 4,0 und 5,1 mag hellen Sterne. Die schwächere Komponente ist ein rasch rotierender Stern, der Gasringe abstößt, die gelegentlich kleine Helligkeitsschwankungen verursachen.

NGC 4755 (Schmuckkästchen, Kappa-Crucis-Haufen) 👁 🔭 🔭 Prächtiger offener Haufen, mit bloßem Auge als heller Knoten in der Milchstraße zwischen Beta (β) Crucis und dem Kohlensack sichtbar. Tatsächlich ist er mit 7600 LJ jedoch sehr viel weiter entfernt als diese beiden. In einem Fernglas oder kleinen Teleskop erkennt man seine einzelnen Sterne, die 6. Größe oder schwächer sind. Er bedeckt eine Fläche, die etwa 1/3 so groß ist wie der Vollmond. Die meisten seiner Sterne sind bläulichweiße Überriesen; fast in der Mitte steht jedoch ein auffälliger roter Überriese 8. Größe. Der eigentliche Namenspatron des Haufens, Kappa (κ) Crucis, der ebenfalls in der Nähe des Zentrums liegt, ist ein bläulichweißer Überriese mit 5,9 mag.

Kohlensack 👁 🔭 Auffälliger Dunkelnebel, eine keilförmige Staub- und Gaswolke in 600 LJ Entfernung, die das Licht hinter ihr liegender Sterne verdunkelt. Der Kohlensack ist so groß wie 13 Vollmonde nebeneinander. Er hat keine NGC- oder andere Katalognummer. Obwohl der Kohlensack hauptsächlich in Crux liegt, reicht er über die Grenzen des Kreuz des Südens hinaus bis in Centaurus und Musca hinein.

Crux als Wegweiser zum Himmelssüdpol
Der Himmelssüdpol liegt ungefähr im Schnittpunkt zweier gedachter Geraden: Die eine erhält man durch Verlängerung der Linie zwischen Alpha (α) und Gamma (γ) Crucis (oben im Bild); die andere liegt im rechten Winkel zu einer Verbindungslinie zwischen Alpha (α) und Beta (β) Centauri (unten).

Abkürzung Cyg	Genitiv Cygni	Höchststand am Himmel um 22 Uhr Aug. bis Sept.

Cygnus

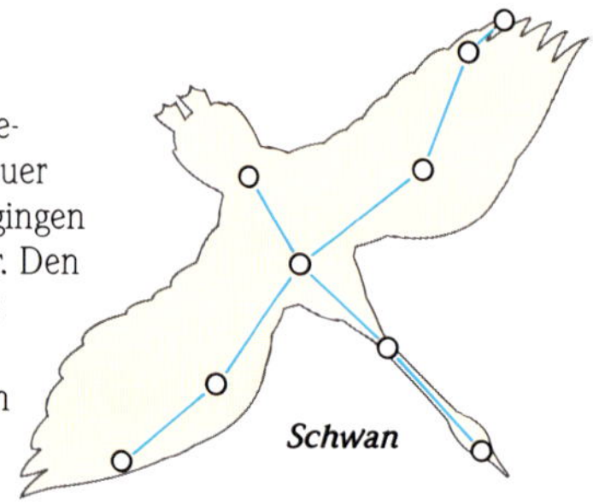

Dieses große Sternbild stellt den Schwan dar, in den sich der griechische Gott Zeus, so die Sage, für ein unerlaubtes Liebesabenteuer mit Königin Leda von Sparta verwandelte. Aus der Verbindung gingen die Zwillinge Castor und Pollux sowie die schöne Helena hervor. Den Schnabel des Schwans markiert Beta (β) Cygni, seinen Schwanz Alpha (α) Cygni, der auch Deneb heißt (arabisch »Schwanz«). Deneb bildet eine Ecke des Sommerdreiecks; die beiden anderen sind Wega (in Lyra) und Atair (in Aquila). Aufgrund seiner Kreuzform wird Cygnus manchmal auch Nördliches Kreuz genannt. Es liegt in einem sternreichen Gebiet der Milchstraße.

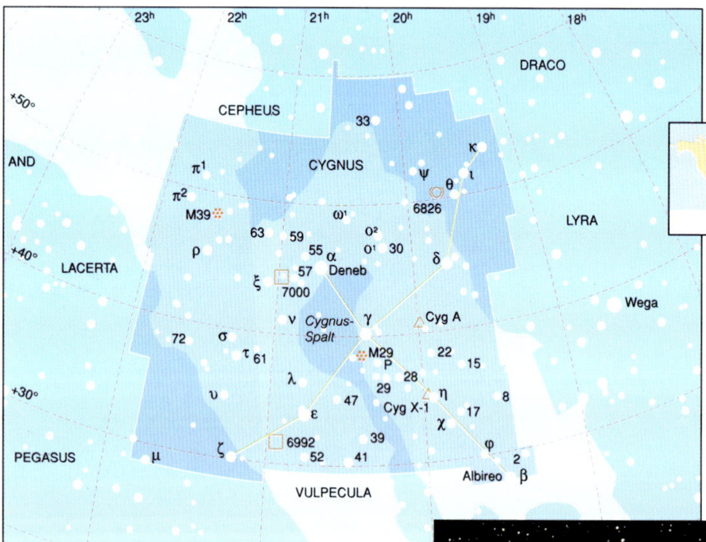

vollständig sichtbar 90°N–28°S

Interessante Objekte

Alpha (α) Cygni (Deneb) Mit 1,3 mag der hellste Stern in Cygnus. Er ist ein leuchtkräftiger bläulichweißer Überriese und mit mehr als 3000 LJ der entfernteste aller Sterne 1. Größe.

Beta (β) Cygni (Albireo) Wunderschöner Doppelstern, der sich schon mit einem starken Fernglas in zwei 3,1 und 5,1 mag helle Komponenten auflösen läßt. Mit einem Teleskop sind sie leicht zu trennen und bieten einen auffälligen Farbkontrast von Orange und Blaugrün. Beide Sterne sind etwa 380 LJ entfernt; es ist jedoch nicht bekannt, ob sie einen echten Doppelstern bilden.

Cygnus (kleines Bild: Albireo)
Cygnus, der Schwan, bildet ein großes Kreuz in der nördlichen Milchstraße. Der Stern am Kopf des Schwans (oder am Fußpunkt des Kreuzes) ist Albireo, ein schöner Doppelstern, der mit einem kleinen Teleskop zu trennen ist.

Breite	Höhe	Fläche 804 Quadratgrad	Rang 16.

NGC 7000 (Nordamerika-Nebel)
Diesen großen Nebel findet man zwischen Deneb und Xi (ξ) Cygni. Seine Ähnlichkeit mit dem Umriß des nordamerikanischen Kontinents ist auf diesem Photo gut zu sehen; eine kleine Einbuchtung mit einer ähnlichen Form wie der Golf von Mexiko ist unten im Bild erkennbar. Der Nebel ist eine helle Gaswolke, die vermutlich von einem teilweise verdeckten Stern in ihrem Inneren zum Leuchten gebracht wird.

Omikron-1 (o^1) Cygni (31 Cygni) Ein 3,8 mag heller orangefarbener Riese mit einem bläulichen Begleiter 5. Größe (30 Cygni) in größerem Winkelabstand – ideal für die Beobachtung mit einem Fernglas. Ein bläulicher Stern 7. Größe in kleinerem Winkelabstand ist mit einem Fernglas oder kleinen Teleskop ebenfalls zu sehen.

Chi (χ) Cygni Pulsierender Roter Riese aus der Klasse der Mira-Veränderlichen, der mit einer Periode von etwa 13 Monaten zwischen 3. und 14. Größe schwankt.

61 Cygni Reizvoller Doppelstern. Die beiden 5,2 und 6,1 mag hellen Komponenten sind mit einem kleinen Teleskop oder sogar einem starken Fernglas zu trennen. Beide sind orange Zwerge, kleiner und lichtschwächer als die Sonne. Sie sind nur deshalb leicht auszumachen, weil sie mit 11,4 LJ Entfernung relativ nahe bei uns stehen. Sie umkreisen einander in 650 Jahren.

NGC 6992 (Schleier-Nebel)
Der zarte Schleier-Nebel im südlichen Teil von Cygnus ist der Überrest eines explodierten Sterns.

M39 Offener Haufen, unter guten Bedingungen mit bloßem Auge gerade noch sichtbar. Mit einem Fernglas oder kleinen Teleskop erkennt man seine hellsten Sterne. Er bedeckt eine Fläche so groß wie der Vollmond und ist fast 900 LJ entfernt.

NGC 6826 (Blinkender planetarischer Nebel) Planetarischer Nebel, der in einem kleinen Teleskop als bläuliche Scheibe etwa so groß wie die Jupiterscheibe erscheint. Schaut man abwechselnd auf ihn und zur Seite, hat man den Eindruck, er gehe an und aus, was seinen volkstümlichen Namen erklärt.

NGC 6992 (Schleier-Nebel, Zirrus-Nebel) Teil des großen, komplexen Cygnus-Nebels, der die Überreste eines Sterns darstellt, der vor rund 50 000 Jahren als Supernova explodierte. Der Bereich des Schleier-Nebels ist mit einem Fernglas oder kleinen Teleskop, der gesamte Nebel jedoch am besten auf Photographien zu erkennen.

NGC 7000 (Nordamerika-Nebel) Großer Nebel (4 Vollmonddurchmesser), bei dunklem Himmel mit einem Fernglas oder einem Teleskop mit großem Gesichtsfeld zu sehen. Am besten ist er auf langbelichteten Aufnahmen zu erkennen, wo er die Form des nordamerikanischen Kontinents annimmt; daher sein volkstümlicher Name.

Cygnus A Radiogalaxie, optisch mit einer 15 mag hellen Riesengalaxie identifiziert. Die starke Radiostrahlung stammt von zwei riesigen »Blasen«, die sich zu beiden Seiten der Galaxie bis in 200 000 LJ Entfernung erstrecken und über einen Materiestrahl von dieser mit Energie versorgt werden.

Cygnus X-1 Eine der stärksten Röntgenquellen am Himmel. Im Optischen erscheint sie als blauer Überriese 9. Größe, etwa 8000 LJ entfernt. Die Röntgenstrahlung stammt aus der Umgebung eines unsichtbaren Begleiters (vermutlich ein Schwarzes Loch), der den Überriese in 5,6 Tagen einmal umkreist.

Abkürzung Del	Genitiv Delphini	Höchststand am Himmel um 22 Uhr Aug. bis Sept.

Delphinus

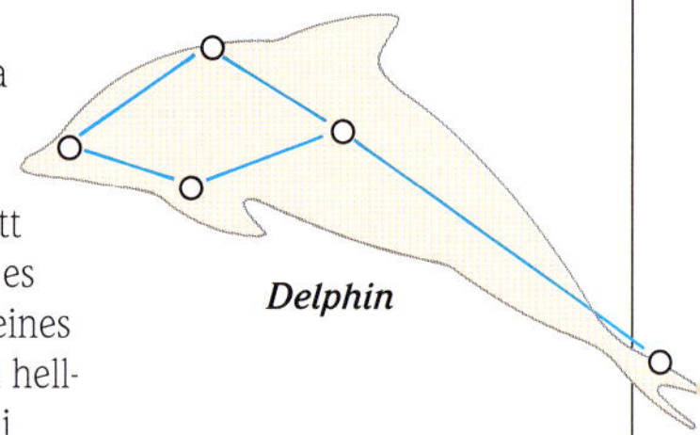

Dieses kleine, aber charakteristische Sternbild zwischen Aquila und Pegasus wird mit zwei verschiedenen griechischen Sagen in Verbindung gebracht. Einmal stellt es den Delphin dar, der die Nymphe Amphitrite zur Heirat mit dem Meeresgott Poseidon überredete. Einer anderen Deutung nach verkörpert es den Delphin, der den Sänger Arion rettete, als dieser an Bord eines Schiffes von einer Räuberbande angegriffen wurde. Die beiden hellsten Sterne des Sternbilds sind Alpha (α) und Beta (β) Delphini (3,8 bzw. 3,6 mag). Sie tragen die ungewöhnlichen Namen Sualocin und Rotanev. Rückwärts gelesen ergibt dies den Namen Nicolaus Venator – die latinisierte Version von Niccolò Cacciatore, einem Astronomen am Observatorium Palermo in Italien, der die Sterne Anfang des 19. Jh.s nach sich selbst benannte.

Die Hauptsterne in Delphinus
Die ansprechende Form von Delphinus stellt einen springenden Delphin dar. Vier Sterne (oben links) bilden ein Muster, das Jobs Sarg genannt wird.

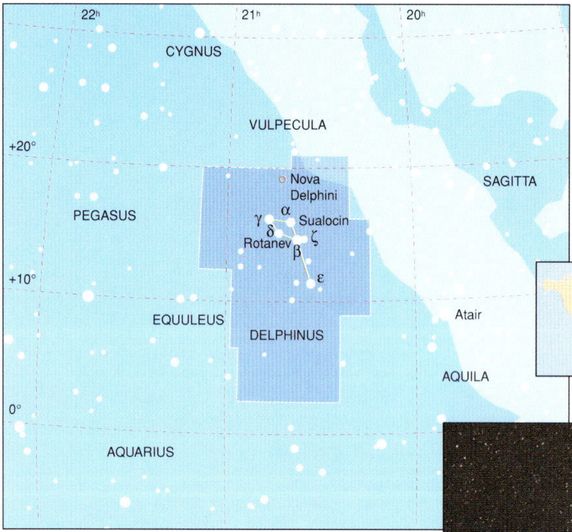

vollständig sichtbar 90°N–69°S

Interessante Objekte

Jobs Sarg Kastenförmige Figur, die von den vier Sternen Alpha (α), Beta (β), Gamma (γ) und Delta (δ) Delphini gebildet wird (alle 4. Größe).

Gamma (γ) Delphini Doppelstern. Mit einem kleinen Teleskop in zwei 4,3 und 5,2 mag helle gelbe und weiße Komponenten zu trennen. Beide Sterne sind etwa 100 LJ von uns entfernt. Im selben Gesichtsfeld sollte ein lichtschwächeres, engeres Sternpaar 8. Größe zu sehen sein (Struve 2725), das etwa 125 LJ von uns entfernt ist.

Nova Delphini
Diese Nova ist heute sehr lichtschwach, aber 1967, als diese Aufnahme entstand, erstrahlte sie so hell, daß sie mit bloßem Auge sichtbar war.

Breite	Höhe	Fläche 189 Quadratgrad	Rang 69.

Abkürzung Dor	Genitiv Doradus	Höchststand am Himmel um 22 Uhr Dez. bis Januar

Dorado

Dorado, eines von mehreren südlichen Sternbildern, die exotische Tiere darstellen, wurde Ende des 16. Jh.s von den holländischen Seefahrern P. D. Keyser und F. de Houtman eingeführt. Es verkörpert nicht den Goldfisch unserer Zierteiche, sondern die tropische Goldmakrele (Gattung Coryphaena). Häufig wird es auch als Schwertfisch bezeichnet. Für Astronomen ist Dorado von Bedeutung, da es den Großteil der Großen Magellanschen Wolke (LMC) enthält, unserer nächsten Nachbargalaxie. Sein hellster Stern ist Alpha (α) Doradus (3,3 mag).

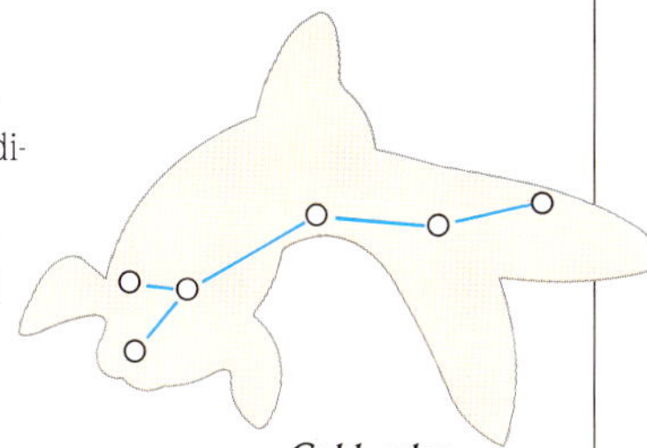

Gold- oder Schwertfisch

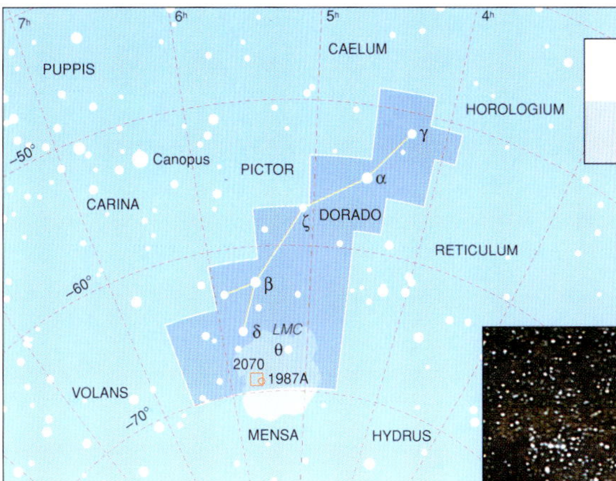

vollständig sichtbar 20°N–90°S

NGC 2070 (Tarantel-Nebel)
Bögen aus leuchtendem Gas verleihen dem Tarantel-Nebel das Aussehen einer großen Spinne.

Interessante Objekte

Beta (β) Doradus Heller Cepheide, der mit einer Periode von 9,8 Tagen zwischen 3,5 und 4,1 mag schwankt. Er ist ein gelblichweißer Überriese und etwa 1000 LJ entfernt.

NGC 2070 (Tarantel-Nebel) Ein heller Nebel in der Großen Magellanschen Wolke (LMC, s. u.), mit bloßem Auge sichtbar. Er erscheint etwa so groß wie der Vollmond, doch sein wahrer Durchmesser beträgt 800 LJ, so daß er sehr viel größer ist als der Orion-Nebel. Er ist ein sehr aktives Sternentstehungsgebiet; mit einem Fernglas oder kleinen Teleskop erkennt man in seinem Zentrum den Sternhaufen 30 Doradus.

Supernova 1987A Die hellste von der Erde aus sichtbare Supernova seit 1604. Sie brach 1987 in der Großen Magellanschen Wolke (LMC) in der Nähe des Tarantel-Nebels aus, erreichte im Maximum 2,8 mag und blieb 10 Monate lang mit bloßem Auge sichtbar.

Große Magellansche Wolke (LMC) Eine kleine Begleitgalaxie unserer eigenen Galaxis, die rund 170 000 LJ von uns entfernt liegt. Sie ist leicht länglich und wirkt wie ein abgelöster Teil der Milchstraße. Ihre Masse beträgt nur 1/10 der Masse unserer Galaxis und ihr Durchmesser 20 000 LJ. Sie wird gewöhnlich als irreguläre Galaxie klassifiziert, aber es gibt Spuren einer Balkenspiralstruktur. Durchstreift man sie mit einem Fernglas oder einem kleinen Amateurteleskop, so stößt man auf zahlreiche Sternhaufen und leuchtende Nebel. Der größte und hellste Nebel ist NGC 2070, der Tarantel-Nebel (siehe oben).

Breite	Höhe	Fläche 179 Quadratgrad	Rang 72.

Abkürzung Dra	Genitiv Draconis	Höchststand am Himmel um 22 Uhr März bis Sept.

Draco

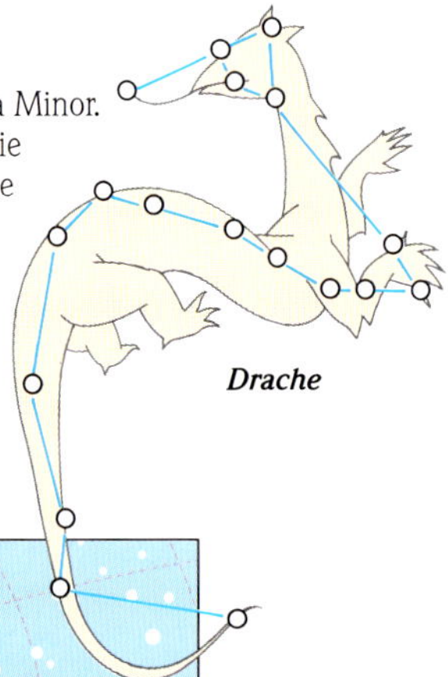

Drache

Dieses ausgedehnte Sternbild weit im Norden windet sich um Ursa Minor. Es symbolisiert den Drachen, der in der griechischen Mythologie die goldenen Äpfel der Hesperiden bewachte und den Herkules als eine seiner berühmten zwölf Arbeiten töten mußte. Am Himmel wird Herkules mit einem Fuß auf dem Haupt des Drachen dargestellt. Trotz seiner beträchtlichen Größe enthält Draco keine wirklich auffälligen Sterne. Der hellste ist Gamma (γ) Draconis (2,2 mag), ein Roter Riese in etwa 150 LJ Entfernung. Zusammen mit Beta (β), Ny (ν) und Xi (ξ) Draconis bildet er eine rautenförmige Figur, die das Haupt des Drachen markiert. Das Sternbild ist hauptsächlich wegen seiner Doppelsterne bekannt.

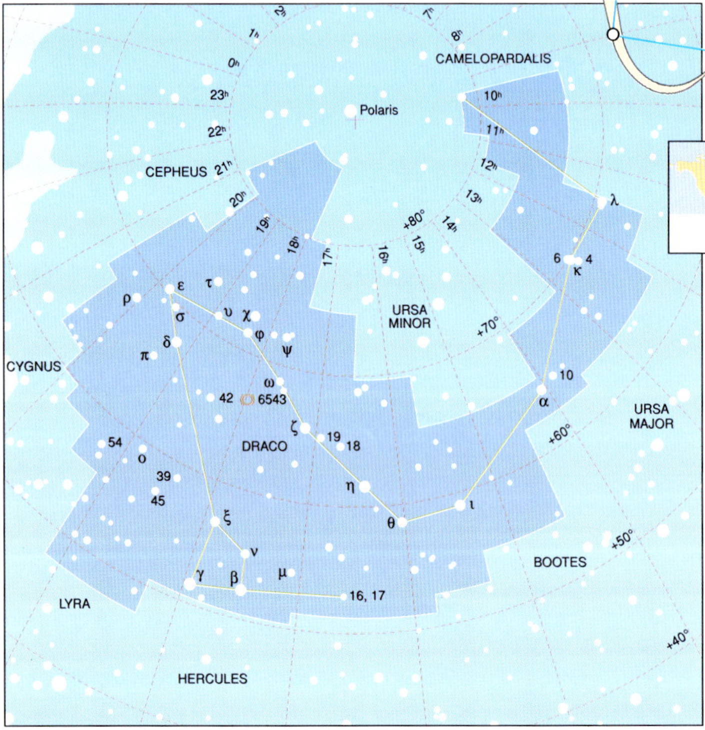

vollständig sichtbar 90°N–4°S

Interessante Objekte

My (μ) Draconis Doppelstern, dessen Komponenten zu eng stehen, um mit einem kleinen Teleskop getrennt zu werden. Gewöhnlich ist eine Öffnung von mindestens 75 mm mit einer starken Vergrößerung nötig, um die beiden 6 mag hellen Sterne zu erkennen. Sie sind 88 LJ entfernt und umkreisen einander in 480 Jahren.

Ny (ν) Draconis Weiter Doppelstern mit weißen 5 mag hellen Zwillingskomponenten, die in Farbe und Helligkeit praktisch identisch sind. Das Paar bietet bereits im Fernglas einen vortrefflichen Anblick und ist mit dem kleinsten im Handel erhältlichen Teleskop leicht zu sehen. Beide Sterne sind 100 LJ von uns entfernt.

Breite	Höhe	Fläche 1083 Quadratgrad	Rang 8.

Psi (ψ) Draconis Doppelstern, mit einem kleinen Teleskop leicht zu trennen. Die beiden 4,6 und 5,8 mag hellen Komponenten können eventuell schon mit einem starken Fernglas aufgelöst werden.

16 und 17 Draconis Mehrfachstern. Mit einem Fernglas sieht man einen weiten Doppelstern mit Komponenten 5. und 6. Größe. Ein Teleskop mit starker Vergrößerung zeigt, daß der hellere Stern, 17 Draconis, selbst ein enger Doppelstern ist.

39 Draconis Mehrfachstern. In einem kleinen Teleskop oder schon im Fernglas erscheint er als ein weites Paar aus zwei Sternen 5. und 8. Größe. Eine Untersuchung des helleren Sterns mit starker Vergrößerung zeigt in sehr viel kleinerem Winkelabstand einen weiteren Stern, ebenfalls 8. Größe.

NGC 6543 Planetarischer Nebel, mit einem kleinen Teleskop sichtbar. Er erscheint als bläuliche Scheibe von ähnlichem Durchmesser wie die des Saturn.

Das Haupt des Drachen
Eine Gruppe von vier Sternen verkörpert das Haupt des Drachen. Der hellste von ihnen, auf diesem Photo links unten, ist Gamma (γ) Draconis.

Abkürzung Equ	Genitiv Equulei	Höchststand am Himmel um 22 Uhr September

Equuleus

Das zweitkleinste Sternbild am Himmel symbolisiert ein kleines Pferd oder Füllen und liegt neben Pegasus, dem bekannten fliegenden Pferd. Es tauchte erstmals unter den 48 Sternbildern auf, die der griechische Astronom Ptolemäus beschrieb, aber es scheint keine Legenden darüber zu geben. Sein hellster Stern ist Alpha (α) Equulei (3,9 mag).

Füllen

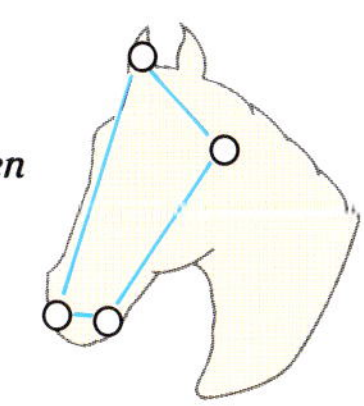

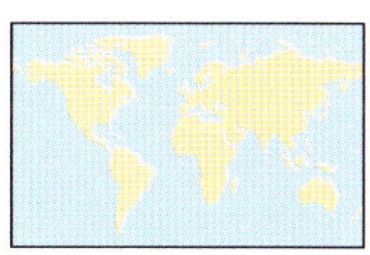

vollständig sichtbar 90°N–77°S

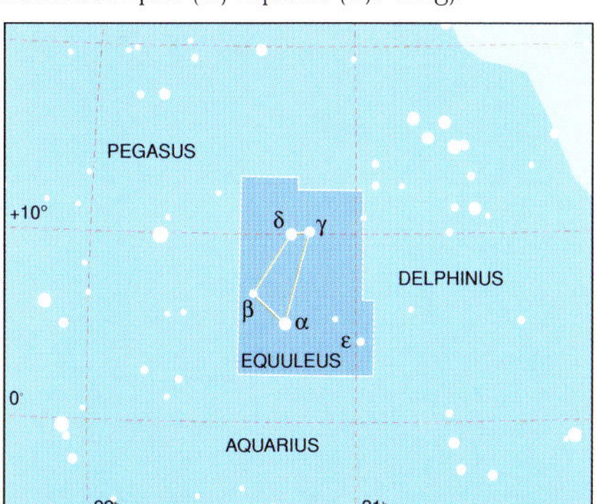

Interessante Objekte

Gamma (γ) Equulei Optischer Doppelstern, mit einem Fernglas zu trennen. Er besteht aus einem 4,7 mag hellen Stern und seinem in sehr weitem Winkelabstand stehenden Begleiter, 6 Equulei (6,1 mag).

Epsilon (ε) Equulei Mehrfachstern. Ein kleines Teleskop zeigt ihn als Doppelstern mit 5,2 und 7,4 mag hellen Komponenten. Der hellere der beiden Sterne ist in Wirklichkeit ein Doppelsystem mit einer Umlaufperiode von 100 Jahren, aber die Sterne stehen zu eng beieinander, um mit einer kleinen Öffnung getrennt zu werden.

Breite	Höhe	Fläche 72 Quadratgrad	Rang 87.

Abkürzung Eri	Genitiv Eridani	Höchststand am Himmel um 22 Uhr Nov. bis Januar

Eridanus

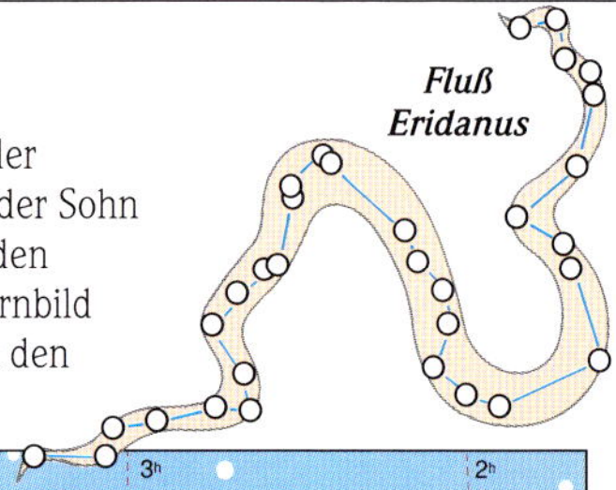

Dieses lange, sich dahinwindende Sternbild stellt einen Fluß der griechischen Mythologie dar. Der Sage nach stürzte Phaeton, der Sohn des Sonnengottes Helios, bei dem verhängnisvollen Versuch, den Wagen seines Vaters zu lenken, in den Fluß Eridanus. Das Sternbild erstreckt sich über fast 60° von Nord nach Süd und hat damit den größten Deklinationsbereich aller Sternbilder.

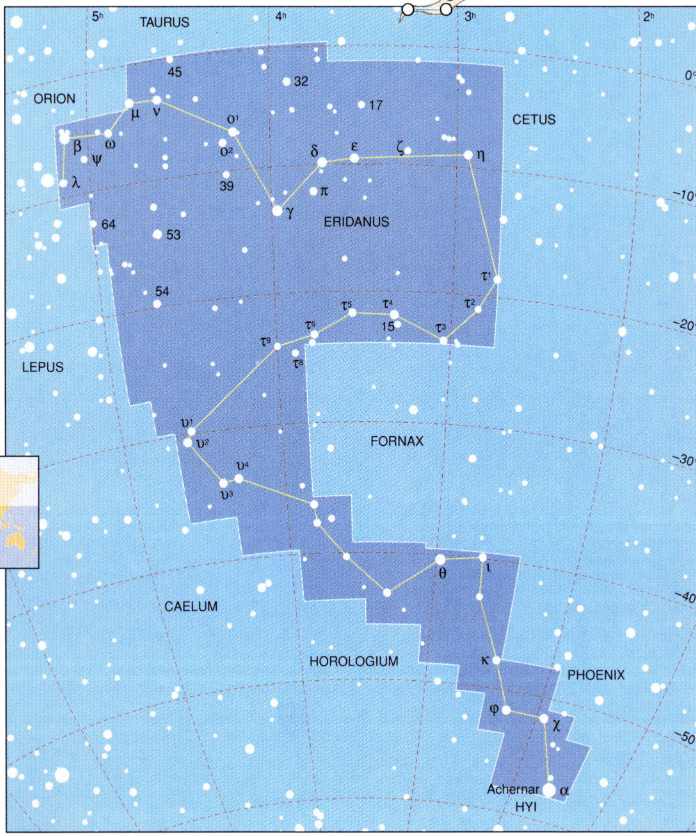

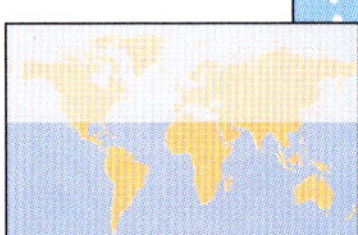

vollständig sichtbar 32°N–89°S

Omikron-2 (ο²) ***Eridani***
Alle drei Komponenten dieses Mehrfachsterns sind auf dieser Teleskopansicht zu erkennen. Der Primärstern liegt im Zentrum, die beiden sich überlappenden Zwergsterne rechts neben ihm.

Interessante Objekte

Alpha (α) Eridani (Achernar) Bläulichweißer Stern, mit 0,5 mag der hellste in Eridanus und der neunthellste am Himmel. Er ist 140 LJ entfernt. Sein Name Archernar ist arabischen Ursprungs und bedeutet »Ende des Flusses«. Der Stern markiert den südlichsten Zipfel des Sternbilds. In seiner Nähe leuchtet p Eridani, ein weit auseinander stehendes

Breite	Höhe	Fläche 1138 Quadratgrad	Rang 6.

Sternpaar, dessen 6 mag helle Komponenten mit einem kleinen Teleskop zu sehen sind.

Epsilon (ε) Eridani 👁 Einer der sonnennächsten Sterne, die mit bloßem Auge sichtbar sind. Er ist 10,5 LJ entfernt und besitzt eine scheinbare Helligkeit von 3,7 mag. Wenn auch etwas kühler und schwächer als die Sonne, ist er ihr ansonsten aber sehr ähnlich.

Theta (θ) Eridani ⊼ Attraktiver Doppelstern. Die beiden Komponenten, 3,2 und 4,3 mag helle weiße Sternzwillinge, sind mit einem kleinen Teleskop zu trennen.

Omikron-2 (ο²) Eridani (40 Eridani) ⊼ Mehrfachstern mit drei Komponenten. Der hellste Stern des Trios (4,4 mag) ähnelt der Sonne. Ein kleines Teleskop zeigt, daß dieser Stern einen 10 mag hellen Weißen Zwerg als Begleiter hat. Dieser bildet zusammen mit einem roten Zwerg 11. Größe einen Doppelstern, was jedoch nur bei größerer Öffnung zu erkennen ist. Das bemerkenswerte Trio ist 16,5 LJ entfernt.

32 Eridani ⊼ Doppelstern mit kontrastfarbenen Komponenten. Ein kleines Teleskop zeigt einen 4,8 mag hellen Roten Riesen und einen bläulichweißen Begleiter mit 6,1 mag.

Die südliche Spitze von Eridanus
Hier ist ein kleiner Teil des Sternbilds abgebildet. Achernar sieht man knapp über dem Horizont, Chi (χ) und Phi (φ) Eridani unterhalb bzw. links der Bildmitte.

Abkürzung For	Genitiv Fornacis	Höchststand am Himmel um 22 Uhr Nov. bis Dez.

Fornax

Dieses unscheinbare Sternbild liegt in einem unauffälligen Himmelsgebiet am Ufer des himmlischen Flusses Eridanus und an der Südgrenze von Cetus. Im 18. Jh. von dem französischen Astronomen N. L. de Lacaille »erfunden«, stellt es einen chemischen Ofen dar.

Chemischer Ofen

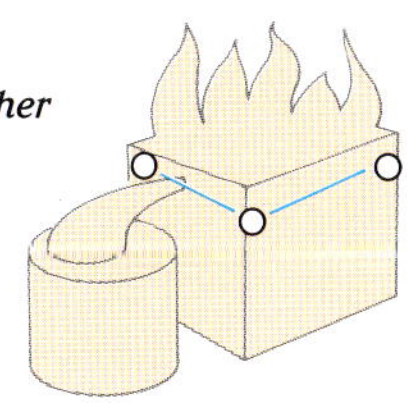

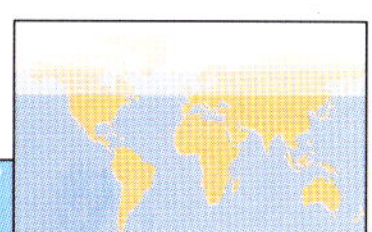

vollständig sichtbar
50°N–90°S

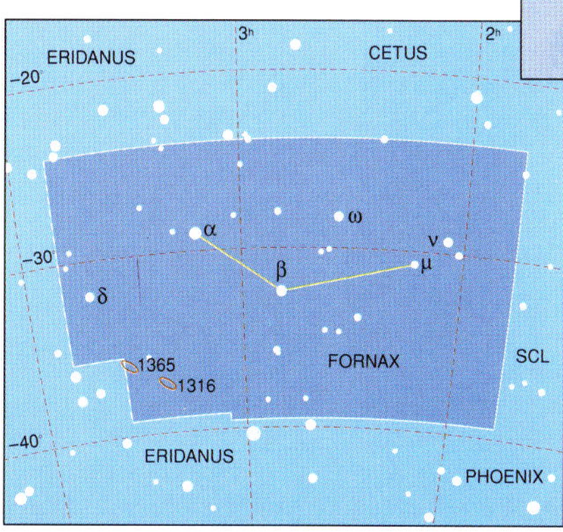

Interessante Objekte

Alpha (α) Fornacis ⊼ Hellster Stern des Sternbilds, erscheint dem bloßem Auge als 3,8 mag heller Einzelstern. Mit einem kleinen Teleskop erkennt man einen 7 mag hellen Begleiter. Die beiden Sterne bilden ein echtes Doppelsystem mit einer Umlaufperiode von etwa 300 Jahren. Sie sind 46 LJ von uns entfernt.

Fornax-Haufen ⊼ Galaxienhaufen in etwa 75 Millionen LJ Entfernung; die beiden hellsten Galaxien, NGC 1316 und NGC 1365, sind mit einem kleinen Teleskop zu sehen. NGC 1316 ist eine pekuliare Spiralgalaxie und auch als Radioquelle Fornax A bekannt. NGC 1365 ist eine Balkenspirale.

Breite	Höhe	Fläche 398 Quadratgrad	Rang 41.

Abkürzung Gem	Genitiv Geminorum	Höchststand am Himmel um 22 Uhr Januar bis Feb.

Gemini

Gemini, ein Sternbild des Tierkreises, stellt die mythologischen Zwillinge Castor und Pollux dar, nach denen auch seine beiden hellsten Sterne benannt sind. Die Zwillingsbrüder segelten mit den Argonauten auf der Suche nach dem Goldenen Vlies und wurden später von den alten Griechen als Schutzheilige der Seefahrer angesehen. Die beiden Sterne selbst stehen jedoch nicht miteinander in Beziehung, sondern sind unterschiedlich weit von uns entfernt. Die Sonne durchquert Gemini von 21. Juni bis 20. Juli.

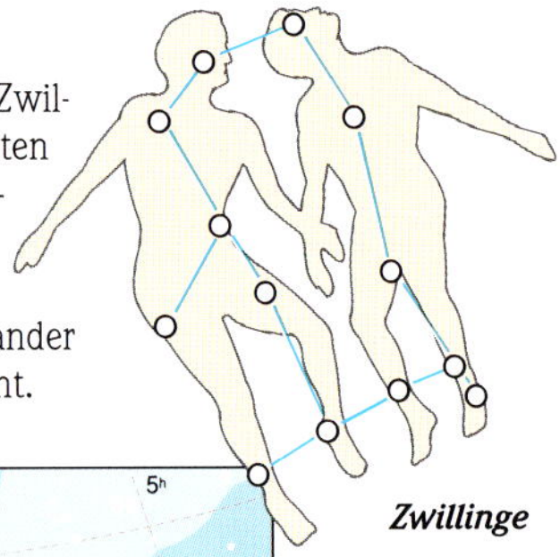

Zwillinge

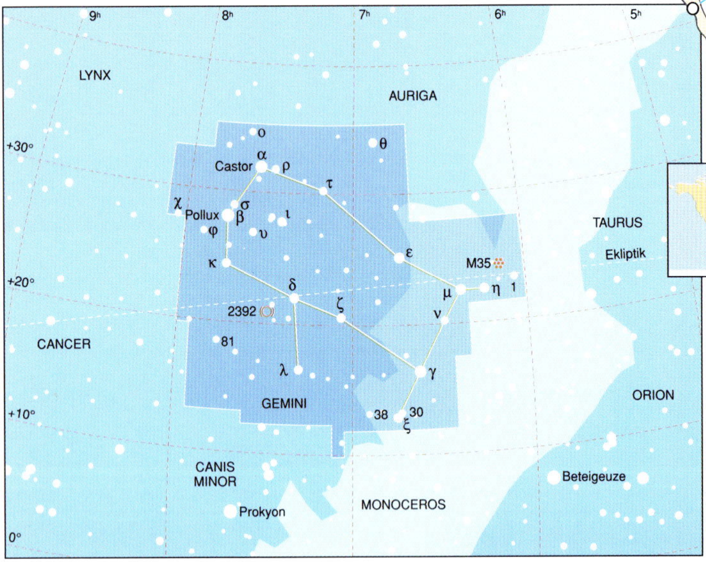

vollständig sichtbar 90°N–55°S

Interessante Objekte

Alpha (α) Geminorum (Castor) Bemerkenswerter Mehrfachstern. Mit bloßem Auge ein 1,6 mag heller Einzelstern. Ein kleines Teleskop trennt ihn in zwei 1,9 und 2,9 mag helle Komponenten (Umlaufperiode etwa 470 Jahre), die ihrerseits spektroskopische Doppelsterne sind. Ein weiterer Begleiter 9. Größe ist ebenfalls mit einem kleine Teleskop zu sehen.
In einem größeren Instrument löst er sich in ein enges Paar roter Zwerge auf. Die gesamte aus sechs Sternen bestehende Familie liegt etwas über 50 LJ von uns entfernt.

Castor und Pollux

Die beiden hellsten Sterne in Gemini sind Castor (oben rechts) und Pollux (unten links). Obwohl er den Bayer-Buchstaben Beta (β) erhielt, ist Pollux in Wirklichkeit der hellere der beiden.

Breite	Höhe	Fläche 514 Quadratgrad	Rang 30.

Beta (β) Geminorum (Pollux) Hellster Stern des Sternbilds und mit 1,2 mag einer der 20 hellsten Sterne am Himmel. Er ist ein orangefarbener Riese und 34 LJ entfernt. Die Farbe ist besser zu erkennen, wenn man ihn im Fernglas betrachtet.

Zeta (ζ) Geminorum Cepheiden-Veränderlicher, der mit einer Periode von etwas mehr als 10 Tagen zwischen 3,6 und 4,2 mag schwankt. Er ist ein gelber Überriese und etwa 1200 LJ entfernt. Im Fernglas erkennt man in größerem Winkelabstand einen Begleiter 8. Größe, der aber nicht mit ihm in Beziehung steht.

Eta (η) Geminorum Veränderlicher Roter Riese, etwa 350 LJ entfernt. Er pulsiert mit einer Periode von rund 8 Monaten, wobei seine Helligkeit zwischen 3,2 und 3,9 mag schwankt.

M35 Sternreicher offener Haufen, mit bloßem Auge gerade noch sichtbar, mit einem Fernglas aber leicht zu beobachten. Er erscheint fast so groß wie der Vollmond. Mit einem Fernglas oder kleinen Teleskop sind seine einzelnen Sterne zu erkennen, die 8. Größe oder lichtschwächer sind. Der Haufen ist fast 3000 LJ entfernt.

NGC 2393 (Eskimo-Nebel) Planetarischer Nebel. Mit einem kleinen Teleskop sieht man ihn als bläuliche Scheibe, etwa so groß wie die des Saturn. Um die Einzelheiten erkennen zu können, die ihm das Aussehen eines Gesichts geben und zu seinem volkstümlichen Namen führten, sind große Teleskop-Öffnungen nötig.

M35
Der offene Haufen M35 (Bildmitte) enthält etwa 200 Sterne; links unter ihm ist Jota (ι) Geminorum erkennbar.

Abkürzung Gru	Genitiv Gruis	Höchststand am Himmel um 22 Uhr Sept. bis Okt.

Grus

Grus ist eines der zwölf südlichen Sternbilder, die Ende des 16. Jh.s von den holländischen Seefahrern P. D. Keyser und F. de Houtman eingeführt wurden. Es stellt einen Kranich dar. Sein hellster Stern ist der 1,7 mag helle Alpha (α) Gruis, auch Al Na'ir gekannt.

Kranich

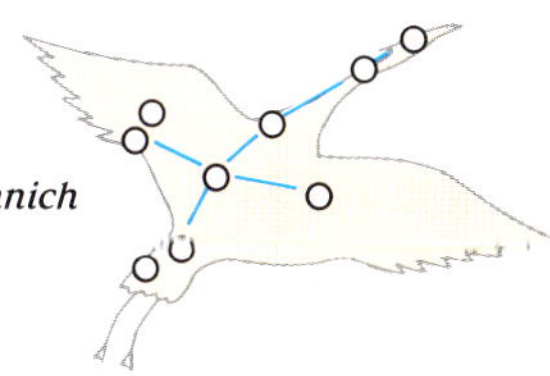

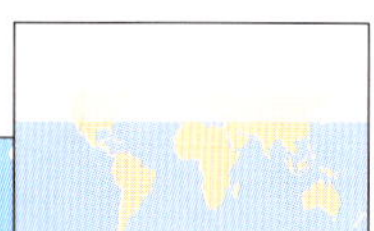

vollständig sichtbar 33°N–90°S

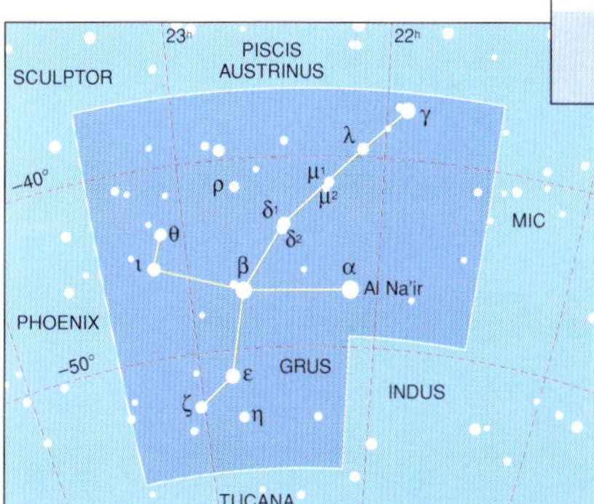

Interessante Objekte

Beta (β) Gruis Veränderlicher Roter Riese, 170 LJ entfernt, dessen Helligkeit unregelmäßig zwischen 2,0 und 2,3 mag schwankt.

Delta (δ) Gruis Doppelstern, mit bloßem Auge trennbar. Beide Sterne sind etwa 300 LJ von uns entfernt. δ^1 ist ein 4,0 mag heller gelber Riese, δ^2 ein Roter Riese mit 4,1 mag.

My (μ) Gruis Weiter Doppelstern, mit bloßem Auge sichtbar. Beide Sterne sind gelbe Riesen. μ^1 ist 260 LJ entfernt und 4,8 mag hell; μ^2 liegt 240 LJ entfernt und ist 5,1 mag hell.

Breite	Höhe	Fläche 366 Quadratgrad	Rang 45.

Abkürzung Her	Genitiv Herculis	Höchststand am Himmel um 22 Uhr Juni bis August

Hercules

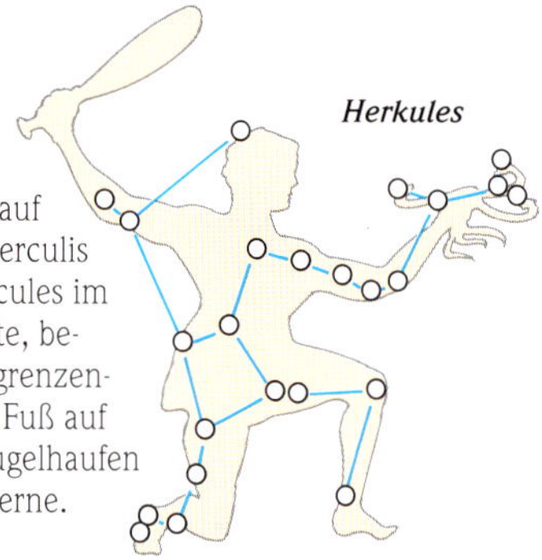

Dieses große, aber unauffällige Sternbild, das zwischen den hellen Sternen Arktur und Wega liegt, stellt den berühmten Helden der griechischen Sage dar. Am Himmel steht Herkules auf dem Kopf: Die Sterne im Norden bilden die Füße, Alpha (α) Herculis im Süden markiert den Kopf. Eine der zwölf Arbeiten, die Hercules im Dienste des Königs Eurystheus von Mykene durchführen mußte, bestand darin, einen Drachen zu töten (verkörpert durch den angrenzenden Draco). Herkules ist kniend dargestellt, mit seinem linken Fuß auf dem Haupt des Drachen. Das Sternbild enthält den hellsten Kugelhaufen am Nordhimmel (M13) sowie einige beachtenswerte Doppelsterne. Hellster Stern ist Beta (β) Herculis (2,8 mag).

vollständig sichtbar 90°N–38°S

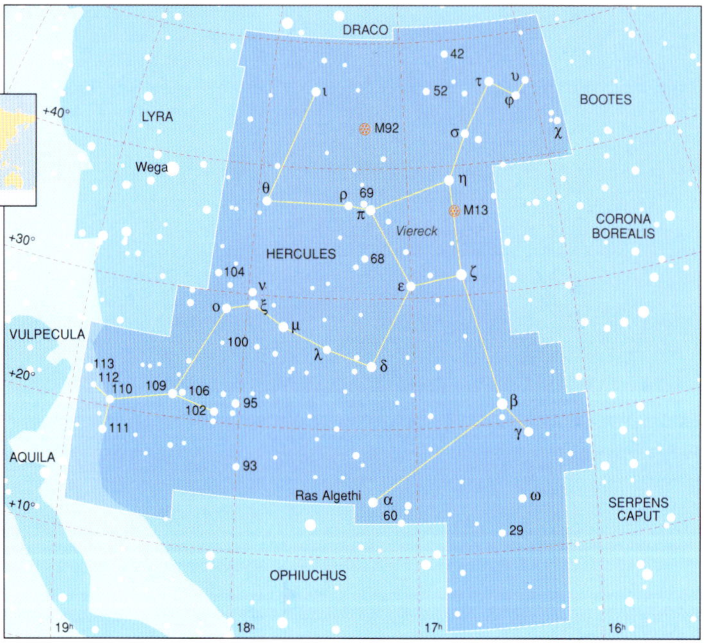

Interessante Objekte

Alpha (α) Herculis (Ras Algethi) Halbregelmäßig veränderlicher Roter Riese, dessen Helligkeit aufgrund von Änderungen des Sterndurchmessers zwischen 3. und 4. Größe schwankt. Mit einem kleinen Teleskop erkennt man einen 5,4 mag hellen Begleiter. Der Name Ras Algethi kommt aus dem Arabischen und bedeutet »Kopf des Knienden« – ein Hinweis auf die kniende Darstellung des Herkules.

Rho (ρ) Herculis Optischer Doppelstern. Die beiden 4,6 und 5,4 mag hellen Komponenten können mit einem kleinen Teleskop bei hoher Vergrößerung getrennt werden.

95 Herculis 5,0 und 5,2 mag helles silbern-goldenes Sternpaar; mit einem kleinen Teleskop zu trennen.

100 Herculis Paar fast identischer weißer Sterne, beide 5,8 mag hell, die mit einem kleinen Teleskop getrennt werden können, aber keinen echten Doppelstern bilden.

Breite	Höhe	Fläche 1225 Quadratgrad	Rang 5.

Hercules
Pi (π), Eta (η), Zeta (ζ) und Epsilon (ε) Herculis (in der Mitte dieses Bildes) bilden ein Viereck, welches das Becken von Herkules markiert.

M13 Hellster Kugelhaufen am Nordhimmel. Bei dunklem Himmel erscheint er dem bloßem Auge wie ein nebliger Stern. Im Fernglas ist er deutlich zu sehen, mit etwa dem 1/2 scheinbaren Vollmonddurchmesser. Mit einem kleinen Teleskop kann man seine hellsten Sterne erkennen. Er ist 23 500 LJ entfernt.

M92 Kugelhaufen, lichtschwächer und kleiner als M13, aber trotzdem beachtenswert. Man benötigt ein Fernglas, um ihn aufzufinden, und ein Teleskop mittlerer Öffnung, um seine Sterne zu erkennen.

M13
Dieser prächtige Kugelhaufen liegt auf der einen Seite des Vierecks, zwischen Eta (η) und Zeta (ζ) Herculis. Er enthält Hunderttausende von Sternen.

Abkürzung Hor	Genitiv Horologii	Höchststand am Himmel um 22 Uhr Nov. bis Dez.

Horologium

Dieses relativ unbekannte südliche Sternbild, das im 18. Jh. von dem französischen Astronomen N. L. de Lacaille »erfunden« wurde, liegt zwischen den hell leuchtenden Sternen Achernar und Canopus. Es stellt eine Pendeluhr dar, wobei sein hellster Stern, Alpha (α) Horologii (3,9 mag), das Pendelgewicht verkörpert.

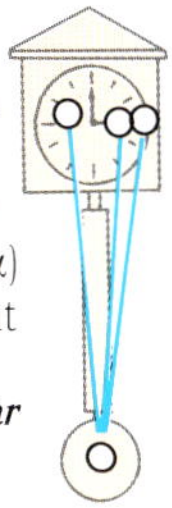

Pendeluhr

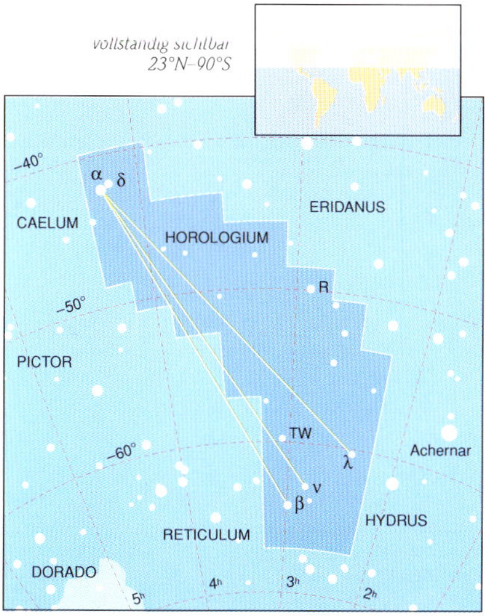

Interessante Objekte

R Horologii Veränderlicher Roter Riese vom Mira-Typ. Seine Helligkeit schwankt mit einer Periode von etwa 13 Monaten zwischen 5. und 14. Größe.

TW Horologii Veränderlicher Roter Riese. Seine Helligkeit schwankt über einen Zeitraum von 5 oder 6 Monaten zwischen 5. und 6. Größe.

Breite	Höhe	Fläche 249 Quadratgrad	Rang 58.

Abkürzung Hya	Genitiv Hydrae	Höchststand am Himmel um 22 Uhr Februar bis Juni

Hydra

Obwohl das größte der 88 Sternbilder, ist Hydra keineswegs besonders auffällig. Der Kopf der Wasserschlange, der von einem Ring aus sechs Sternen 3. und 4. Größe gebildet wird, befindet sich knapp nördlich des Himmelsäquators, unterhalb von Cancer, während die Schwanzspitze 90° entfernt zwischen Libra und Centaurus liegt. In der griechischen Sage war Hydra ein vielköpfiges Ungeheuer, das Herkules im Rahmen seiner zwölf Arbeiten töten mußte. Während des Kampfes wurde Herkules von einem Krebs angegriffen, verkörpert durch das Sternbild Cancer. Hydra kommt auch in einer anderen Legende vor, in der ein Rabe einen Becher Wasser holen soll.

vollständig sichtbar 54°N–83°S

M83
Auf Photographien und CCD-Aufnahmen wie dieser sind der helle Kern und die Spiralarme dieser Galaxie, die wir von oben sehen, deutlich zu erkennen.

Interessante Objekte

Alpha (α) Hydrae (Alphard) Orangefarbener Riese in etwa 175 LJ Entfernung. Der Name Alphard kommt aus dem Arabischen und bedeutet »der Alleinstehende« – ein passender Name, da Alphard mit 2,0 mag der einzige Stern heller als 3. Größe in dem gesamten Sternbild Hydra ist.

Epsilon (ε) Hydrae Doppelstern. Ein Teleskop mittlerer Öffnung ist nötig, um die beiden engen Komponenten zu trennen, die 3,4 und 6,5 mag hell sind und einander in rund 900 Jahren umkreisen. Ihre Entfernung beträgt 135 LJ.

R Hydrae Veränderlicher Roter Riese vom Mira-Typ, dessen Helligkeit mit einer Periode von etwa 13 Monaten zwischen 3. und 11. Größe schwankt.

U Hydrae Halbregelmäßig veränderlicher Roter Riese, dessen Helligkeit zwischen 4. und 6. Größe schwankt, während sich sein Durchmesser ändert. Er liegt etwa 530 LJ entfernt.

M48 Offener Haufen, unter guten Bedingungen gerade noch mit bloßem Auge auszumachen. Am besten ist er mit einem Fernglas oder einem Teleskop mit großem Gesichtsfeld zu sehen. Sein scheinbarer Durchmesser ist größer als der des Vollmonds; seine Entfernung beträgt fast 2000 LJ.

M83 Spiralgalaxie, die wir direkt von oben sehen, so daß ihre Arme mit einem großen Teleskop und auf Photographien deutlich zu erkennen sind. In einem kleineren Instrument erscheint sie als runder Fleck.

NGC 3242 (Geist des Jupiter) Planetarischer Nebel, der in einem kleinen Teleskop als bläuliche, planetenähnliche Scheibe erscheint; daher sein volkstümlicher Name.

Breite	Höhe	Fläche 1303 Quadratgrad	Rang 1.

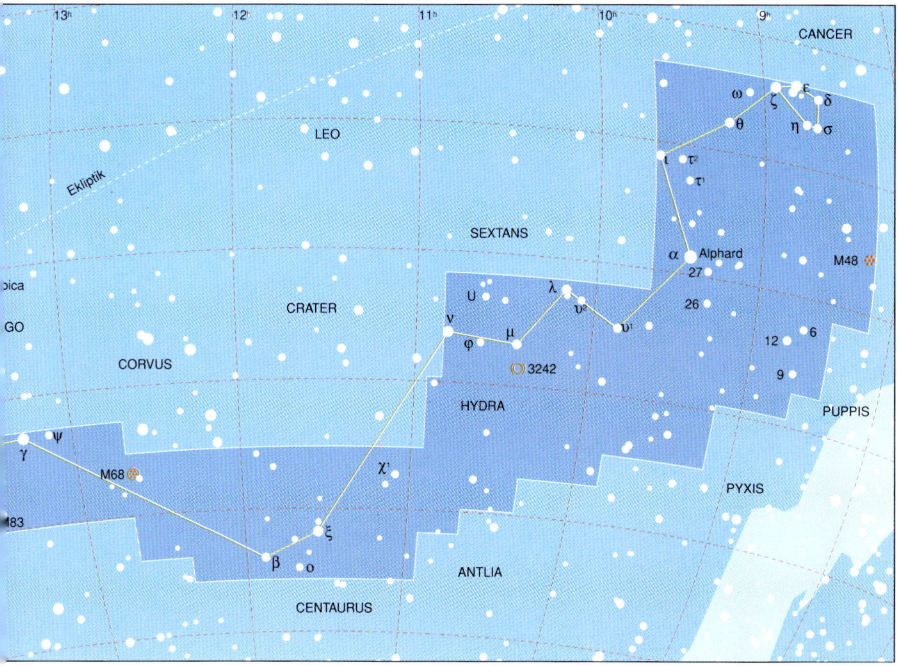

Abkürzung Hyi	Genitiv Hydri	Höchststand am Himmel um 22 Uhr Okt. bis Dez.

Hydrus

Dieses weit im Süden liegende Sternbild wurde Ende des 16. Jh.s von den holländischen Seefahrern P. D. Keyser und F. de Houtman »erfunden«. Es liegt zwischen dem hellen Stern Achernar und dem Himmelssüdpol und stellt eine kleine Wasserschlange dar – nicht zu verwechseln mit der großen Wasserschlange Hydra, die seit der Zeit der alten Griechen bekannt ist. Hellster Stern der Konstellation ist Beta (β) Hydri (2,8 mag).

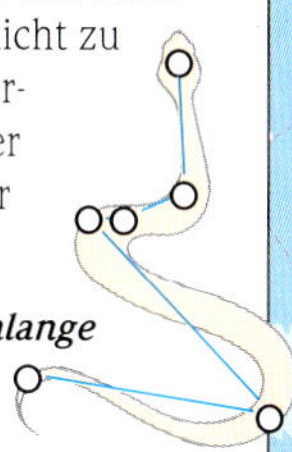
Südl. Wasserschlange

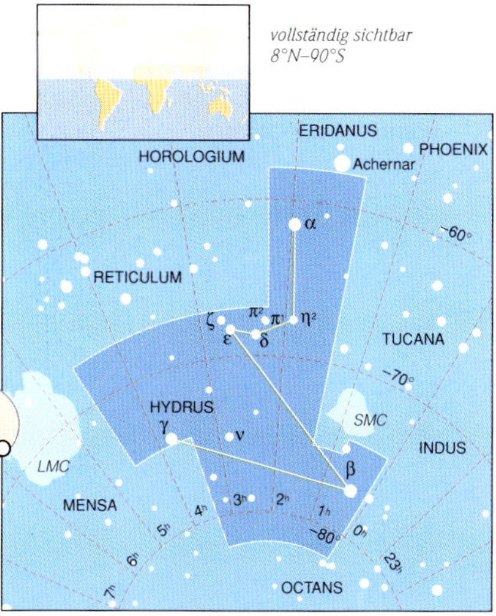

Interessante Objekte

Pi (π) Hydri Weites Paar nicht miteinander in Beziehung stehender Sterne, mit einem Fernglas leicht zu trennen. Beide sind Rote Riesen. π^1 ist 5,6 mag hell und etwa 740 LJ entfernt; π^2 ist 5,7 mag hell und rund 470 LJ entfernt.

Breite	Höhe	Fläche 243 Quadratgrad	Rang 61.

Abkürzung Ind	Genitiv Indi	Höchststand am Himmel um 22 Uhr August bis Okt.

Indus

Dieses südliche Sternbild zwischen Pavo und Tucana wurde Ende des 16. Jh.s von den holländischen Seefahrern P. D. Keyser und F. de Houtman eingeführt und soll einen Indianer repräsentieren. Auf alten Karten ist die Figur mit Pfeilen und einem Speer in der Hand dargestellt. Hellster Stern ist Alpha (α) Indi (3,1 mag).

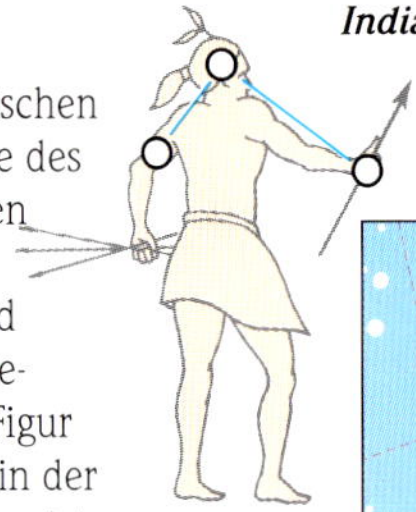

Indianer

vollständig sichtbar 15°N–90°S

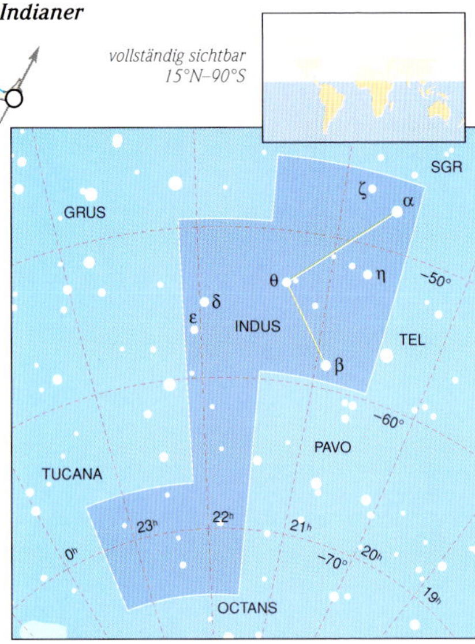

Interessante Objekte

Epsilon (ε) Indi 👁 Gehört mit einer Entfernung von nur 11,8 LJ zu den uns am nächsten gelegenen Sternen. Seine Helligkeit beträgt 4,7 mag. Er ist etwas kleiner und kühler als die Sonne.

Theta (θ) Indi Doppelstern, bestehend aus 4,5 und 6,9 mag hellen Komponenten, die mit einem kleinen Teleskop sichtbar sind.

Breite	Höhe	Fläche 294 Quadratgrad	Rang 49.

Abkürzung Lac	Genitiv Lacertae	Höchststand am Himmel um 22 Uhr Sept. bis Okt.

Lacerta

Die Eidechse ist ein kleines, unbedeutendes Sternbild des Nordhimmels, das am Rand der Milchstraße zwischen Cygnus und Andromeda liegt. Es wurde im 17. Jh. von dem Astronomen J. Hevelius eingeführt. Alpha (α) Lacertae ist mit 3,8 mag sein hellster Stern. Im 20. Jh. sind in Lacerta drei Novae ausgebrochen, die mit bloßem Auge sichtbar waren.

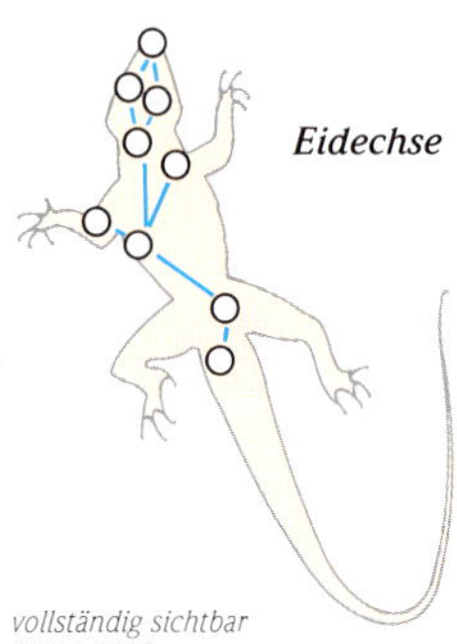

Eidechse

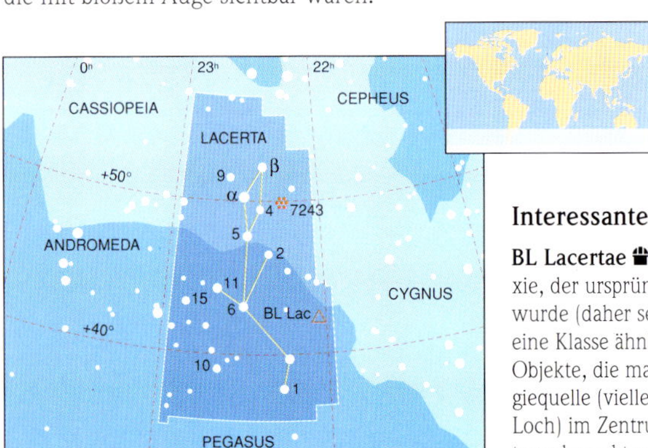

vollständig sichtbar 90°N–33°S

Interessante Objekte

BL Lacertae Kern einer fernen elliptischen Galaxie, der ursprünglich als variabler Stern klassifiziert wurde (daher seine Bezeichnung). Nach ihm wurde eine Klasse ähnlicher Objekte benannt, die BL Lac-Objekte, die man für Galaxien mit einer starken Energiequelle (vielleicht ein massereiches Schwarzes Loch) im Zentrum hält. Die Helligkeit von BL Lacertae schwankt zwischen etwa 12. und 16. Größe.

Breite	Höhe	Fläche 201 Quadratgrad	Rang 68.

Abkürzung Leo	Genitiv Leonis	Höchststand am Himmel um 22 Uhr März bis April

Leo

Das eindrucksvolle Sternbild stellt einen liegenden Löwen dar. In der griechischen Mythologie war dies der Löwe, den Herkules als erste seiner zwölf Arbeiten tötete. Leo gehört zum Tierkreis und liegt zwischen Cancer und Virgo. Die Sonne durchquert es von 10. August bis 16. September.

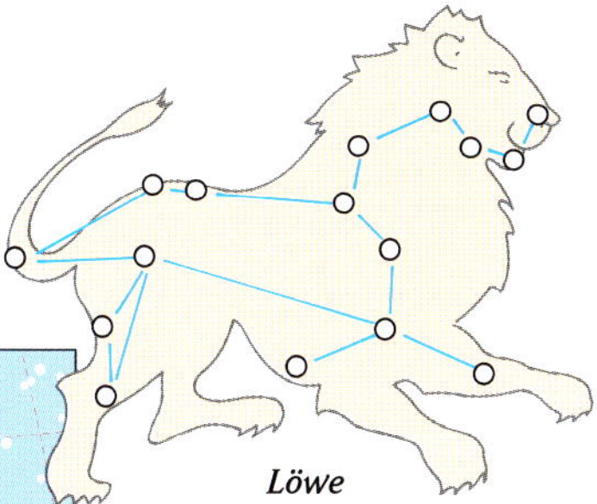

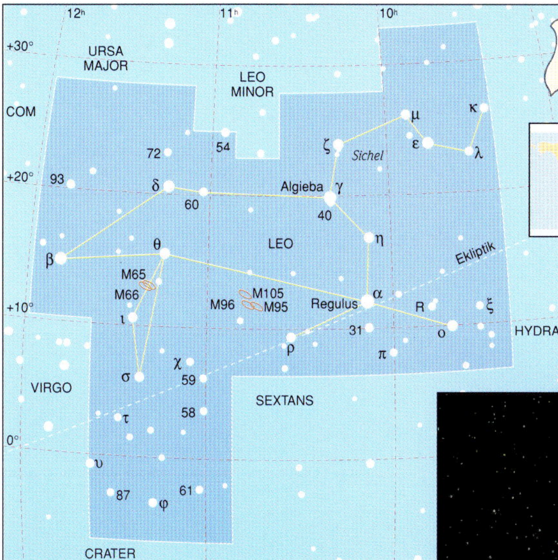

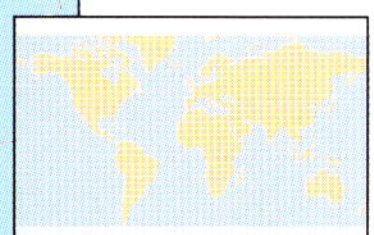

vollständig sichtbar
82°N–57°S

Die Hauptsterne in Leo
Leos Hauptsterne bilden eine Figur, deren Umrisse tatsächlich einem liegenden Löwen ähneln. Regulus und die Sichel sind rechts im Bild.

Interessante Objekte

Die Sichel Leicht erkennbares Muster aus sechs Sternen, geformt wie ein umgekehrtes Fragezeichen oder ein Haken, der Kopf und Brust des Löwen bildet. Es besteht aus den Sternen Epsilon (ε), My (μ), Zeta (ζ), Gamma (γ), Eta (η) und Alpha (α) Leonis.

Alpha (α) Leonis (Regulus) Mit 1,4 mag der lichtschwächste der Sterne 1. Größe. Er ist bläulichweiß und ungefähr 77 LJ entfernt. Mit einem Fernglas oder kleinen Teleskop erkennt man in größerem Winkelabstand einen Begleiter 8. Größe.

Gamma (γ) Leonis (Algieba) Prächtiger Doppelstern aus zwei goldorangen Riesen mit 2,4 und 3,5 mag, die in einem kleinen Teleskop einen ganz besonderen Anblick bieten. Sie sind ein echtes Doppelsystem und umkreisen einander in etwa 600 Jahren. Mit dem Fernglas (oder scharfem Sehvermögen) erkennt man in einem sehr viel größeren Winkelabstand einen Stern 5. Größe, 40 Leonis, der aber in keiner Beziehung zu den beiden anderen steht.

Zeta (ζ) Leonis Weites Dreifachsystem aus Sternen, die nicht Beziehung zueinander stehen. Zeta selbst ist 3,4 mag hell. Im Fernglas sieht man nördlich von ihm einen Stern 6. Größe, 35 Leonis. Weiter südlich leuchtet 39 Leonis, ebenfalls 6. Größe.

R Leonis Veränderlicher Roter Riese vom Mira-Typ, der mit einer Periode von etwa 10 Monaten zwischen rund 4. und 11. Größe schwankt.

M65 und M66 Zwei Spiralgalaxien 9. Größe, mit einem kleinen Teleskop sichtbar. Da sie gegen uns geneigt sind, erscheinen sie elliptisch.

M95 und M96 Zwei Spiralgalaxien, in einem kleinen Teleskop als längliche Flecke sichtbar. Sie haben ähnliche Entfernungen wie M65 und M66, nämlich 20–25 Millionen LJ.

Breite	Höhe	Fläche 947 Quadratgrad	Rang 12.

Abkürzung LMi	Genitiv Leonis Minoris	Höchststand am Himmel um 22 Uhr März bis April

Leo Minor

Dieses unscheinbare Sternbild, das ein Löwenjunges darstellt, liegt zwischen Leo und Ursa Major. Es wurde im 17. Jh. von J. Hevelius »erfunden«. Sein hellster Stern ist 46 Leonis Minoris (3,8 mag). Für Besitzer kleiner Instrumente enthält es jedoch wenig Interessantes.

Kleiner Löwe

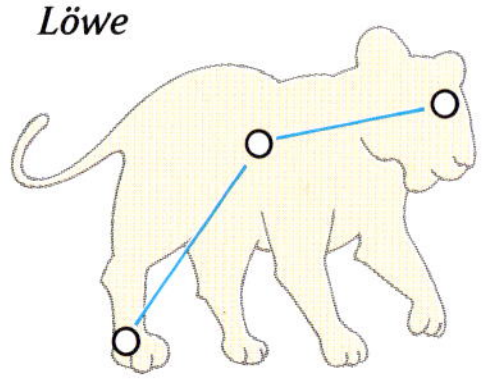

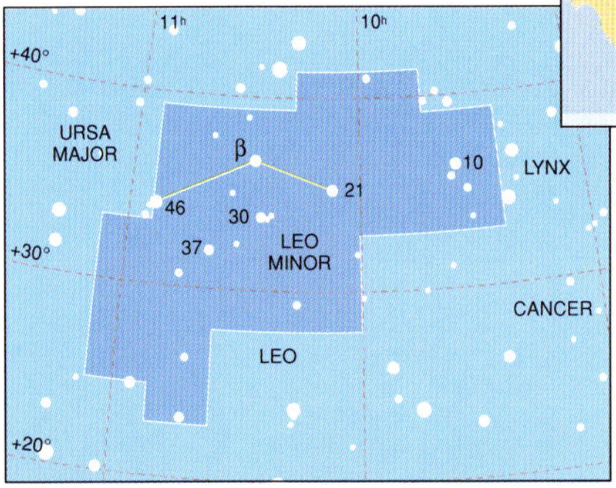

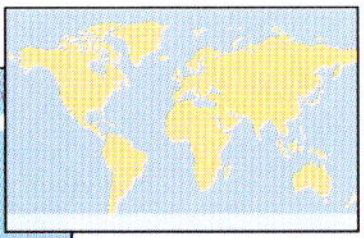

vollständig sichtbar 90°N–48°S

Interessante Objekte

Beta (β) Leonis Minoris Enger Doppelstern. Dem bloßen Auge erscheint er als 4,2 mag heller Einzelstern. Seine Komponenten, die nur mit einem Teleskop sehr großer Öffnung getrennt werden können, haben eine Umlaufperiode von 37 Jahren und sind 145 LJ von uns entfernt. Der Stern hat als einziger dieser Konstellation einen griechischen Buchstaben erhalten.

Breite	Höhe	Fläche 232 Quadratgrad	Rang 64.

Abkürzung Lep	Genitiv Leporis	Höchststand am Himmel um 22 Uhr Januar

Lepus

Der Hase, unter den Füßen von Orion gelegen, wird von dessen Hund Canis Major über den Himmel gejagt. Das Sternbild war schon den alten Griechen bekannt. Sein hellster Stern ist Alpha (α) Leporis (2,6 mag), dessen arabischer Name Arneb gleichfalls »Hase« bedeutet.

vollständig sichtbar 62°N–90°S

Hase

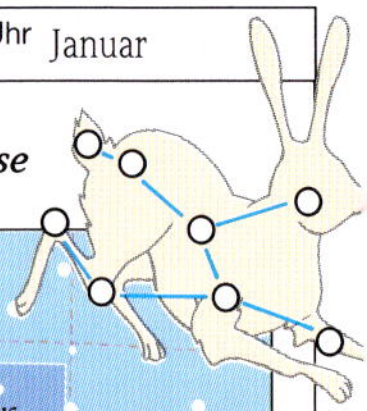

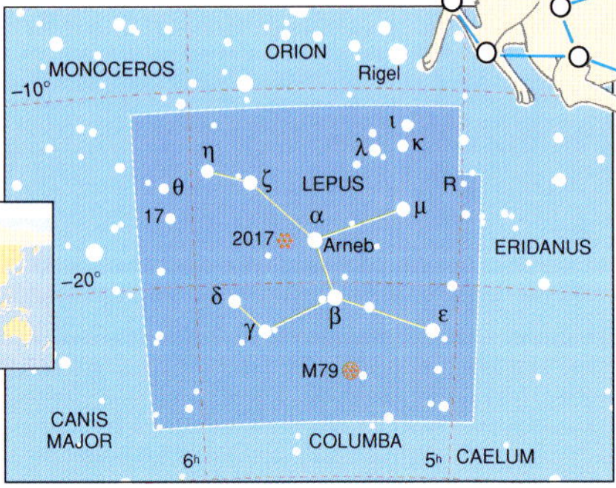

Interessante Objekte

Gamma (γ) Leporis Doppelstern, dessen 3,6 und 6,2 mag hellen Komponenten mit einem Fernglas zu erkennen sind. Beide Sterne liegen rund 30 LJ von uns entfernt.

R Leporis Mira-Veränderlicher, auffällig durch seine tiefrote Farbe. Seine Helligkeit schwankt mit einer Periode von rund 14 Monaten zwischen etwa 6. und 12. Größe.

M79 Kleiner Kugelhaufen 8. Größe, sichtbar mit einem kleinen Teleskop. Seine Entfernung beträgt etwa 40 000 LJ. Im gleichen Gesichtsfeld liegt ein Dreifachstern namens h3752 (das h steht für John Herschel, der ihn als erster katalogisierte). Der Stern besteht aus einem engen Paar 5. und 7. Größe sowie einem in größerem Winkelabstand stehenden Begleiter 9. Größe.

NGC 2017 Kleiner Sternhaufen, dessen Hauptmitglieder als Mehrfachstern h3780 katalogisiert sind. Ein kleines Teleskop zeigt einen Stern 6. Größe mit vier Begleitern 8. und 10. Größe. Mit einer größeren Öffnung lassen sich zwei der Komponenten in enge Doppelsterne trennen; ein weiterer schwächerer Stern 12. Größe vervollständigt die Gruppe.

Breite	Höhe	Fläche 290 Quadratgrad	Rang 51.

Abkürzung Lib	Genitiv Librae	Höchststand am Himmel um 22 Uhr Mai bis Juni

Libra

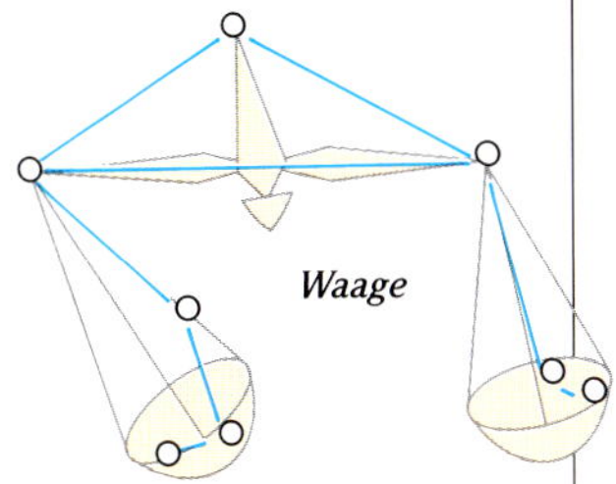

Libra, ein Sternbild des Tierkreises, liegt unmittelbar südlich des Himmelsäquators zwischen Virgo und Scorpius und bildete ursprünglich die Scheren von Scorpius, dem Skorpion. Das ist der Grund, warum seine hellsten Sterne auch »Nördliche« und »Südliche Schere« heißen. Vor mehr als 2000 Jahren trennten die Römer die Waage als eigenes Sternbild ab. Heute wird es gewöhnlich als jene Waage dargestellt, die die angrenzende Virgo als Göttin der Gerechtigkeit in der Hand hält. Die Sonne durchquert Libra von 31. Oktober bis 23. November.

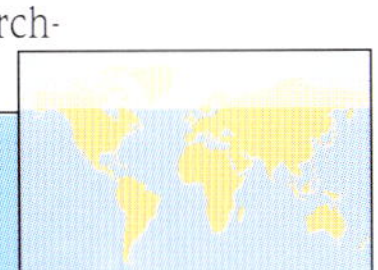

vollständig sichtbar 60°N–90°S

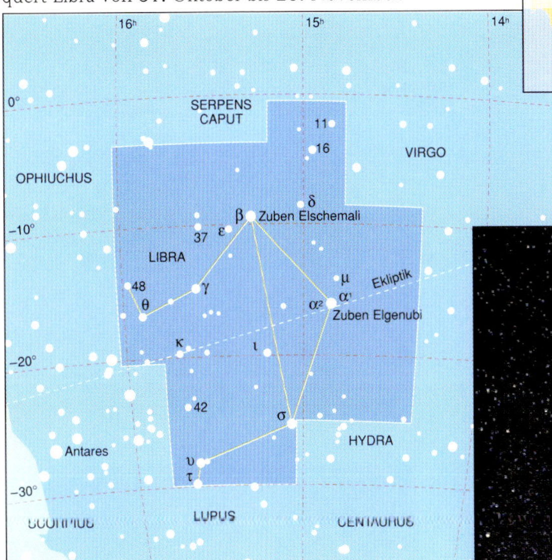

Die Hauptsterne in Libra
Alpha (α) Librae liegt rechts der Bildmitte, Beta (β) links über ihm.

Interessante Objekte

Alpha (α) Librae (Südliche Schere, Zuben Elgenubi) Weiter Doppelstern. Die beiden 2,8 und 5,2 mag hellen Komponenten können mit einem Fernglas oder schon mit gutem Sehvermögen getrennt werden.

Beta (β) Librae (Nördliche Schere, Zuben Elschemali) Mit 2,6 mag der hellste Stern des Sternbilds. Manche Beobachter behaupten, er habe eine leichte Grünfärbung, was höchst ungewöhnlich ist. Mit einem Fernglas oder kleinen Teleskop sollte seine Farbe zu erkennen sein.

Delta (δ) Librae Bedeckungsveränderlicher vom Algol-Typ. Seine Helligkeitsschwankungen (zwischen 4,9 und 5,9 mag mit einer Periode von 2 Tagen und 8 Stunden) sind im Fernglas zu verfolgen.

Jota (ι) Librae Komplexer Mehrfachstern, der dem bloßen Auge als 4,5 mag heller Einzelstern erscheint. Ein Fernglas zeigt in größerem Winkelabstand einen Begleiter 6. Größe, 25 Librae. Mit einem Teleskop von mindestens 75 mm Öffnung erkennt man, daß der Primärstern einen Partner 9. Größe hat. Bei starker Vergrößerung sollte dieser schwächere Begleiter selbst als enges Sternpaar zu erkennen sein.

My (μ) Librae Doppelstern mit 5,7 und 6,7 mag hellen Komponenten. Ein Teleskop mit mindestens 75 mm Öffnung ist nötig, um sie zu trennen.

Breite	Höhe	Fläche 538 Quadratgrad	Rang 29.

Abkürzung Lup	Genitiv Lupi	Höchststand am Himmel um 22 Uhr Mai bis Juni

Lupus

Lupus liegt in der Milchstraße, südlich von Libra. Die alten Griechen und Römer sahen in ihm einen Wolf, den der Kentaur des angrenzenden Sternbilds an einem Pfahl angebunden hat. Es scheint jedoch keine speziellen Sagen über den Wolf zu geben. Der hellste Stern in Lupus ist Alpha (α) Lupi (2,3 mag).

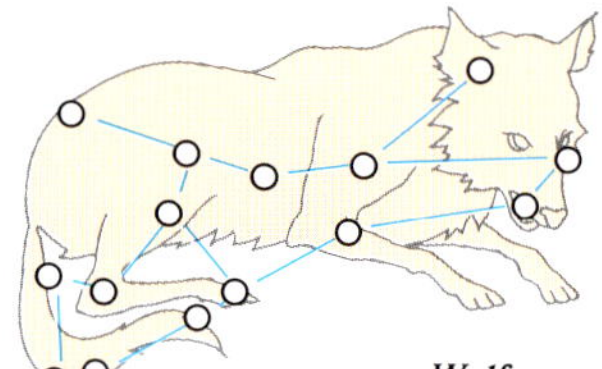

Wolf

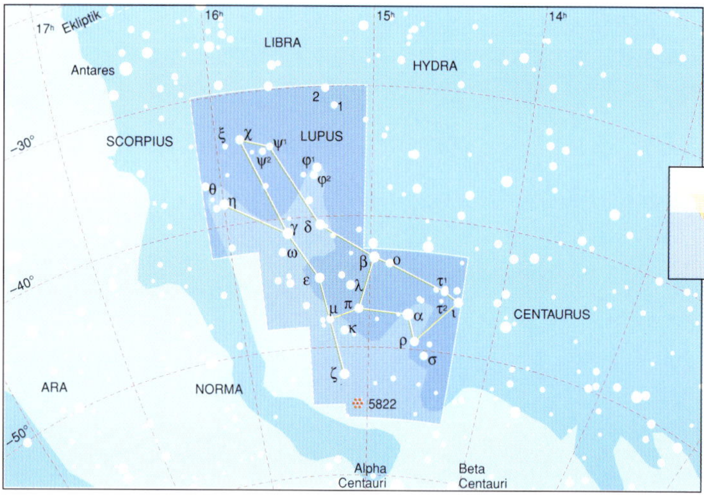

vollständig sichtbar 34°N–90°S

Interessante Objekte

Kappa (κ) Lupi Optischer Doppelstern. Die 3,9 und 5,7 mag hellen Komponenten sind mit einem kleinen Teleskop leicht zu trennen.

My (μ) Lupi Mehrfachstern. In einem kleinen Teleskop erscheint er als weiter Doppelstern mit 4,3 und 6,9 mag hellen Komponenten. Mit einer Öffnung von mindestens 100 mm und einer starken Vergrößerung erkennt man, daß der Primärstern in Wirklichkeit ein enges Paar zweier Sterne 5. Größe ist.

Xi (ξ) Lupi Doppelstern. Seine 5,1 und 5,6 mag hellen Komponenten können mit einem kleinen Teleskop getrennt werden.

Pi (π) Lupi Paar bläulichweißer Sterne 5. Größe. Um sie zu trennen, ist ein Teleskop mit mindestens 75 mm Öffnung nötig.

NGC 5822 Sternreicher offener Haufen von ähnlichem scheinbaren Durchmesser wie der Vollmond. Er ist mit einem Fernglas oder kleinen Teleskop zu sehen und enthält über 100 lichtschwache Sterne. Seine Entfernung beträgt 1800 LJ.

NGC 5822

Dieser große offene Haufen ist hier so dargestellt, wie man ihn mit einem kleinen Teleskop sehen würde.

Breite	Höhe	Fläche 334 Quadratgrad	Rang 46.

Abkürzung	Genitiv	Höchststand am Himmel um 22 Uhr
Lyn	Lyncis	Januar bis März

Lynx

Der Astronom J. Hevelius, der dieses unscheinbare Sternbild im 17. Jh. »erfand«, nannte es Lynx (Luchs), weil man Augen wie ein Luchs braucht, um es überhaupt ausfindig zu machen. Es liegt zwischen Ursa Major und Auriga und ist überraschend groß – mit einer größeren Fläche als zum Beispiel Gemini. Normalerweise wird man mit bloßem Auge wenig mehr als seinen hellsten Stern Alpha (α) Lyncis (3,1 mag) erkennen. Es gibt jedoch zahlreiche Doppelsterne, die es für Teleskopbenutzer interessant machen.

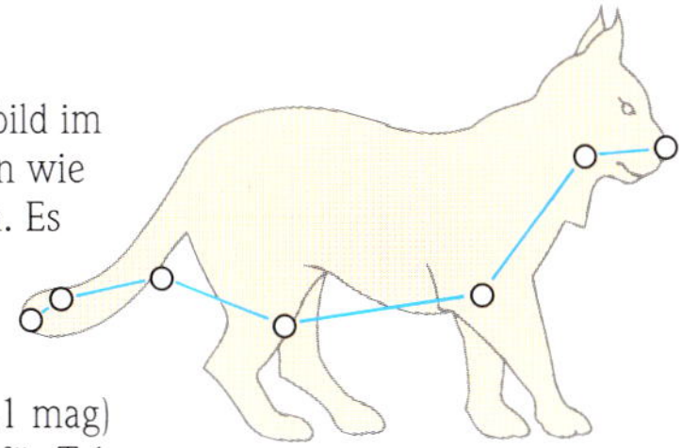

Luchs

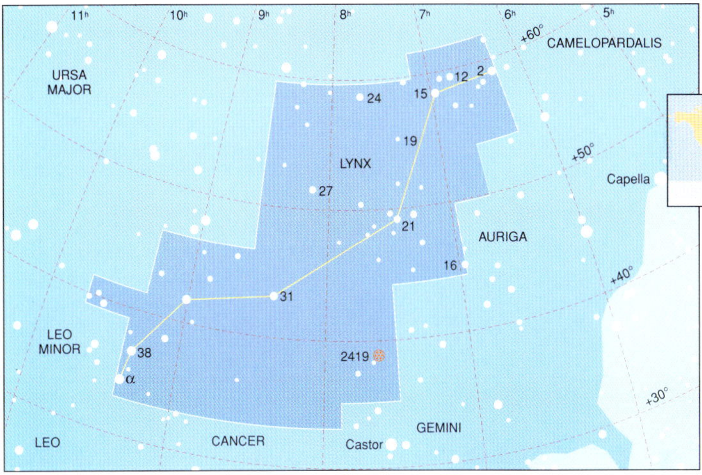

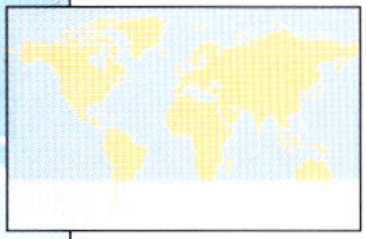

vollständig sichtbar 90°N–28°S

Interessante Objekte

12 Lyncis Mehrfachstern. In einem kleinen Teleskop erscheint er doppelt, mit 4,9 und 7,3 mag hellen Komponenten. Mit einer Öffnung von mindestens 75 mm erkennt man, daß der hellere Stern ein enges Sternpaar 5. und 6. Größe ist, das eine Umlaufperiode von 700 Jahren hat.

19 Lyncis Leicht zu trennender Mehrfachstern. Ein kleines Teleskop zeigt einen Doppelstern mit 5,8 und 6,9 mag hellen Komponenten. Etwas weiter entfernt sollte auch ein dritter Stern 8. Größe zu sehen sein.

38 Lyncis Sehr enger Doppelstern, den ein Teleskop von mindestens 75 mm Öffnung in seine 3,9 und 6,3 mag hellen Komponenten aufspaltet.

NGC 2419 Kugelhaufen, beachtenswert wegen seiner großen Entfernung. Mit 300 000 LJ ist er weiter entfernt als die Große Magellansche Wolke (LMC). Daher erscheint er so klein und nur 10 mag hell.

NGC 2419
Vermutlich liegt dieser Haufen, hier eine CCD-Aufnahme, außerhalb unserer Galaxis im intergalaktischen Raum.

Breite	Höhe	Fläche	Rang
		545 Quadratgrad	28.

Abkürzung Lyr	Genitiv Lyrae	Höchststand am Himmel um 22 Uhr Juli bis August

Lyra

Dieses bekannte Sternbild des Nordhimmels liegt zwischen Cygnus und Hercules und soll die Leier des Orpheus darstellen. Arabische Astronomen sahen in ihm jedoch einen Adler, und der Name seines hellsten Sterns, Wega, geht auf sie zurück und bedeutet »herabstoßender Adler«. Wega bildet eine Ecke des großen Sterndreiecks, das nördliche Beobachter als Sommerdreieck kennen. Dessen beide anderen Ecken bilden Deneb (in Cygnus) und Atair (in Aquila).

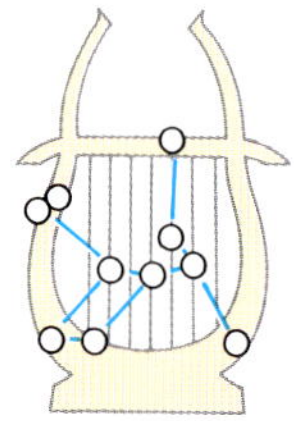

Leier

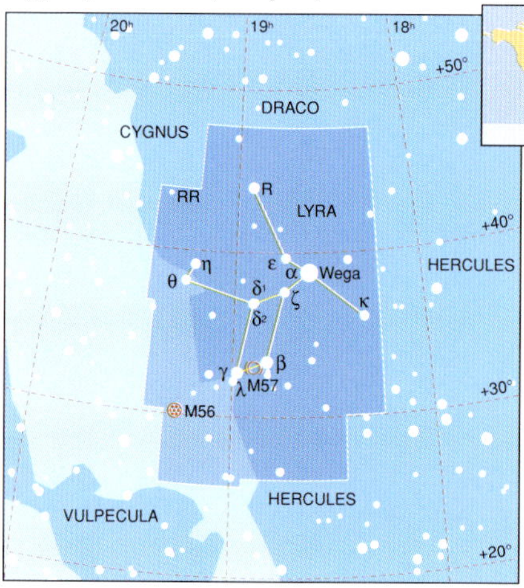

vollständig sichtbar
90°N–42°S

Interessante Objekte

Alpha (α) Lyrae (Wega) Mit einer Helligkeit von 0,0 mag der fünfthellste Stern am Himmel; er ist bläulichweiß und 25 LJ entfernt.

Beta (β) Lyrae Doppelstern, dessen hellere Komponente veränderlich ist. Beta Lyrae selbst ist ein Bedeckungsveränderlicher, der mit einer Periode von 12 Tagen und 22 Stunden zwischen 3,3 und 4,4 mag schwankt. Ein kleines Teleskop zeigt in größerem Winkelabstand einen Begleiter mit 7,2 mag.

Delta (δ) Lyrae Weiter optischer Doppelstern, mit einem Fernglas oder mit bloßem Auge zu trennen. Die eine Komponente ist ein Roter Riese, dessen Helligkeit leicht zwischen 4,2 und 4,3 mag schwankt, die andere ein 5,6 mag heller bläulichweißer Stern.

Epsilon (ε) Lyrae (Doppel-Doppel) Bemerkenswerter Vierfachstern. Mit einem Fernglas oder schon mit gutem Sehvermögen erkennt man ihn als Sternpaar je 5. Größe. Ein Teleskop mit 60–75 mm Öffnung und starker Vergrößerung trennt jeden Stern wiederum in einen engeren Doppelstern. Das etwas weitere Paar, 5,0 und 6,1 mag hell, hat eine Umlaufperiode von mehr als 1000 Jahren. Das andere Paar, 5,2 und 5,5 mag hell, umkreist sich in etwa 600 Jahren. Alle vier Sterne sind rund 130 LJ von uns entfernt.

Zeta (ζ) Lyrae Doppelstern. Die beiden 4,3 und 5,7 mag hellen Komponenten sind mit einem Fernglas oder kleinen Teleskop leicht zu trennen.

M57 (Ring-Nebel) Planetarischer Nebel, in einem kleinen Teleskop als elliptische Scheibe zu sehen. Größere Öffnungen zeigen ihn als Ring, wie er auch auf Photographien erscheint.

Epsilon (ε) Lyrae und Wega
Der berühmte Vierfachstern Epsilon (ε) Lyrae liegt hier oben links, die helle Wega rechts neben ihm.

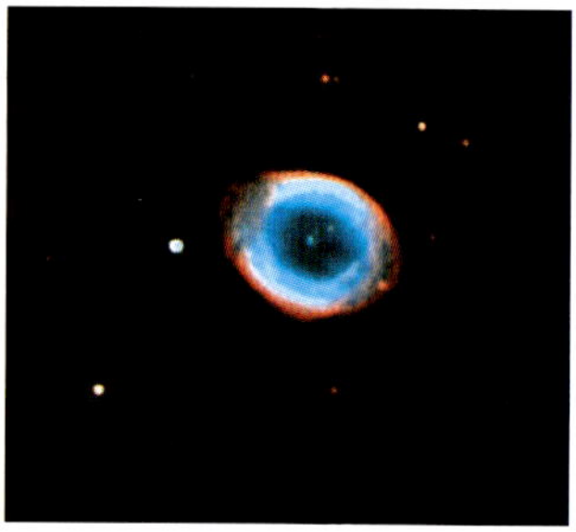

M57 (Ring-Nebel)
Mit einem kleinen Teleskop sieht man diesen planetarischen Nebel als elliptische Scheibe.

Breite	Höhe	Fläche 286 Quadratgrad	Rang 52.

Abkürzung Men	Genitiv Mensae	Höchststand am Himmel um 22 Uhr Dez. bis Februar

Mensa

Dieses kleine, unscheinbare Sternbild in der Nähe des Himmelssüdpols wurde im 18. Jh. von dem französischen Astronomen N. L. de Lacaille eingeführt. Er benannte es nach dem Tafelberg bei Kapstadt in Südafrika, wo er den Südhimmel kartierte. Mensas einziges beachtenswerte Merkmal ist ein Teil der Großen Magellanschen Wolke (LMC), die vom benachbarten Sternbild Dorado hereinragt.

Tafelberg

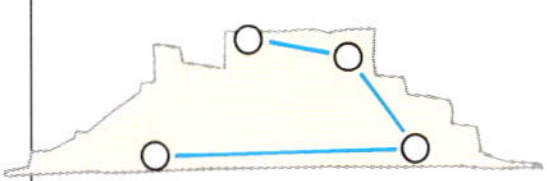

vollständig sichtbar 5°N–90°S

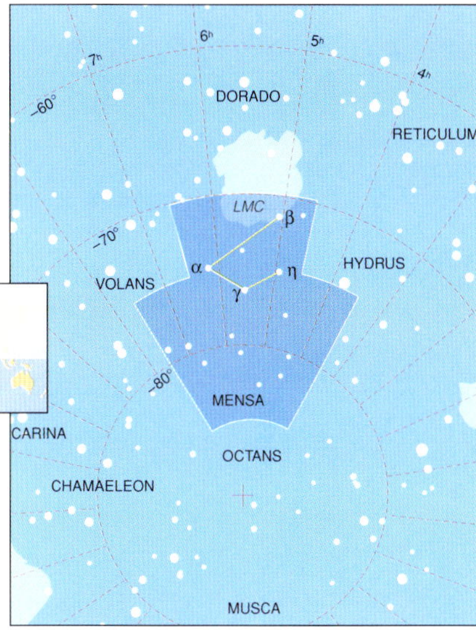

Interessante Objekte

Alpha (α) Mensae 30 LJ entfernter gelber Stern mit ähnlichen Eigenschaften wie unsere Sonne. Mit 5,1 mag ist er der hellste Stern des Sternbilds.

Breite	Höhe	Fläche 153 Quadratgrad	Rang 75.

Abkürzung Mic	Genitiv Microscopii	Höchststand am Himmel um 22 Uhr Aug. bis Sept.

Microscopium

Microscopium ist ein unscheinbares Sternbild südlich von Capricornus. Es wurde im 18. Jh. von dem französischen Astronomen N. L. de Lacaille eingeführt und soll ein Mikroskop darstellen. Die beiden hellsten Sterne des Sternbilds, Gamma (γ) und Epsilon (ε) Microscopii, haben beide 4,7 mag.

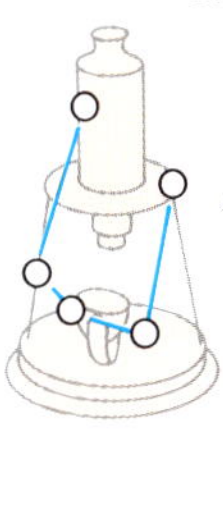

Mikroskop

vollständig sichtbar 45°N–90°S

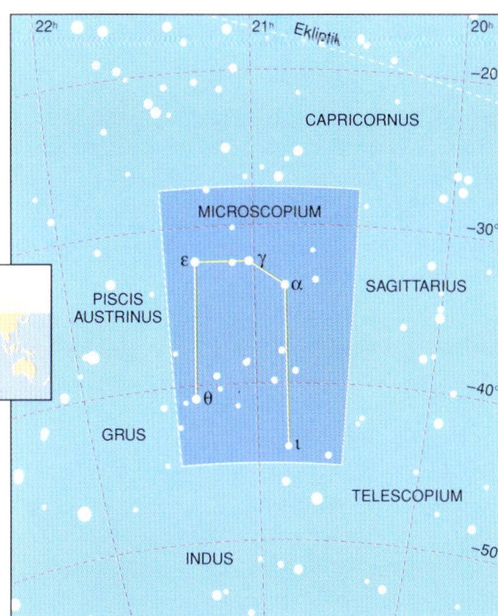

Interessante Objekte

Alpha (α) Microscopii 4,9 mag heller oranger Riese. Ein Teleskop zeigt einen Begleiter 10. Größe.

Breite	Höhe	Fläche 210 Quadratgrad	Rang 66.

Abkürzung Mon	Genitiv Monocerotis	Höchststand am Himmel um 22 Uhr Januar bis Feb.

Monoceros

Monoceros, zwischen Orion und Canis Minor am Himmelsäquator gelegen, wurde Anfang des 17. Jh.s von dem Holländer P. Plancius eingeführt und symbolisiert das mythische Einhorn. Sein hellster Stern ist Alpha (α) Monocerotis (3,9 mag). Monoceros wird wegen seiner auffälligen Nachbarsternbilder häufig übersehen, enthält aber, da es in der Milchstraße liegt, für Besitzer von Instrumenten jeder Größe viel Interessantes.

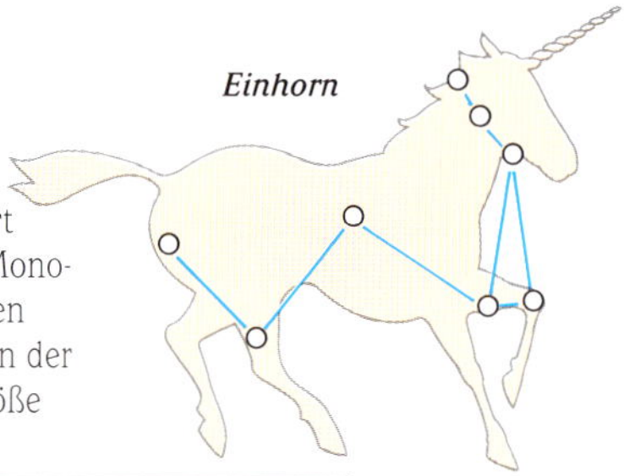

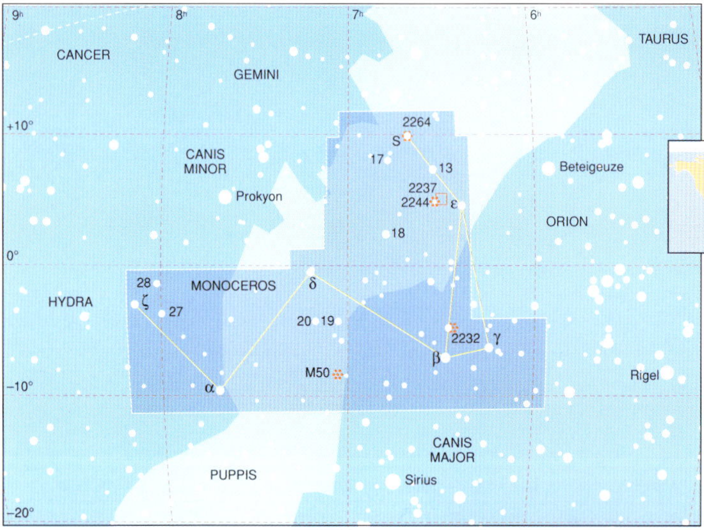

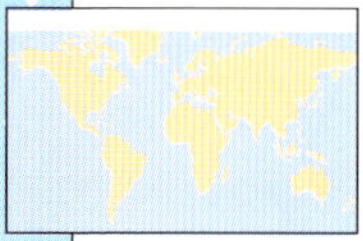

vollständig sichtbar 78°N–78°S

Interessante Objekte

Beta (β) Monocerotis Dreifachstern, mit einem kleinen Teleskop zu trennen. Die drei 4,6, 5,0 und 5,4 mag hellen Sterne bilden einen Bogen.

Epsilon (ε) Monocerotis (8 Monocerotis) Doppelstern mit 4,4 und 6,7 mag hellen Komponenten, die mit einem kleinen Teleskop leicht zu trennen sind.

S Monocerotis (15 Monocerotis) Sehr leuchtkräftiger bläulichweißer Stern (4,7 mag, aber leicht veränderlich) im Haufen NGC 2264 (s. S. 111). Er hat einen Begleiter 8. Größe, der mit einem kleinen Teleskop sichtbar ist.

M50 Offener Haufen, etwa halb so groß wie der Vollmond und mit bloßem Auge sichtbar. Ein kleines Teleskop zeigt seine einzelnen Sterne, die 8. Größe und lichtschwächer sind. Seine Entfernung beträgt 3000 LJ.

NGC 2244 und der Rosetta-Nebel
Die Sterne des offenen Haufens NGC 2244 (Bildmitte) werden vom Rosetta-Nebel umschlossen.

Breite	Höhe	Fläche 482 Quadratgrad	Rang 35.

NGC 2232 Lockerer offener Haufen mit dem gleichen scheinbaren Durchmesser wie der Vollmond und mit bloßem Auge gerade noch sichtbar. Sein hellster Stern ist 10 Monocerotis (5. Größe). Mit einem Fernglas sind noch einige andere einzelne Sternmitglieder erkennbar. Seine Entfernung beträgt 1300 LJ.

NGC 2244 Offener Haufen im Herzen des sehr viel größeren Rosetta-Nebels. Der Haufen ist im Fernglas leicht als längliche Gruppe etwa 2/3 so groß wie der Vollmond zu erkennen. Um jedoch den Umriß des ihn umgebenden Rosetta-Nebels auszumachen, sind ausgezeichnete Sichtbedingungen nötig, da dieser 3- bis 4mal so groß und nur auf Photographien gut zu sehen ist. Haufen und Nebel liegen 5500 LJ entfernt.

NGC 2264 Offener Haufen, mit einem Fernglas sichtbar. In einem kleinen Teleskop hat er eine dreieckige Gestalt. Sein hellstes Mitglied ist S Monocerotis (s. S. 110). Langbelichtete Aufnahmen zeigen ihn umgeben von einem lichtschwachen Nebelgebiet, das ein dunkles Band enthält, den sogenannten Conus-Nebel. Der Haufen und der dazugehörige Nebel sind rund 2500 LJ entfernt.

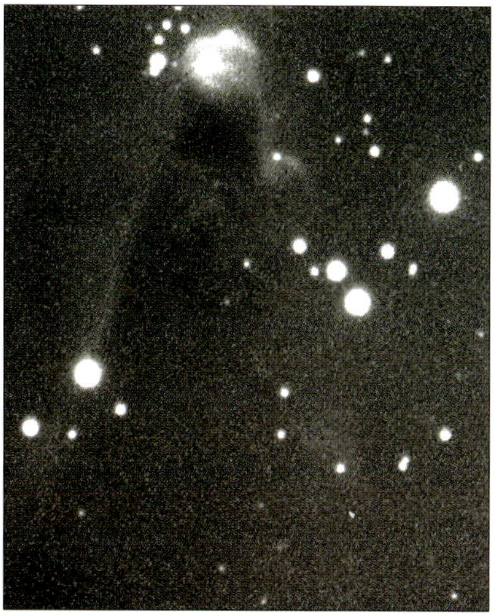

Conus-Nebel
Der Conus-Nebel ist eine spitz zulaufende dunkle Staubsäule im südlichen Teil des lichtschwachen Nebels, der den Sternhaufen NGC 2264 umgibt.

Abkürzung Mus	Genitiv Muscae	Höchststand am Himmel um 22 Uhr April bis Mai

Musca

Musca liegt in der Milchstraße, südlich von Centaurus und Crux. Es stellt eine Fliege dar und ist eines der zwölf südlichen Sternbilder, die Ende des 16. Jh.s von den holländischen Seefahrern P. D. Keyser und F. de Houtman »erfunden« wurden. Sein hellster Stern ist Alpha (α) Muscae (2,7 mag).

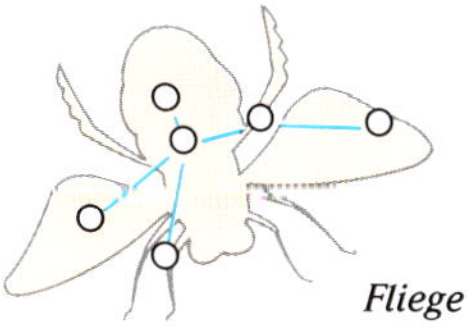

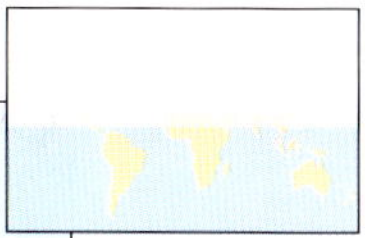

vollständig sichtbar
14°N–90°S

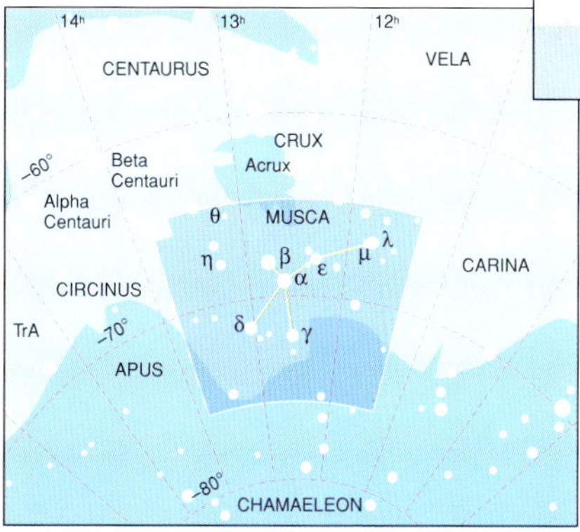

Interessante Objekte

Beta (β) Muscae Enger Doppelstern, der in einem kleinen Teleskop als Einzelstern 3. Größe erscheint. Mit einer Öffnung von rund 100 mm kann man ihn in zwei Sterne mit 3,6 und 4,1 mag trennen, die einander in etwa 400 Jahren umkreisen.

Theta (θ) Muscae Doppelstern. Die beiden 5,6 und 7,6 hellen Komponenten sind mit einem kleinen Teleskop zu trennen. Der hellere Stern ist ein leuchtkräftiger blauer Überriese, während sein Begleiter zur Klasse der Wolf-Rayet-Sterne gehört (sehr heiße Sterne, die ihre äußere Hülle verloren haben).

Breite	Höhe	Fläche 138 Quadratgrad	Rang 77.

Abkürzung Nor	Genitiv Normae	Höchststand am Himmel um 22 Uhr Juni

Norma

Norma liegt in der Milchstraße zwischen Ara und Lupus. Es wurde im 18. Jh. von dem französischen Astronomen N. L. de Lacaille eingeführt und soll ein Winkelmaß repräsentieren. Da die Grenzen des Sternbilds später geändert wurden, gibt es keine Sterne mit der Bezeichnung Alpha (α) oder Beta (β) Normae.

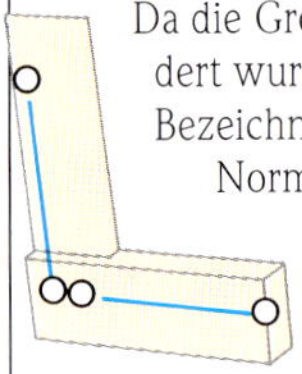

Winkelmaß

vollständig sichtbar 29°N–90°S

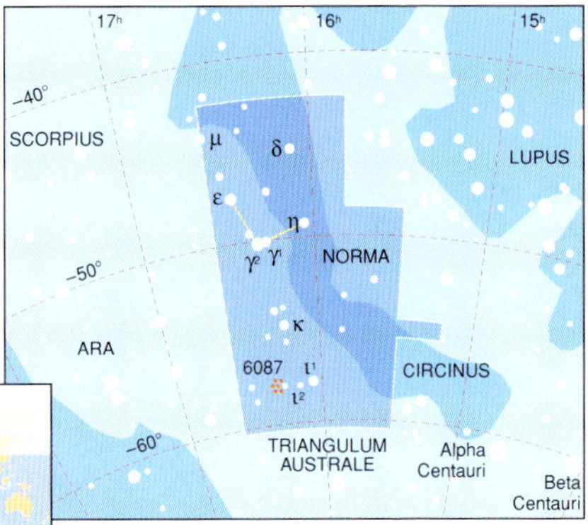

Interessante Objekte

Gamma (γ) Normae Optischer Doppelstern, dessen nicht in Beziehung zueinander stehenden Komponenten mit bloßem Auge zu trennen sind. Der Primärstern, Gamma-2 (γ^2), ist der hellste Stern in Norma. Der orange 4 mag helle Riese liegt 130 LJ entfernt. Gamma-1 (γ^1) (5,0 mag) ist ein enorm leuchtkräftiger gelber Überriese und mehr als 100mal so weit entfernt.

Epsilon (ε) Normae Doppelstern mit 4,5 und 6,7 mag hellen Komponenten, die mit einem kleinen Teleskop zu trennen sind.

Jota-1 (ι^1) Normae Doppelstern, dessen 4,6 und 8,1 mag hellen Komponenten mit einem kleinen Teleskop zu trennen sind. Jota-2 (ι^2), ein Stern 6. Größe, steht etwas vom ersten Stern entfernt, aber in keinerlei Beziehung zu ihm.

Breite	Höhe	Fläche 165 Quadratgrad	Rang 74.

Abkürzung Oct	Genitiv Octantis	Höchststand am Himmel um 22 Uhr Oktober

Octans

Octans ist Sitz des Himmelssüdpols. Das Sternbild, das einen Oktanten darstellen soll – ein Gerät zum Navigieren und Vorläufer des Sextanten –, wurde im 18. Jh. von dem französischen Astronomen N. L. de Lacaille eingeführt. Sein hellster Stern ist Ny (ν) Octantis, ein 3,7 mag heller oranger Riese. Abgesehen von seiner Lage am Himmelssüdpol bietet Octans nicht viel Beachtenswertes.

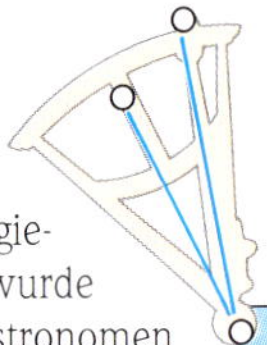

Oktant

vollständig sichtbar 0°–90°S

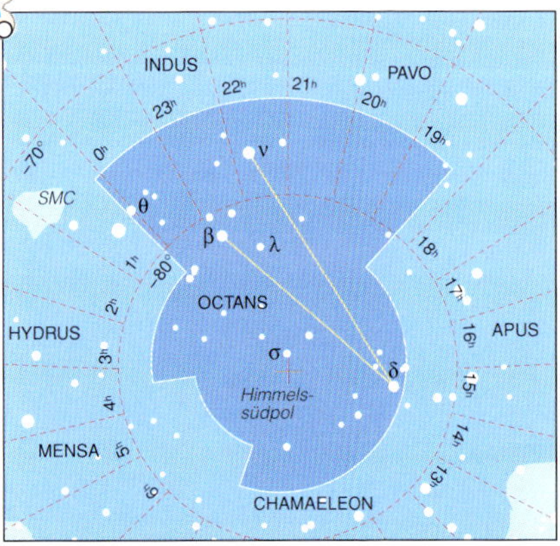

Interessante Objekte

Sigma (σ) Octantis Der nächste mit bloßem Auge sichtbare Stern am Himmelssüdpol (etwa 1° entfernt), wenn auch mit 5,5 mag sehr unauffällig. Er ist ein gelblichweißer Riese und 270 LJ entfernt.

Lambda (λ) Octantis Enger Doppelstern, mit einem kleinen Teleskop zu trennen. Die beiden Komponenten sind 5,5 und 7,2 mag hell.

Breite	Höhe	Fläche 291 Quadratgrad	Rang 50.

Abkürzung Oph	Genitiv Ophiuchi	Höchststand am Himmel um 22 Uhr Juni bis Juli

Ophiuchus

Schlangenträger

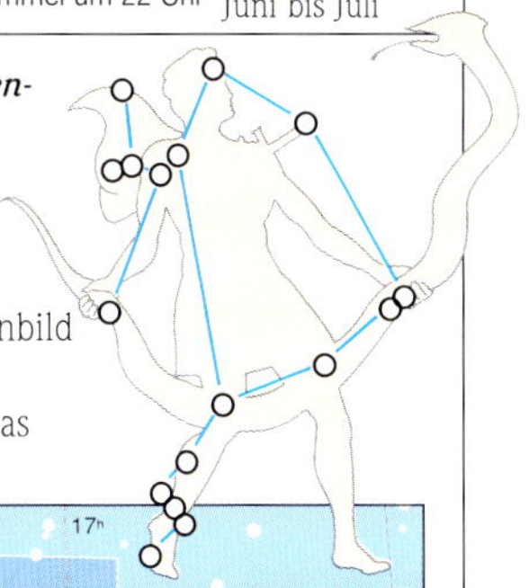

Dieses große Sternbild erstreckt sich von Hercules im Norden über den Himmelsäquator bis Scorpius im Süden. Es stellt den griechischen Gott der Medizin, Äskulap, dar, der als traditionelles Symbol der Heilkunst eine Schlange (das Sternbild Serpens) in den Händen hält. Zu dem Sternbild gehören mehrere Kugelhaufen. Hellster Stern ist Alpha (α) Ophiuchi (2,1 mag), auch unter dem arabischen Namen Ras Alhague bekannt, was »Kopf des Schlangensammlers« bedeutet.

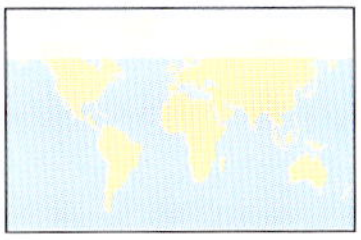

vollständig sichtbar 59°N–75°S

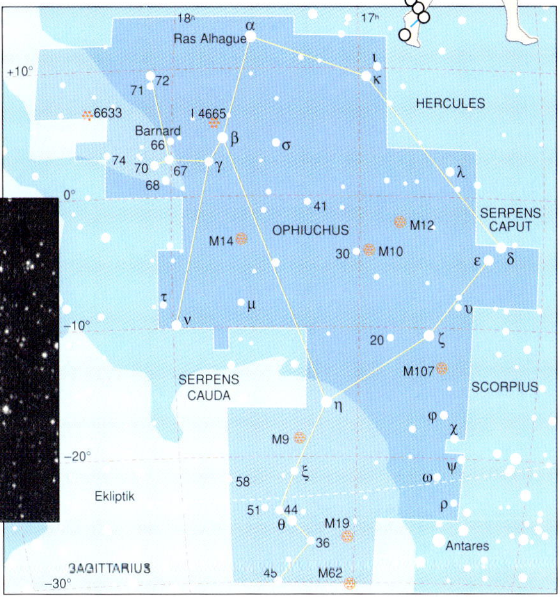

M10

M10 ist der eindrucksvollste von mehreren Kugelhaufen in Ophiuchus.

Interessante Objekte

Rho (ρ) Ophiuchi Mehrfachstern. Im Fernglas sieht man ihn als 4,6 mag hellen Stern mit zwei in großem Winkelabstand stehenden 6,8 und 7,3 mag hellen Begleitern. Ein kleines Teleskop zeigt bei starker Vergrößerung, daß der hellste Stern noch einen engeren Begleiter mit 5,7 mag hat.

36 Ophiuchi Paar fast identischer oranger Zwergsterne 5. Größe, das mit einem kleinen Teleskop zu trennen ist. Die beiden Sterne sind 20 LJ von uns entfernt und umkreisen einander in rund 500 Jahren.

70 Ophiuchi Doppelstern, bestehend aus einem gelben und einem orangen Zwerg, die 4,2 und 6,1 mag hell sind. Ihre Entfernung beträgt 17 LJ und ihre Umlaufperiode 88 Jahre. Von der Erde aus gesehen bewegen sie sich langsam auseinander und sollten zur Zeit mit nahezu allen Teleskop-Öffnungen zu trennen sein.

Barnards Stern Zweitnächster Stern zur Sonne, 5,9 LJ entfernt. Er ist ein kühler, lichtschwacher roter Zwerg (9,5 mag) und mit bloßem Auge nicht sichtbar.

M10 und M12 Zwei rund 3° auseinanderstehende Kugelhaufen. Beide sind mit einem Fernglas sichtbar und erscheinen etwa halb so groß wie der Vollmond. Um sie in einzelne Sterne aufzulösen, ist allerdings ein Teleskop mittlerer Öffnung nötig. M10 liegt mit 14 000 LJ näher bei uns als der 18 000 LJ entfernte M12.

NGC 6633 Offener Haufen mit ähnlichem scheinbarem Durchmesser wie der Vollmond; mit einem Fernglas sichtbar.

IC 4665 Großer, lockerer offener Haufen; mit einem Fernglas sichtbar.

Breite	Höhe	Fläche 948 Quadratgrad	Rang 11.

Abkürzung Ori	Genitiv Orionis	Höchststand am Himmel um 22 Uhr Dez. bis Januar

Orion

Das prächtigste aller Sternbilder ist fast überall auf der Erde zu sehen. Es stellt einen Jäger dar, gefolgt von seinen Hunden (Canis Major und Canis Minor). In der griechischen Mythologie war Orion der Sohn des Meeresgottes Poseidon. Die Sage berichtet, daß er durch den Stich eines Skorpions getötet wurde, und nun steht er so am Himmel, daß er unter dem Horizont verschwindet, wenn das Sternbild Scorpius aufgeht. Einer anderen Legende zufolge verliebte er sich in sieben Nymphen, die Plejaden, dargestellt durch einen Sternhaufen im angrenzenden Sternbild Taurus. Durch die Erddrehung scheint Orion den Plejaden über den Himmel nachzustellen. Berühmtestes Objekt ist der riesige Nebel (M42) im Schwert des Jägers, südlich der Linie aus drei Sternen, die seinen Gürtel markieren.

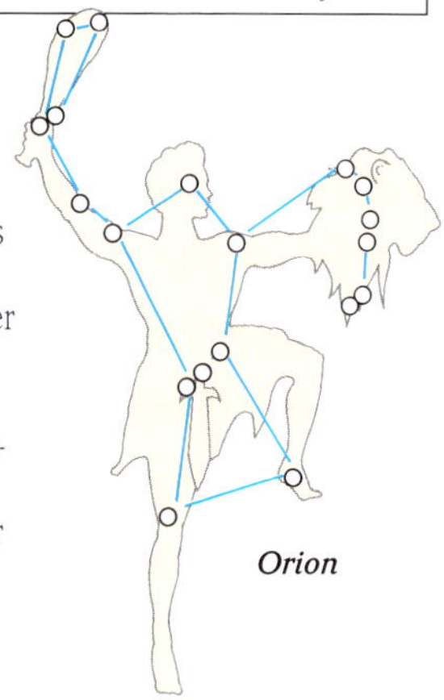

Orion

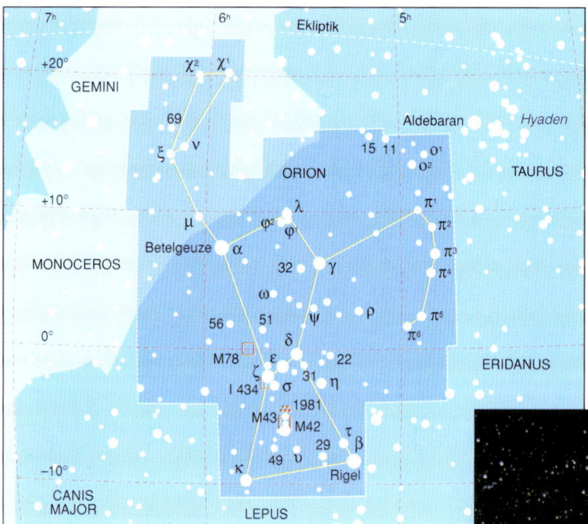

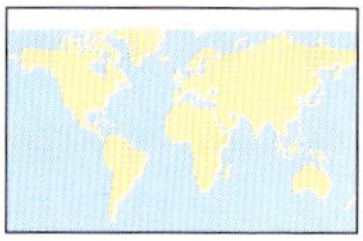

vollständig sichtbar 79°N–67°S

Orion
Das prächtige Sternbild Orion, mit Beteigeuze oben links, Rigel unten rechts und den Gürtelsternen in der Mitte.

Interessante Objekte

Alpha (α) Orionis (Beteigeuze) 👁 Roter Überriese, dessen Helligkeit mit einer Periode von rund 6 Jahren zwischen etwa 0,0 und 1,3 mag schwankt. Er ist 430 LJ entfernt. Der Name Beteigeuze kommt aus dem Arabischen und bezieht sich auf eine Hand, obwohl der Stern in Wirklichkeit an der Schulter des Jägers liegt.

Beta (β) Orionis (Rigel) 👁 0,2 mag heller blauer Überriese, der hellste Stern des Sternbilds und der siebthellste am Himmel. Er ist 770 LJ entfernt. Der Name Rigel ist arabisch und bedeutet »Fuß«, also den Körperteil des Jägers, den der Stern auch tatsächlich markiert.

Breite ✋✋	Höhe ✋✋	Fläche 594 Quadratgrad	Rang 26.

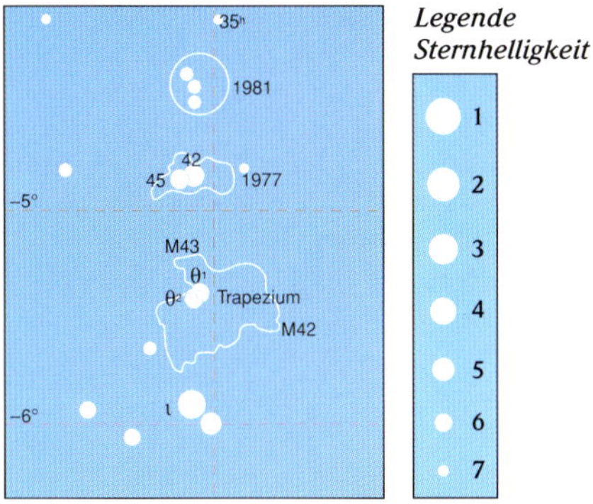

Detail der M42–Region

M42 (Orion-Nebel) mit Trapez (kleines Bild)
M42 ist eine leuchtende Gasmasse, in der sich Sterne bilden. In ihrem Herzen liegt der Mehrfachstern Theta-1 (θ^1) Orionis.

Theta-1 (θ^1) Orionis (Trapez) Mehrfachstern mitten im Orion-Nebel (s. u). Ein kleines Teleskop weist ihn als Vierfachstern aus, dessen 5,1, 6,7, 6,7 und 8,0 mag helle Komponenten in Trapezform angeordnet sind. Mit einer größeren Öffnung erkennt man in der Gruppe zwei weitere Sterne 11. Größe.

Theta-2 (θ^2) Orionis Doppelstern. Die beiden 5,0 und 6,4 mag hellen Sterne sind mit einem Fernglas zu trennen. Theta-2 bildet mit Theta-1 Orionis einen weiten Doppelstern, der mit einem Fernglas aufzulösen ist.

Jota (ι) Orionis Doppelstern. Die beiden 2,8 und 7,0 mag hellen Komponenten können mit einem kleinen Teleskop getrennt werden. Im Fernglas erkennt man nahebei einen weiteren Doppelstern namens Struve 747, der aus 4,8 und 5,7 mag hellen Sternen besteht.

Sigma (σ) Orionis Eindrucksvoller Mehrfachstern. Der 3,8 mag helle Hauptstern hat auf der einen Seite zwei Begleiter 7. Größe und auf der anderen einen 9. Größe. Im gleichen Gesichtsfeld sollte ein lichtschwacher Dreifachstern zu sehen sein, Struve 761.

M42 (Orion-Nebel) Eines der spektakulärsten Objekte am Himmel: eine leuchtende Gaswolke mit einem mehr als doppelt so großen scheinbaren Durchmesser wie der Vollmond. M42 ist mit bloßem Auge sichtbar, wird aber mit einem Fernglas oder Teleskop betrachtet um so ausgedehnter und komplexer, je größer die Öffnung ist. Er ist 1500 LJ entfernt und wird von den Sternen des Trapezes (siehe oben). Theta-1 (θ^1) Orionis) zum Leuchten gebracht. Eine Erweiterung des Nebels Richtung Norden ist als M43 bekannt.

NGC 1981 Großer, lockerer offener Haufen, dessen hellste Sterne 6. Größe haben und der daher mit einem Fernglas sichtbar ist. Der Haufen liegt nördlich des Orion-Nebels und ist mit 1400 LJ auch etwa genauso weit entfernt wie dieser.

Pferdekopf-Nebel Dunkelnebel von der Form eines Pferdekopfes, der sich gegen einen hellen Nebelstreifen abhebt, welcher von Zeta (ζ) Orionis nach Süden verläuft. Leider ist er nur mit großen Teleskopen sichtbar. Am leichtesten ist er auf langbelichteten Photographien zu erkennen.

Der Pferdekopf-Nebel
Diese charakteristisch geformte Gas- und Staubwolke hebt sich als Silhouette vor einem Hintergrund aus heller leuchtendem Wasserstoffgas ab.

Abkürzung Pav	Genitiv Pavonis	Höchststand am Himmel um 22 Uhr Juli bis Sept.

Pavo

Der Pfau gehört zu den zwölf südlichen Sternbildern, die Ende des 16. Jh.s von den holländischen Seefahrern P. D. Keyser und F. de Houtman »erfunden« wurden. Der hellste Stern des Sternbilds, Alpha (α) Pavonis (1,9 mag), heißt ebenfalls Peacock (engl. »Pfau«). Da es ein modernes Sternbild ist, sind keine Sagen mit ihm verknüpft.

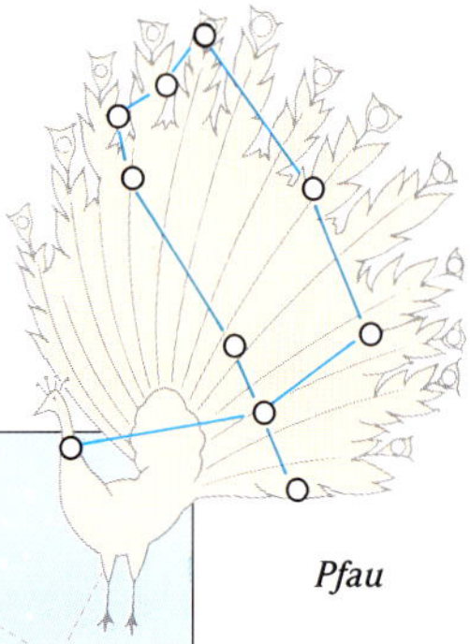

Pfau

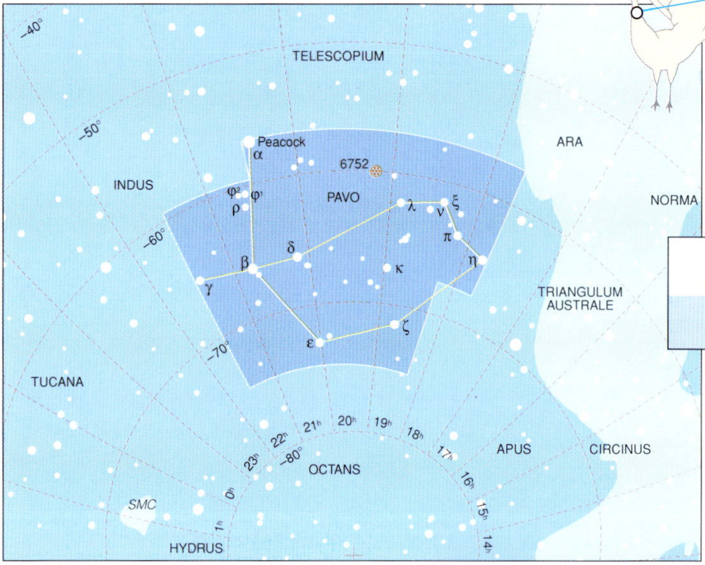

vollständig sichtbar 15°N–90°S

Interessante Objekte

Kappa (κ) Pavonis Cepheiden-Veränderlicher. Ein gelblichweißer Überriese, dessen Helligkeit mit einer Periode von 9 Tagen und 2 Stunden zwischen 3,9 und 4,8 mag schwankt. Seine Entfernung beträgt etwa 540 LJ.

Xi (ξ) Pavonis Enger Doppelstern mit unterschiedlich hellen Komponenten: einem 4,4 mag hellen Roten Riesen und einem Begleiter 8. Größe, die beide etwa 420 LJ entfernt sind. Mit einem Teleskop kleiner Öffnung könnte es schwierig werden, den schwächeren Stern im Glanz der helleren Komponente auszumachen.

NGC 6752 Kugelhaufen, mit bloßem Auge gerade noch sichtbar, mit einem Fernglas oder kleinen Teleskop leicht zu erkennen. Mit einem Teleskop von 75 mm Öffnung läßt er sich in einzelne Sterne auflösen. NGC 6752 hat einen etwa halb so großen scheinbaren Durchmesser wie der Vollmond und ist 14 000 LJ entfernt.

NGC 6752
Dieser große helle Kugelhaufen besitzt einen ausgedehnten Außenbereich mit zahlreichen Sternen.

Breite	Höhe	Fläche 378 Quadratgrad	Rang 44.

Abkürzung Peg	Genitiv Pegasi	Höchststand am Himmel um 22 Uhr Sept. bis Okt.

Pegasus

Dieses große Sternbild nördlich von Aquarius und Pisces grenzt an Andromeda. Es repräsentiert das Vorderteil des geflügelten Pferdes der griechischen Sage, das dem Körper der Medusa entsprang, als diese von Perseus enthauptet wurde. Das markanteste Gebilde in Pegasus ist das Pegasus-Quadrat, das von Alpha (α), Beta (β) und Gamma (γ) Pegasi sowie Alpha (α) Andromedae gebildet wird. Das Gebiet innerhalb des Quadrats ist relativ leer und enthält keine Sterne heller als 4. Größe.

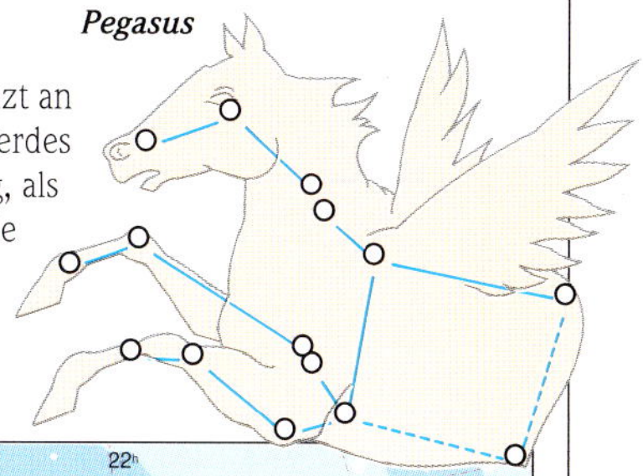

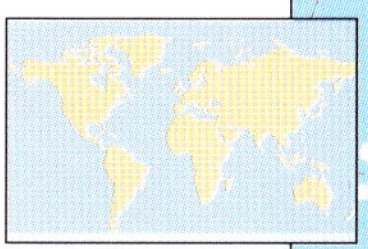

vollständig sichtbar
90°N–53°S

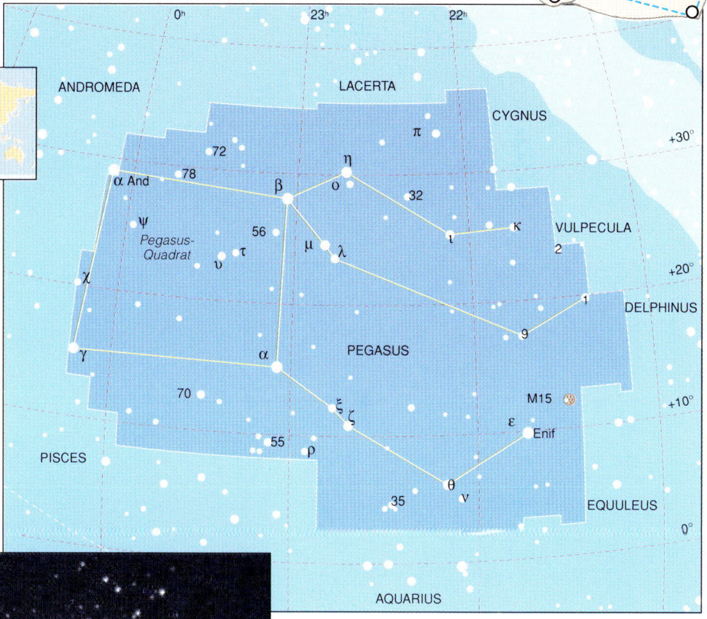

M15
Einer der schönsten Kugelhaufen am Nordhimmel. Im Fernglas erscheint er wie ein nebliger Stern.

Interessante Objekte

Beta (β) Pegasi Veränderlicher Roter Riese, der eine Ecke des Pegasus-Quadrats bildet. Seine Helligkeit schwankt unvorhersehbar zwischen 2,3 und 2,7 mag.

Epsilon (ε) Pegasi (Enif) Weiter Doppelstern aus einem 2,4 mag hellen gelben Überriesen und einem Partner 8. Größe, der mit einem kleinen Teleskop oder einem guten Fernglas sichtbar ist. Der Stern markiert das Maul des geflügelten Pferdes; sein volkstümlicher Name leitet sich von dem arabischen Wort für »Nase« ab.

M15 Kugelhaufen, mit einem Fernglas oder kleinen Teleskop gut zu erkennen; sein scheinbarer Durchmesser beträgt etwa 1/3 des Vollmonds, seine Entfernung rund 30 000 LJ.

Breite	Höhe	Fläche 1121 Quadratgrad	Rang 7.

Abkürzung	Genitiv	Höchststand am Himmel um 22 Uhr
Per	Persei	Nov. bis Dez.

Perseus

Perseus war jener Held der griechischen Sage, der die schreckliche Medusa enthauptete, deren Blick Menschen zu Stein erstarren ließ. Auf dem Heimweg von diesem Abenteuer rettete Perseus Andromeda vor einem Meeresungeheuer. Am Himmel steht Perseus neben Andromeda und ihrer Mutter Cassiopeia als Teil einer großen Bildgruppe, die diese berühmte griechische Sage illustriert. Mit der Rechten schwingt Perseus sein Schwert, dargestellt durch den Doppelhaufen NGC 869 und NGC 884 (h + Chi Persei), in seiner Linken hält er das Haupt der Medusa, gekennzeichnet durch den Stern Beta (β) Persei, besser bekannt als Algol. Perseus liegt in einem sternreichen Gebiet der Milchstraße und bietet »Fernglasguckern« eines reiches Beobachtungsfeld.

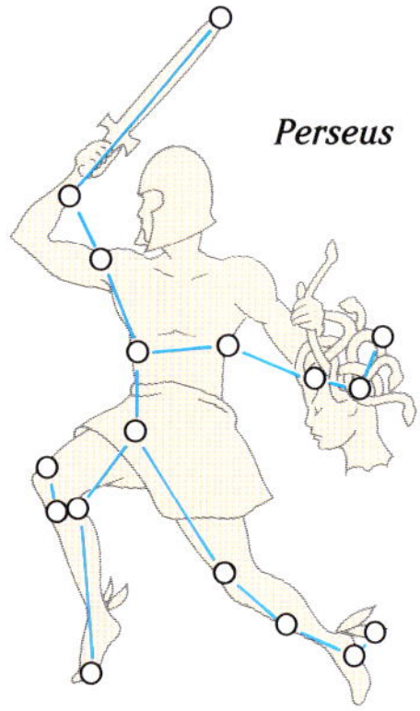

Perseus

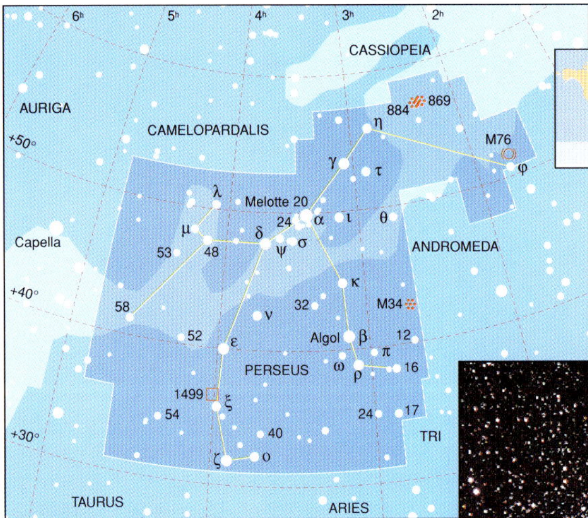

vollständig sichtbar 90°N–31°S

NGC 869 und NGC 884 (Doppelhaufen, h + Chi Persei)

Dieser Doppelsternhaufen liegt in etwa 7300 LJ Entfernung im Perseus-Spiralarm der Galaxis. NGC 869 ist der sternreichere von beiden.

Interessante Objekte

Alpha (α) Persei 1,8 mag heller gelblichweißer Überriese, der hellste Stern des Sternbilds. Er ist das auffallendste Mitglied des großen lockeren Sternhaufens Melotte 20, der 550 LJ entfernt und mit einem Fernglas sichtbar ist.

Beta (β) Persei (Algol) Berühmter Bedeckungsveränderlicher, bestehend aus einem engen sich umkreisenden Sternpaar. Alle 2 Tage und 21 Stunden wird der hellere Stern von dem schwächeren verdeckt, wobei die Helligkeit etwa 10 Stunden lang von 2,1 auf 3,4 mag absinkt.

Rho (ρ) Persei Veränderlicher Roter Riese. Aufgrund von Änderungen seines Durchmessers schwankt seine Helligkeit mit einer Periode von etwa 7 Wochen zwischen 3,3 und 4,0 mag.

M34 Offener Haufen, etwa 1400 LJ entfernt. Er ist mit einem Fernglas oder kleinen Teleskop zu sehen und erscheint etwa so groß wie der Vollmond. Die hellsten Sterne des Haufens sind 7. Größe.

NGC 869 und NGC 884 (h + Chi Persei, Doppelhaufen) Zwei offene Haufen, mit bloßem Auge gerade noch sichtbar, die im Fernglas oder kleinen Teleskop einen prächtigen Anblick bieten. Jeder Haufen überdeckt eine etwa vollmondgroße Himmelsfläche.

Breite	Höhe	Fläche	Rang
		615 Quadratgrad	24.

Abkürzung Phe	Genitiv Phoenicis	Höchststand am Himmel um 22 Uhr Okt. bis Nov.

Phoenix

Phoenix liegt nahe dem südlichen Ende von Eridanus, dicht bei dem hellen Stern Achernar. Es ist das größte der zwölf Sternbilder, die Ende des 16. Jh.s von den holländischen Seefahrern P. D. Keyser und F. de Houtman »erfunden« wurden, und stellt den mythischen Vogel dar, der aus seiner eigenen Asche wiedergeboren wird. Hellster Stern ist Alpha (α) Phoenicis (2,4 mag).

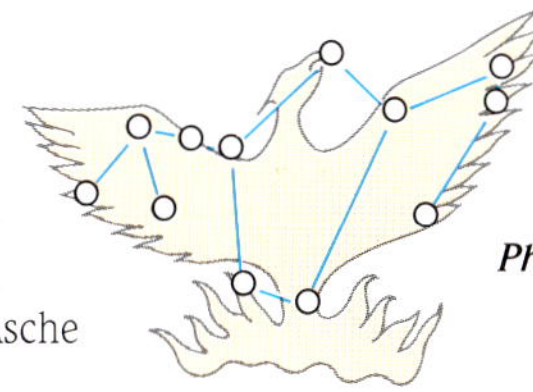

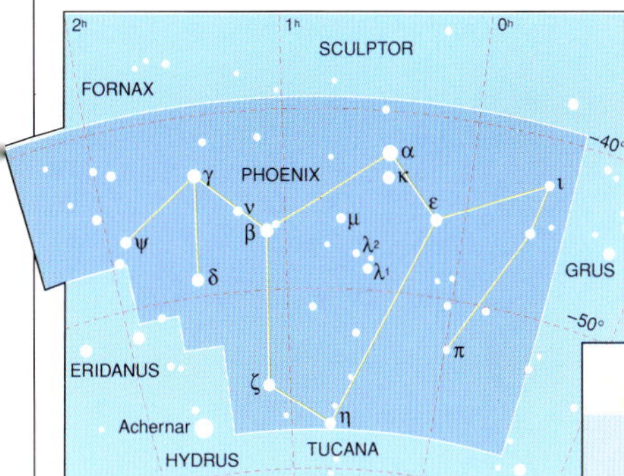

Interessante Objekte

Beta (β) Phoenicis Doppelstern. Die beiden 4,0 und 4,2 mag hellen Sterne sind nicht leicht zu trennen; dazu ist ein Teleskop mit mindestens 100 mm Öffnung nötig.

Zeta (ζ) Phoenicis Veränderlicher Doppelstern. Die hellere Komponente, ein Bedeckungsveränderlicher vom Algol-Typ, schwankt mit einer Periode von 1 Tag und 16 Stunden zwischen 3,9 und 4,4 mag. Der schwächere Stern (8. Größe) ist mit einem kleinen Teleskop sichtbar.

vollständig sichtbar 32°N–90°S

Breite	Höhe	Fläche 469 Quadratgrad	Rang 37.

Abkürzung Pic	Genitiv Pictoris	Höchststand am Himmel um 22 Uhr Dez. bis Feb.

Pictor

Pictor gehört zu den Sternbildern, die wissenschaftliche oder künstlerische Geräte darstellen und im 18. Jh. von N. L. de Lacaille eingeführt wurden. Es stellt eine Malerstaffelei dar und liegt südlich von Columba zwischen dem hellen Stern Canopus in Carina und der Großen Magellanschen Wolke (LMC). Sein hellster Stern ist Alpha (α) Pictoris (3,2 mag).

Malerstaffelei

vollständig sichtbar 26°N–90°S

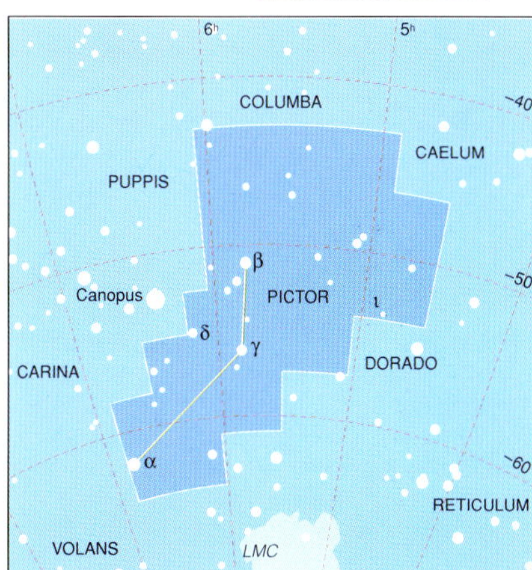

Interessante Objekte

Beta (β) Pictoris 3,9 mag heller bläulichweißer Stern in 63 LJ Entfernung. Er ist von einer Staubscheibe umgeben, die vermutlich ein Planetensystem in der Frühphase seiner Entstehung darstellt.

Jota (ι) Pictoris Doppelstern. Die beiden 5,6 und 6,4 mag hellen Komponenten sind mit einem kleinen Teleskop leicht zu trennen.

Breite	Höhe	Fläche 247 Quadratgrad	Rang 59.

Abkürzung Psc	Genitiv Piscium	Höchststand am Himmel um 22 Uhr Okt. bis Nov.

Pisces

Dieses zwischen Aquarius und Aries liegende Sternbild des Tierkreises stellt zwei Fische dar, deren Schwänze mit Bändern aneinandergebunden sind. Der Stern Alpha (α) Piscium markiert den Verbindungsknoten der beiden Bänder. Das Sternbild wurde von den Babyloniern »erfunden« und von den alten Griechen übernommen. Einer griechischen Sage zufolge verkörpern die Fische Aphrodite und ihren Sohn Eros, die sich in den Euphrat stürzten, um dem drachenköpfigen Ungeheuer Typhon zu entkommen. Die Sonne steht von 12. März bis 18. April in Pisces und damit auch zu Frühlingsanfang.

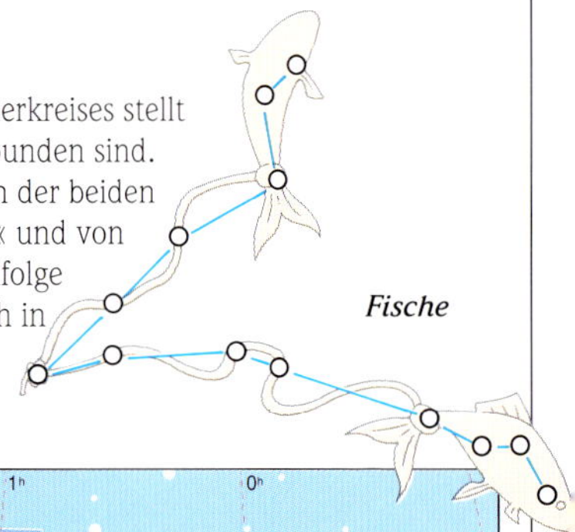

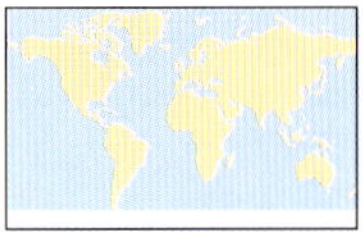

vollständig sichtbar 83°N–56°S

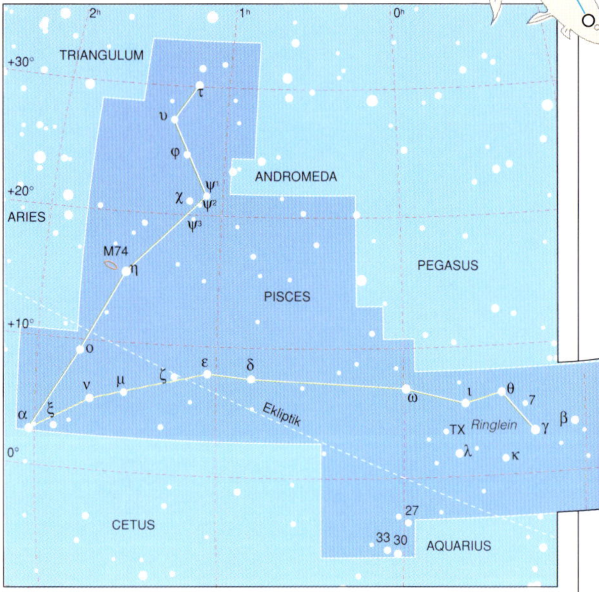

M74
Einzelheiten dieser Spiralgalaxie, die wir von oben sehen, sind nur mit einem großen Teleskop erkennbar.

Interessante Objekte

Das Ringlein Ring aus sieben Sternen 4. und 5. Größe südlich des Pegasus-Quadrats, der den Kopf des südlicheren Fisches darstellt. Er besteht aus Gamma (γ), Kappa (κ), Lambda (λ), TX (oder 19), Jota (ι), Theta (θ) und 7 Piscium.

Alpha (α) Piscium Enger Doppelstern. Um die 4,2 und 5,2 mag hellen bläulichweißen Komponenten zu trennen, ist eine Öffnung von mindestens 75 mm nötig. Die beiden 140 LJ entfernten Sterne haben eine Umlaufperiode von fast 1000 Jahren und rücken zur Zeit von der Erde aus gesehen näher zusammen.

Zeta (ζ) Piscium Weiter Doppelstern. Die nicht miteinander in Beziehung stehenden 5,2 und 6,4 mag hellen Komponenten sind 150 und 195 LJ entfernt. Sie können mit einem kleinen Teleskop, wie es Hobbyastronomen oft besitzen, getrennt werden.

Psi-1 (ψ^1) Piscium Weiter Doppelstern, dessen 5,3 und 5,5 mag helle Komponenten mit einem kleinen Teleskop getrennt werden können. Beide Sterne sind etwa 230 LJ entfernt.

TX Piscium (19 Piscium) Veränderlicher Roter Riese, dessen Helligkeit unregelmäßig zwischen 4,8 und 5,2 mag schwankt.

M74 Spiralgalaxie, mit einem kleinen Teleskop als rundlicher nebliger Fleck zu sehen.

Breite	Höhe	Fläche 889 Quadratgrad	Rang 14.

Abkürzung PsA	Genitiv Piscis Austrini	Höchststand am Himmel um 22 Uhr Sept. bis Okt.

Piscis Austrinus

Piscis Austrinus ist ein kleines Sternbild am Südhimmel, das bereits den alten Griechen bekannt war. Es stellt den Fisch dar, dem Aquarius, verkörpert durch das weiter nördlich liegende Sternbild, aus einem Krug Wasser ins Maul gießt. In der griechischen Sage war der Fisch auch der Vater der beiden von Pisces repräsentierten Fische. Der Name des Sternbilds wird manchmal auch als Piscis Australis angegeben.

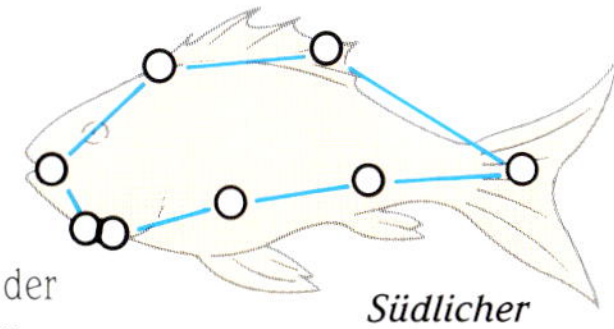

Südlicher Fisch

vollständig sichtbar 53°N–90°S

Die Hauptsterne in Piscis Austrinus
Das Sternbild wird von Fomalhaut, dem hellen Stern links der Bildmitte, beherrscht. Die Gestalt des Fisches ist unter den lichtschwächeren Sternen rechts von ihm gerade noch auszumachen.

Interessante Objekte

Alpha (α) Piscis Austrini (Fomalhaut) 👁 25 LJ entfernter bläulichweißer Stern. Mit 1,2 mag ist er nicht nur der hellste Stern des Sternbilds, sondern auch einer der 20 hellsten am Himmel überhaupt. Der Name Fomalhaut ist arabisch und bedeutet »Fischmaul«, ein Hinweis auf seine Lage in der Konstellation.

Beta (β) Piscis Austrini Weiter Doppelstern, der sich mit einem kleinen Teleskop trennen läßt. Seine beiden Komponenten sind 4,3 und 7,7 mag hell.

Gamma (γ) Piscis Austrini Doppelstern, mit einem kleinen Teleskop schwer zu trennen, da der 5 mag helle Primärstern seinen nahen Nachbarn 8. Größe stark überstrahlt.

Breite	Höhe	Fläche 245 Quadratgrad	Rang 60.

Abkürzung Pup	Genitiv Puppis	Höchststand am Himmel um 22 Uhr Jan. bis Feb.

Puppis

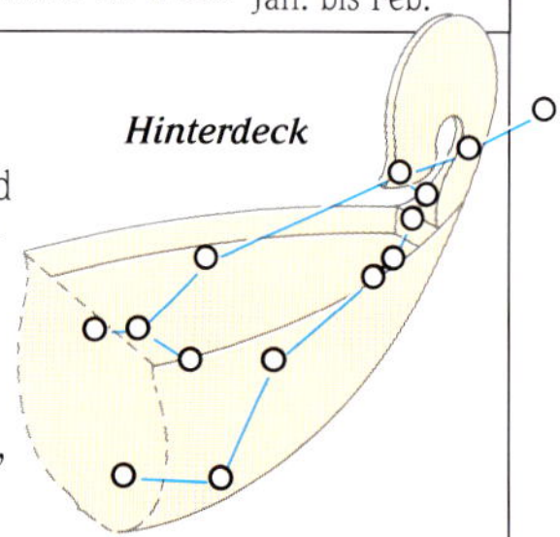

Dieses reiche Sternbild liegt in der Milchstraße neben Canis Major und verkörpert das Heck des Argonauten-Schiffes. Die alten Griechen stellten das ganze Schiff als ein großes Sternbild dar, Argo Navis genannt. Später wurde es in drei Teile aufgeteilt, mit Puppis als größtem Abschnitt. Als Teil des ehemals größeren Sternbilds enthält Puppis keine Sterne mit der Bezeichnung Alpha (α), Beta (β), Gamma (γ), Delta (δ), oder Epsilon (ε).

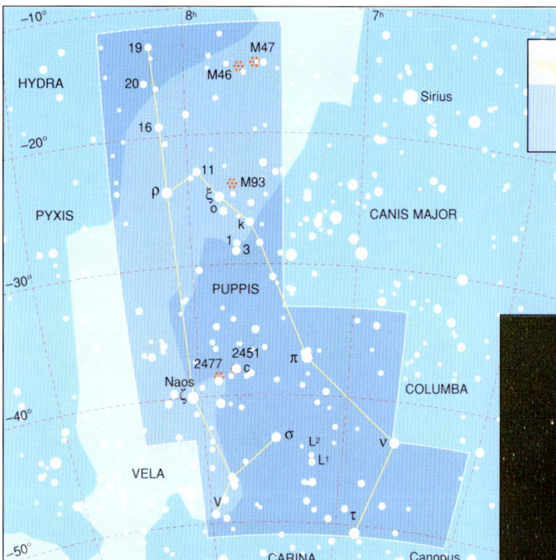

vollständig sichtbar 39°N–90°S

NGC 2451
Dieser lockere offene Haufen überdeckt ein größeres Himmelsgebiet als der Vollmond. Der Stern in der Bildmitte ist c Puppis.

Interessante Objekte

Zeta (ζ) Puppis (Naos) Mit 2,2 mag der hellste Stern des Sternbilds. Er ist ein heißer, leuchtkräftiger bläulichweißer Überriese, etwa 1400 LJ entfernt. Sein Name leitet sich von dem griechischen Wort für »Schiff« ab.

k Puppis Doppelstern. Ein Teleskop zeigt zwei ähnliche bläulichweiße Komponenten fast gleicher Helligkeit (4,5 und 4,6 mag).

L Puppis Weites Paar nicht miteinander in Beziehung stehender Sterne, jeder mit bloßem Auge sichtbar. L^1 Puppis ist ein 4,9 mag heller bläulichweißer Stern, L^2 ein Roter Riese, der mit einer Periode von rund 5 Monaten zwischen 3. und 6. Größe schwankt.

V Puppis Bedeckungsveränderlicher, der mit einer Periode von 35 Stunden zwischen 4,4 und 4,9 mag schwankt.

M46 Offener Haufen, mit bloßem Auge gerade noch sichtbar. Er ist mehr als 5000 LJ entfernt und hat etwa den gleichen scheinbaren Durchmesser wie der Vollmond. Mit einem kleinen Teleskop sind seine einzelnen Sterne zu erkennen.

M47 Lockerer offener Haufen, mit bloßem Auge gerade noch sichtbar. Er ist etwas größer als M46, mit etwa 1500 LJ aber sehr viel näher. Seine hellsten Sterne haben 6. Größe.

NGC 2451 Offener Haufen, mit bloßem Auge und mit dem Fernglas sichtbar. Er liegt 850 LJ entfernt, sein hellstes Mitglied ist c Puppis, ein 3,6 mag heller oranger Riese.

NGC 2477 Offener Haufen, 4200 LJ entfernt. Er ist so sternreich, daß er im Fernglas einem Kugelhaufen ähnelt. Mit einem Teleskop sind einzelne Sterne zu erkennen.

Breite	Höhe	Fläche 673 Quadratgrad	Rang 20.

Abkürzung Pyx	Genitiv Pyxidis	Höchststand am Himmel um 22 Uhr Februar bis März

Pyxis

vollständig sichtbar 52°N–90°S

Dieses südliche Sternbild liegt am Rand der Milchstraße zwischen Hydra und Puppis. Es wurde im 18. Jh. von N. L. de Lacaille »erfunden« und stellt einen Magnetkompaß dar, wie ihn Seeleute verwenden.

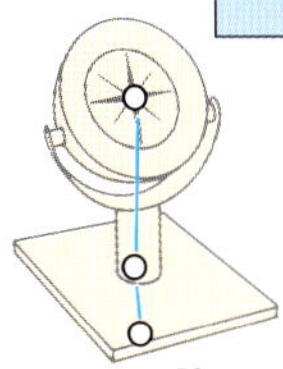

Kompaß

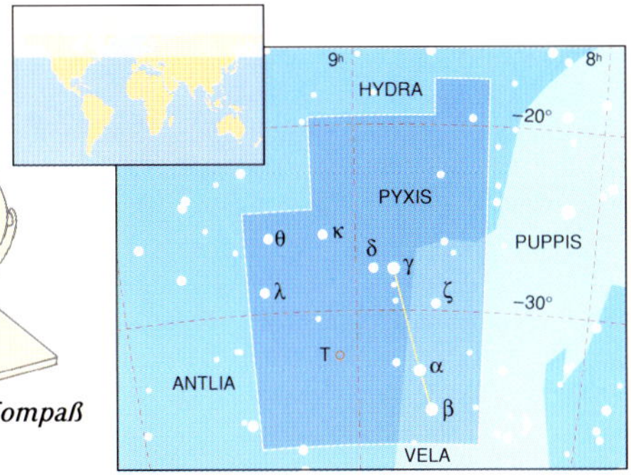

Interessante Objekte

T Pyxidis Ein Stern, der seit 1890 5mal als Nova aufleuchtete und dabei 6. oder 7. Größe erreichte. Der letzte Ausbruch war 1966.

Breite	Höhe	Fläche 221 Quadratgrad	Rang 65.

Abkürzung Ret	Genitiv Reticuli	Höchststand am Himmel um 22 Uhr Dezember

Reticulum

vollständig sichtbar 23°N–90°S

Dieses kleine südliche Sternbild nahe der Großen Magellanschen Wolke (LMC) stammt aus dem 18. Jh. und stellt eine Vorrichtung dar, die Netz oder Gitter genannt und in Teleskop-Okularen zum Aufzeichnen von Sternpositionen benutzt wurde. Hellster Stern ist Alpha (α) Reticuli (3,3 mag).

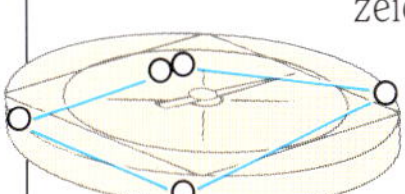

Netz

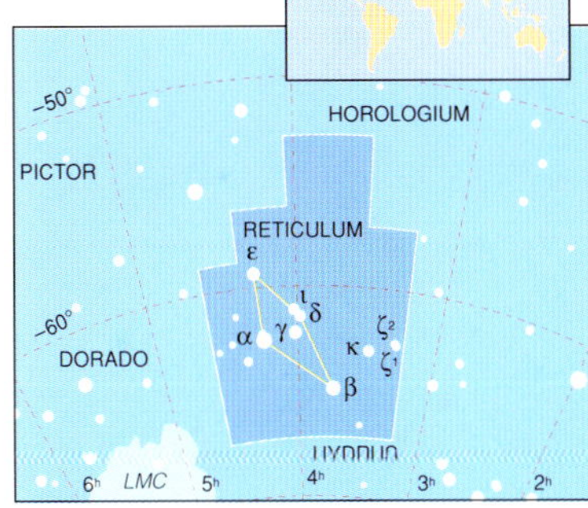

Interessante Objekte

Zeta (ζ) Reticuli Doppelstern, mit bloßem Auge trennbar. Die beiden gelben sonnenähnlichen Sterne haben 5. Größe und sind 39 LJ entfernt.

Breite	Höhe	Fläche 114 Quadratgrad	Rang 82.

Abkürzung Sge	Genitiv Sagittae	Höchststand am Himmel um 22 Uhr August

Sagitta

Pfeil

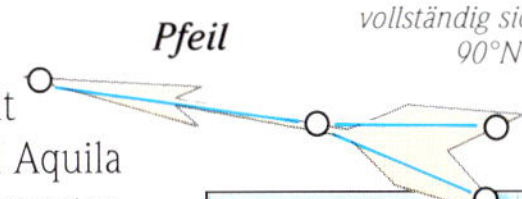

vollständig sichtbar 90°N–69°S

Obwohl es in der Milchstraße liegt, mit Vulpecula und Cygnus im Norden und Aquila im Süden, enthält Sagitta wenig Interessantes. Es ist das drittkleinste Sternbild und wird seit dem klassischen Altertum als Pfeil angesehen, wobei sein hellster Stern, Gamma (γ) Sagittae (3,5 mag), die Pfeilspitze markiert.

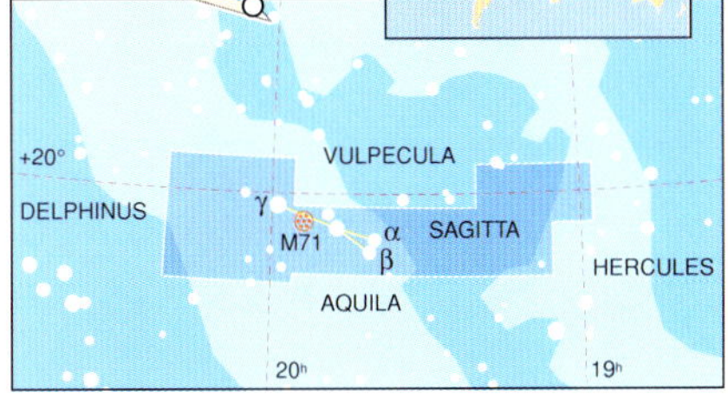

Interessante Objekte

M71 Kleiner Kugelhaufen, mit einem Fernglas oder kleinen Teleskop sichtbar.

Breite	Höhe	Fläche 80 Quadratgrad	Rang 86.

Abkürzung Sgr	Genitiv Sagittarii	Höchststand am Himmel um 22 Uhr Juli bis August

Sagittarius

Dieses Sternbild des Tierkreises liegt zwischen Scorpius und Capricornus. Es zeigt Crotus, den Sohn des flötespielenden Gottes Pan und Erfinder des Bogenschießens, der seinen Bogen auf einen Skorpion (das Nachbarsternbild Scorpius) richtet. Das Zentrum der Galaxis liegt in derselben Richtung wie Sagittarius, und bereits mit einem Fernglas erkennt man, daß die Sternfelder in diesem Teil der Milchstraße besonders dicht sind. Die Sonne steht von 18. Dezember bis 19. Januar in Sagittarius, also auch zur Wintersonnenwende. Hellster Stern ist Epsilon (ε) Sagittarii (1,8 mag).

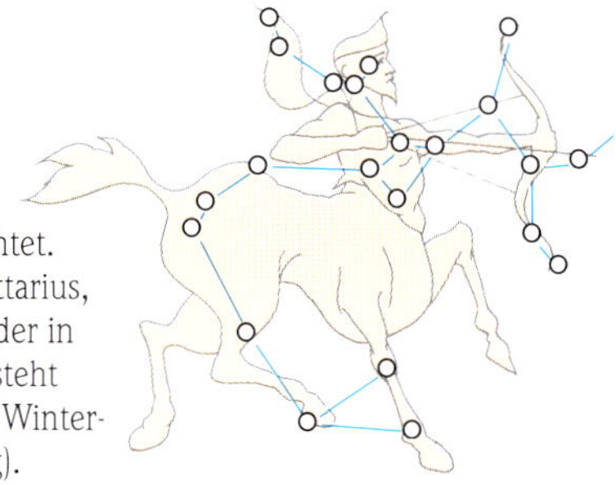

Schütze

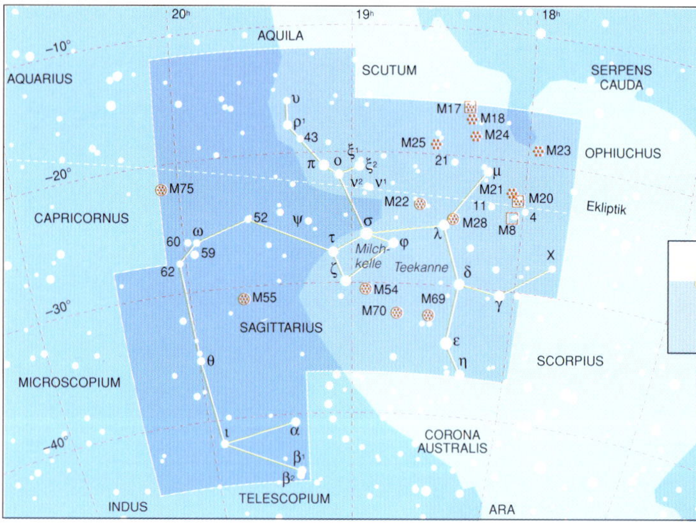

vollständig sichtbar 44°N–90°S

Interessante Objekte

Die Teekanne 👁 Gruppe von acht Sternen: Gamma (γ), Epsilon (ε), Delta (δ), Lambda (λ), Phi (φ), Zeta (ζ), Sigma (σ), und Tau (τ) Sagittarii. Sie bilden den Umriß einer Teekanne mit einem spitzen Deckel und großem Schnabel. Lambda (λ), Phi (φ), Zeta (ζ), Sigma (σ) und Tau (τ) Sagittarii ergeben zudem eine Figur, die Milchkelle genannt wird, weil sie in einem sternreichen Gebiet der Milchstraße liegt.

Beta (β) Sagittarii 👁 Mehrfachstern, dessen Komponenten sämtlich in unterschiedlichen Entfernungen liegen und nicht miteinander in Beziehung stehen. Mit bloßem Auge sieht man ihn als weiten Doppelstern mit 4,0 und 4,3 mag hellen Komponenten. Der hellere Beta-1 (β^1) hat einen Begleiter 7. Größe, der mit einem kleinen Teleskop zu sehen ist.

Die Hauptsterne in Sagittarius
Die Teekanne liegt in der Bildmitte. Mitte rechts erkennt man auch M7 (offener Haufen in Scorpius) und unterhalb der Teekanne den Bogen der Südlichen Krone.

Breite	Höhe	Fläche 867 Quadratgrad	Rang 14.

M8 (Lagunen-Nebel)
Dieser helle Nebel liegt in der Milchstraße im östlichen Teil von Sagittarius. In der Bildmitte erkennt man den gekrümmten Staubstreifen, nach dem der Nebel benannt ist. Unmittelbar links davon liegt ein Grüppchen Sterne, das zu dem Haufen NGC 6530 gehört. Der neblig eingehüllte Stern rechts des Staubstreifens ist 9 Sagittarii.

M8 (Lagunen-Nebel) Heller Nebel, mit bloßem Auge sichtbar und ein lohnendes Ziel fürs Fernglas. Er hat eine längliche Gestalt und erscheint fast 3mal so groß wie der Vollmond. Ein dunkler Staubstreifen teilt ihn in zwei Hälften: Die eine enthält den Haufen NGC 6530 mit Sternen 7. Größe und lichtschwächer, das auffälligste Objekt in der anderen Hälfte ist der 6 mag helle Stern 9 Sagittarii. Der Nebel liegt 5200 LJ entfernt.

M17 (Omega-Nebel) Leuchtende Gaswolke mit ähnlichem scheinbarem Durchmesser wie der Vollmond. Er ist zwar im Fernglas zu sehen, aber um seine charakteristische Hufeisenform zu erkennen, benötigt man ein Teleskop. Ein kleines Instrument zeigt innerhalb der Wolke den Sternhaufen NGC 6618. Nebel und Haufen sind jeweils etwa 4900 LJ entfernt.

M20 (Trifid-Nebel) Nebel mit einem lichtschwachen Doppelstern im Zentrum, beide mit einem kleinen Teleskop sichtbar. Größere Teleskop-Öffnungen und Photos zeigen Staubstreifen, die den Nebel dreiteilen.

M22 Dritthellster Kugelhaufen am Himmel, 10 000 LJ entfernt. Unter guten Sichtbedingungen ist er mit bloßem Auge gerade noch auszumachen. Mit einem Fernglas ist er leicht zu finden und erscheint als rundlicher Fleck, etwa 2/3 so groß wie der Vollmond. Ein Teleskop mittlerer Öffnung läßt seine hellsten Sterne erkennen.

M23 Sternreicher offener Haufen von länglicher Gestalt und fast demselben scheinbaren Durchmesser wie der Vollmond. Er ist mit einem Fernglas sichtbar; ein kleines Teleskop läßt seine einzelnen Sterne erkennen. Seine Entfernung beträgt 2100 LJ.

M24 Großes, helles Sternfeld in der Milchstraße, mit bloßem Auge sichtbar und ein prächtiger Anblick im Fernglas. Ein kleines Teleskop zeigt in seinem Zentrum einen kleinen offenen Haufen, NGC 6603.

M25 Offener Haufen, mit bloßem Auge gerade noch sichtbar und ein lohnendes Objekt fürs Fernglas oder ein kleines Teleskop. Seine Sterne, 7. Größe und lichtschwächer, sind über ein Himmelsgebiet so groß wie der Vollmond verteilt. Er ist 1900 LJ entfernt.

M17 (Omega-Nebel)
Im Teleskop ähnelt dieser Nebel dem großen griechischen Buchstaben Omega (Ω).

M20 (Trifid-Nebel)
Ein Teleskop läßt die drei großen Staubstreifen erkennen, die diesem Nebel zu seinem Namen verhalfen.

Abkürzung Sco	Genitiv Scorpii	Höchststand am Himmel um 22 Uhr Juni bis Juli

Scorpius

Dieses Sternbild des Tierkreises zwischen Libra und Sagittarius stellt den Skorpion dar, dessen Stich in der griechischen Sage den Jäger Orion tötete. Um seinem Feind am Himmel nicht mehr begegnen zu müssen, versinkt Orion unter dem Horizont, wenn Scorpius aufgeht. Das Sternbild liegt in einem sehr sternreichen Gebiet der Milchstraße. Die Sonne durchquert es nur kurz, von 23. bis 29. November.

Skorpion

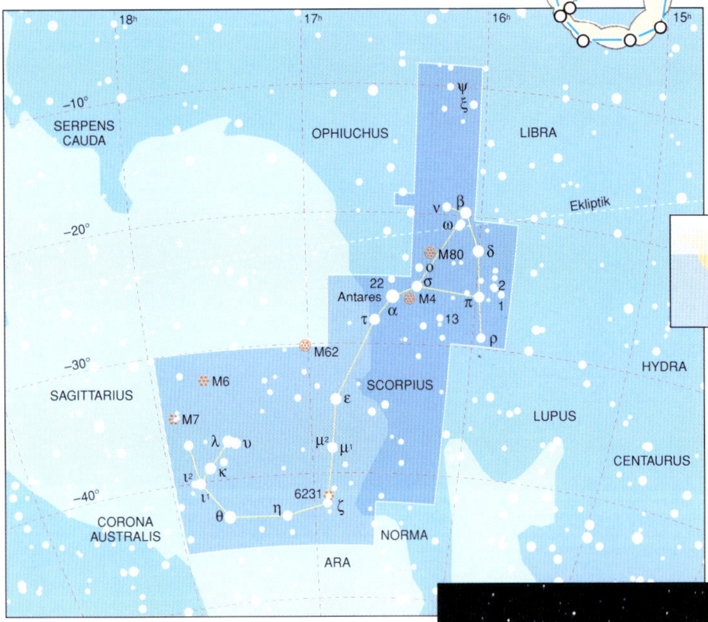

vollständig sichtbar 44°N–90°S

Interessante Objekte

Alpha (α) Scorpii (Antares) Veränderlicher roter Überriese, dessen Helligkeit mit einer Periode von etwa 4–5 Jahren zwischen 0,9 und 1,2 mag schwankt. Er hat einen engen bläulichweißen Begleiter 5. Größe mit einer Umlaufperiode von rund 900 Jahren, der mit einem mittleren Teleskop zu sehen ist. Der Name Antares wird gewöhnlich mit »Gegen-Mars« übersetzt (ein Hinweis auf seine rote Farbe), kann aber auch »wie Mars« bedeuten.

Beta (β) Scorpii Doppelstern mit 2,6 und 4,9 mag hellen Komponenten, die mit einem kleinen Teleskop leicht zu trennen sind. Die beiden Sterne stehen nicht miteinander in Beziehung und liegen 530 bzw. 1100 LJ von uns entfernt.

Die Hauptsterne in Scorpius

Oben rechts erkennt man die Sterne, die den Kopf des Skorpions bilden. Der rötliche Antares markiert sein Herz.

Breite	Höhe	Fläche 497 Quadratgrad	Rang 33.

Nebelfleck um Antares

Ein lichtschwacher Nebel, der nur auf langbelichteten Aufnahmen zu sehen ist, erstreckt sich von Antares (hier unterhalb der Bildmitte) nordwärts zu Rho (ρ) Ophiuchi (oben Mitte).

Zeta (ζ) Scorpii Weites Paar nicht miteinander in Beziehung stehender Sterne, die mit bloßem Auge zu trennen sind. Zeta-1 (ζ^1) ist ein 4,7 mag heller bläulichweißer Überriese und der hellste Stern im Haufen NGC 6231 (s. u.). Zeta-2 (ζ^2), ein 3,6 mag heller Roter Riese, liegt mit 150 LJ sehr viel näher.

My (μ) Scorpii Doppelstern, mit bloßem Auge zu trennen. Die hellere Komponente ist ein Bedeckungsveränderlicher, der mit einer Periode von 34 Stunden zwischen 2,9 und 3,2 mag schwankt. Sein Begleiter ist 3,6 mag hell.

Ny (ν) Scorpii Mehrfachstern. Ein kleines Teleskop oder schon ein gutes Fernglas zeigt einen optischen Doppelstern mit 4,0 und 6,3 mag hellen Komponenten. Der schwächere der beiden besitzt wiederum einen Begleiter 8. Größe, der mit einem Teleskop von 75 mm Öffnung sichtbar ist. Größere Öffnungen (mindestens 100 mm) lassen erkennen, daß der hellere Stern einen noch engeren Begleiter 5. Größe hat. Somit ist Ny (μ) Scorpii ein scheinbarer Vierfachstern.

Xi (ξ) Scorpii Vierfachstern wie Ny (μ) Scorpii. Ein kleines Teleskop zeigt ein Sternpaar 5. und 7. Größe sowie im gleichen Gesichtsfeld ein weiter auseinanderstehendes Paar 7. und 8. Größe.

Omega (ω) Scorpii Mit bloßem Auge trennbarer Doppelstern mit 3,9 und 4,3 mag hellen Komponenten, die 420 bzw. 260 LJ entfernt sind.

M4 Einer der nächsten Kugelhaufen, weniger als 7000 LJ entfernt. Er ist mit einem Fernglas oder kleinen Teleskop zu sehen, aber nur in dunklen Nächten, weil sein Licht über eine große Fläche (2/3 des Vollmonds) verteilt ist.

M6 Offener Haufen in 2000 LJ Entfernung. Er ist mit bloßem Auge sichtbar; im Fernglas erkennt man seine einzelnen Sterne. Der hellste ist BM Scorpii, ein oranger Riese, der zwischen 5. und 7. Größe schwankt.

M7 Großer, prächtiger offener Haufen, mit bloßem Auge und im Fernglas sichtbar, mehr als doppelt so groß wie der Vollmond. Seine hellsten Sterne (6. Größe) leuchten vor dem hell strahlenden Hintergrund der Milchstraße. Der Haufen ist 780 LJ entfernt.

NGC 6231 Auffälliger offener Haufen, 5900 LJ entfernt. Mit dem Fernglas oder einem kleinen Teleskop sind seine einzelnen Sterne erkennbar. Sein hellstes Mitglied ist der 5 mag helle Zeta-1 (ζ^1) Scorpii (siehe oben).

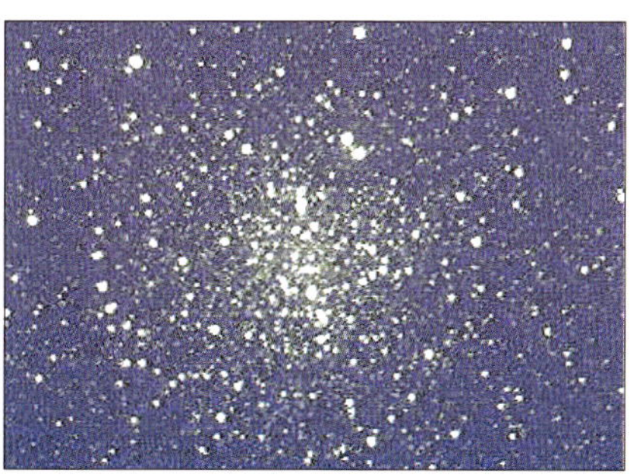

M4

Dieser Kugelhaufen zwischen Antares und Sigma (σ) Scorpii ist zwar groß, aber lichtschwach.

M6 und M7

Rechts erkennt man M6; zu seiner Linken leuchtet vor dem hellen Band der Milchstraße M7.

Abkürzung Sci	Genitiv Sculptoris	Höchststand am Himmel um 22 Uhr Okt. bis Nov.

Sculptor

Dieses unscheinbare Sternbild südlich von Aquarius und Cetus wurde im 18. Jh. von dem französischen Astronomen N. L. de Lacaille »erfunden«, der in ihm eine Bildhauerwerkstatt sah. Hellster Stern ist mit nur 4,3 mag Alpha (α) Sculptoris. Sculptor enthält den galaktischen Südpol – den Punkt 90° südlich der Milchstraßenebene. In diesem Gebiet wird unsere Sicht ins Weltall nicht durch Gas und Staub in unserer Galaxis getrübt, so daß viele lichtschwache und weit entfernte Galaxien zu sehen sind. Der galaktische Nordpol liegt in Coma Berenices.

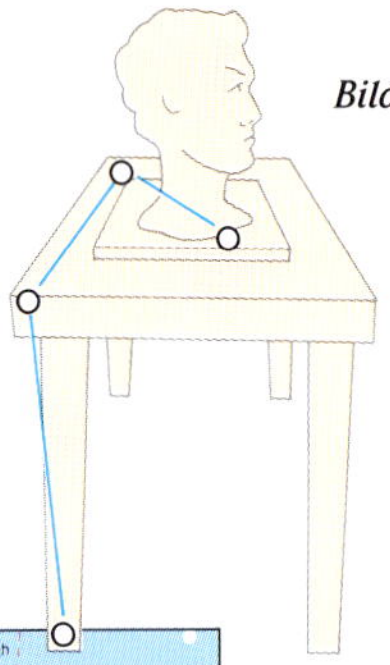

Bildhauer

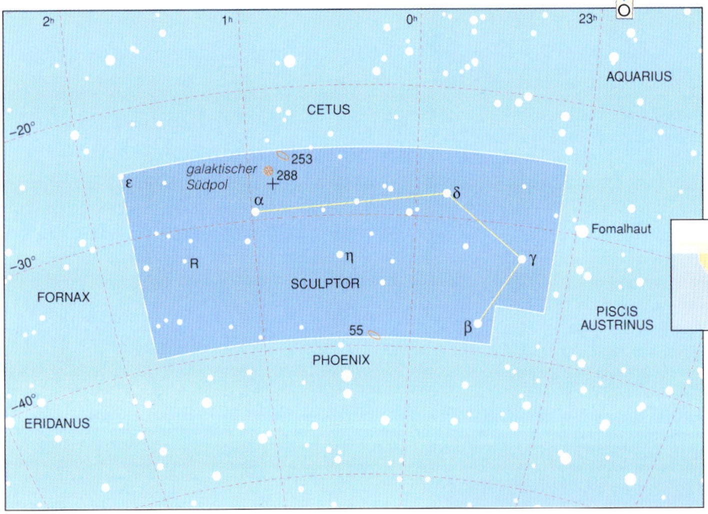

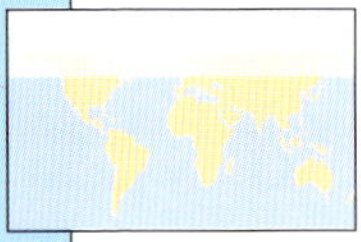

vollständig sichtbar 50°N–90°S

Interessante Objekte

Epsilon (ε) Sculptoris Doppelstern, mit einem kleinen Teleskop zu trennen. Die 5 und 9 mag hellen Komponenten bilden ein echtes Doppelsystem mit einer Umlaufperiode von rund 1200 Jahren. Seine Entfernung beträgt 89 LJ.

R Sculptoris Veränderlicher Roter Riese, der mit einer Periode von etwa 1 Jahr zwischen 6. und 8. Größe schwankt.

NGC 55 Spiralgalaxie, so geneigt, daß wir sie von der Kante sehen und sie in einem kleinen Teleskop zigarrenförmig erscheint.

NGC 253 Spiralgalaxie, wie NGC 55 von der Kante zu sehen, aber da sie heller ist, schon mit einem Fernglas erkennbar. Ein Teleskop mittlerer bis großer Öffnung zeigt Spuren dunkler Staubwolken, die sich vor ihren Sternen abzeichnen.

NGC 253 und NGC 288
Zwei interessante Objekte im nördlichen Teil von Sculptor: NGC 288 (hier links) ist ein mit einem Teleskop sichtbarer Kugelhaufen. Rechts erkennt man die Spiralgalaxie NGC 253.

Breite	Höhe	Fläche 475 Quadratgrad	Rang 36.

Abkürzung Sct	Genitiv Scuti	Höchststand am Himmel um 22 Uhr Juli bis August

Scutum

Scutum ist ein kleines Sternbild, das unmittelbar südlich des Himmelsäquators zwischen Aquila und Sagittarius liegt, in einer sehr sternreichen Gegend der Milchstraße. Es wurde Ende des 17. Jh.s von dem Astronomen J. Hevelius eingeführt, der es ursprünglich zu Ehren seines Gönners König Johann Sobieski »Sobieskis Schild« nannte. Hellster Stern ist Alpha (α) Scuti (3,9 mag).

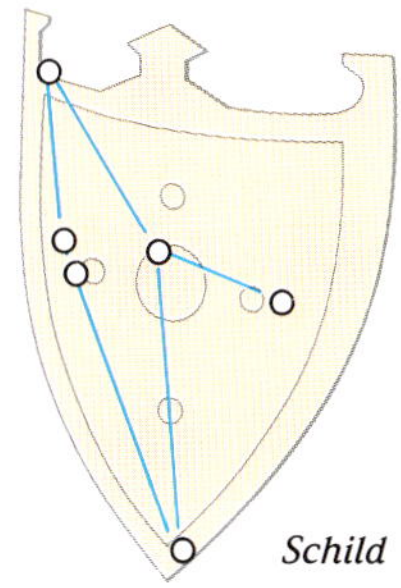

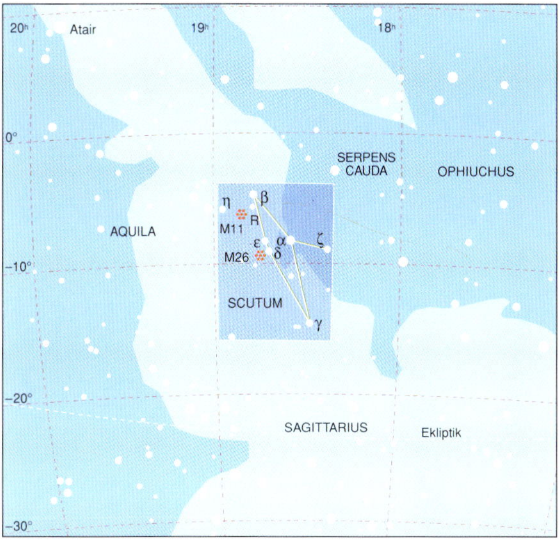

vollständig sichtbar
74°N–90°S

M11 (Wildenten-Haufen)
Der offene Haufen M11 liegt in einem sehr hellen Teil der Milchstraße nahe der Grenze zwischen Aquila und Scutum.

Interessante Objekte

Delta (δ) Scuti Pulsierender Riese, Prototyp einer Klasse von Veränderlichen, die sehr kleine Helligkeitsschwankungen (einige 1/10 Größenklassen) mit kurzen Perioden (nicht mehr als ein paar Stunden) aufweisen. Delta Scuti selbst schwankt in weniger als 5 Stunden zwischen 4,6 und 4,8 mag. Seine Entfernung beträgt 190 LJ.

R Scuti Pulsierender oranger Überriese, der mit einer Periode von 20 Wochen zwischen 4,2 und 8,6 mag schwankt.

M11 (Wildenten-Haufen) Sternreicher offener Haufen mit Hunderten von Sternen, der im Fernglas als verwaschene Kugel etwa halb so groß wie der Vollmond zu sehen ist. In einem kleinen Teleskop erscheint er V-förmig, wie eine Formation Wildenten, daher sein volkstümlicher Name. In der Nähe der Spitze des V leuchtet der mit 8 mag hellste Stern des Haufens. M11 ist 5600 LJ entfernt und liegt am

Nordrand eines besonders hellen Gebiets der Milchstraße, Scutum-Sternwolke genannt.

Breite	Höhe	Fläche 109 Quadratgrad	Rang 84.

Abkürzung Ser	Genitiv Serpentis	Höchststand am Himmel um 22 Uhr Juni bis Aug.

Serpens

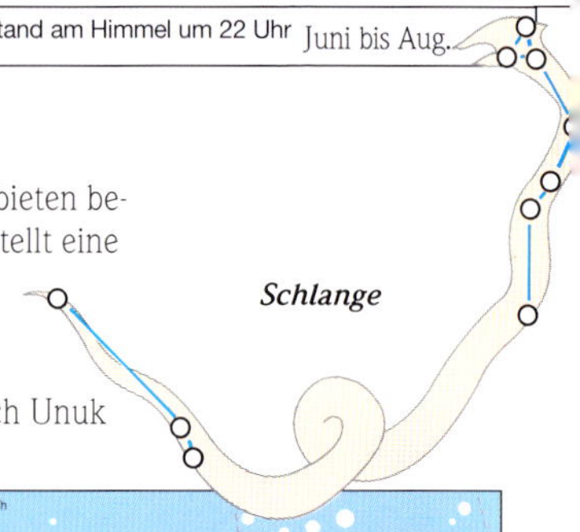

Serpens ist insofern einzigartig, als es aus zwei getrennten Gebieten besteht, die zusammen als ein Sternbild angesehen werden. Es stellt eine Schlange dar, die sich um den Körper des Schlangenträgers Ophiuchus windet, der ihren Kopf (Serpens Caput) in der linken und ihren Schwanz (Serpens Cauda) in der rechten Hand hält. Der hellste Stern Alpha (α) Serpentis (2,6 mag) heißt auch Unuk Elhaija, arabisch für »Nacken der Schlange«.

vollständig sichtbar 74°N–64°S

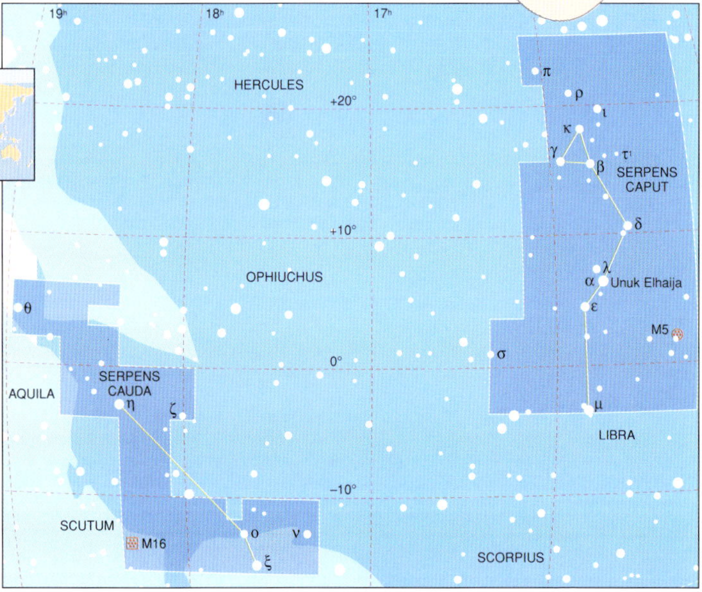

Interessante Objekte

Delta (δ) Serpentis Doppelstern. Der 4 mag helle Primärstern und sein 5 mag heller Partner können mit einem kleinen Teleskop bei starker Vergrößerung getrennt werden. Ihre Umlaufperiode wird auf einige 1000 Jahre geschätzt.

Theta (θ) Serpentis Weiter Doppelstern. Die 4,6 und 5,0 mag hellen Komponenten lassen sich mit einem kleinen Teleskop trennen.

Ny (ν) Serpentis Weiter Doppelstern, dessen Komponenten 4. und 8. Größe mit einem Fernglas oder kleinen Teleskop getrennt werden können.

Tau-1 (τ¹) Serpentis Hellster Stern eines dreieckigen Sternfelds, das sich Richtung Jota (ι) und Kappa (κ) Serpentis fächerförmig verbreitert.

M5
Dieser Kugelhaufen im südlichen Teil von Serpens Caput ist mit einem Fernglas sichtbar. Er zählt zu den schönsten Objekten dieser Art am Nordhimmel.

Breite	Höhe	Fläche 637 Quadratgrad	Rang 23.

M5 Kugelhaufen, rund 25 000 LJ entfernt. Er ist im Fernglas sichtbar und erscheint etwa halb so groß wie der Vollmond. Ein Teleskop mittlerer Öffnung löst seine hellsten Sterne auf und läßt außerdem ein sehr dichtes Zentrum erkennen.

M16 Offener Haufen, mit Fernglas oder kleinem Teleskop sichtbar. Er erscheint verschwommen, weil seine Sterne im Adler-Nebel eingebettet sind, der nur mit größeren Öffnungen und auf Photos gut zu sehen ist. Haufen und Nebel sind mehr als 8000 LJ entfernt.

◁ ***Adler-Nebel***
Dieser Nebel ist nur mit einem großen Teleskop oder auf langbelichteten Photos erkennbar.

▽ ***Dunkle Säulen im Adler-Nebel***
Diese Hubble-Aufnahme zeigt dunkle Staubfinger vor hell leuchtendem Gas.

Abkürzung Sex	Genitiv Sextantis	Höchststand am Himmel um 22 Uhr März bis April

Sextans

Dieses unscheinbare Sternbild liegt am Himmelsäquator südlich von Leo. Es wurde Ende des 17. Jh.s von dem Astronomen J. Hevelius eingeführt und stellt den Sextanten dar, mit dem er Sternpositionen vermaß. Hellster Stern ist Alpha (α) Sextantis (4,5 mag).

Sextant

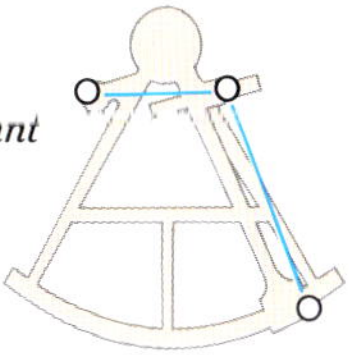

vollständig sichtbar 78°N–83°S

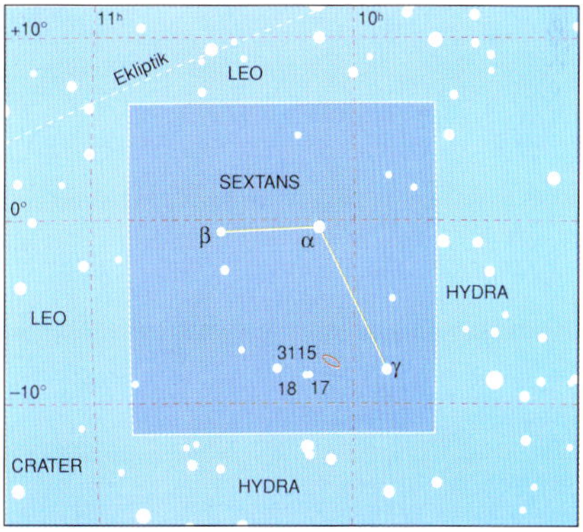

Interessante Objekte

17 und 18 Sextantis Weites Paar nicht miteinander in Beziehung stehender Sterne, bei gutem Sehvermögen mit bloßem Auge, mit einem Fernglas leicht zu trennen. Sie sind 5,9 und 5,6 mag hell und 530 bzw. 470 LJ entfernt.

NGC 3115 (Spindel-Galaxie) Elliptische Galaxie, mit einem Teleskop kleiner oder mittlerer Öffnung sichtbar. Ihren volkstümlichen Namen verdankt sie ihrer länglichen Gestalt.

Breite	Höhe	Fläche 314 Quadratgrad	Rang 47.

Abkürzung Tau	Genitiv Tauri	Höchststand am Himmel um 22 Uhr Dez. bis Januar

Taurus

Dieses imposante Sternbild des Tierkreises zwischen Aries und Gemini stellt den Stier dar, in den sich der griechische Gott Zeus verwandelte. um die Prinzessin Europa aus Phönizien zu entführen. Anschließend schwamm Zeus mit ihr auf dem Rücken nach Kreta. Das Sternbild zeigt die Vorderhälfte des Stiers, den Teil, der aus den Meereswellen herausragte. Es enthält zwei große Sternhaufen: die Plejaden und die Hyaden. In der griechischen Sage waren die Plejaden die sieben Töchter von Atlas und Plejone (daher die Beinamen »Sieben Schwestern« und »Siebengestirn«). Die Hyaden (Töchter von Atlas und Aethra) kennzeichnen das Gesicht des Stiers, wobei der Rote Riese Aldebaran das blutunterlaufene Auge des Tiers markiert. Die Spitzen der Hörner bilden Beta (β) und Zeta (ζ) Tauri (1,7 und 3,0 mag). Die Sonne durchläuft Taurus von 14. Mai bis 21. Juni.

vollständig sichtbar 88°N–58°S

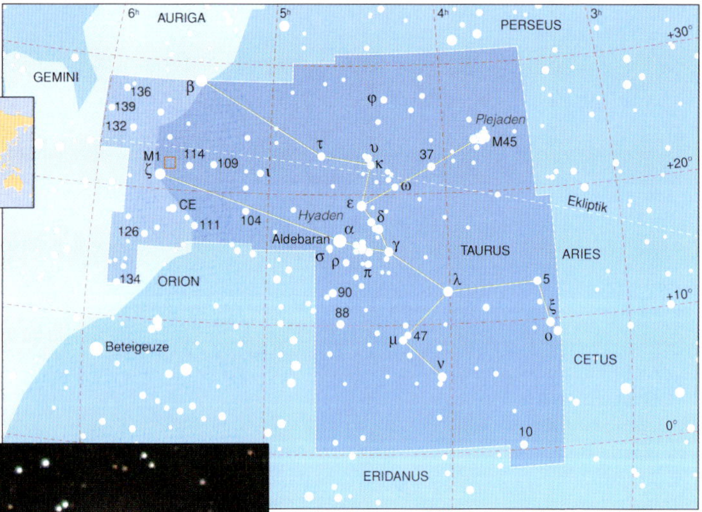

M1 (Krebs-Nebel)

Dieses außergewöhnliche Objekt ist der Überrest eines massereichen Sterns, der als Supernova explodierte.

Interessante Objekte

Alpha (α) Tauri (Aldebaran) Unregelmäßig veränderlicher Roter Riese, der zwischen 0,75 und 0,95 mag schwankt. Obwohl es so aussieht, als gehöre er zu den Hyaden, liegt er in Wirklichkeit sehr viel näher bei uns, nämlich nur 65 LJ entfernt.

Theta (θ) Tauri Weiter Doppelstern in den Hyaden, bei gutem Sehvermögen mit bloßem Auge zu trennen. Theta-1 (θ^1) ist ein 3,8 mag heller gelber Riese, Theta-2 (θ^2), das hellste Mitglied der Hyaden, ein 3,4 mag heller weißer Riese.

Breite	Höhe	Fläche 797 Quadratgrad	Rang 17.

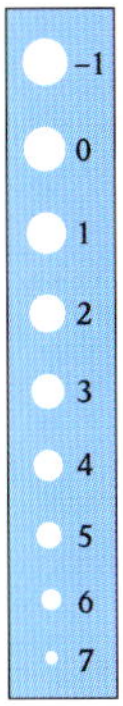

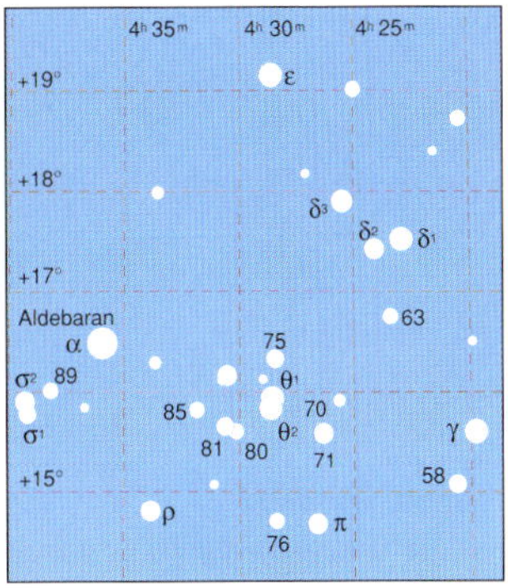

△ *Legende der Sternhelligkeiten*

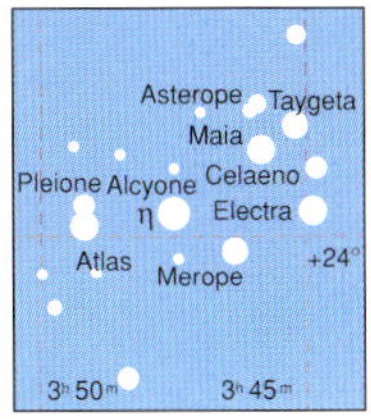

△ *Plejaden*

◁ *Hyaden*

△ ***Hyaden und Plejaden***
Diese beiden auffälligen offenen Haufen liegen am Himmel nahe beieinander.

Lambda (λ) Tauri 👁 Bedeckungsveränderlicher vom Algol-Typ. Er schwankt mit einer Periode von knapp 4 Tagen zwischen 3,4 und 3,9 mag.

M1 (Krebs-Nebel) Überrest einer Supernova, die 1054 beobachtet wurde. Unter hervorragenden Sichtbedingungen kann er mit einem Fernglas oder kleinen Teleskop aufgefunden werden; um ihn gut zu erkennen, ist jedoch eine mittlere Öffnung nötig. Er hat eine elliptische Gestalt, sein scheinbarer Durchmesser liegt etwa halbwegs zwischen einem Planetenscheibchen und dem Vollmond. Seine Entfernung beträgt 6500 LJ.

M45 (Plejaden) 👁 Großer, heller offener Sternhaufen, mit bloßem Auge leicht zu erkennen und im Fernglas prächtig anzusehen. Er erscheint fast 4mal so groß wie der Vollmond. Sein hellster Stern ist Eta (η) Tauri (Alcyone), ein 2,9 mag heller bläulich-weißer Riese. Bei normalem Sehvermögen erkennt man mit bloßem Auge etwa sechs Sterne, mit einem Fernglas oder kleinen Teleskop einige Dutzend. Der Haufen ist etwas mehr als 400 LJ entfernt. Langbelichtete Aufnahmen zeigen um die Sterne Nebelstreifen; direkt kann man diese aber nur mit einem großen Teleskop sehen.

Hyaden 👁 Großer, lockerer, V-förmiger Sternhaufen, mit bloßem Auge leicht zu erkennen. Wegen seiner beträchtlichen Größe (10mal größerer scheinbarer Durchmesser als der Vollmond) ist er am besten im Fernglas zu sehen. Seine Entfernung beträgt etwa 150 LJ.

Abkürzung Tel	Genitiv Telescopii	Höchststand am Himmel um 22 Uhr Juli bis August

Telescopium

Dieses unauffällige Sternbild südlich von Sagittarius wurde von dem französischen Astronomen N. L. de Lacaille eingeführt. In seiner ursprünglichen Form stellte es ein großes von einer Winde gestütztes Teleskop dar, wird jedoch einem so wichtigen Instrument in keiner Weise gerecht. Hellster Stern ist Alpha (α) Telescopii (3,5 mag).

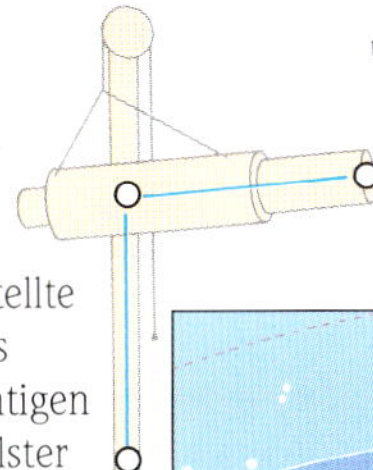

Teleskop

vollständig sichtbar 33°N–90°S

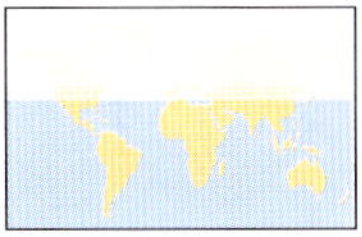

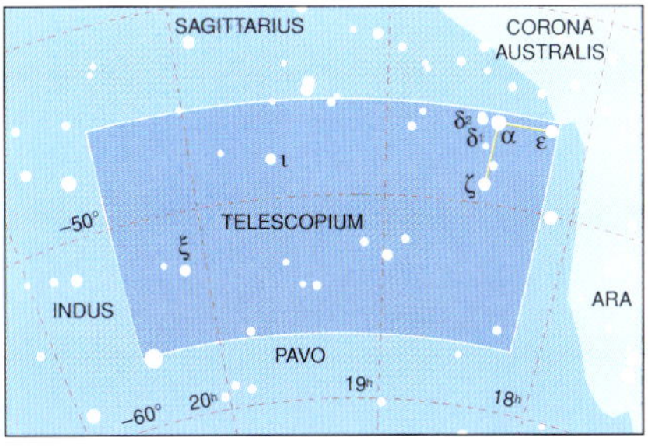

Interessante Objekte

Delta (δ) Telescopii 👁 Optischer Doppelstern, bei gutem Sehvermögen ohne Hilfsmittel zu trennen; mit einem Fernglas leicht zu erkennen. Delta-1 (δ^1) (4,9 mag) ist etwa 800 LJ entfernt, Delta-2 (δ^2) (5,1 mag) mehr als 1100 LJ.

Breite	Höhe	Fläche 252 Quadratgrad	Rang 57.

Abkürzung Tri	Genitiv Trianguli	Höchststand am Himmel um 22 Uhr Nov. bis Dez.

Triangulum

Dieses kleine Sternbild zwischen Andromeda und Aries war bereits den alten Griechen bekannt, die es als das Nildelta oder als die Insel Sizilien ansahen. Sein hellster Stern ist Beta (β) Trianguli (3,0 mag).

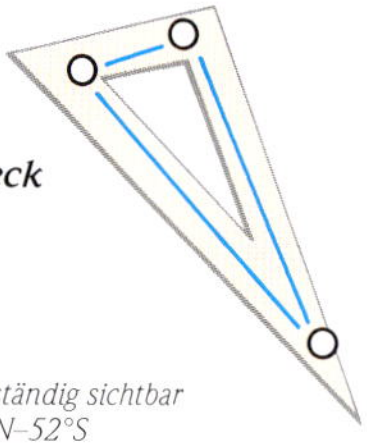

Dreieck

vollständig sichtbar 90°N–52°S

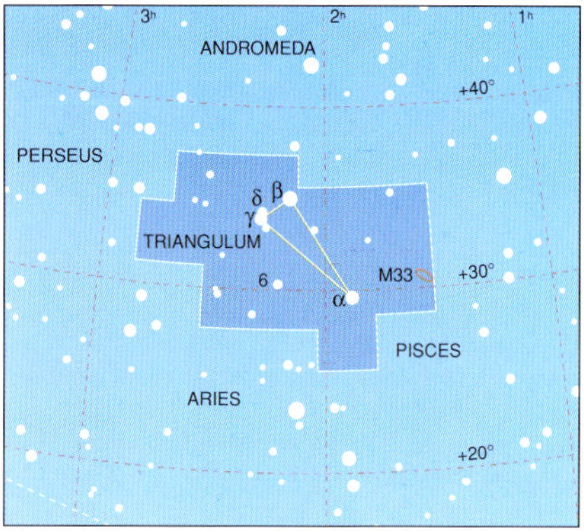

Interessante Objekte

6 Trianguli Doppelstern. Um den Hauptstern 5. Größe von seinem engen Begleiter 7. Größe zu trennen, ist ein kleines Teleskop nötig.

M33 Spiralgalaxie, etwa 2,6 Millionen LJ entfernt. Sie ist das drittgrößte Mitglied der Lokalen Gruppe und überdeckt eine etwa vollmondgroße Himmelsfläche. Da sich ihr Licht über eine so große Fläche verteilt, ist sie nur bei klarem, dunklem Himmel zu sehen. Unter guten Sichtbedingungen kann diese Galaxie mit einem Fernglas oder kleinen Teleskop beobachtet werden.

Breite	Höhe	Fläche 132 Quadratgrad	Rang 78.

Abkürzung TrA	Genitiv Trianguli Australis	Höchststand am Himmel um 22 Uhr Juni bis Juli

Triangulum Australe

Das südliche Gegenstück des nördlichen Dreiecks (Triangulum) liegt in der Milchstraße nahe Alpha (α) und Beta (β) Centauri. Obwohl kleiner als Triangulum, fällt es wegen seiner helleren Hauptsterne mehr auf. Es ist das kleinste der zwölf Sternbilder, die Ende des 16. Jh.s von den holländischen Seefahrern P. D. Keyser und F. de Houtman eingeführt wurden. Hellster Stern ist Alpha (α) Trianguli Australis (1,9 mag).

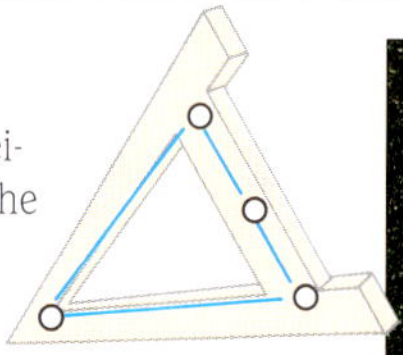

Südliches Dreieck

Triangulum Australe
Die Eckpunkte des Dreiecks heben sich deutlich von den lichtschwächeren Sternen der Milchstraße ab.

vollständig sichtbar 19°N–90°S

Interessante Objekte

NGC 6025 Offener Haufen in der Milchstraße, etwa 1/3 so groß wie der Vollmond und mit einem Fernglas oder kleinen Teleskop leicht zu erkennen (hellster Stern 7. Größe). Seine Entfernung beträgt 2700 LJ.

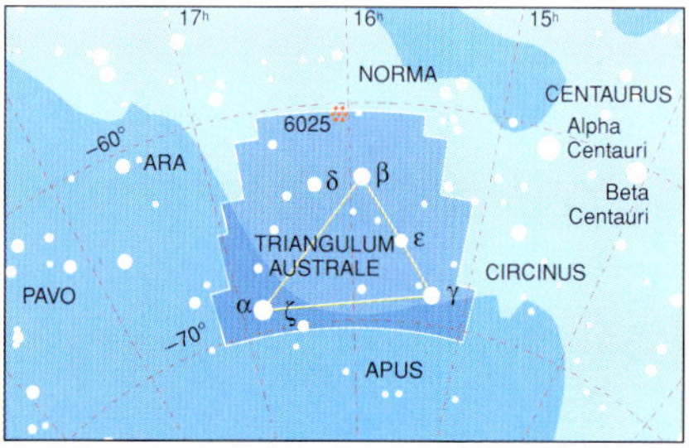

Breite	Höhe	Fläche 110 Quadratgrad	Rang 83.

Abkürzung Tuc	Genitiv Tucanae	Höchststand am Himmel um 22 Uhr Sept. bis Nov.

Tucana

Dieses südliche Sternbild soll einen Tukan darstellen, den in Süd- und Mittelamerika beheimateten großschnabligen Vogel. Es liegt in der Nähe des hellen Sterns Achernar und südlich von zwei weiteren Himmelsvögeln, Grus und Phoenix. Tucana wurde Ende des 16. Jh.s von den holländischen Seefahrern P. D. Keyser und F. de Houtman »erfunden«. Hellster Stern in Tucan ist Alpha (α) Tucanae (2,9 mag), das auffälligste mit bloßem Auge sichtbare Objekt ist jedoch die Kleine Magellansche Wolke (SMC).

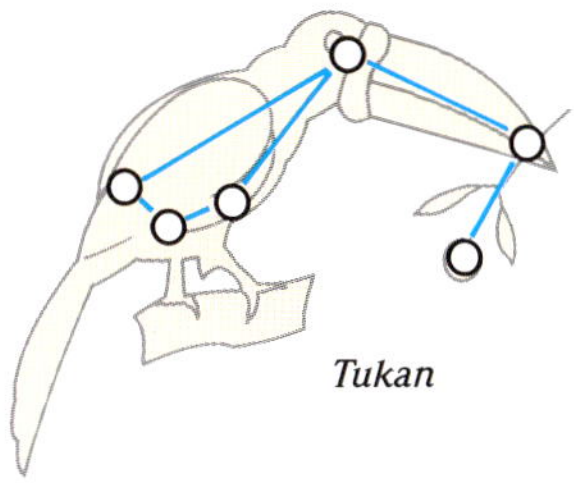

Tukan

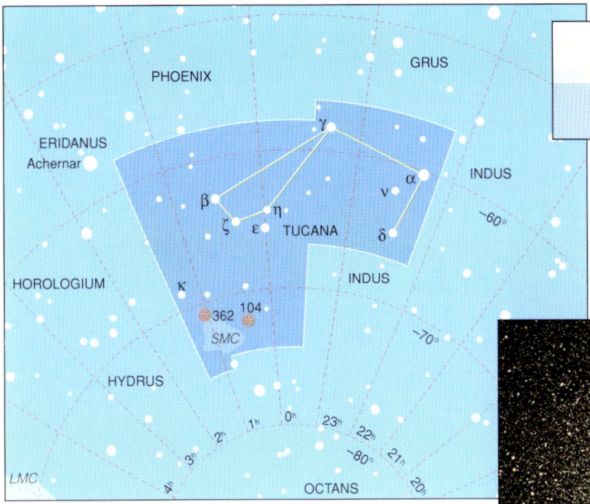

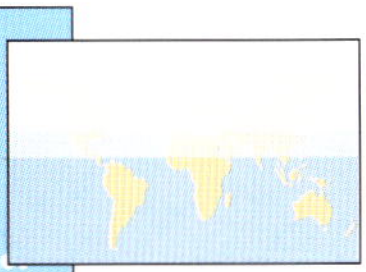

vollständig sichtbar 14°N–90°S

NGC 104 (47 Tucanae)
Ein Teleskop mittlerer Öffnung zeigt, daß dieser prächtige Kugelhaufen ein besonders helles, dichtes Zentrum, aber eher lockere Außenregionen besitzt.

Interessante Objekte

Beta (β) Tucanae Mehrfachstern. Mit bloßem Auge oder im Fernglas sieht man ihn als Doppelstern mit Komponenten 4. und 5. Größe. Ein kleines Teleskop trennt den Primärstern weiter in 4,4 und 4,5 mag helle Komponenten.

Kappa (κ) Tucanae Doppelstern mit Komponenten 5. und 8. Größe, die mit einem kleinen Teleskop getrennt werden können.

NGC 104 (47 Tucanae) Kugelhaufen, der als zweitschönster seiner Art am ganzen Himmel angesehen wird. Mit bloßem Auge sieht man ihn als verwaschenen Stern 4. Größe. In einem Fernglas oder kleinen Teleskop überdeckt er eine gleich große Himmelsfläche wie der Vollmond, wenn auch eine Öffnung von 100 mm nötig ist, um seine Sterne aufzulösen. Der Haufen ist 15 000 LJ entfernt.

NGC 326 Kugelhaufen, mit einem Fernglas oder kleinen Amateurteleskop sichtbar. Am Himmel liegt er in der Nähe der Kleinen Magellanschen Wolke (SMC; siehe unten); in Wirklichkeit ist er aber nur 29 000 LJ entfernt und gehört somit zu unserer eigenen Galaxis.

Kleine Magellansche Wolke (SMC) Kleinere der beiden Begleitgalaxien unserer Galaxis. Mit bloßem Auge sieht man sie als länglichen Lichtfleck, 7mal größer als der Vollmond, während ein Fernglas oder kleines Teleskop in ihr einzelne Sternhaufen und Nebel erkennen läßt. Diese Galaxie ist sehr viel kleiner als unsere: Sie hat nur ein paar Prozent der Masse unserer Galaxis und einen 10mal kleineren Durchmesser. Ihre Entfernung beträgt 190 000 LJ.

Breite	Höhe	Fläche 295 Quadratgrad	Rang 48.

Abkürzung UMa	Genitiv Ursae Majoris	Höchststand am Himmel um 22 Uhr Februar bis Mai

Ursa Major

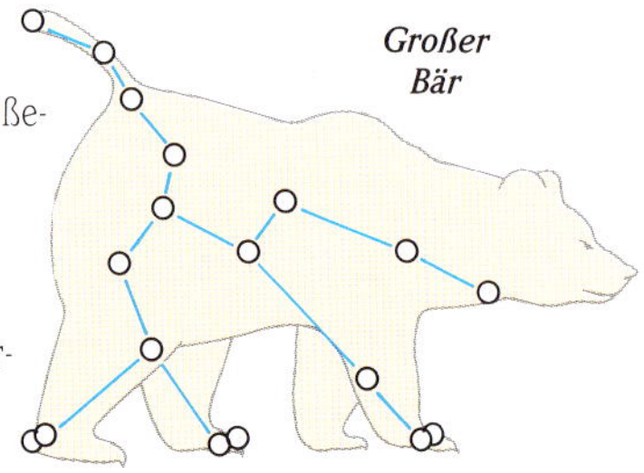

Ursa Major, eines der ältesten und berünmtesten Sternbilder, ist das drittgrößte am Himmel und bedeckt eine sehr viel größere Fläche als die Gruppe der sieben Sterne, die den Großen Wagen bilden. Ursa Major symbolisiert Kallisto, eine Sterbliche in der griechischen Sage, die Jagdgefährtin von Artemis war und von Zeus verführt wurde. Zeus' eifersüchtige Gemahlin Hera (einer anderen Version zufolge die verärgerte Artemis) verwandelte sie daraufhin in eine Bärin. Die beiden hellsten Sterne sind Alpha (α) und Epsilon (ε) Ursae Majoris (beide 1,8 mag). Eine verlängerte Linie von Beta (β) nach Alpha (α) Ursae Majoris weist auf Polaris, den Polarstern, in Ursa Minor.

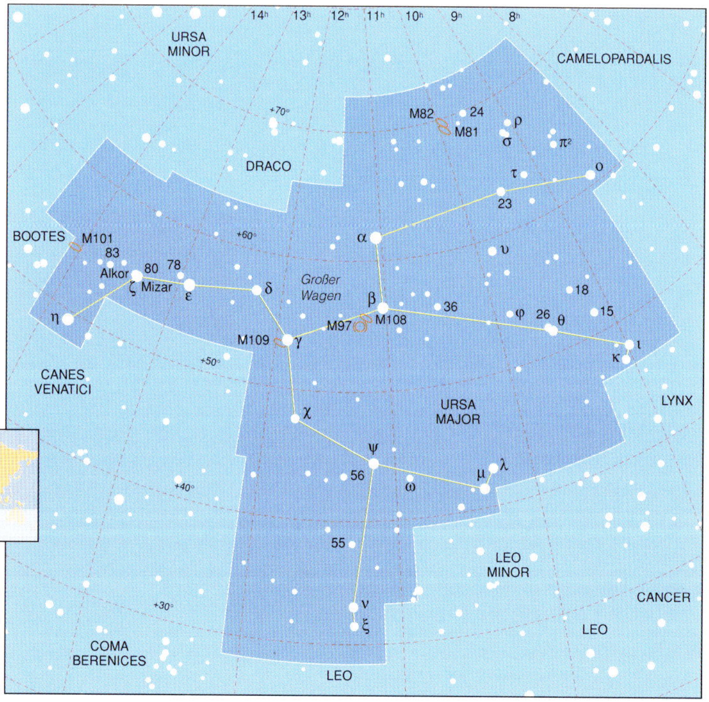

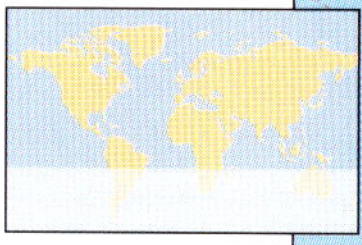

vollständig sichtbar
90°N–16°S

Interessante Objekte

Der Große Wagen Eines der bekanntesten Muster am Sternhimmel, bestehend aus den mit bloßem Auge sichtbaren Sternen Alpha (α), Beta (β), Gamma (γ), Delta (δ), Epsilon (ε), Zeta (ζ), und Eta (η) Ursae Majoris. Der Umriß der Figur wird von verschiedenen Kulturen als Wagen, Pflug, Schöpfkelle oder sogar als Brattopf angesehen. Außer den beiden äußersten (Alpha und Eta) bewegen sich alle Sterne des Großen Wagens in dieselbe Richtung und bilden somit einen sogenannten Bewegungshaufen.

Zeta (ζ) Ursae Majoris (Mizar) Mehrfachstern. Mit gutem Sehvermögen oder einem Fernglas erkennt man, daß der 2,2 mag helle Stern einen Part-

Breite	Höhe	Fläche 1280 Quadratgrad	Rang 3.

Ursa Major (kleines Bild: Mizar und Alkor)
Das große Photo zeigt den gesamten Großen Bären, wobei der Große Wagen das Hinterteil und den Schwanz des Tieres bildet. Mizar, 2. Stern der Deichsel (im kleinen Bild rechts), bildet mit Alkor (links im kleinen Bild) einen optischen und mit seinem näheren Begleiter einen echten Doppelstern.

ner 4. Größe hat: Alkor oder 80 Ursae Majoris (auch »Reiterlein« genannt). Mizar und Alkor sind 78 bzw. 81 LJ entfernt, also kein echter Doppelstern. Ein kleines Teleskop zeigt jedoch, daß Mizar einen noch engeren Begleiter 4. Größe hat. Dieses Paar bildet einen echten Doppelstern mit einer sehr langen Umlaufperiode.

Xi (ξ) Ursae Majoris Enger Doppelstern mit 4,3 und 4,8 mag hellen Komponenten, die mit einem Teleskop von 75 mm Öffnung getrennt werden können. Die gelblichen, sonnenähnlichen Sterne sind 26 LJ entfernt und haben eine Umlaufperiode von 60 Jahren.

M81 und M82 Zwei gegensätzliche Galaxien, etwa 10 Millionen LJ von uns entfernt. M81 ist eine prächtige Spiralgalaxie und mit einem Fernglas oder kleinen Teleskop sichtbar. Einen Monddurchmesser weiter nördlich liegt die kleinere und lichtschwächere irreguläre Galaxie M82, die ein eigenartiges Aussehen hat; vermutlich ist sie eine sogenannte »Starburst«-Galaxie, eine Galaxie mit ungewöhnlich hoher Sternentstehungsrate.

M101 Spiralgalaxie, die wir von oben sehen. Sie hat fast den gleichen scheinbaren Durchmesser wie der Vollmond, ist aber sehr lichtschwach, so daß sie nur unter guten Sichtbedingungen mit einem Fernglas oder kleinen Teleskop auszumachen ist.

M81
Diese schöne Spiralgalaxie ist schon mit einem kleinen Teleskop leicht zu beobachten.

M101
Die Spiralarme dieser Galaxie sind nur mit großem Teleskop oder auf langbelichteten Aufnahmen erkennbar.

Abkürzung UMi	Genitiv Ursae Minoris	Höchststand am Himmel um 22 Uhr Mai bis Juni

Ursa Minor

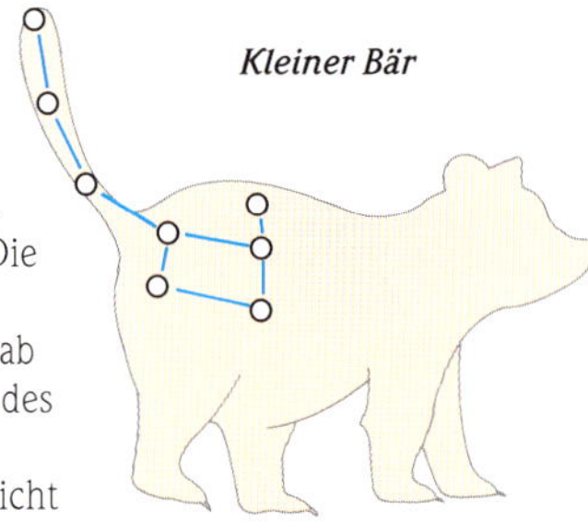

In Ursa Minor liegt der Himmelsnordpol. Zufällig steht nur etwa 1° vom Pol entfernt ein mittelmäßig heller Stern, den wir Polaris oder Polarstern nennen. Seefahrer wußten schon lange, daß Polaris ziemlich genau die Nordrichtung angibt. Die Hauptsterne von Ursa Minor bilden die Figur des Kleinen Wagens; die Sterne (β) und Gamma (γ) Ursae Minoris (Kochab und Pherkad) im Kasten des Wagens heißen auch »Wächter des Pols«. Ursa Minor soll die Nymphe symbolisieren, die den kleinen Zeus säugte. Warum sie als Bärin dargestellt ist, ist nicht bekannt.

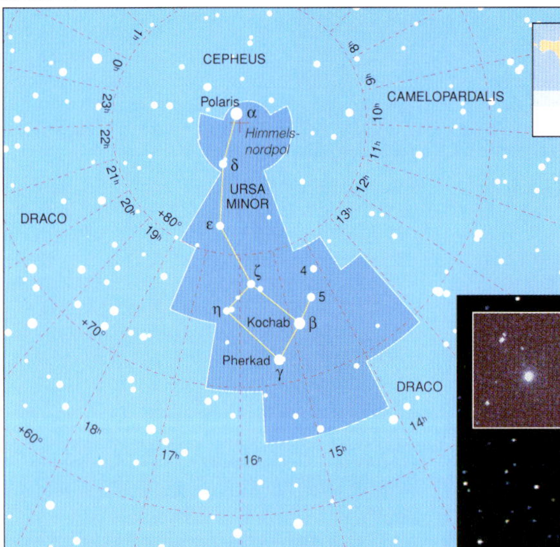

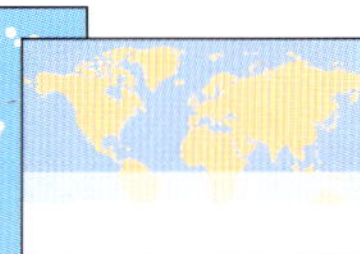

vollständig sichtbar 90°N–0°

Die Hauptsterne in Ursa Minor
Polaris (im großen Bild oben und Kleines Bild) markiert die Schwanzspitze des Kleinen Bären.

Interessante Objekte

Alpha (α) Ursae Minoris (Polaris) Nördlicher Polarstern und hellster Stern des Sternbilds, ein 2,0 mag heller gelblichweißer Überriese. Tatsächlich ist er sogar ein Cepheide, allerdings mit so geringen Helligkeitsschwankungen, daß sie mit bloßem Auge nicht wahrzunehmen sind. Ein kleines Teleskop zeigt einen nicht in Beziehung zu ihm stehenden Begleiter 8. Größe.

Gamma (γ) Ursae Minoris (Pherkad) Optischer Doppelstern, dessen Komponenten mit bloßem Auge oder im Fernglas zu trennen sind. Gamma selbst ist ein 3,0 mag heller bläulichweißer Riese, 480 LJ entfernt, sein Partner 11 Ursae Minoris ein 5,0 mag heller oranger Riese in 390 LJ Entfernung.

Eta (η) Ursae Minoris Optischer Doppelstern, ein 5,0 mag heller, weißer Stern in 97 LJ Entfernung. Mit bloßem Auge oder einem Fernglas erkennt man in weitem Winkelabstand einen 5,5 mag hellen Begleiter, 19 Ursae Minoris, der fast 7mal weiter von uns entfernt ist als der Primärstern.

Breite	Höhe	Fläche 256 Quadratgrad	Rang 56.

Abkürzung Vel	Genitiv Velorum	Höchststand am Himmel um 22 Uhr Februar bis April

Vela

Als eines der drei Sternbilder, in die N. L. de Lacaille das alte griechische Sternbild Argo Navis (Argonauten-Schiff) aufteilte, stellt Vela die Segel des Schiffes dar. Es liegt in der Milchstraße, mit Carina und Puppis (den beiden anderen Schiffsteilen) auf der einen und Centaurus auf der anderen Seite. Da es früher zu einem größeren Sternbild gehörte, enthält es keine Sterne mit der Bezeichnung Alpha (α) oder Beta (β).

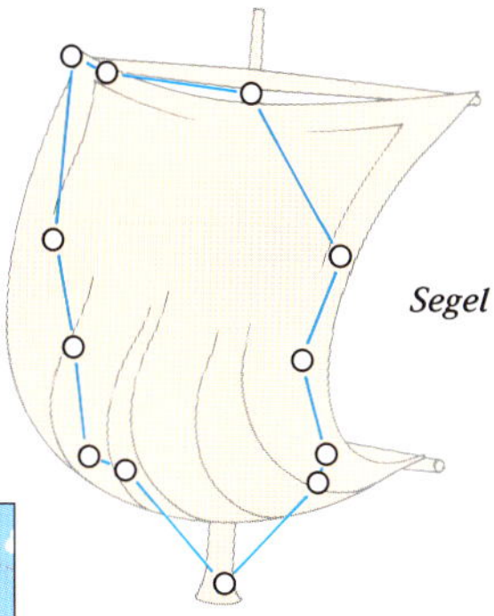

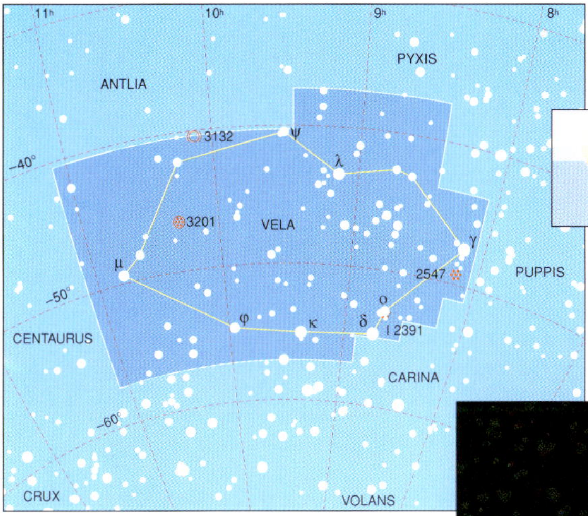

vollständig sichtbar 32°N–90°S

NGC 3132
Langbelichtete Aufnahmen von diesem planetarischen Nebel zeigen in seinem Inneren verschlungene Gasschleifen.

Interessante Objekte

Gamma (γ) Velorum Mehrfachstern, der in einem kleinen Teleskop oder schon in einem guten Fernglas als weiter Doppelstern erscheint. Der Primärstern Gamma-2 (γ^2) ist mit 1,8 mag der hellste Stern in Vela und in Wirklichkeit ein spektroskopischer Doppelstern, dessen eine Komponente ein Wolf-Rayet-Stern ist (eine Klasse seltener, ultraheißer Sterne, die ihre äußeren Wasserstoffhüllen verloren haben). Der sichtbare Partner des Primärsterns, Gamma-1 (γ^1), ist ein gewöhnlicher 4,3 mag heller bläulichweißer Stern. In größerem Winkelabstand gibt es noch zwei weitere Begleiter 8. und 9. Größe, die mit einem kleinen Teleskop sichtbar sind.

NGC 2547 Offener Haufen, mit einem Fernglas oder kleinen Teleskop beobachtbar. Er erscheint etwas mehr als halb so groß wie der Vollmond und ist 1300 LJ entfernt.

NGC 3132 Planetarischer Nebel. Seine rundliche Scheibe ist in einem kleinen Teleskop zu sehen, eventuell auch sein 10 mag heller Zentralstern. Photos zeigen komplexe Schleifen im Inneren des Nebels.

IC 2391 Großer offener Haufen, mit bloßem Auge sichtbar und ein ideales Objekt fürs Fernglas. Er überdeckt eine größere Himmelsfläche als der Vollmond und liegt fast 600 LJ entfernt. Hellster Stern ist Omikron (o) Velorum (3,6 mag).

Breite	Höhe	Fläche 500 Quadratgrad	Rang 32.

Abkürzung Vir	Genitiv Virginis	Höchststand am Himmel um 22 Uhr April bis Juni

Virgo

Das größte Sternbild des Tierkreises und das zweitgrößte überhaupt liegt am Himmelsäquator, zwischen Leo und Libra. Die Jungfrau wird gewöhnlich mit der Zeustochter Dike identifiziert, der griechischen Hüterin des Rechts, häufig aber auch mit der Fruchtbarkeitsgöttin Demeter. Virgo ist besonders interessant, da das Sternbild den Virgo-Haufen enthält, den uns nächstgelegenen großen Galaxienhaufen. Die Sonne durchquert Virgo von 16. September bis 31. Oktober.

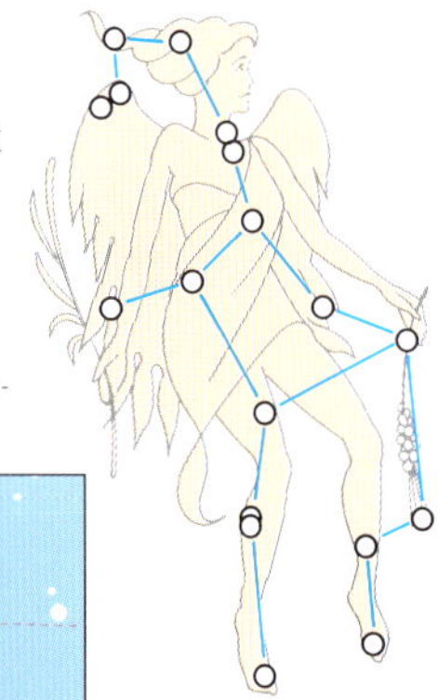

Jungfrau

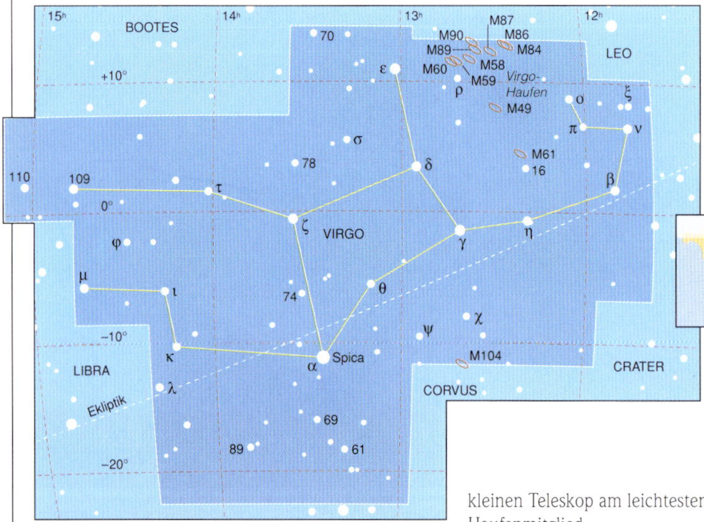

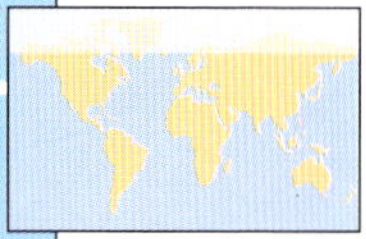

vollständig sichtbar 67°N–75°S

Interessante Objekte

Alpha (α) Virginis (Spica) Hellster Stern des Sternbilds und mit 1,0 mag einer der 20 hellsten am Himmel. Er ist ein bläulichweißer Stern, 260 LJ entfernt. Spica ist lateinisch und bedeutet »Kornähre«. Eine solche hält Virgo in ihrer linken Hand.

Gamma (γ) Virginis Doppelstern. Mit bloßem Auge sieht man ihn als 2,7 mag hellen Stern. Tatsächlich sind zwei gelblichweiße Sterne (beide 3,5 mag) vorhanden, die einander in 169 Jahren umkreisen. Diese Bewegung wirkt sich auf die Beobachtbarkeit der Sterne aus: In den 90er Jahren können sie mit einer mittleren Teleskop-Öffnung getrennt werden; um 2005, wenn sie von der Erde aus gesehen am engsten beieinanderstehen, ist dafür eine Öffnung von 250 mm nötig. Danach werden sie sich rasch wieder auseinanderbewegen und den Rest des Jahrhunderts wieder mit einer kleinen Öffnung zu trennen sein.

M87 Berühmte elliptische Riesengalaxie im Zentrum des Virgo-Haufens (s. u.), wohl das mit einem kleinen Teleskop am leichtesten zu beobachtende Haufenmitglied.

M104 (Sombrero-Galaxie) Spiralgalaxie, die sich uns in Kantenansicht zeigt und in einem kleinen Teleskop länglich aussieht. Größere Öffnungen lassen einen Staubstreifen quer durch den ausgeprägten Kern der Galaxie erkennen. Sie gehört nicht zum Virgo-Haufen, sondern liegt etwas näher zu uns.

Virgo-Haufen (Virgo-Coma-Haufen) Haufen aus mehr als 2000 Galaxien in Richtung Virgo und Coma Berenices, etwa 50 Millionen LJ entfernt. Seine hellsten Mitglieder, etwa die elliptischen Galaxien M49, M60, M84, M86 und M87, können schon mit Amateurteleskopen beobachtet werden.

M104 (Sombrero-Galaxie) *Diese Spiralgalaxie zeigt die Gestalt eines breitkrempigen Hutes.*

Breite	Höhe	Fläche 1294 Quadratgrad	Rang 2.

Abkürzung Vol	Genitiv Volantis	Höchststand am Himmel um 22 Uhr Januar bis März

Volans

Dieses unscheinbare südliche Sternbild grenzt an Carina. Ende des 16. Jh.s von den holländischen Seefahrern P. D. Keyser und F. de Houtman »erfunden«, soll es einen fliegenden Fisch darstellen.

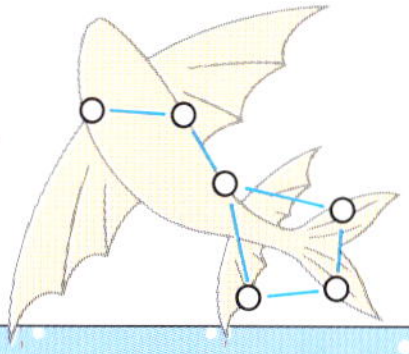

vollständig sichtbar 14°N–90°S

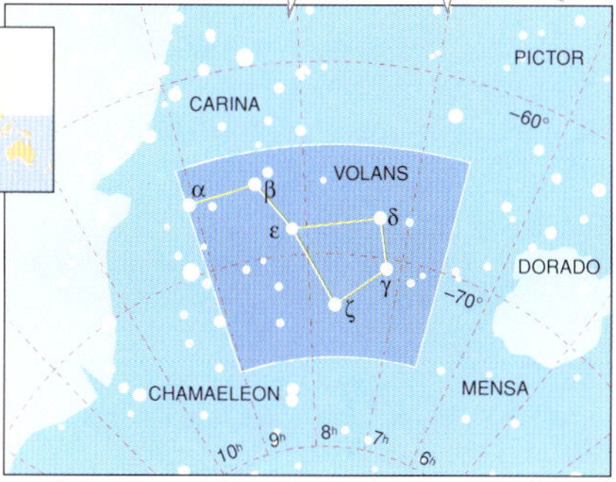

Interessante Objekte

Gamma (γ) Volantis Attraktiver Doppelstern. Mit einem kleinen Teleskop sind seine 3,8 und 5,7 mag hellen orangen und gelben Komponenten sichtbar.

Epsilon (ε) Volantis Doppelstern mit Komponenten 4. und 7. Größe, die sich mit einem kleinen Teleskop trennen lassen.

Breite	Höhe	Fläche 141 Quadratgrad	Rang 76.

Abkürzung Vul	Genitiv Vulpeculae	Höchststand am Himmel um 22 Uhr Aug. bis Sept.

Vulpecula

Vulpecula liegt südlich von Cygnus in der Milchstraße. J. Hevelius, der das Sternbild Ende des 17. Jh.s einführte, nannte es zunächst Vulpecula cum Anser (Fuchs und Gans). Hellster Stern ist Alpha (α) Vulpeculae (4,4 mag).

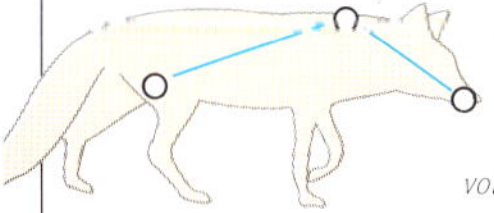

vollständig sichtbar 90°N–61°S

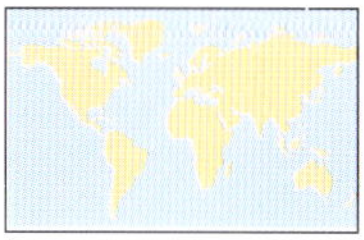

Brocchis Sternhaufen
Dieser offene Haufen liegt im Südteil von Vulpecula in einer Lücke in der Milchstraße, dem sogenannten Cygnus-Spalt.

Interessante Objekte

M27 (Hantel-Nebel) Großer planetarischer Nebel, im Fernglas als rundlicher Fleck etwa 1/4 so groß wie der Vollmond zu sehen. Die Hantelform, die seinen volkstümlichen Namen erklärt, ist mit einem Teleskop mittlerer bis großer Öffnung oder auf Photos zu erkennen. Er liegt etwa 1000 LJ entfernt.

Brocchis Sternhaufen (Collinder 399, Kleiderbügel) Ungewöhnlicher offener Haufen, mit einem Fernglas leicht zu finden. Sechs Sterne 6. und 7. Größe bilden eine Gerade, von deren Mitte ein »Haken« aus vier weiteren Sternen ausgeht, so daß das Ganze wie ein Kleiderbügel aussieht.

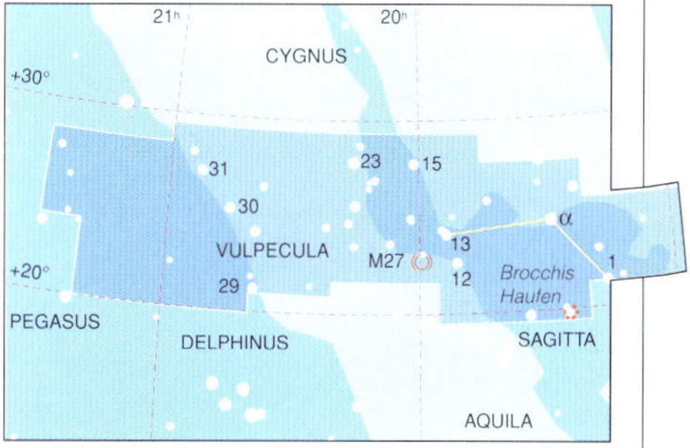

Breite	Höhe	Fläche 268 Quadratgrad	Rang 55.

Monatlicher Himmelsführer

Aufbau des Kapitels

Dieses Kapitel enthält für jeden einzelnen Monat detaillierte Himmelskarten, eine eigene für jede Hemisphäre. Jeder Monat beginnt mit einer doppelseitigen Einführung, die interessante Himmelserscheinungen beschreibt und vereinfachte Karten zum leichteren Lokalisieren auffälliger Sterne und Sternbilder enthält.

Benutzung der Karten

Sowohl die vereinfachten, groben Übersichtskarten (s. u.) als auch die detaillierten Himmelskarten (s. S. 143) zeigen den Nachthimmel, wie er von 60–20° nördlicher Breite (Nordhalbkugel) und 0–40° südlicher Breite (Südhalbkugel) aus erscheint. Bestimmen Sie mit Hilfe der Weltkarte (rechts) die geographische Breite Ihres Standorts und den dazugehörigen Farbkode und entscheiden Sie danach, welche Hemisphären-Karte für Sie am günstigsten ist. Mittels der farbigen Linien und Kreuze können Sie Horizont und Zenit (Punkt senkrecht über Ihnen) Ihres Standorts auf allen Karten bestimmen.

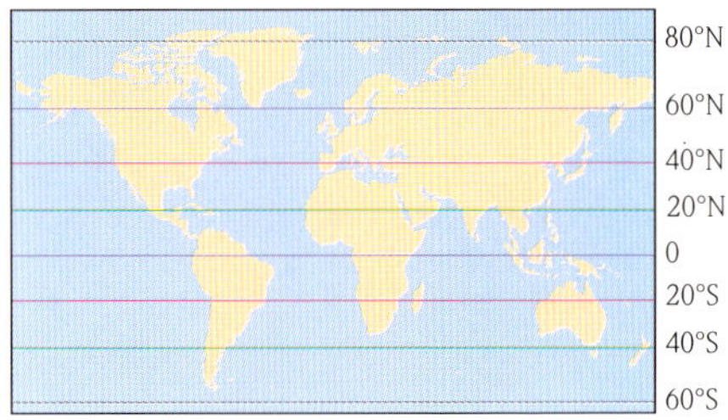

△ ***Wahl des richtigen Farbkodes***
Stellen Sie die Farbe des geographischen Breitengrads fest, der Ihrem Standort am nächsten liegt. Bedenken Sie, daß 10° Unterschied in der geographischen Breite sich kaum darauf auswirken, welche Sterne tatsächlich sichtbar sind.

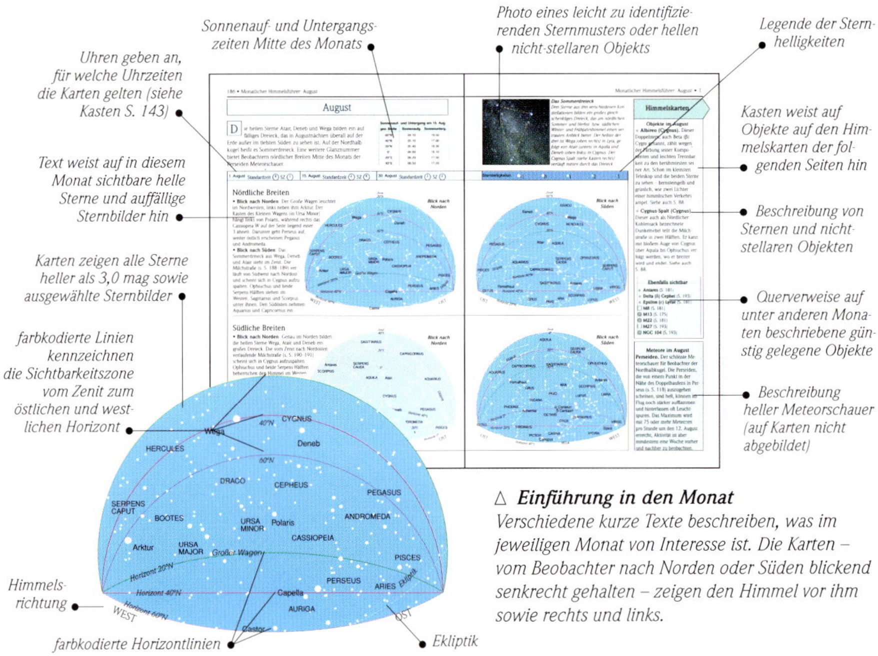

△ ***Einführung in den Monat***
Verschiedene kurze Texte beschreiben, was im jeweiligen Monat von Interesse ist. Die Karten – vom Beobachter nach Norden oder Süden blickend senkrecht gehalten – zeigen den Himmel vor ihm sowie rechts und links.

Benutzung der Himmelskarten

Um den Himmel Richtung Süden zu betrachten, halten Sie das Buch waagrecht mit Beschriftung SÜDEN (am Kartenrand) zum Körper. Die für Sie gültige farbige Linie (rings um den vorderen Kartenrand) markiert den vor Ihnen liegenden Horizont, das Kreuz nahe der Kartenmitte den Zenit (den Punkt senkrecht über Ihnen). Das Kartengebiet jenseits Ihres Zenits stellt den Himmel Richtung Norden dar; um ihn zu betrachten, drehen Sie das Buch um.

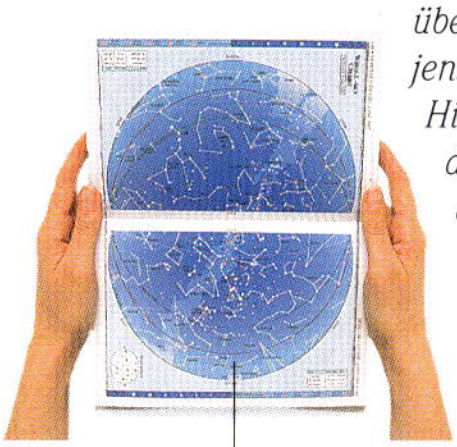

bei Blick nach Süden rechten Buchrand zum Körper hin halten

Sternbewegungs-Diagramme

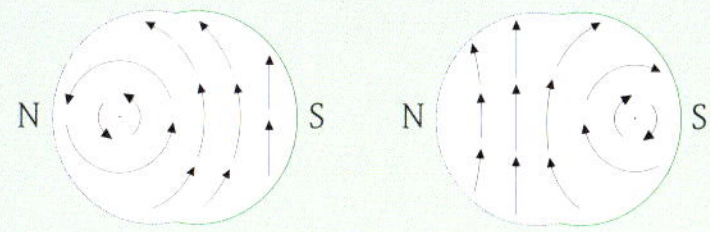

Nordhalbkugel **Südhalbkugel**

Neben jeder Himmelskarte finden Sie ein Diagramm mit der Richtung, in der die Sterne im Laufe der Nacht zu wandern scheinen. Die Pfeile zeigen eine allgemeine Bewegung von Ost nach West (aufgrund der Erdrotation). Zirkumpolare Sterne (am einen Rand jeder Karte, siehe Diagramm) kreisen jedoch ohne unterzugehen um einen der Himmelspole.

Himmelskarte ▷

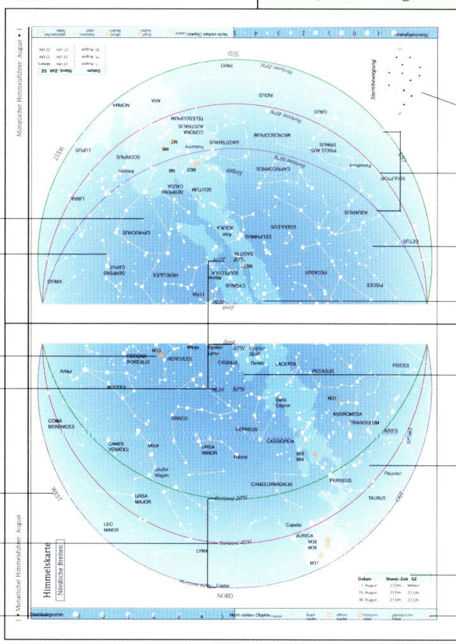

die Karte zeigt alle Sterne heller als 5,0 mag

alle 88 Sternbildmuster sind auf den Karten eingezeichnet

Symbol für nichtstellares Objekt

farbkodierte Kreuze markieren den Zenit für verschiedene geographische Breiten

Himmelsrichtung

farbkodierte Horizontlinien, gültig für Blick nach Norden

Legende der Sternhelligkeiten

Sternbewegungs-Diagramm (s. o.)

farbkodierte Horizontlinien, gültig für Blick nach Süden

Ekliptik (hilfreich zum Auffinden von Planeten)

Milchstraße

Kartenmitte, zeigt Himmel senkrecht über dem Beobachter

seitliche Kartenbereiche zeigen Sterne im Osten und Westen

Tabelle mit Zeiten, für die die Karte gültig ist (siehe Kasten unten)

Legende nichtstellarer Objekte

Zeit

Die Karten zeigen den Himmel um 22 Uhr Mitte des betreffenden Monats – d. h. um 22 Uhr Standardzeit einer bestimmten Zeitzone (bei Sommerzeit (SZ) 1 Stunde später). Denselben Anblick bietet der Himmel am Monatsanfang um 23 Uhr und am Monatsende um 21 Uhr. Möchten Sie den Himmel zu anderen Zeiten beobachten, müssen Sie Karten für einen anderen Monat verwenden: Für je 2 Stunden vor oder nach 22 Uhr gehen Sie einen Monat zurück oder vor. Wollen Sie also den Himmel am 15. Januar um Mitternacht betrachten, benutzen Sie die Karte für Februar.

Januar

Der Abendhimmel im Januar ist der prächtigste im ganzen Jahr: Orion ist umgeben von einer ganzen Schar hell leuchtender Sterne, darunter auch Sirius, der strahlendste von allen. In südlichen Breiten bereichern noch Canopus, der zweithellste aller Sterne, und die Große Magellansche Wolke (LMC), eine nahegelegene kleine Galaxie, die Szene.

Sonnenauf- und Untergang am 15. Jan.

geo. Breite	Sonnenaufg.	Sonnenunterg.
60°N	08.50	15.30
40°N	07.20	17.00
20°N	06.40	17.40
0°	06.10	18.10
20°S	05.30	18.50
40°S	04.50	19.30

1. Januar Standardzeit SZ	15. Januar Standardzeit SZ	30. Januar Standardzeit SZ

Nördliche Breiten

• Blick nach Norden Rechts vom Polarstern (Polaris) steht der Große Wagen auf seiner Deichsel. Das W von Cassiopeia liegt links neben Polaris, Cepheus darunter. Capella leuchtet fast im Zenit. Im Nordosten geht Leo auf und im Nordwesten das Pegasus-Quadrat unter.

• Blick nach Süden Der prächtige Orion beherrscht die Bühne, links von ihm seine Hunde, markiert durch Sirius (in Canis Major) und Prokyon (in Canis Minor). Rechts oberhalb von Orion erstrahlen Aldebaran und noch weiter oben und weiter rechts die Plejaden (s. S.147). Fast im Zenit stehen Castor und Pollux zusammen mit Capella.

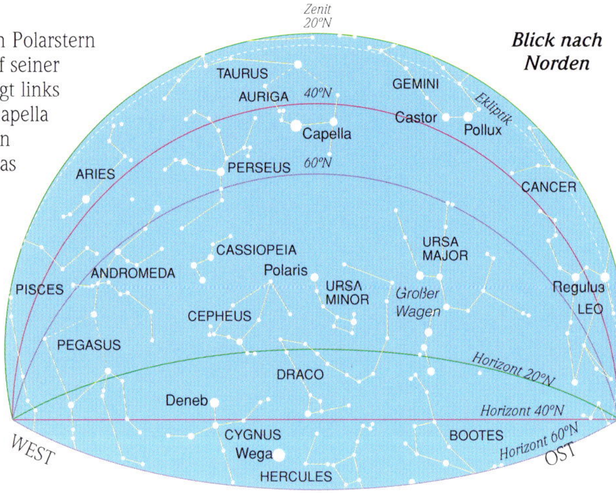

Südliche Breiten

• Blick nach Norden Orion steht hoch am Himmel, Capella und die anderen Sterne in Auriga findet man tiefer am nördlichen Horizont. Rechts von Orion strahlen Sirius und Prokyon. Aldebaran und die Sterne von Taurus liegen links, Castor und Pollux rechts unterhalb von Orion, im Nordosten. Im Nordwesten geht Perseus unter.

• Blick nach Süden Hoch im Süden leuchtet Canopus, über ihm – fast im Zenit – Sirius. Etwas tiefer, Richtung Südwest, markiert Achernar das Ende des Himmelsflusses Eridanus. Direkt unterhalb von Canopus liegt die Große Magellansche Wolke (LMC), rechts darunter die Kleine Magellansche Wolke (SMC, s. S.149).

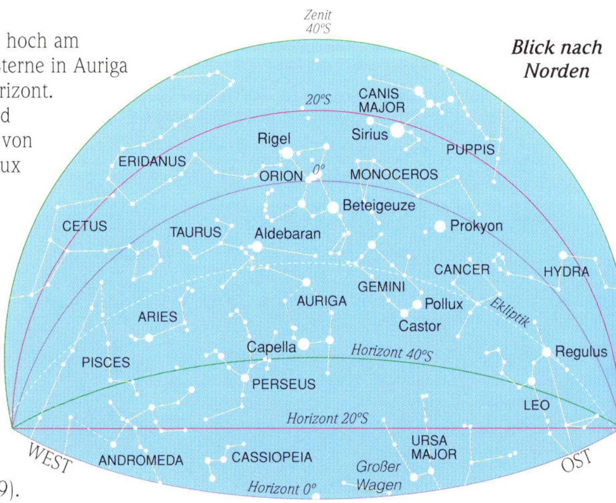

Gürtel des Orion
Die drei Sterne in der Bildmitte liegen auf einer Geraden, die den Gürtel des Jägers Orion (S.114–115) darstellt. Sie heißen (von links nach rechts): Delta (δ) Orionis (Mintaka), Epsilon (ε) Orionis (Alnilam) und Zeta (ζ) Orionis (Alnitak).

Sternhelligkeiten −1 0 1 2 3

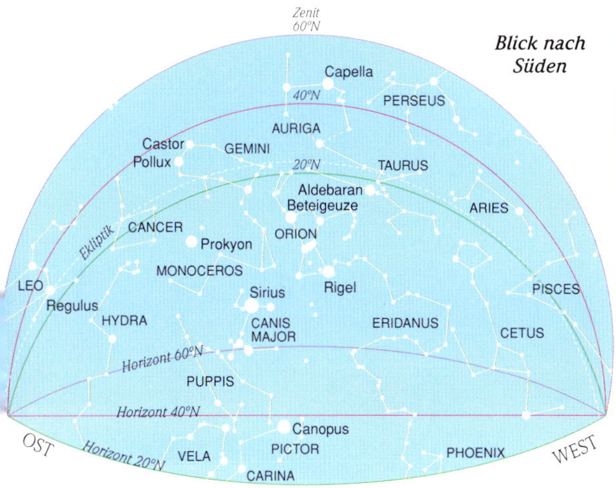

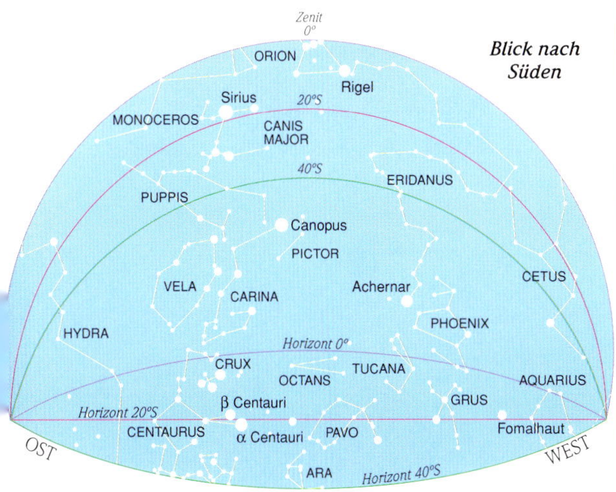

Himmelskarten

Objekte im Januar

☐ **M42 (Orion).** Dieser Emissionsnebel bildet einen Teil des Schwertgehänges am Gürtel des Orion. Er zählt zu den berühmtesten Himmelsobjekten und ist der bekannteste Nebel überhaupt. Unter guten Bedingungen ist er mit bloßem Auge als verwaschener, milchig weißer oder grünlicher Fleck zu sehen. Besser erkennt man ihn allerdings mit dem Fernglas. M42 ist eine riesige Gas- und Staubwolke, hauptsächlich aus Wasserstoffgas, das auf Photos rötlich gefärbt erscheint. Sie wird von einem in ihrem Inneren entstandenen Stern zum Leuchten gebracht: Theta-1 (θ^1) Orionis, auch Trapez genannt, da er in Wirklichkeit aus vier in einem kleinen Teleskop sichtbaren Sternen besteht (siehe auch S.114–115).

Ebenfalls sichtbar

- **Castor** (S. 151)
- **M36, M37 und M38** (S. 211)
- **M41** (S. 151)
- **M44** (S. 157)
- ☐ **NGC 2244** (S. 151)
- **Hyaden und Plejaden** (S. 211)

Meteore im Januar

Quadrantiden. Dieser nur auf der Nordhalbkugel sichtbare Meteorschauer erscheint in der ersten Januarwoche; sein Radiant liegt im nördlichen Teil von Bootes, nahe der Deichsel des Großen Wagens. Dieses Gebiet gehörte früher zum Sternbild Quadrans (daher der Name des Schauers). Die Aktivität erreicht am 3. und 4. Januar etwa 100 Meteore pro Stunde, aber die Meteore sind gewöhnlich lichtschwach, und der Radiant steht erst nach Mitternacht höher am Himmel.

Himmelskarte

Nördliche Breiten

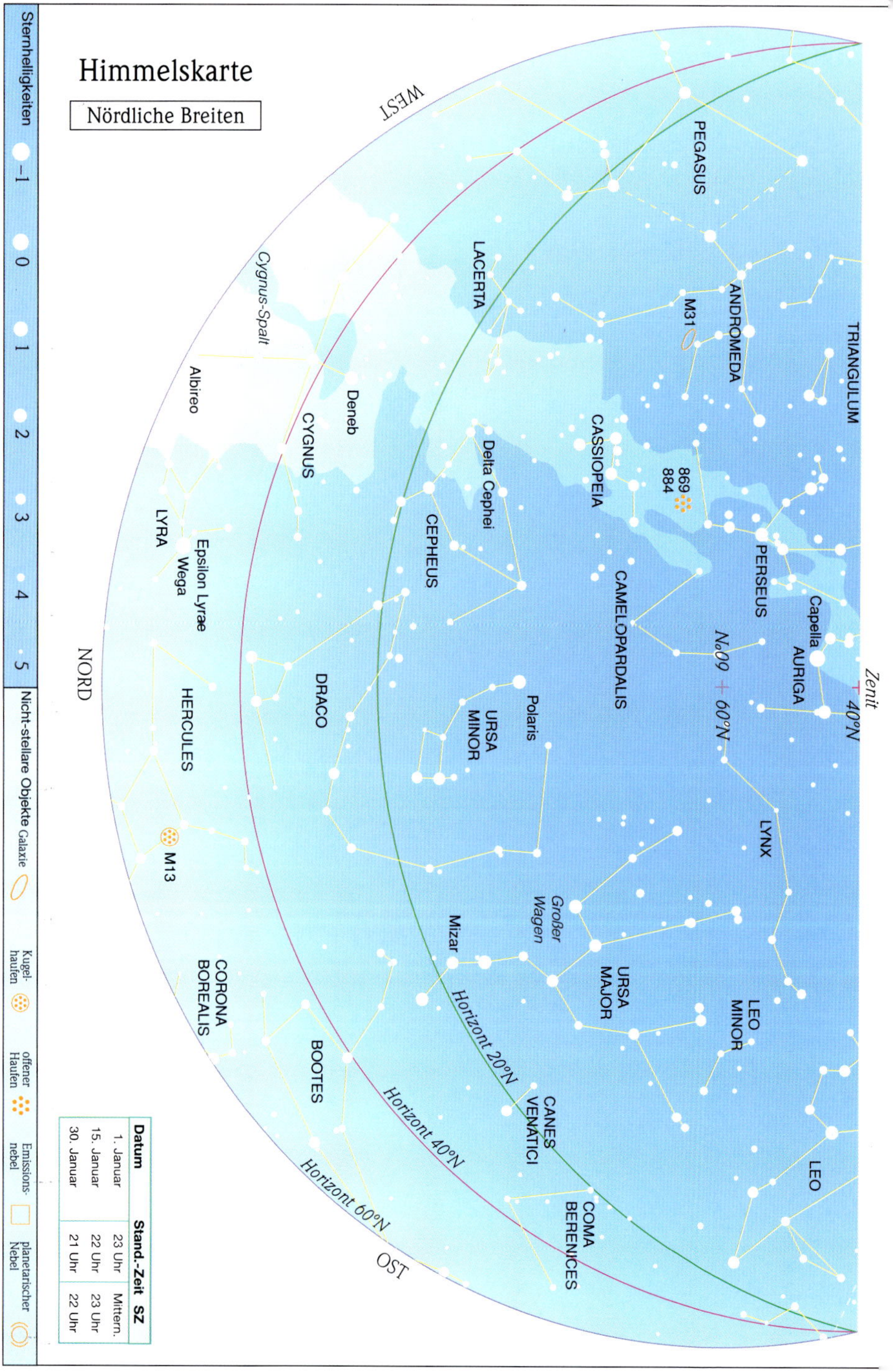

Datum	Stand.-Zeit	SZ
1. Januar	23 Uhr	Mittern.
15. Januar	22 Uhr	23 Uhr
30. Januar	21 Uhr	22 Uhr

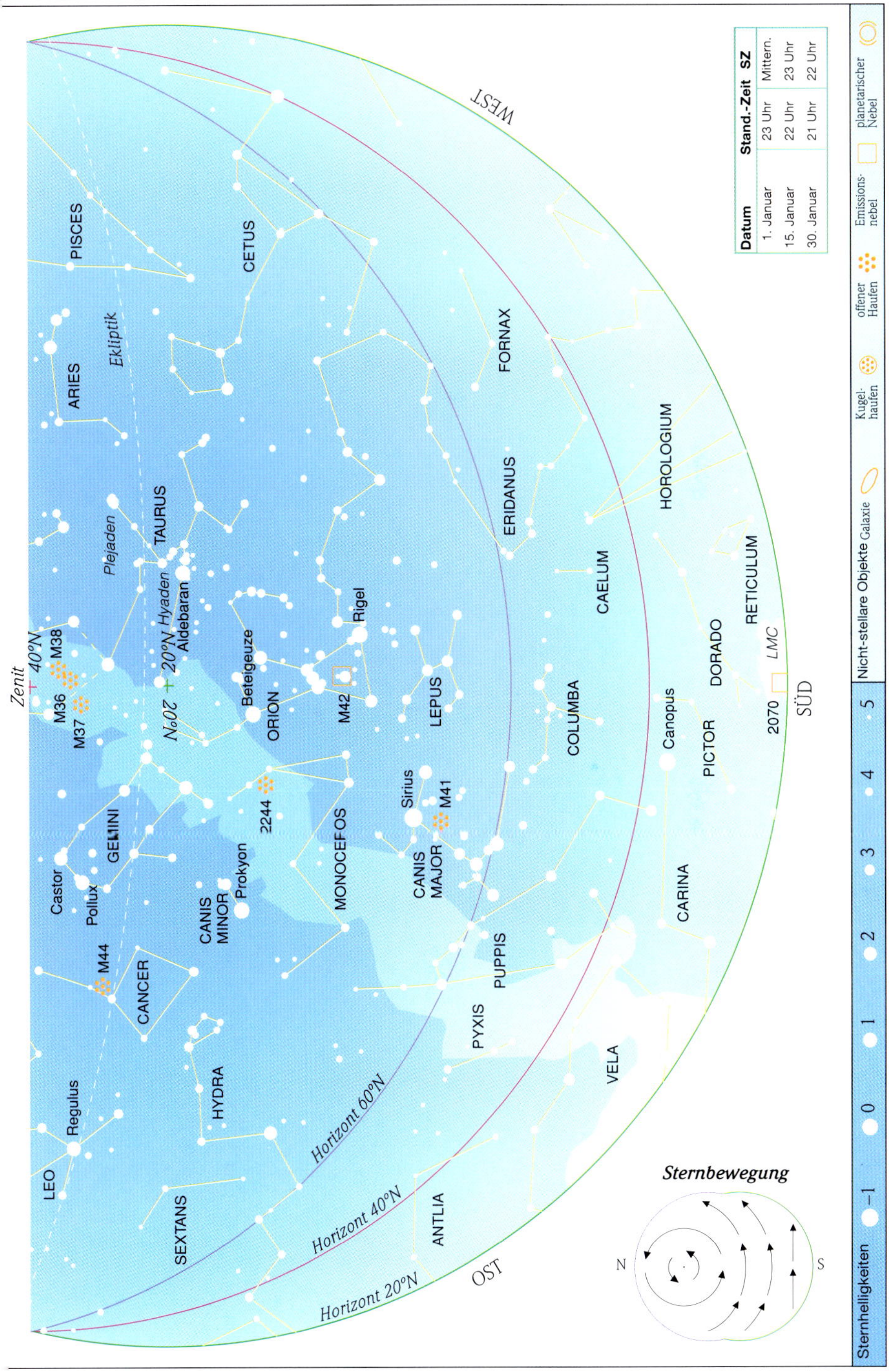

Datum	Stand.-Zeit	SZ
1. Januar	23 Uhr	Mittern.
15. Januar	22 Uhr	23 Uhr
30. Januar	21 Uhr	22 Uhr

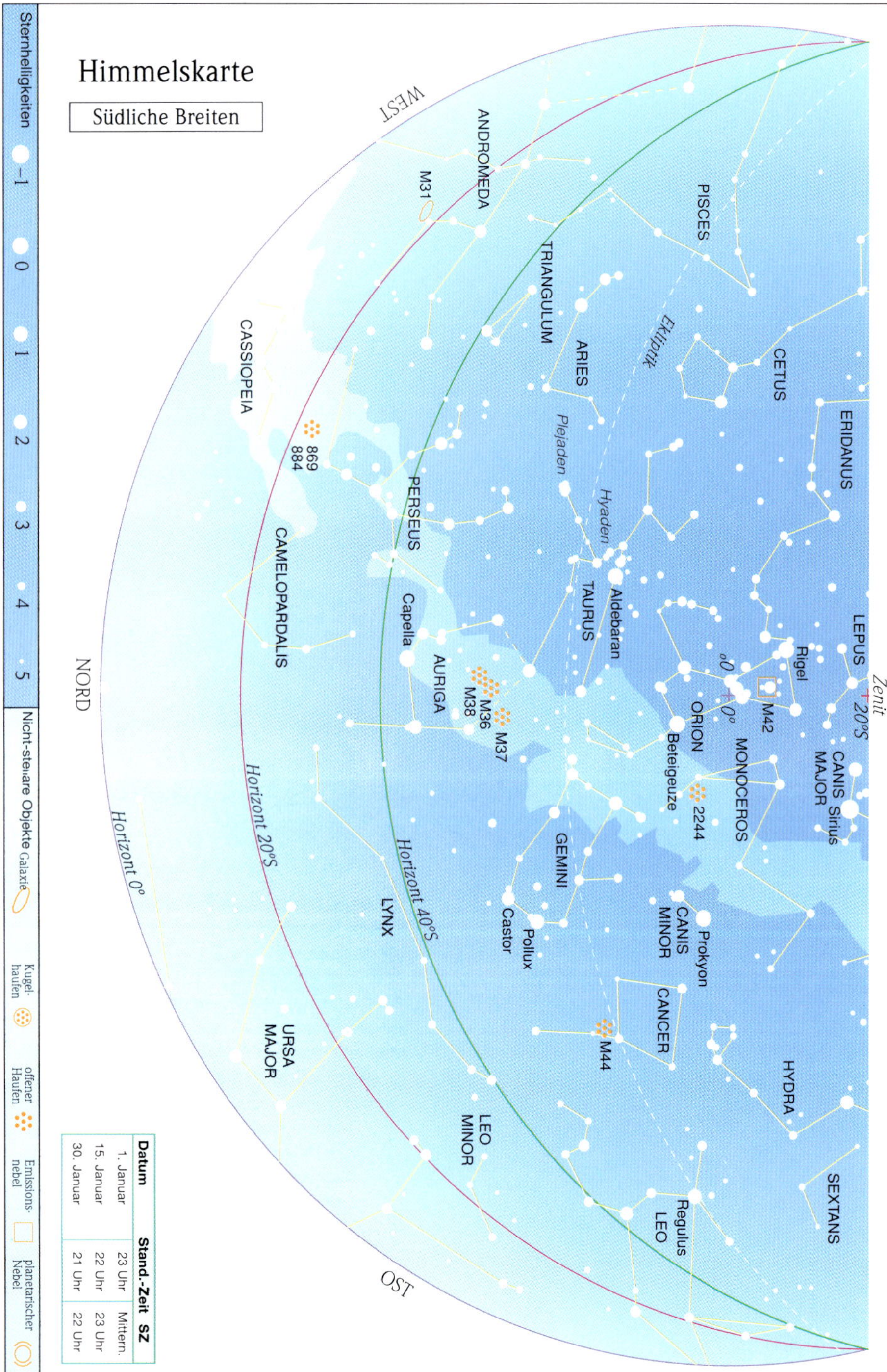

Datum	Stand.-Zeit	SZ
1. Januar	23 Uhr	Mittern.
15. Januar	22 Uhr	23 Uhr
30. Januar	21 Uhr	22 Uhr

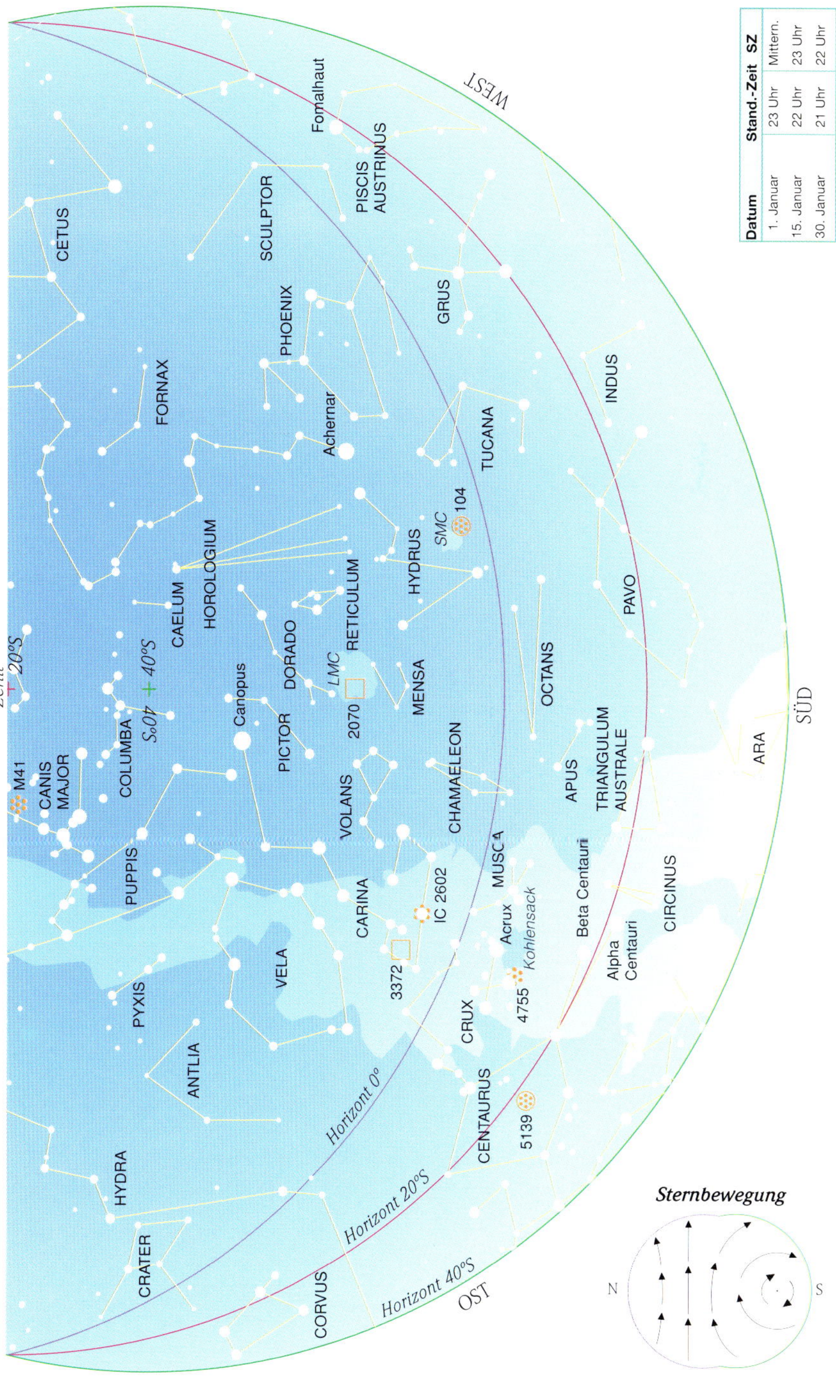

Datum	Stand.-Zeit	SZ
1. Januar	23 Uhr	Mittern.
15. Januar	22 Uhr	23 Uhr
30. Januar	21 Uhr	22 Uhr

Sternhelligkeiten −1 0 1 2 3 4 5

Nicht-stellare Objekte: Galaxie, Kugelhaufen, offener Haufen, Emissionsnebel, planetarischer Nebel

Februar

Sirius, der hellste aller Sterne, ist von allen Breiten am Abendhimmel sichtbar, während Beobachter im Süden auch Canopus, den zweithellsten, bewundern können. Hoch am Südhimmel stehen die drei Sternbilder Carina, Puppis und Vela, die bei den alten Griechen ein einziges bildeten: Argo Navis, das Schiff Jasons und der Argonauten.

Sonnenauf- und Untergang am 15. Feb.

geo. Breite	Sonnenaufg.	Sonnenunterg.
60°N	07.40	16.50
40°N	06.50	17.40
20°N	06.30	18.00
0°	06.10	18.20
20°S	05.50	18.40
40°S	05.30	19.00

1. Februar Standardzeit SZ	15. Februar Standardzeit SZ	1. März Standardzeit SZ

Nördliche Breiten

• **Blick nach Norden** Perseus und Cassiopeia sind im Nordwesten leicht zu finden, mit dem hellen Stern Capella in Auriga über ihnen. Die vertraute Form des Großen Wagens beherrscht den Nordosten; genau im Norden streifen die lichtschwachen Sternbilder Cepheus und Draco am Horizont entlang.

• **Blick nach Süden** Im Südwesten fallen besonders Orion und Taurus auf. Sirius strahlt fast genau im Süden mit Prokyon etwas links über ihm; Castor und Pollux, die beiden hellsten Sterne in Gemini, stehen im Zenit mit Cancer zu ihrer Linken. Im Südosten wird die markante Form von Leo sichtbar.

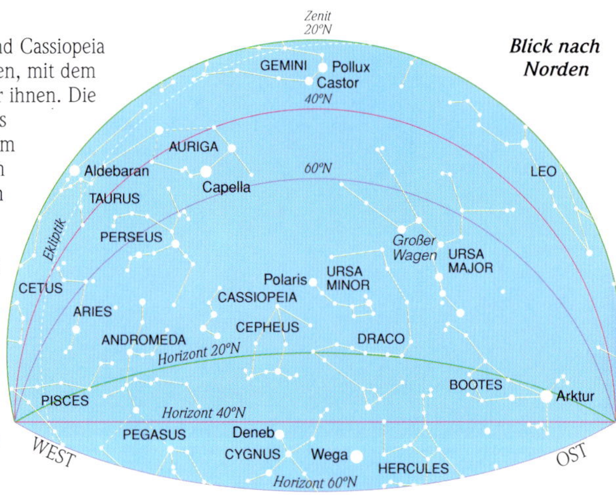

Südliche Breiten

• **Blick nach Norden** Castor und Pollux in Gemini stehen genau im Norden, über ihnen prangt Prokyon in Canis Minor. Sirius leuchtet fast im Zenit. Orion und Taurus sind im Nordwesten deutlich zu sehen, während Leo Cancer in den Nordosten folgt.

• **Blick nach Süden** Die drei Teile des Argonauten-Schiffes sind deutlich sichtbar: Carina, der Kiel (mit seinem hellsten Stern Canopus); Puppis, das Hinterdeck, und dazwischen Vela, die Segel. Im Südwesten erstrahlt Achernar in Eridanus; in seiner Nähe liegen die Magellanschen Wolken (LMC und SMC, s. S. 155). Im Südosten gehen Centaurus und Crux auf.

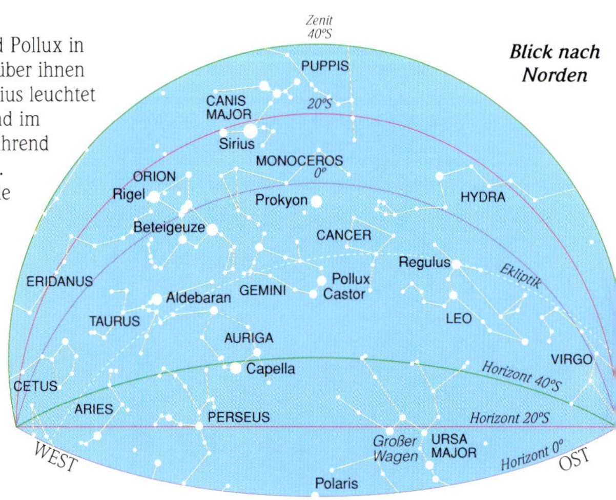

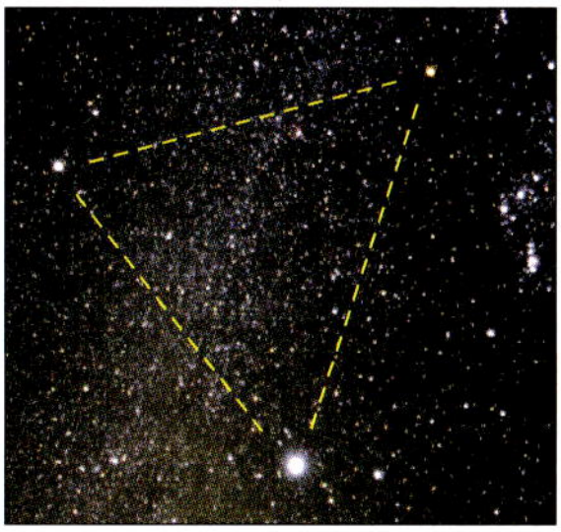

Das Winterdreieck
Drei hell strahlende Sterne in unterschiedlichen Sternbildern bilden am nördlichen Winter- bzw. südlichen Sommerhimmel ein gleichseitiges Dreieck. Sirius in Canis Major stellt die südliche Spitze dar, Beteigeuze (oben rechts) in Orion und Prokyon (oben links) in Canis Minor vervollständigen die Figur. Das Winterdreieck liegt am Himmelsäquator und ist von allen Breiten aus sichtbar.

Sternhelligkeiten ○ −1 ○ 0 ○ 1 ○ 2 ○ 3

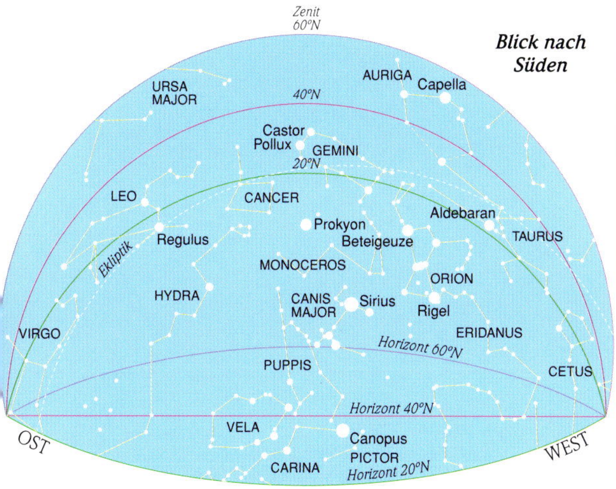

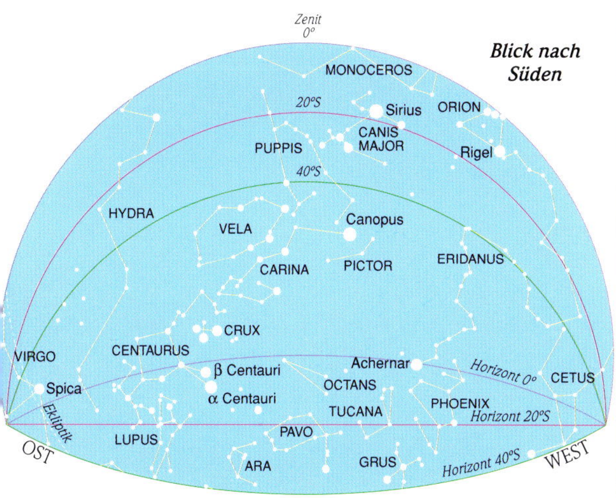

Himmelskarten

Objekte im Februar

Castor (Gemini). Dieser Stern, auch Alpha (α) Geminorum genannt, ist mit einem Teleskop bei etwa 100facher Vergrößerung als enger Doppelstern erkennbar. Die beiden Komponenten umkreisen einander in etwa 470 Jahren. Da noch weitere Sterne durch Schwerkraft an Castor gebunden sind, ergibt sich eine Familie aus insgesamt sechs Sternen, darunter ein Paar lichtschwacher roter Zwerge. Alle sechs entstanden aus derselben Gaswolke. Siehe auch S. 96.

M41 (Canis Major). Beobachter weiter im Norden übersehen häufig diesen 4° südlich von Sirius gelegenen offenen Haufen, weil er von ihrem Standort aus gesehen dicht über dem Horizont steht. Er ist jedoch mit dem Fernglas leicht aufzufinden, bei günstigen Bedingungen sogar mit bloßem Auge sichtbar. Siehe auch S. 74.

NGC 2244 (Monoceros). Die hellsten Mitglieder dieses großen offenen Haufens sind im Fernglas leicht auszumachen und bilden ein Rechteck. Der hellste, 12 Monocerotis (6 mag), ist jedoch ein Vordergrundobjekt. Der Haufen liegt im Zentrum des Rosetta-Nebels (NGC 2237), eines blumenähnlichen Gasnebels, der nur auf Photos gut zu erkennen ist. Siehe auch S. 110–111.

Ebenfalls sichtbar

- **M36, M37, und M38** (S. 211)
- ☐ **M42** (S. 145)
- **M44** (S. 157)
- ☐ **NGC 3372** (S. 157)
- **IC 2602** (S. 157)
- **Hyaden und Plejaden** (S. 211)

Himmelskarte

Nördliche Breiten

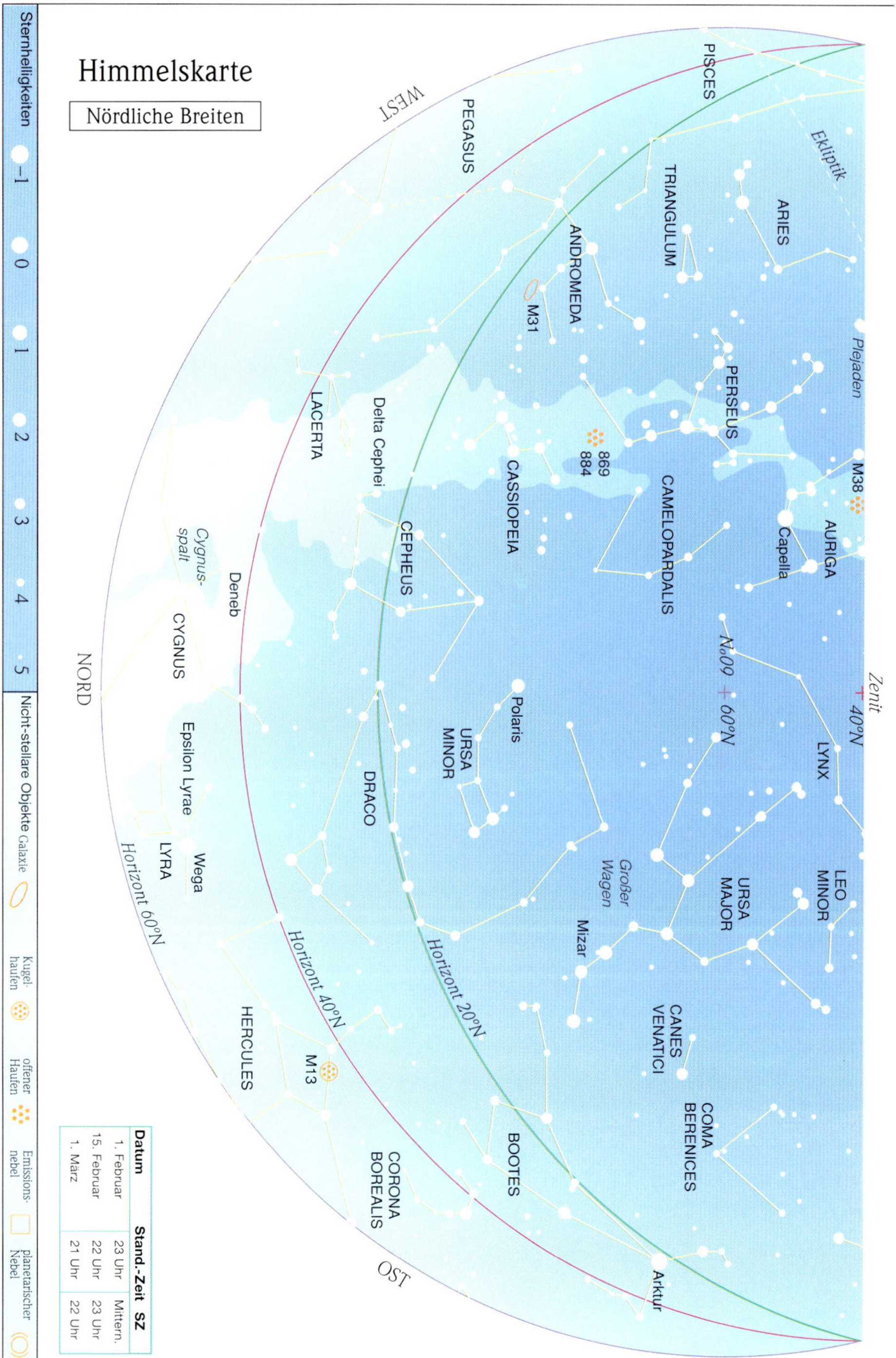

Datum	Stand.-Zeit	SZ
1. Februar	23 Uhr	Mittern.
15. Februar	22 Uhr	23 Uhr
1. März	21 Uhr	22 Uhr

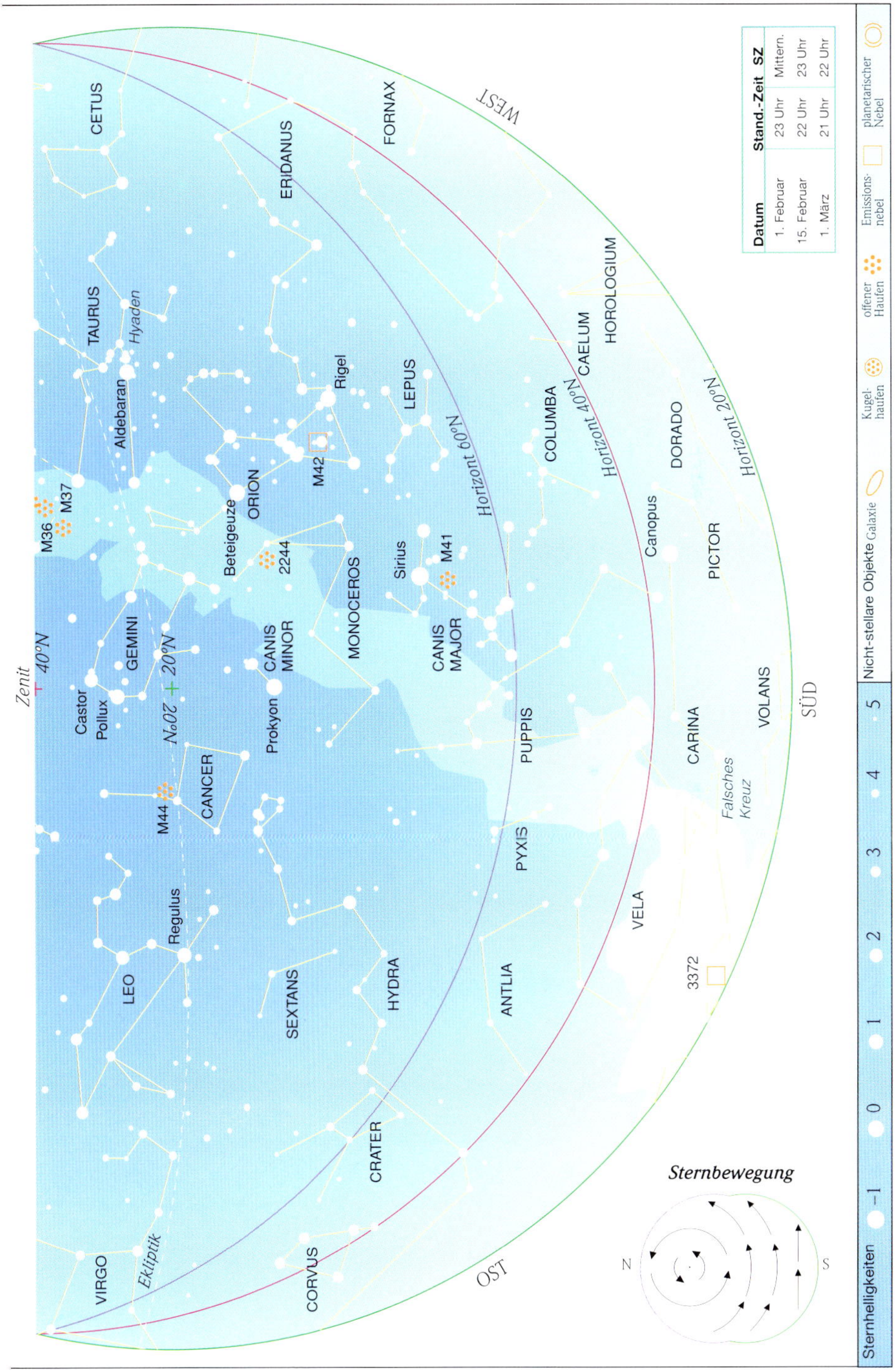

Datum	Stand.-Zeit	SZ
1. Februar	23 Uhr	Mittern.
15. Februar	22 Uhr	23 Uhr
1. März	21 Uhr	22 Uhr

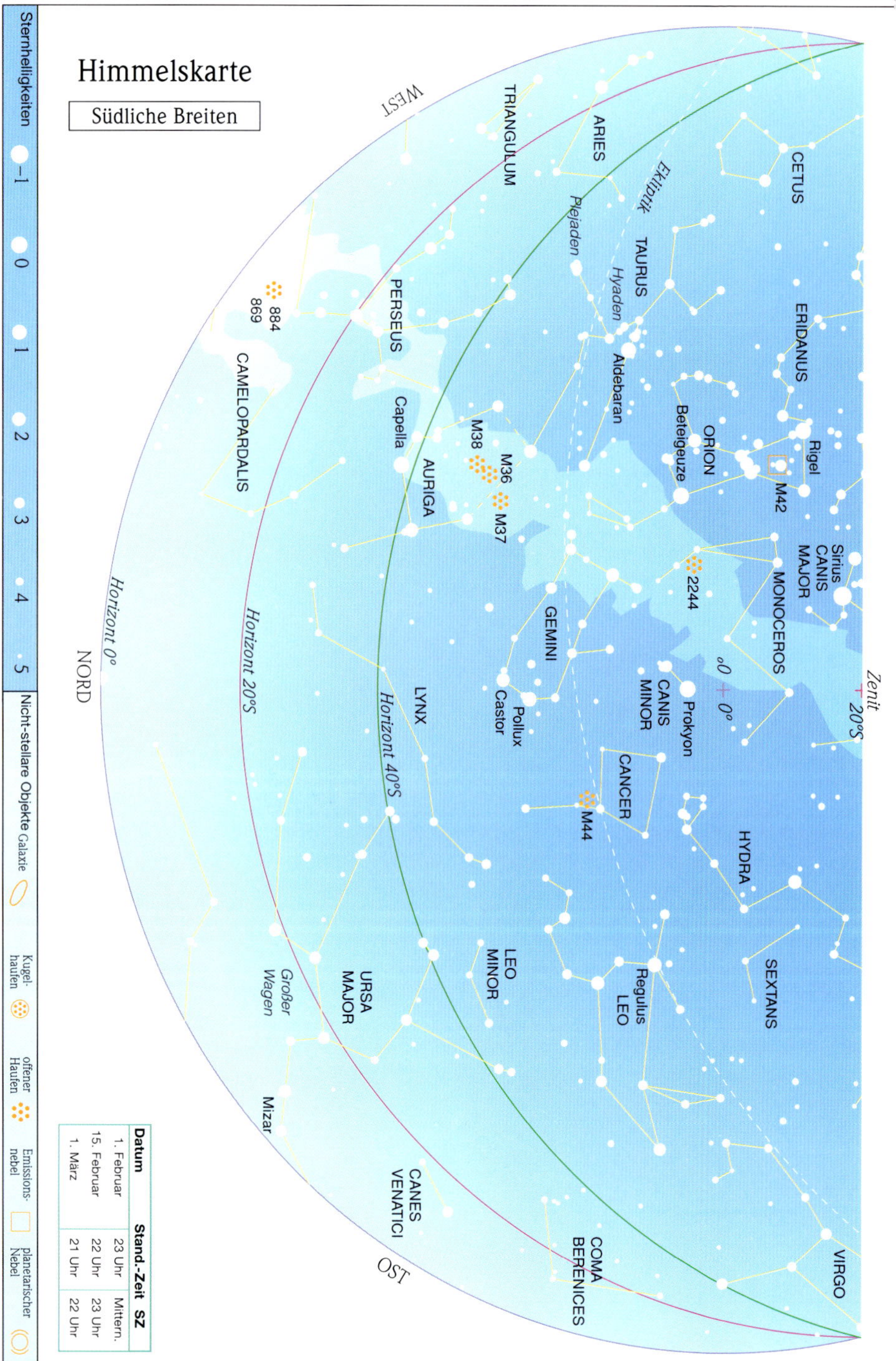

Datum	Stand.-Zeit	SZ
1. Februar	23 Uhr	Mittern.
15. Februar	22 Uhr	23 Uhr
1. März	21 Uhr	22 Uhr

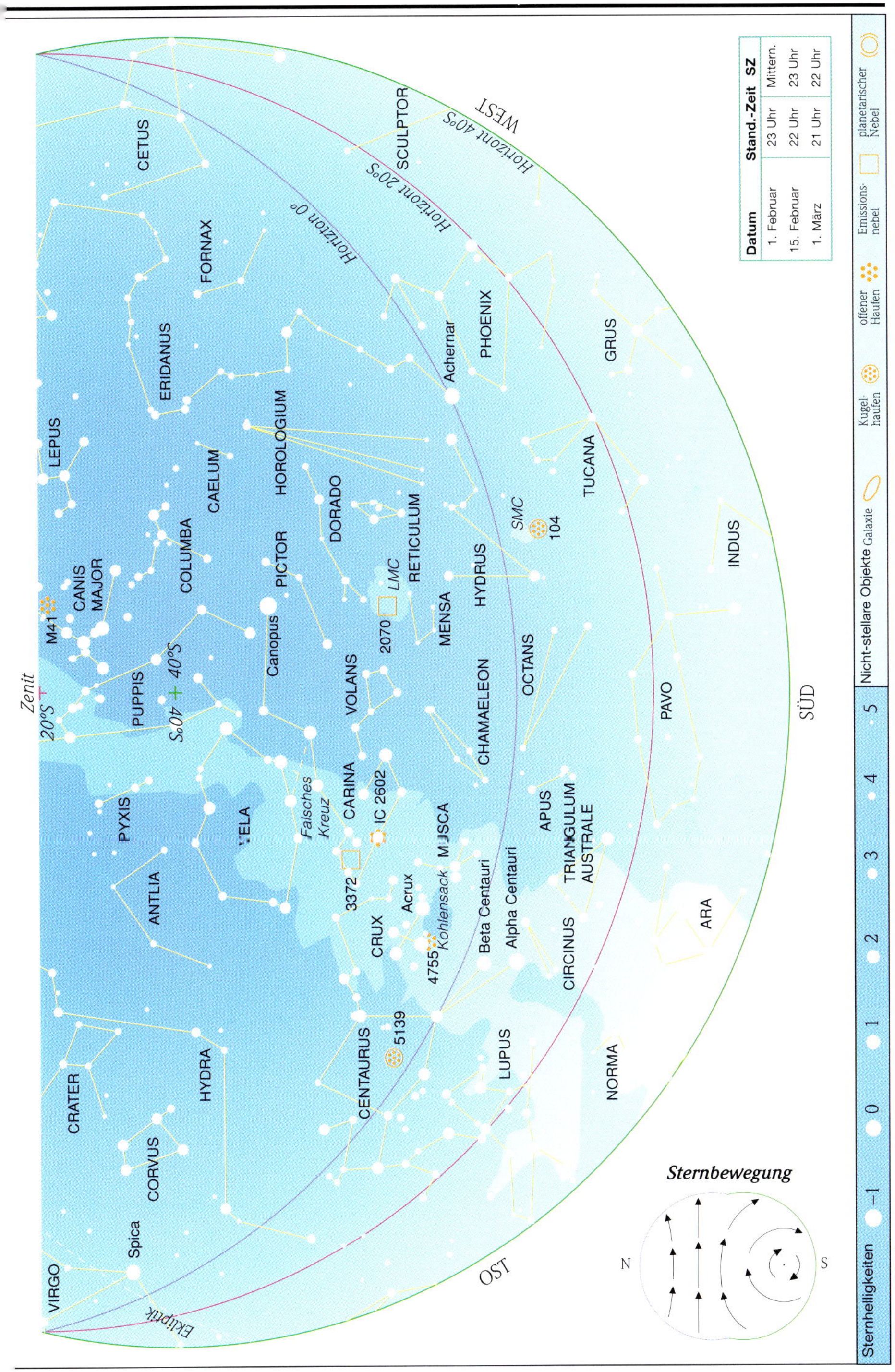
Zenit
20°S
40°S
Horizont 0°
Horizont 20°S
Horizont 40°S
WEST
OST
SÜD
Ekliptik
CETUS
SCULPTOR
FORNAX
ERIDANUS
LEPUS
CAELUM
HOROLOGIUM
COLUMBA
DORADO
PHOENIX
Achernar
GRUS
TUCANA
SMC
104
HYDRUS
RETICULUM
LMC
2070
PICTOR
CANIS MAJOR
M41
Canopus
PUPPIS
VOLANS
MENSA
OCTANS
INDUS
PAVO
CHAMAELEON
CARINA
IC 2602
Falsches Kreuz
PYXIS
VELA
MUSCA
APUS
TRIANGULUM AUSTRALE
3372
ANTLIA
Acrux
CRUX
Kohlensack
4755
Beta Centauri
Alpha Centauri
CIRCINUS
ARA
5139
CENTAURUS
LUPUS
NORMA
HYDRA
CRATER
CORVUS
Spica
VIRGO
Sternbewegung
N
S
Datum | Stand.-Zeit | SZ
1. Februar | 23 Uhr | Mittern.
15. Februar | 22 Uhr | 23 Uhr
1. März | 21 Uhr | 22 Uhr
Sternhelligkeiten −1 0 1 2 3 4 5
Nicht-stellare Objekte Galaxie
Kugel-haufen
offener Haufen
Emissions-nebel
planetarischer Nebel

März

Mit Herannahen des Äquinoktiums (Frühlings- bzw. Herbstanfang auf der Nord- bzw. Südhalbkugel) um den 21. März sind auf der ganzen Welt Tage und Nächte etwa gleich lang. Orion und seine strahlenden Nachbarsterne liegen im Westen; auf der Südhalbkugel sind im Süden und Südosten die reichen Sternfelder in Carina und Centaurus zu bewundern.

Sonnenauf- und Untergang am 15. März

geo. Breite	Sonnenaufg.	Sonnenunterg.
60°N	06.20	18.00
40°N	06.10	18.10
20°N	06.10	18.10
0°	06.10	18.10
20°S	06.00	18.20
40°S	06.00	18.20

1. März Standardzeit SZ	15. März Standardzeit SZ	30. März Standardzeit SZ

Nördliche Breiten

• **Blick nach Norden** Hoch im Nordosten steht der Große Wagen »auf dem Kopf«, den Kasten nach unten zu Polaris geöffnet und die Deichsel nach Osten auf Arktur weisend, dessen Aufgang den nahenden Frühling ankündigt. Capella ist der auffälligste Stern im Nordwesten, während Perseus und Cassiopeia sich dem westlichen Horizont zuneigen.

• **Blick nach Süden** Leo liegt genau im Süden, die lichtschwächeren Sternen von Cancer zu seiner Rechten. Im Südosten geht Virgo mit ihrem hellsten Stern Spica auf, während sich Orion und die anderen Wintersterne im Südwesten verabschieden – tief am Horizont der funkelnde Sirius.

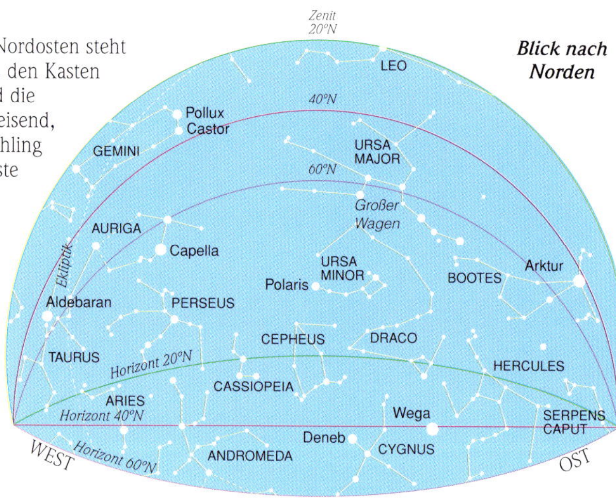

Südliche Breiten

• **Blick nach Norden** Die Tierkreis-Sternbilder Gemini, Cancer und Leo folgen einander von Nordwest nach Nordost. Die lichtschwachen Sterne um das Haupt der Hydra stehen hoch im Norden. Knapp über dem nordöstlichen Horizont erscheint Arktur und kündigt den Jahreszeitenwechsel an.

• **Blick nach Süden** Fast genau im Süden drängen sich zahlreiche Sterne in Carina und Vela. Sirius, Canopus und die Große Magellansche Wolke (LMC, s. S. 161) stehen im Südwesten, während im Südosten Centaurus und Crux aufgehen. Orion versinkt im Westen, Virgo und die anderen Wintersterne steigen über den östlichen Horizont.

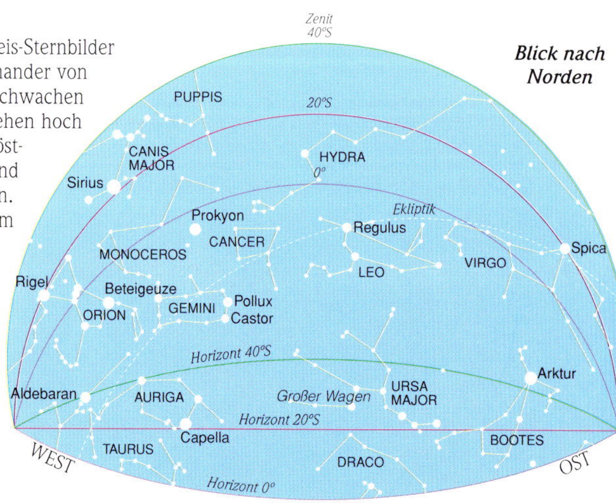

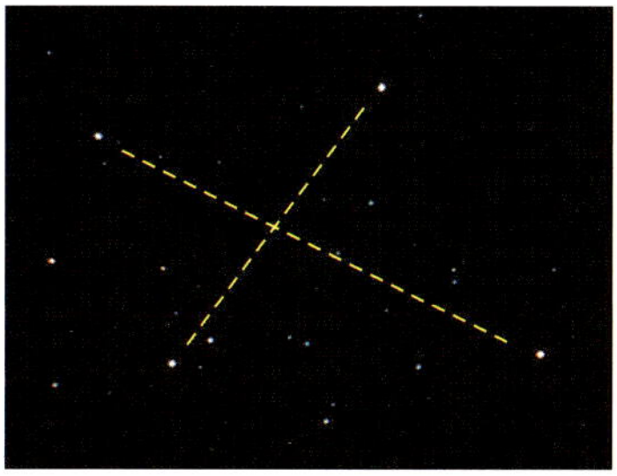

Das Falsche Kreuz
Vier Sterne der Nachbar-Sternbilder Carina und Vela bilden das sogenannte Falsche Kreuz, das zuweilen mit dem kleineren, aber helleren echten Kreuz des Südens verwechselt wird. Die vier Sterne heißen Kappa (κ) und Delta (δ) Velorum (oben links und rechts) sowie Jota (ι) und Epsilon (ε) Carinae (unten links und rechts).

Sternhelligkeiten –1 0 1 2 3

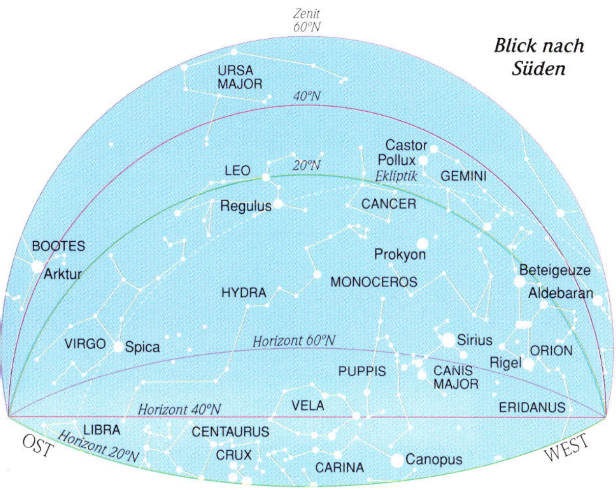

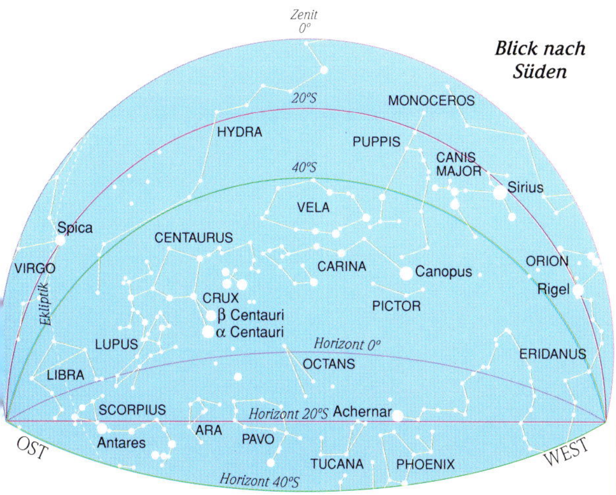

Himmelskarten

Objekte im März

∴ M44 (Cancer). Cancer, lichtschwächstes Sternbild des Tierkreises, enthält eine echte Attraktion: den offenen Haufen M44, auch Praesepe oder Bienenkorb genannt. Ein Fernglas zeigt ihn als rundlichen Fleck aus lichtschwachen Sternen, einem Bienenschwarm ähnelnd. Bei wirklich dunklem Himmel ist er auch mit bloßem Auge sichtbar. Die nördlich und südlich des Haufens gelegenen Sterne Gamma (γ) und Delta (δ) Cancri wurden im Altertum als an der Krippe fressende Esel angesehen. Siehe auch S. 72.

□ NGC 3372 (Carina). Dieser den 6 mag hellen Stern Eta (η) Carinae umschließende Emissionsnebel wird gewöhnlich Eta-Carinae-Nebel genannt. In dunklen Nächten ist er mit bloßem Auge als besonders heller Fleck in der Milchstraße sichtbar. Er ist von einem dunklen V-förmigen Staubstreifen durchzogen. Siehe auch S. 76–77.

∴ IC 2602 (Carina). Dieser helle offene Haufen, im Volksmund Südliche Plejaden genannt, enthält eine Handvoll mit bloßem Auge sichtbare Sterne, deren hellster Theta (θ) Carinae (2,7 mag) ist. Mit dem Fernglas sind etwa zwei Dutzend Sterne erkennbar. Siehe auch S. 76–77.

Ebenfalls sichtbar

- **Acrux** (S. 163)
- **Castor** (S. 151)
- ∴ **M36, M37, und M38** (S. 211)
- ∴ **M41** (S. 151)
- □ **M42** (S. 145)
- □ **NGC 2244** (S. 151)
- ∴ **NGC 4755** (S. 163)

Himmelskarte

Nördliche Breiten

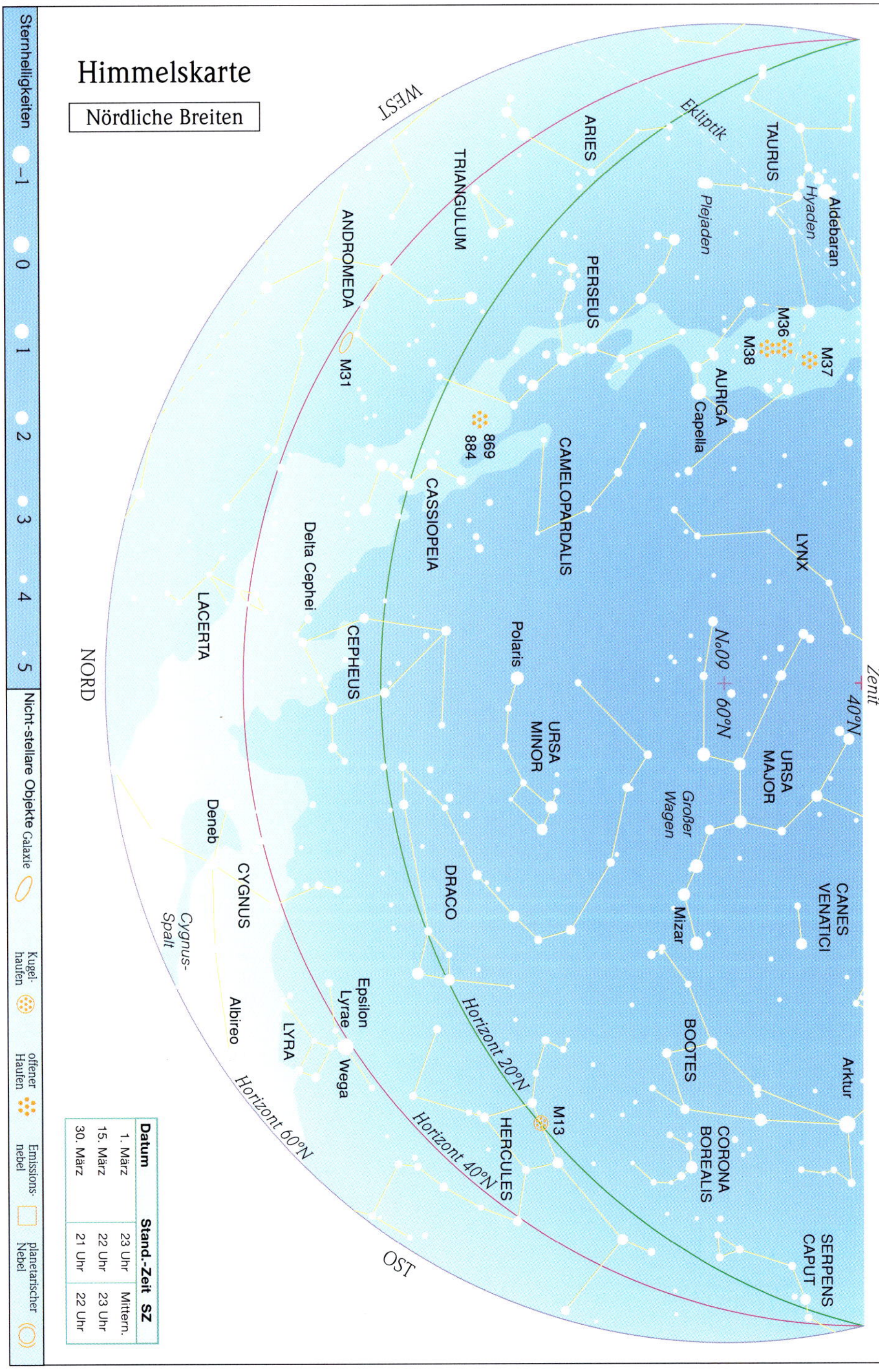

Datum	Stand.-Zeit	SZ
1. März	23 Uhr	Mittern.
15. März	22 Uhr	23 Uhr
30. März	21 Uhr	22 Uhr

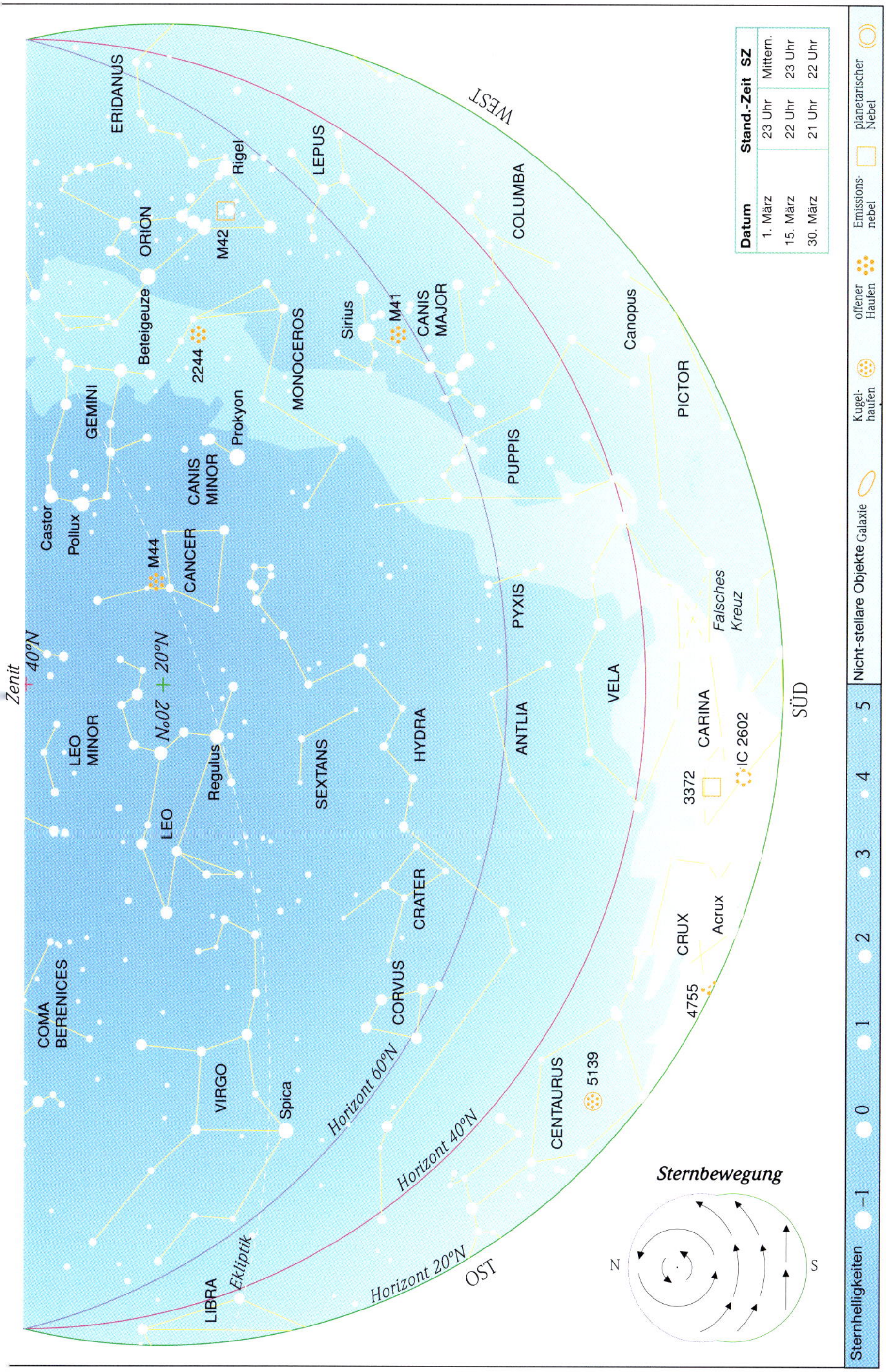

Datum	Stand.-Zeit	SZ
1. März	23 Uhr	Mittern.
15. März	22 Uhr	23 Uhr
30. März	21 Uhr	22 Uhr

Himmelskarte

Südliche Breiten

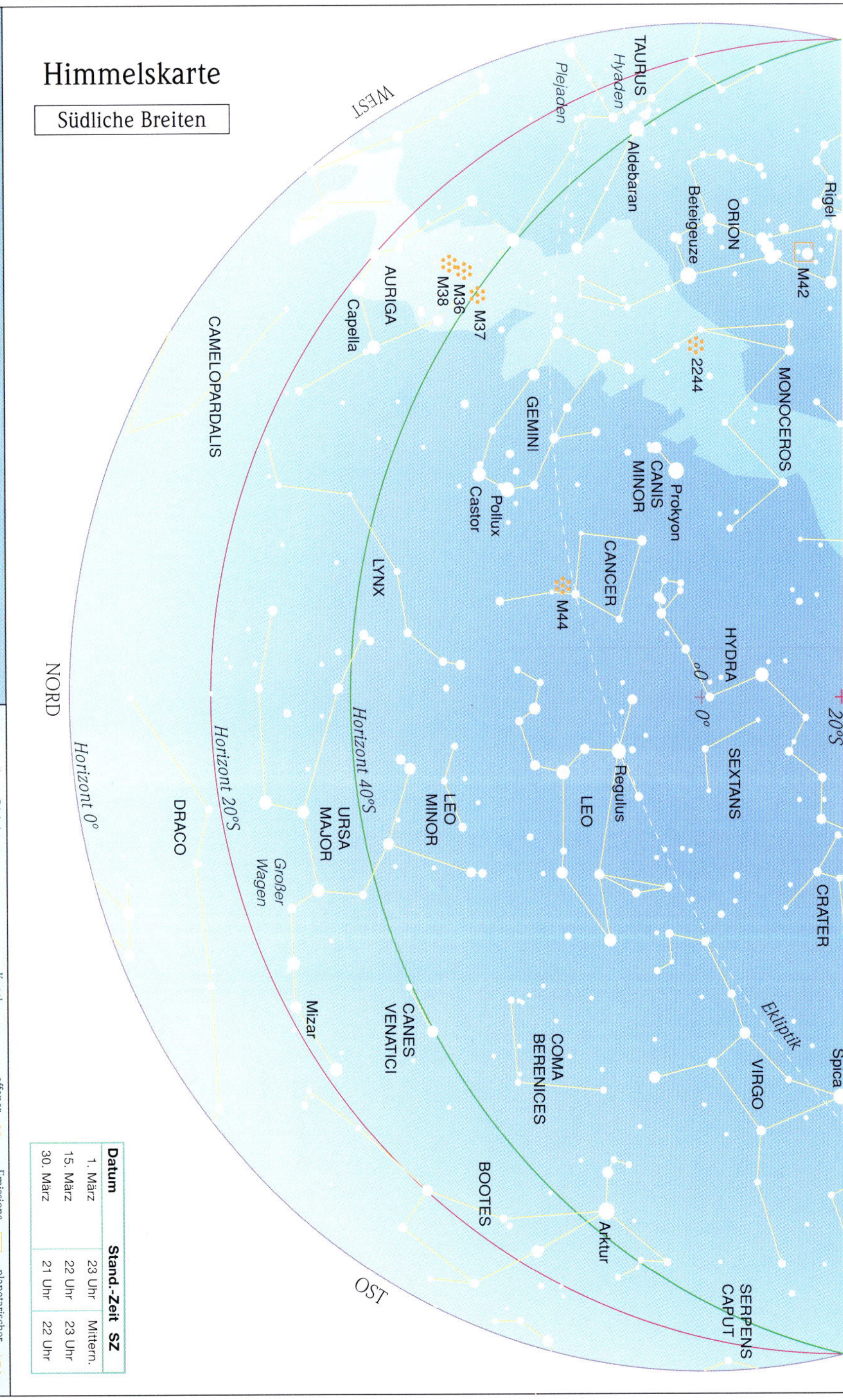

Sternhelligkeiten: –1, 0, 1, 2, 3, 4, 5

Nicht-stellare Objekte: Galaxie, Kugelhaufen, offener Haufen, Emissionsnebel, planetarischer Nebel

Datum	Stand.-Zeit	SZ
1. März	23 Uhr	Mittern.
15. März	22 Uhr	23 Uhr
30. März	21 Uhr	22 Uhr

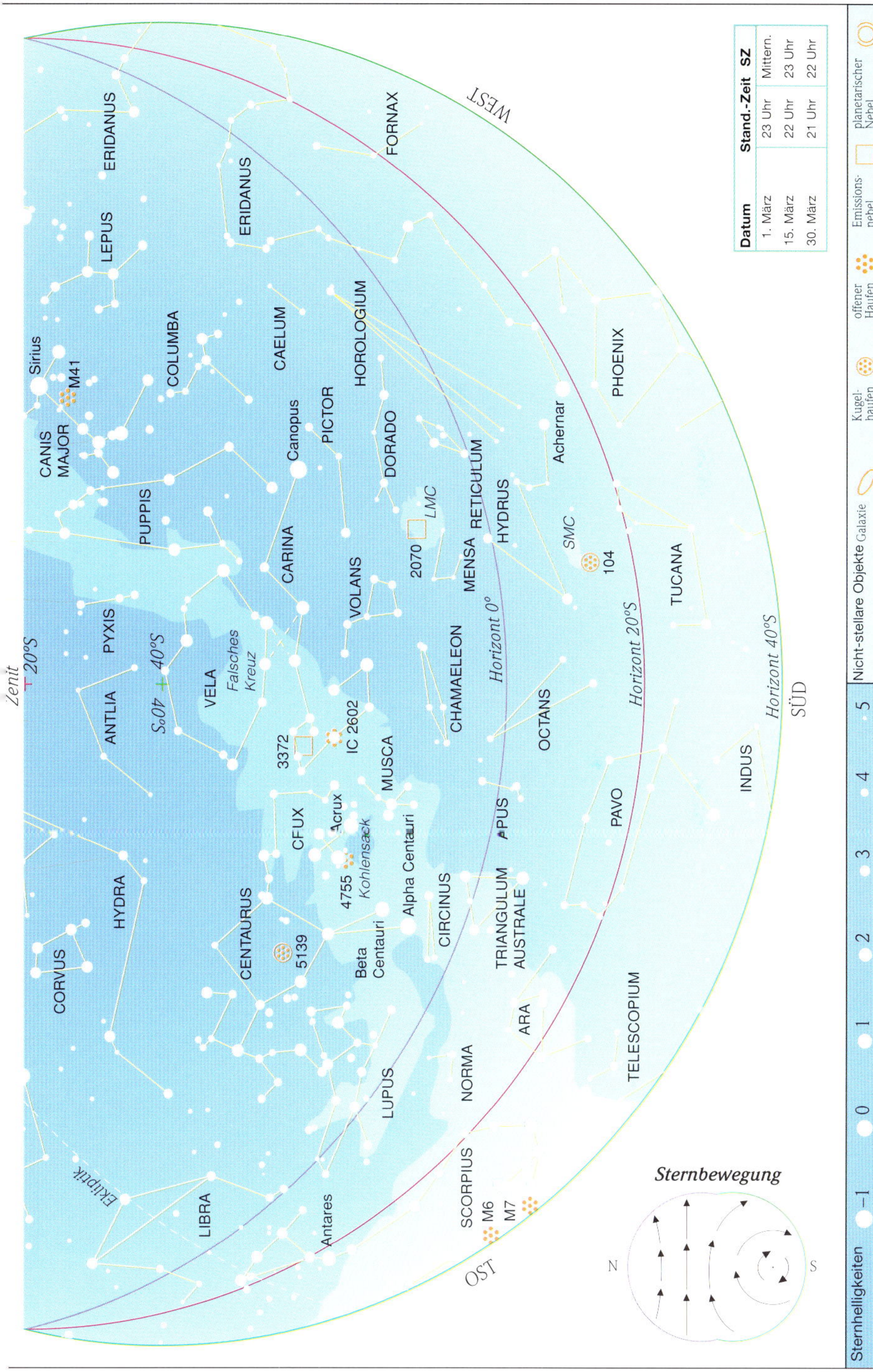

Datum	Stand.-Zeit	SZ
1. März	23 Uhr	Mittern.
15. März	22 Uhr	23 Uhr
30. März	21 Uhr	22 Uhr

April

In den meisten Ländern der Nordhalbkugel gilt nun die Sommerzeit, während im Süden die Dunkelheit früher hereinbricht. Der Große Wagen steht hoch am Nordhimmel, Leo ist überall gut zu sehen und die Milchstraße mit ihrem reichen Schatz heller Sterne für Beobachter auf der Südhalbkugel günstig gelegen.

Sonnenauf- und Untergang am 15. April

geo. Breite	Sonnenaufg.	Sonnenunterg.
60°N	04.40	19.20
40°N	05.20	18.40
20°N	05.40	18.20
0°	06.00	18.00
20°S	06.10	17.50
40°S	06.30	17.30

1. April Standardzeit SZ	15. April Standardzeit SZ	30. April Standardzeit SZ

Nördliche Breiten

• **Blick nach Norden** Die vertraute Gestalt des Großen Wagens steht fast im Zenit, den Kasten nach unten zu Polaris geöffnet. Capella strahlt im Nordwesten, während sich rechts von ihr Perseus und Cassiopeia dem Horizont zuneigen. Im Osten kommen mit Wega und Deneb die Sommersterne in Sicht.

• **Blick nach Süden** Hoch im Süden steht Leo, unter ihm das relativ sternleere Gebiet um Hydra. Links von Leo, im Südosten, prangt der helle Arktur, während Spica in Virgo noch nicht sehr hoch über den Horizont gestiegen ist. Tief im Westen sind Castor und Pollux noch sichtbar, und direkt unter ihnen steht Prokyon.

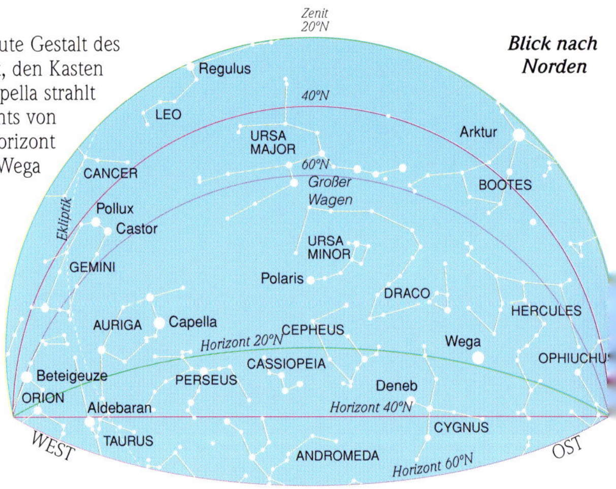

Südliche Breiten

• **Blick nach Norden** Genau im Norden liegt Leo auf dem Rücken, im Osten zieht Arktur die Aufmerksamkeit auf sich, hoch über ihm Spica. Prokyon ist weiterhin im Nordwesten sichtbar, während Castor und Pollux dort untergehen. Über den Zenit spannt sich von Nordwest nach Nordost das ausgedehnte, aber lichtschwache Sternbild Hydra.

• **Blick nach Süden** Crux (das Kreuz des Südens) steht hoch im Süden, mit Vela und Carina rechts und Alpha und Beta Centauri links. Canopus leuchtet im Südwesten, links unter ihm die Große Magellansche Wolke (LMC; s. S. 167). Fast genau im Westen prangt Sirius, während Scorpius den Südosten beherrscht.

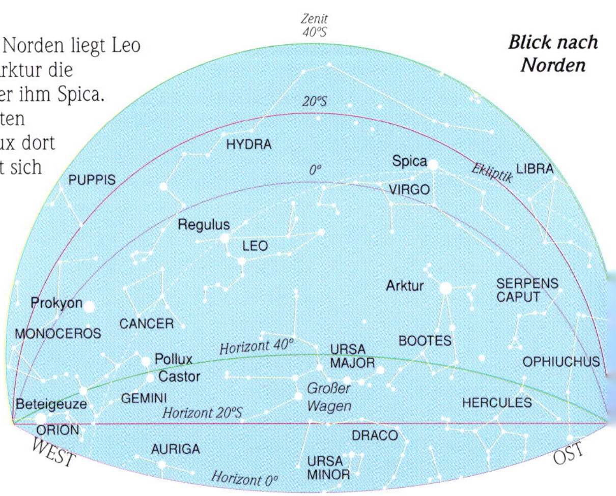

Der Kohlensack (Crux)
Was neben dem Kreuz des Südens wie ein Loch in der Milchstraße wirkt, ist in Wahrheit eine riesige Staubwolke, die die dahinterliegenden Sterne verdeckt. Dieser Dunkelnebel, Kohlensack genannt, hat einen Durchmesser von etwa 60 LJ und liegt etwa 600 LJ entfernt.

Sternhelligkeiten −1 0 1 2 3

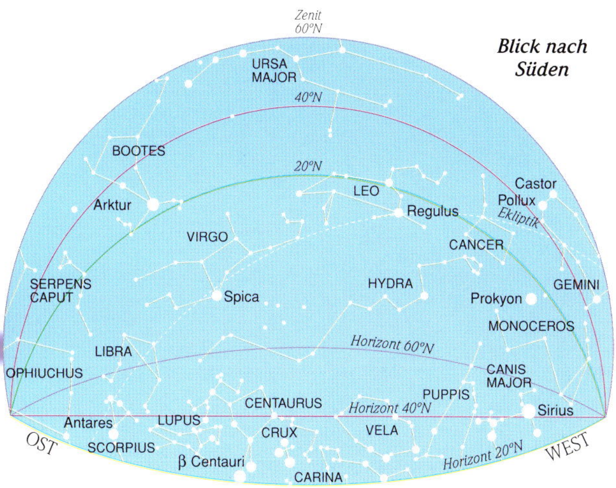

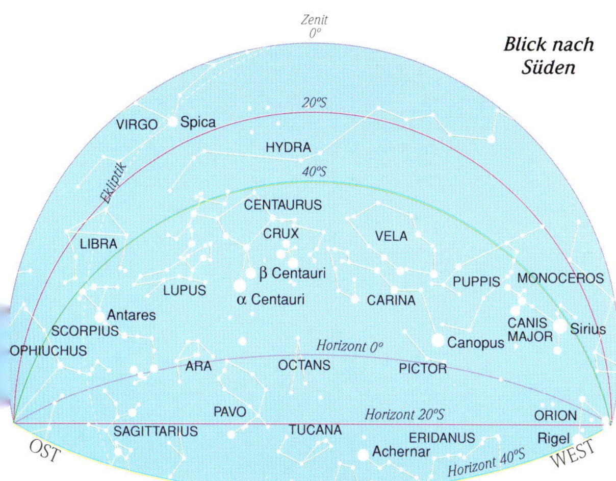

Himmelskarten

Objekte im April

Acrux (Crux). Der hellste Stern im Kreuz des Südens, Acrux oder Alpha (α) Crucis genannt, ist ein enger Doppelstern. Ein kleines Teleskop trennt ihn in zwei funkelnde Lichtpünktchen. Im Fernglas ist noch ein dritter, lichtschwächerer Stern zu sehen, der aber mit dem Hauptpaar nicht in Beziehung steht. Siehe auch S. 86–87.

NGC 4755 (Crux). Dieser offene Haufen, volkstümlich Schmuckkästchen genannt, ist mit bloßem Auge als verwaschener Stern zu sehen. Am besten erkennt man ihn im Fernglas oder kleinen Teleskop. Der englische Astronom Sir John Herschel beschrieb ihn um 1830 als »Kästchen voller verschiedenfarbiger Edelsteine«. Obwohl er am Himmel direkt neben dem Kohlensack liegt (siehe Photo oben), ist er mehr als 12mal so weit entfernt. Siehe auch S. 86–87.

Ebenfalls sichtbar

- **Alpha (α) Centauri** (S. 169)
- **Mizar** (S. 169)
- **M44** (S. 157)
- **NGC 2244** (S. 151)
- **NGC 3372** (S. 157)
- **NGC 5139** (S. 169)
- **IC 2602** (S. 157)

Meteore im April

Lyriden. Der Lyriden-Meteorschauer ist am besten auf der Nordhalbkugel zu beobachten und erreicht sein Maximum um den 21. April. Mit einer Höchstrate von etwa 10 Meteoren pro Stunde zählt er zu den ärmeren Schauern, doch seine Meteore sind schnell, hell und hinterlassen oft Leuchtspuren. Der Radiant liegt in Lyra, nahe der hellen Wega.

Himmelskarte

Nördliche Breiten

Datum	Stand.-Zeit	SZ
1. April	23 Uhr	Mittern.
15. April	22 Uhr	23 Uhr
30. April	21 Uhr	22 Uhr

Sternhelligkeiten: –1, 0, 1, 2, 3, 4, 5

Nicht-stellare Objekte: Galaxie, Kugelhaufen, offener Haufen, Emissionsnebel, planetarischer Nebel

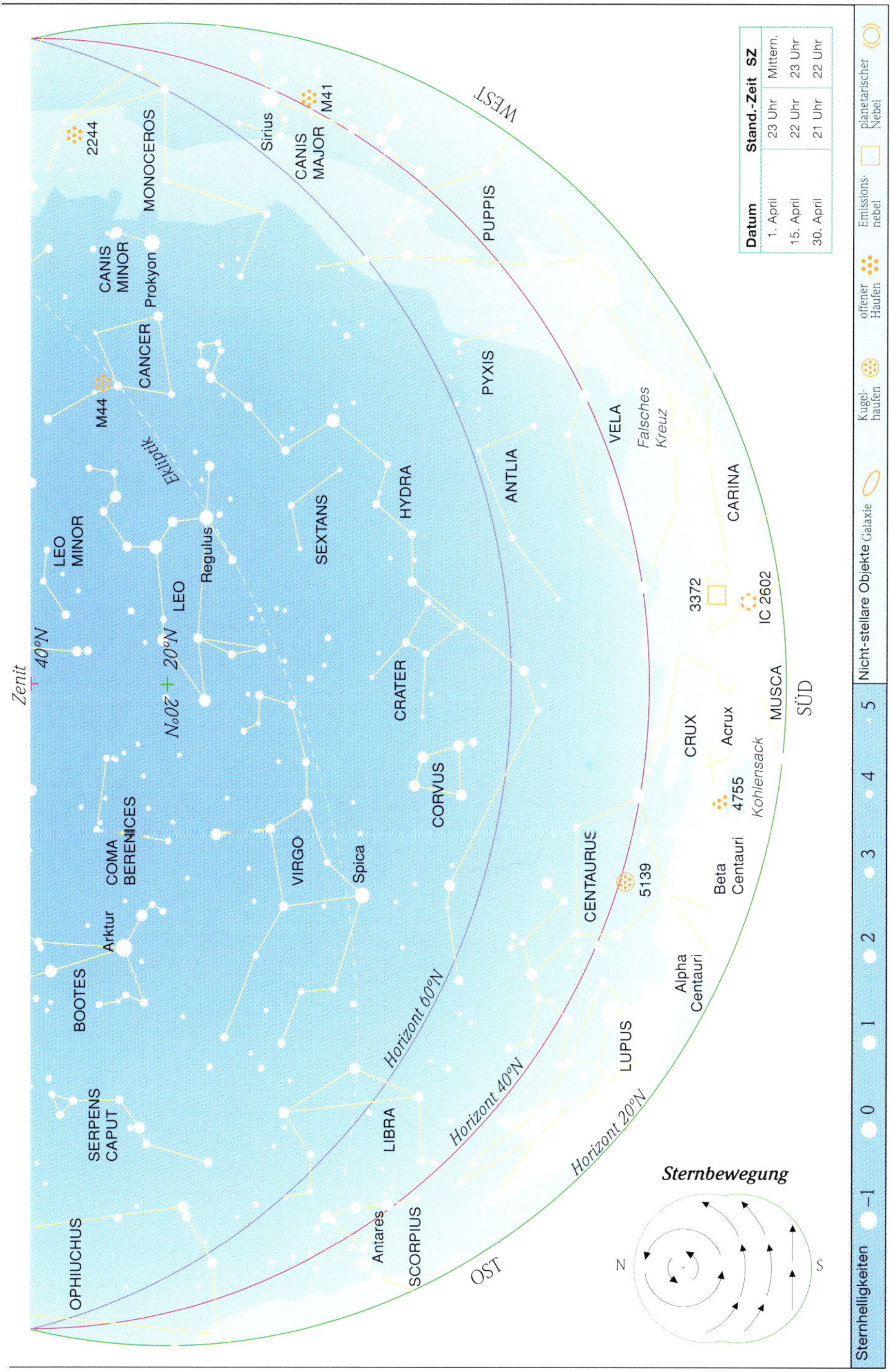

Datum	Stand.-Zeit	SZ
1. April	23 Uhr	Mittern.
15. April	22 Uhr	23 Uhr
30. April	21 Uhr	22 Uhr

Himmelskarte

Südliche Breiten

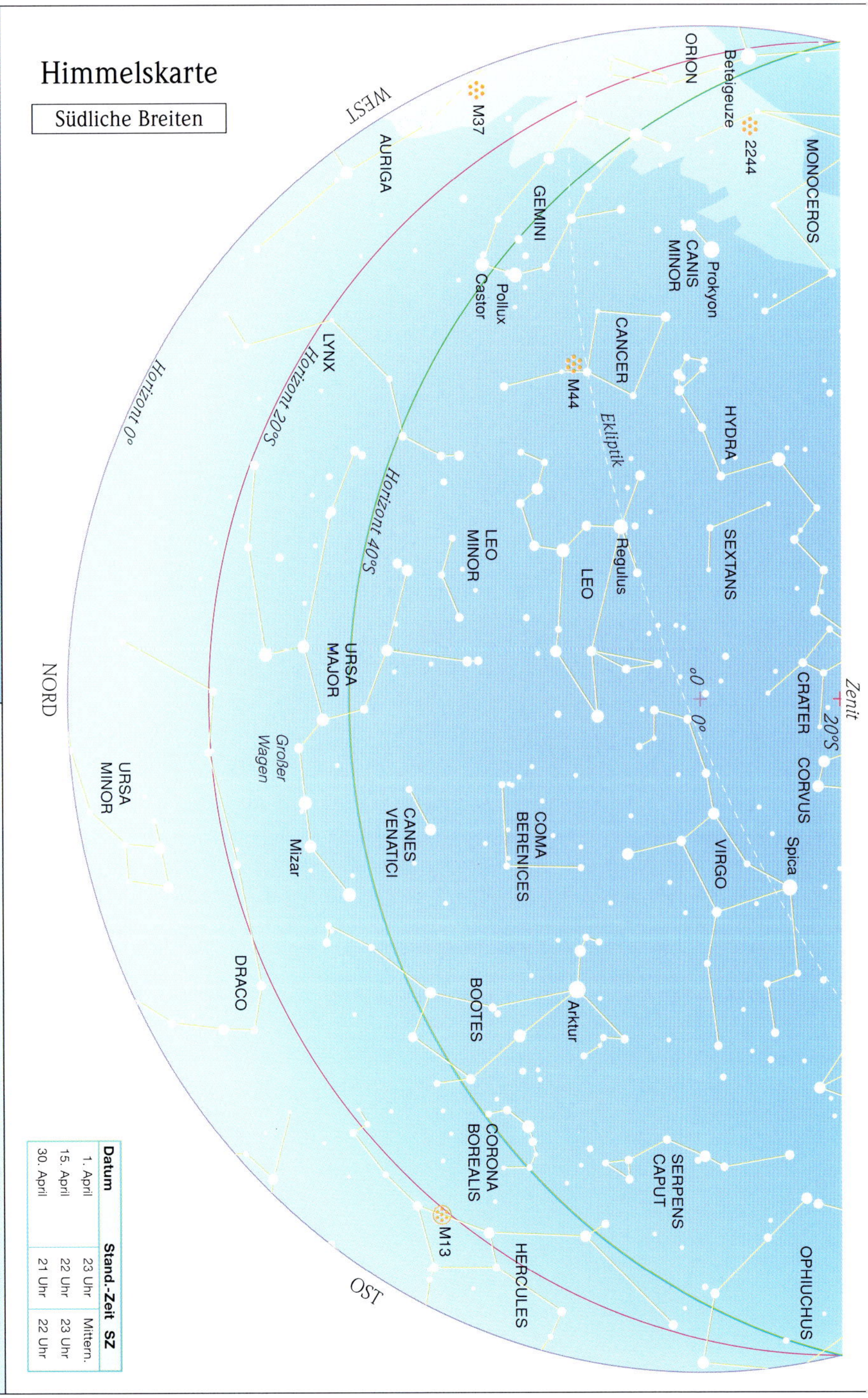

Sternhelligkeiten: −1, 0, 1, 2, 3, 4, 5

Nicht-stellare Objekte: Galaxie, Kugelhaufen, offener Haufen, Emissionsnebel, planetarischer Nebel

Datum	Stand.-Zeit	SZ
1. April	23 Uhr	Mittern.
15. April	22 Uhr	23 Uhr
30. April	21 Uhr	22 Uhr

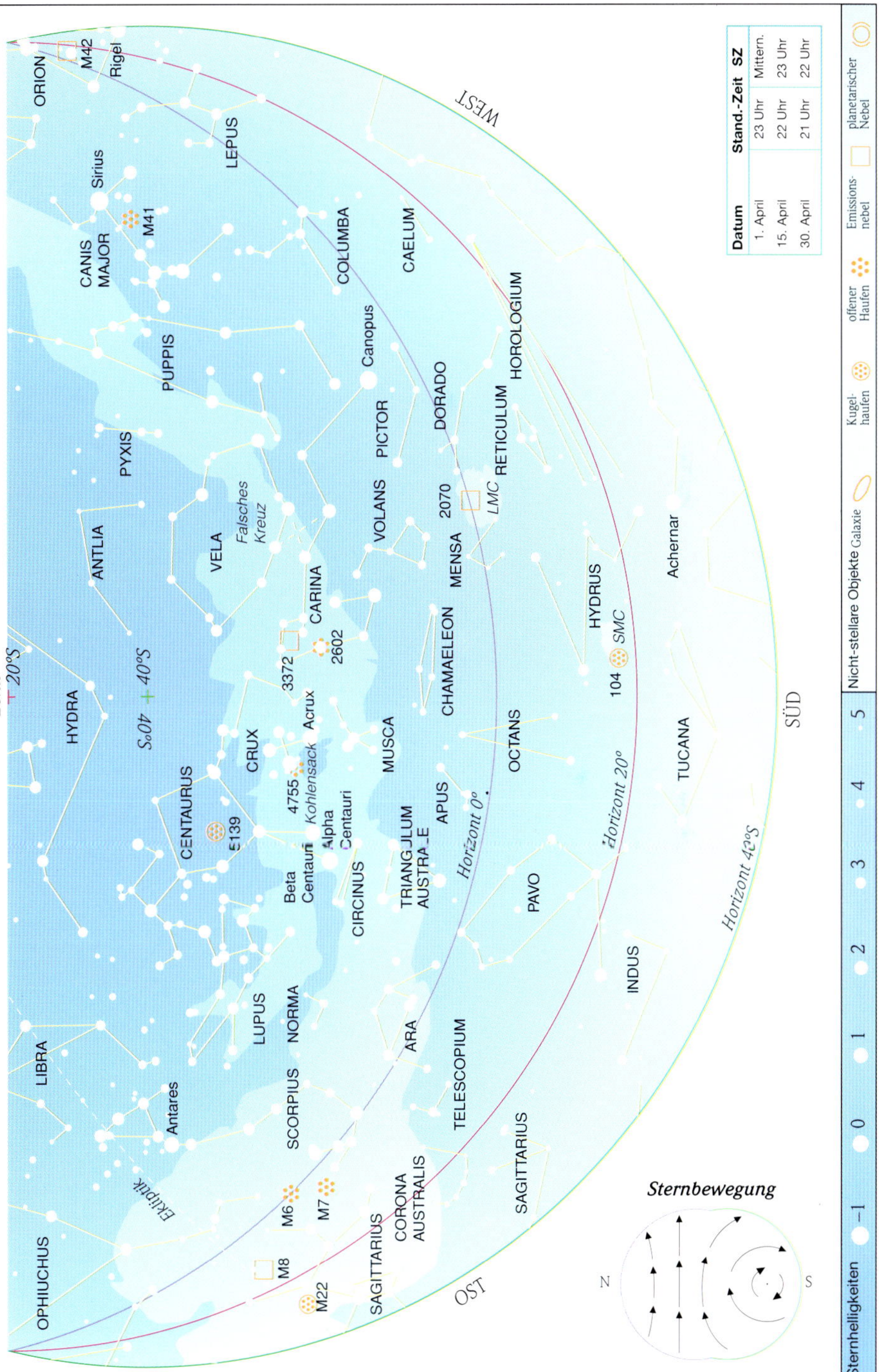
Zenit
20°S
40°S
WEST
OST
SÜD
Horizont 0°
Horizont 20°
Horizont 42°S
Ekliptik
ORION
M42
Rigel
LEPUS
Sirius
M41
CANIS MAJOR
COLUMBA
CAELUM
PUPPIS
Canopus
HOROLOGIUM
DORADO
PICTOR
PYXIS
RETICULUM
LMC
2070
VOLANS
Falsches Kreuz
VELA
ANTLIA
MENSA
Achernar
CARINA
HYDRUS
SMC
104
3372
2602
CHAMAELEON
HYDRA
Acrux
CRUX
MUSCA
OCTANS
TUCANA
CENTAURUS
4755
Kohlensack
Alpha Centauri
Beta Centauri
E139
APUS
TRIANGULUM AUSTRALE
CIRCINUS
PAVO
INDUS
LUPUS
NORMA
ARA
LIBRA
TELESCOPIUM
SCORPIUS
Antares
SAGITTARIUS
CORONA AUSTRALIS
M6
M7
M8
M22
OPHIUCHUS
Sternbewegung
N
S
Datum | Stand.-Zeit | SZ
1. April | 23 Uhr | Mittern.
15. April | 22 Uhr | 23 Uhr
30. April | 21 Uhr | 22 Uhr
Sternhelligkeiten
-1
0
1
2
3
4
5
Nicht-stellare Objekte
Galaxie
Kugel-haufen
offener Haufen
Emissions-nebel
planetarischer Nebel

Mai

In nördlichen Breiten, wo die funkelnden Wintergestirne allmählich von denen des Sommers abgelöst werden, kann die länger andauernde Dämmerung das Beobachten am frühen Abend erschweren. Auf der Südhalbkugel ist dies die beste Zeit, um Crux (das Kreuz des Südens) und seine »Wegweiser« Alpha (α) und Beta (β) Centauri zu bewundern.

Sonnenauf- und Untergang am 15. Mai

geo. Breite	Sonnenaufg.	Sonnenunterg.
60°N	03.20	20.30
40°N	04.40	19.10
20°N	05.20	18.30
0°	05.50	18.00
20°S	06.20	17.30
40°S	07.00	17.00

1. Mai Standardzeit SZ	15. Mai Standardzeit SZ	30. Mai Standardzeit SZ

Nördliche Breiten

- **Blick nach Norden** Der Große Wagen steht fast im Zenit, während im Nordosten Cygnus und die helle Wega als Vorboten des Sommers höher steigen. Zwischen Polaris und dem nördlichen Horizont liegt das unscheinbare Sternbild Cepheus. Als letztes Wintersternbild versinkt Gemini hinter dem nordwestlichen Horizont.
- **Blick nach Süden** Hoch im Süden strahlen Arktur in Bootes und Spica in Virgo. Ophiuchus und beide Serpens-Hälften überdecken einen Großteil des südöstlichen Himmels; über ihnen steht Hercules. Leo beherrscht den Südwesten, unter ihm liegt das fast sternleere Himmelsgebiet von Hydra.

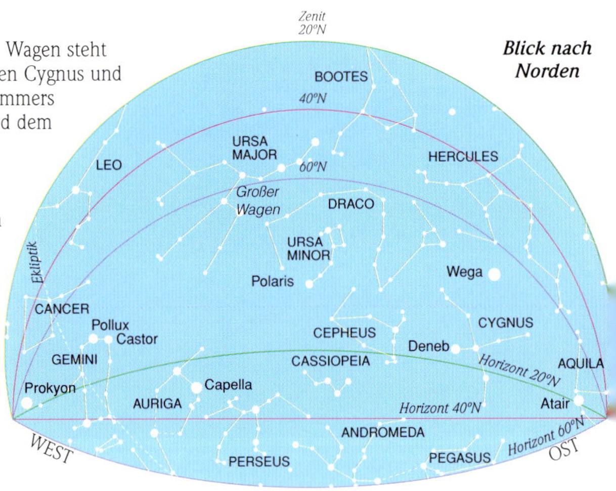

Südliche Breiten

- **Blick nach Norden** Arktur in Bootes funkelt im Norden, und über ihm, fast im Zenit, leuchtet Spica in Virgo. Rechts unterhalb von Arktur steht Hercules nahe am nordöstlichen Horizont, während Ophiuchus und die beiden Serpens-Hälften einen Großteil des östlichen Himmels einnehmen. Leo liegt im Nordwesten.
- **Blick nach Süden** Centaurus und seine Nachbarsternbilder beherrschen den Südhimmel, Alpha (α) und Beta (β) Centauri zu Crux (dem Kreuz des Südens) weisend. Während Canopus im Südwesten untergeht, erheben sich im Südosten die prächtigen Konstellationen Sagittarius und Scorpius – ein Zeichen, daß es Winter wird.

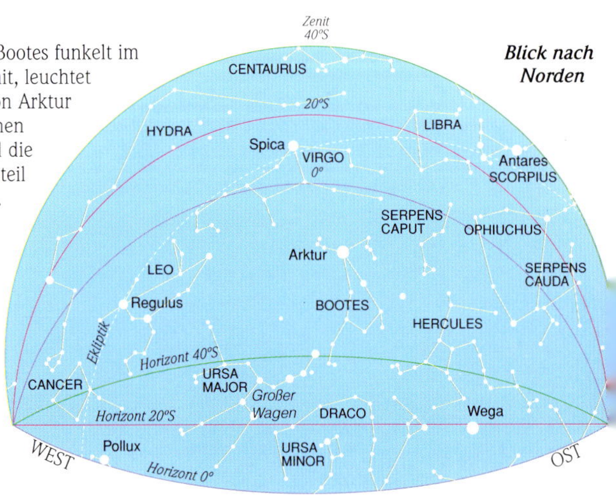

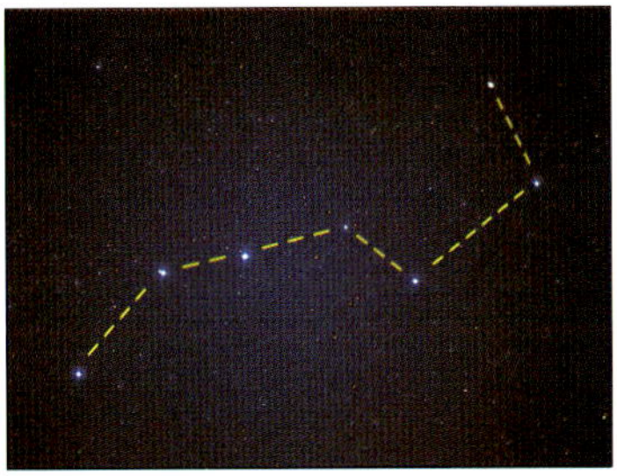

Der Große Wagen
Die vertraute Gestalt des Großen Wagens, gebildet aus sieben Sternen in Ursa Major (S. 136–137), ist am nördlichen Frühjahrshimmel nicht zu übersehen. Der zweite Deichselstern, Mizar, hat einen lichtschwächeren Begleiter, der bereits mit bloßem Auge sichtbar ist (siehe Kasten rechts).

Sternhelligkeiten −1 0 1 2 3

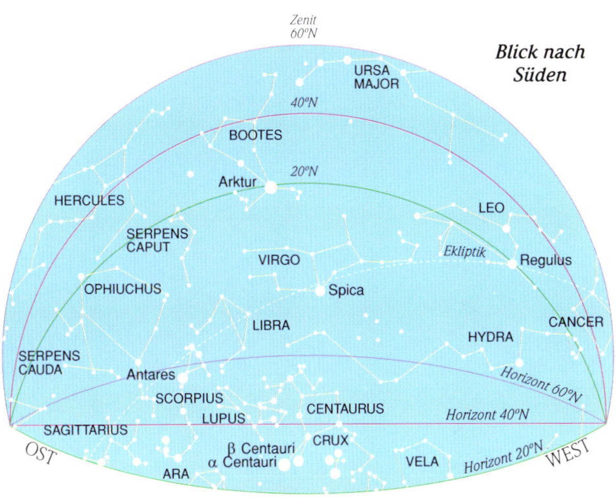

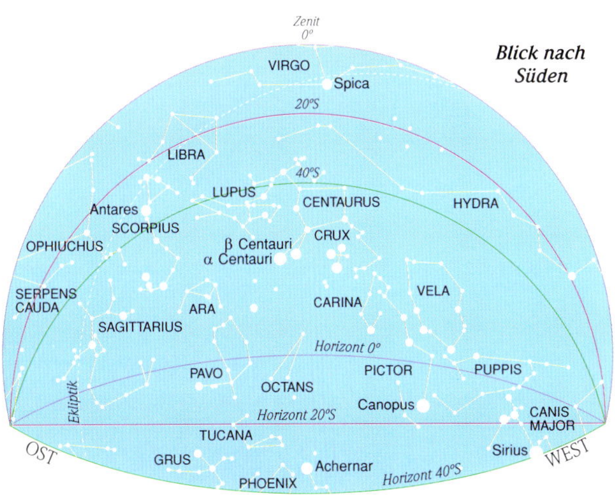

Himmelskarten

Objekte im Mai

Alpha (α) Centauri. Mit nur 4,3 LJ Entfernung ist dies der nach der Sonne erdnächste Stern. Ein kleines Teleskop zeigt zwei gelbe Komponenten, von denen die hellere in Temperatur und Leuchtkraft der Sonne ähnelt. Ein drittes Familienmitglied, Proxima Centauri, ist sehr viel lichtschwächer. Siehe auch S. 79.

Mizar (Ursa Major). Der zweite Deichselstern des Großen Wagens, auch Zeta (ζ) Ursae Majoris genannt, hat einen mit bloßem Auge sichtbaren Begleiter (Alkor). Mit einem kleinen Teleskop erkennt man dichter bei Mizar noch einen weiteren Stern. Siehe auch S. 136–137.

NGC 5139 (Centaurus). Der größte und hellste Kugelhaufen am Himmel, auch Omega (ω) Centauri genannt, erscheint mit bloßem Auge als nebeliger Stern. Ein kleines Teleskop löst die hellsten seiner mehr als 100 000 Sterne auf. Siehe auch S. 79.

Ebenfalls sichtbar

- **Acrux** (S. 163)
- **M6 und M7** (S. 175)
- **M13** (S. 175)
- **M44** (S. 157)
- **NGC 4755** (S. 163)

Meteore im Mai

Eta-Aquariden. Diese schnellen, hellen Meteore, erzeugt durch Staub vom Kometen Halley, gehen vom »Wasserkrug« in Aquarius aus und sind am besten auf der Südhalbkugel zu beobachten. Die Aktivität beginnt Ende April, erreicht mit etwa 35 Meteoren pro Stunde in der ersten Maiwoche ihr Maximum und verebbt Ende Mai.

Himmelskarte

Nördliche Breiten

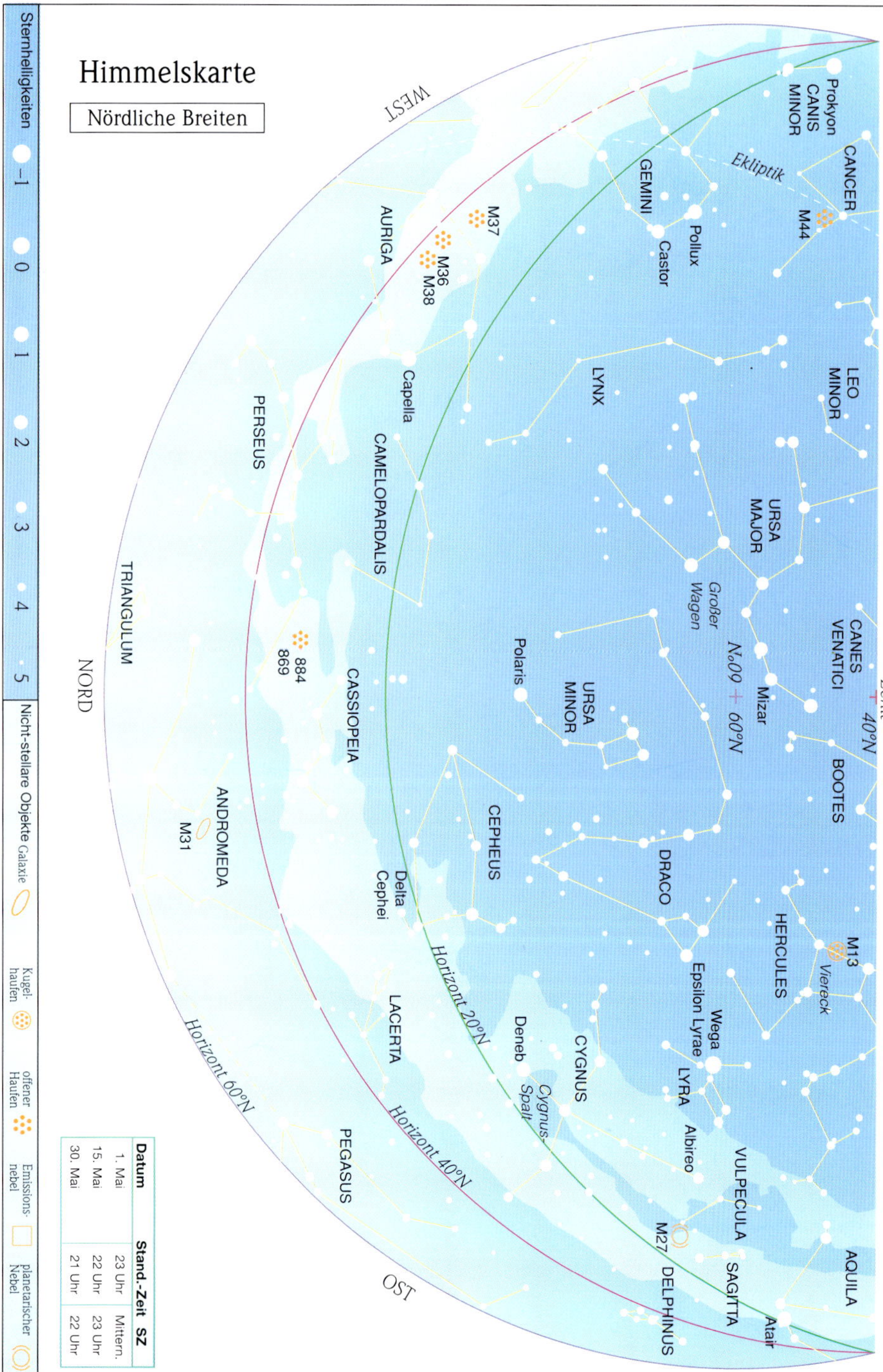

Datum	Stand.-Zeit	SZ
1. Mai	23 Uhr	Mittern.
15. Mai	22 Uhr	23 Uhr
30. Mai	21 Uhr	22 Uhr

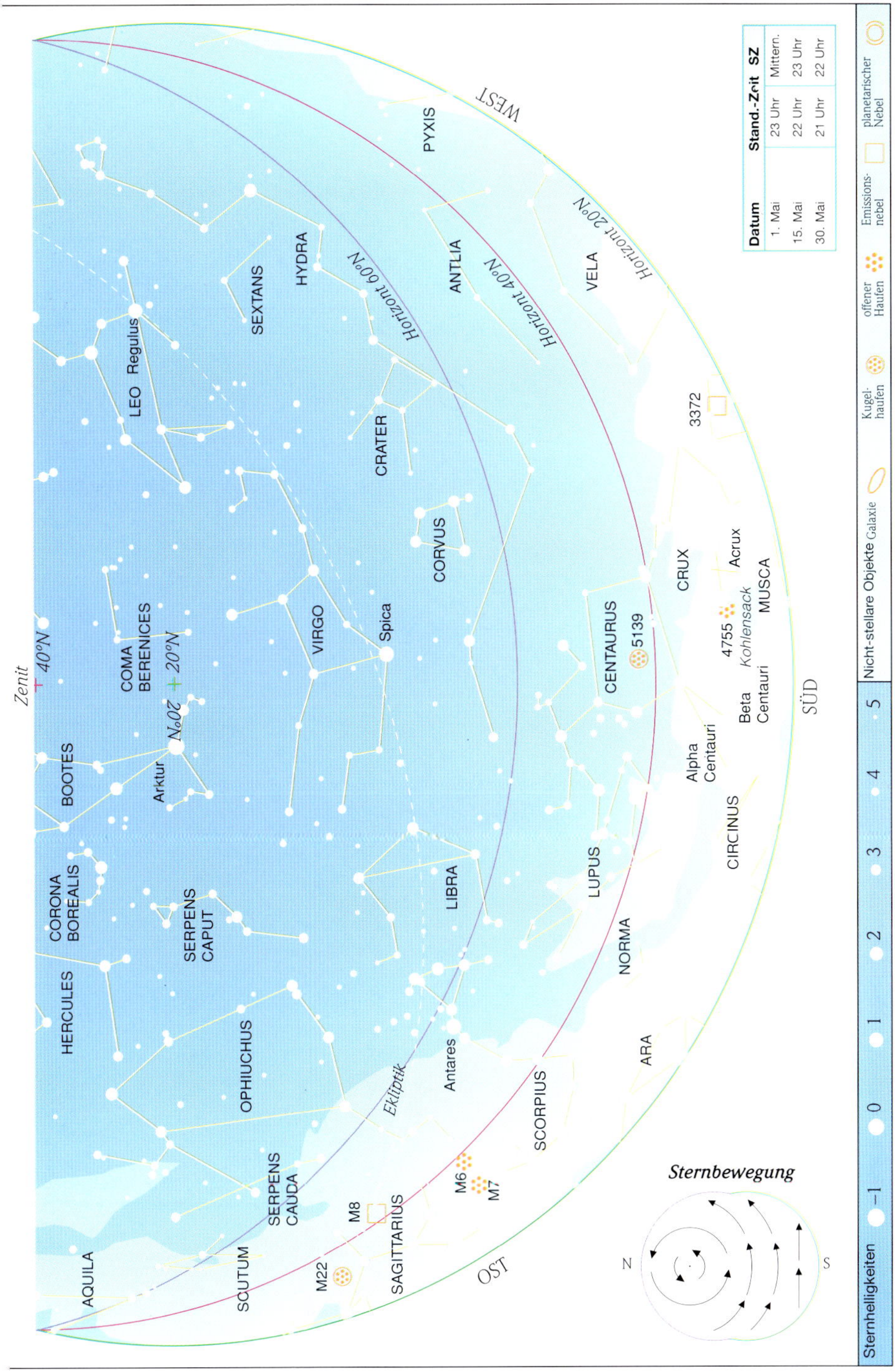

Datum	Stand.-Zeit	SZ
1. Mai	23 Uhr	Mittern.
15. Mai	22 Uhr	23 Uhr
30. Mai	21 Uhr	22 Uhr

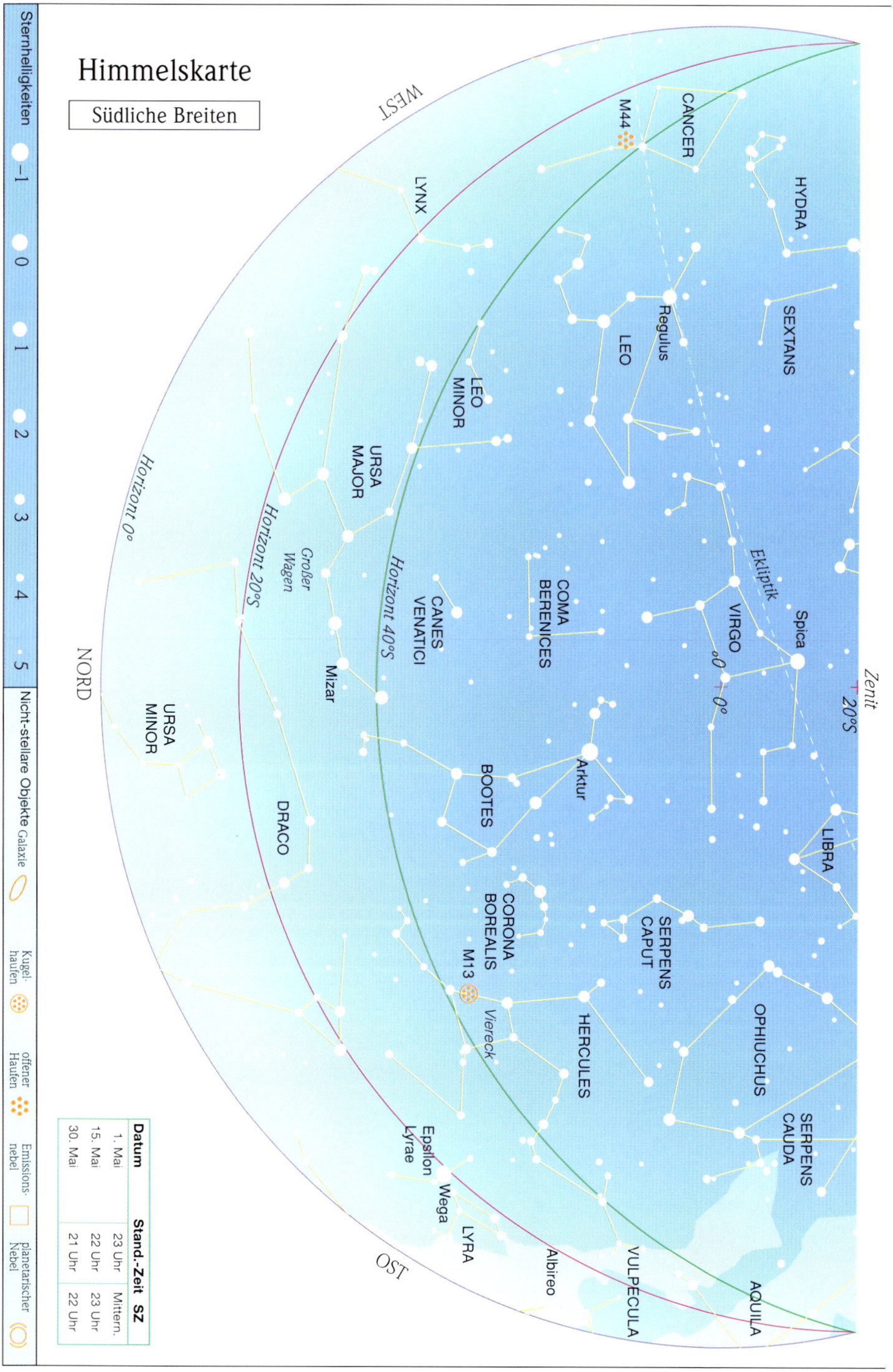

Datum	Stand.-Zeit	SZ
1. Mai	23 Uhr	Mittern.
15. Mai	22 Uhr	23 Uhr
30. Mai	21 Uhr	22 Uhr

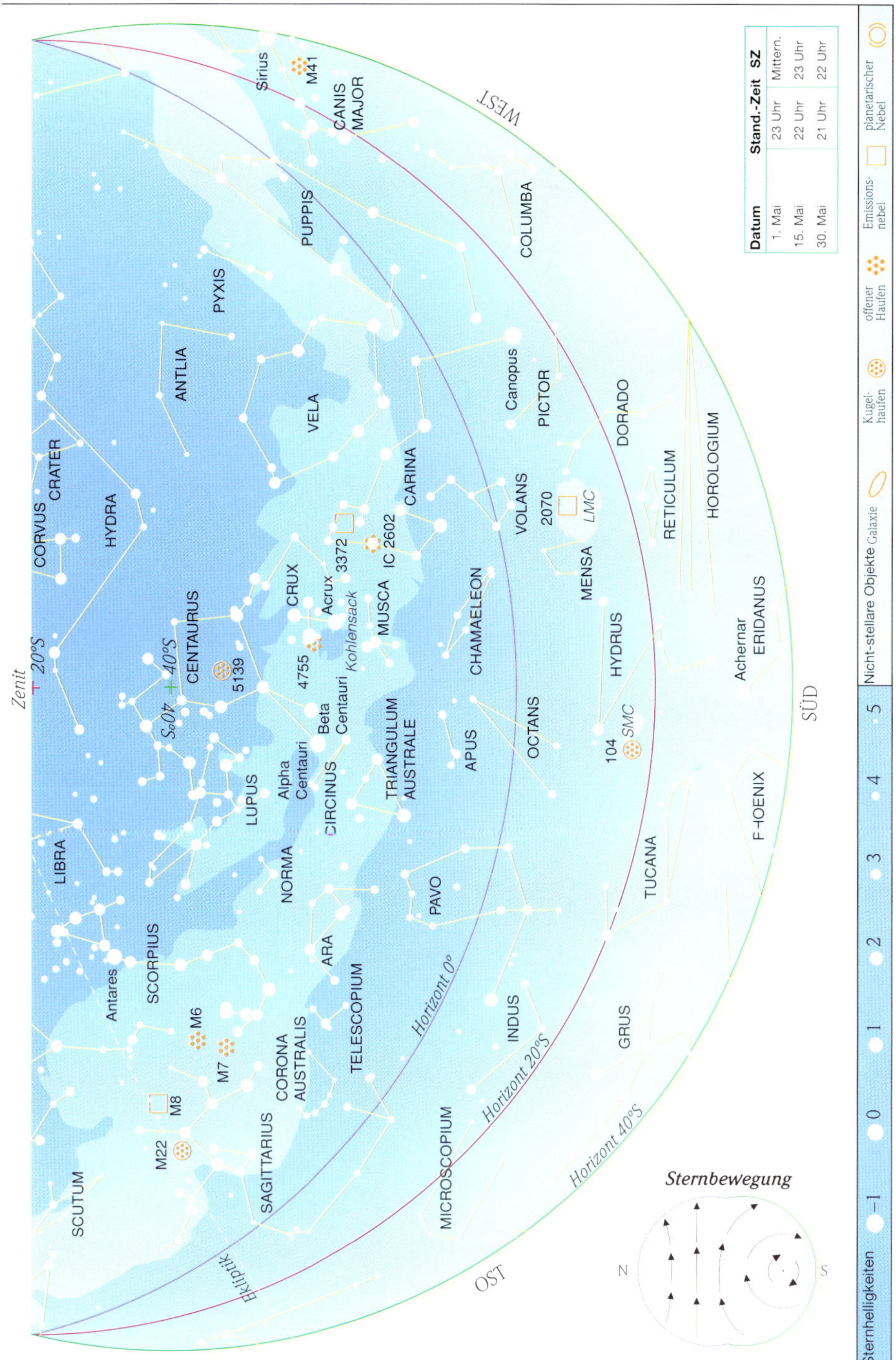

Datum	Stand.-Zeit	SZ
1. Mai	23 Uhr	Mittern.
15. Mai	22 Uhr	23 Uhr
30. Mai	21 Uhr	22 Uhr

Juni

Auf der Nordhalbkugel sind die Nächte nun am kürzesten und die Tage am längsten, auf der südlichen Halbkugel ist es genau umgekehrt. Im hohen Norden herrscht die ganze Nacht über Dämmerung, während der Winterhimmel im Süden von einer Reihe auffälliger Sternbilder in der Milchstraße beherrscht wird.

Sonnenauf- und Untergang am 15. Juni

geo. Breite	Sonnenaufg.	Sonnenunterg.
60°N	02.40	21.20
40°N	04.30	19.30
20°N	05.20	18.40
0°	06.00	18.00
20°S	06.30	17.30
40°S	07.20	16.40

1. Juni Standardzeit SZ	15. Juni Standardzeit SZ	30. Juni Standardzeit SZ

Nördliche Breiten

• **Blick nach Norden** Der Kleine Wagen (in Ursa Minor) steht auf seiner Deichsel, Draco wölbt sich über dem Himmelsnordpol (markiert von Polaris), und der Große Wagen leuchtet hoch im Nordwesten. Richtung Osten sind die Sterne des Sommerdreiecks sichtbar: Wega in Lyra, Deneb in Cygnus und Atair in Aquila (ganz links auf der Blick-nach-Süden-Karte).

• **Blick nach Süden** Hoch im Südosten steht Hercules mit Wega links und Aktur in Bootes rechts. Darunter findet man Ophiuchus, Virgo und beide Serpens-Hälften. Antares in Scorpius funkelt rot über dem südlichen Horizont, die lichtschwachen Sterne in Libra zu seiner Rechten. Im Westen geht Leo unter.

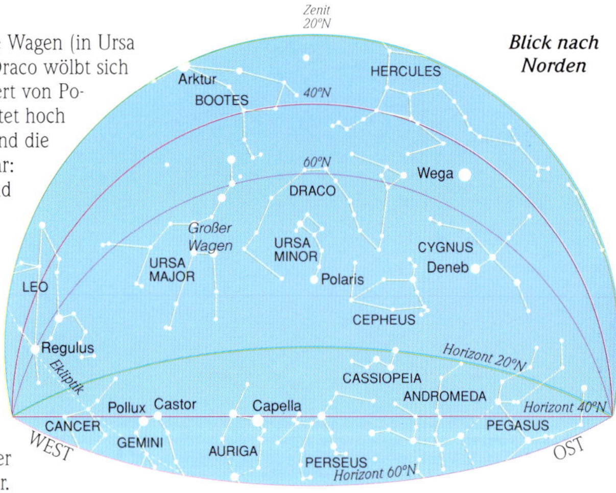

Südliche Breiten

• **Blick nach Norden** Bootes und Hercules stehen gut sichtbar fast genau im Norden, über ihnen erkennt man Virgo, Ophiuchus und beide Serpens-Hälften. Antares in Scorpius prangt im Zenit, während Atair in Aquila und Wega die hellsten Sterne im Nordosten sind. Leo geht im Nordwesten unter.

• **Blick nach Süden** Von Südost nach Südwest bilden Sagittarius, Ara, Scorpius, Lupus, Centaurus, Crux, Carina und Vela ein leuchtendes Band vor den dichten Sternfeldern der Milchstraße. Die hellsten Sterne in diesem Band sind Antares, Alpha (α) und Beta (β) Centauri sowie Acrux (siehe auch S. 179).

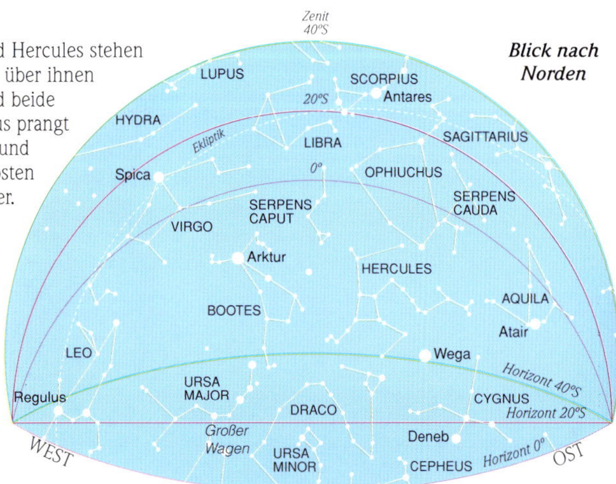

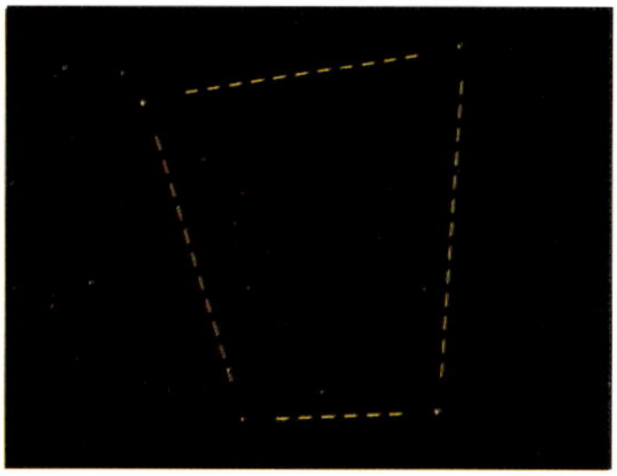

Das Viereck (Hercules)
Vier Sterne bilden eine Figur, die das Becken des Herkules darstellen soll (S. 98–99). Ihre Namen lauten (von links oben im Uhrzeigersinn) Pi (π), Eta (η), Zeta (ζ) und Epsilon (ε) Herculis. Der Sternhaufen M13 (siehe Kasten rechts) liegt zwischen Eta und Zeta.

Sternhelligkeiten −1 0 1 2 3

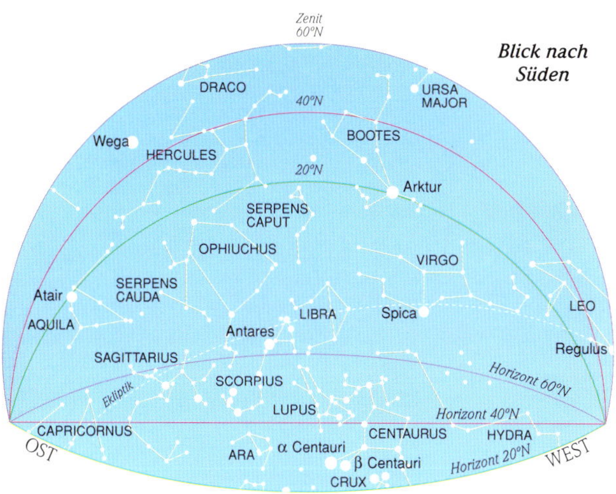

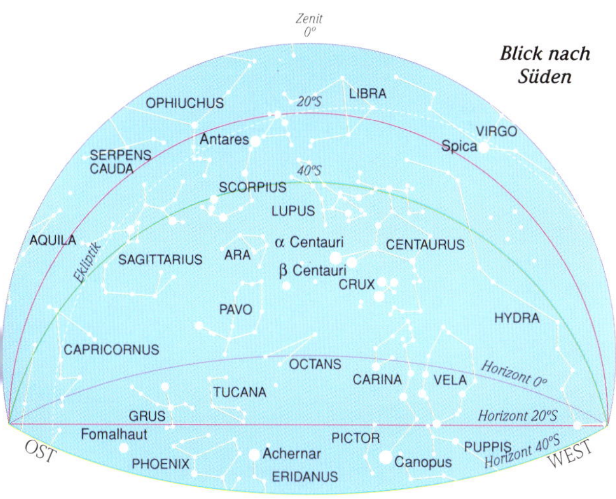

Himmelskarten

Objekte im Juni

∴ M6 (Scorpius). Dieser offene Haufen und der benachbarte M7 liegen in der Nähe des »Stachels« am Schwanz des Skorpions. Der schon mit bloßem Auge sichtbare M6 wirkt im Fernglas sehr eindrucksvoll. Wegen seiner Gestalt wird er zuweilen auch Schmetterlings-Haufen genannt. Siehe auch S. 126–127.

∴ M7 (Scorpius). Dieser offene Haufen, mit bloßem Auge als heller Fleck vor den dichten Sternfeldern der Milchstraße zu sehen, bietet im Fernglas einen prächtigen Anblick. Er ist größer und heller als sein Nachbar M6, da er mit 800 LJ nicht einmal halb so weit entfernt liegt wie dieser (2000 LJ Entfernung). Siehe auch S. 126–127.

M13 (Hercules). Zwar der bekannteste Kugelhaufen am Nordhimmel, doch mit bloßem Auge kaum sichtbar. In »lichtverschmutzten« Städten ist er nur mit dem Fernglas zu sehen und gleicht einer leuchtenden Kugel mit hellem Zentrum. Er liegt auf einer Seitenlinie des Vierecks in Hercules (siehe Photo oben), auf ⅓ der Strecke zwischen Eta (η) und Zeta (ζ) Herculis. Siehe auch S. 98–99.

Ebenfalls sichtbar

- **Albireo** (S. 187)
- **Alpha** (α) **Centauri** (S. 169)
- **Antares** (S. 181)
- **Epsilon** (ε) **Lyrae** (S. 181)
- **Mizar** (S. 169)
- **M8** (S. 181)
- **M22** (S. 181)
- **M27** (S. 193)
- **NGC 5139** (S. 169)

Himmelskarte

Nördliche Breiten

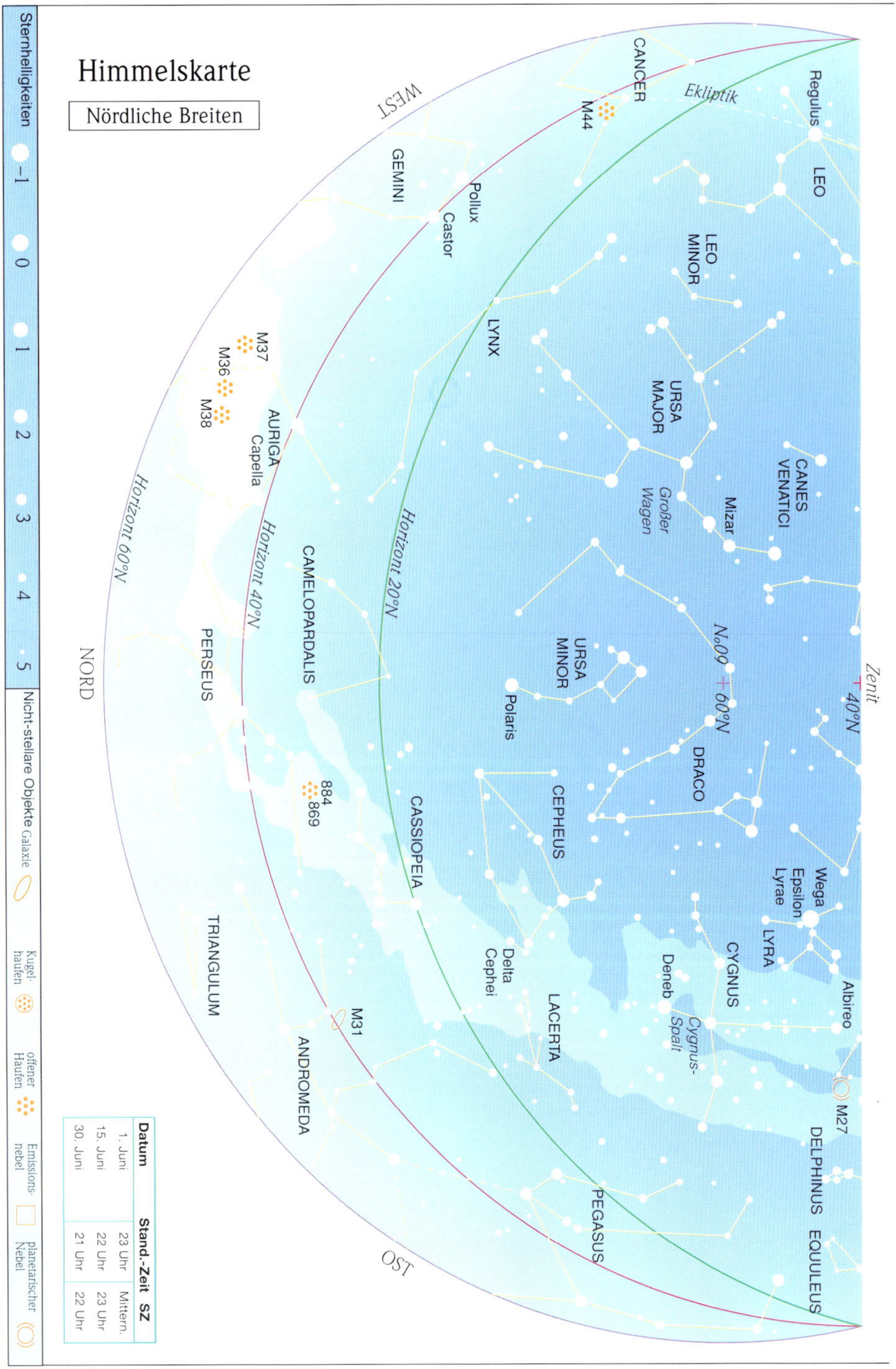

Datum	Stand.-Zeit	SZ
1. Juni	23 Uhr	Mittern.
15. Juni	22 Uhr	23 Uhr
30. Juni	21 Uhr	22 Uhr

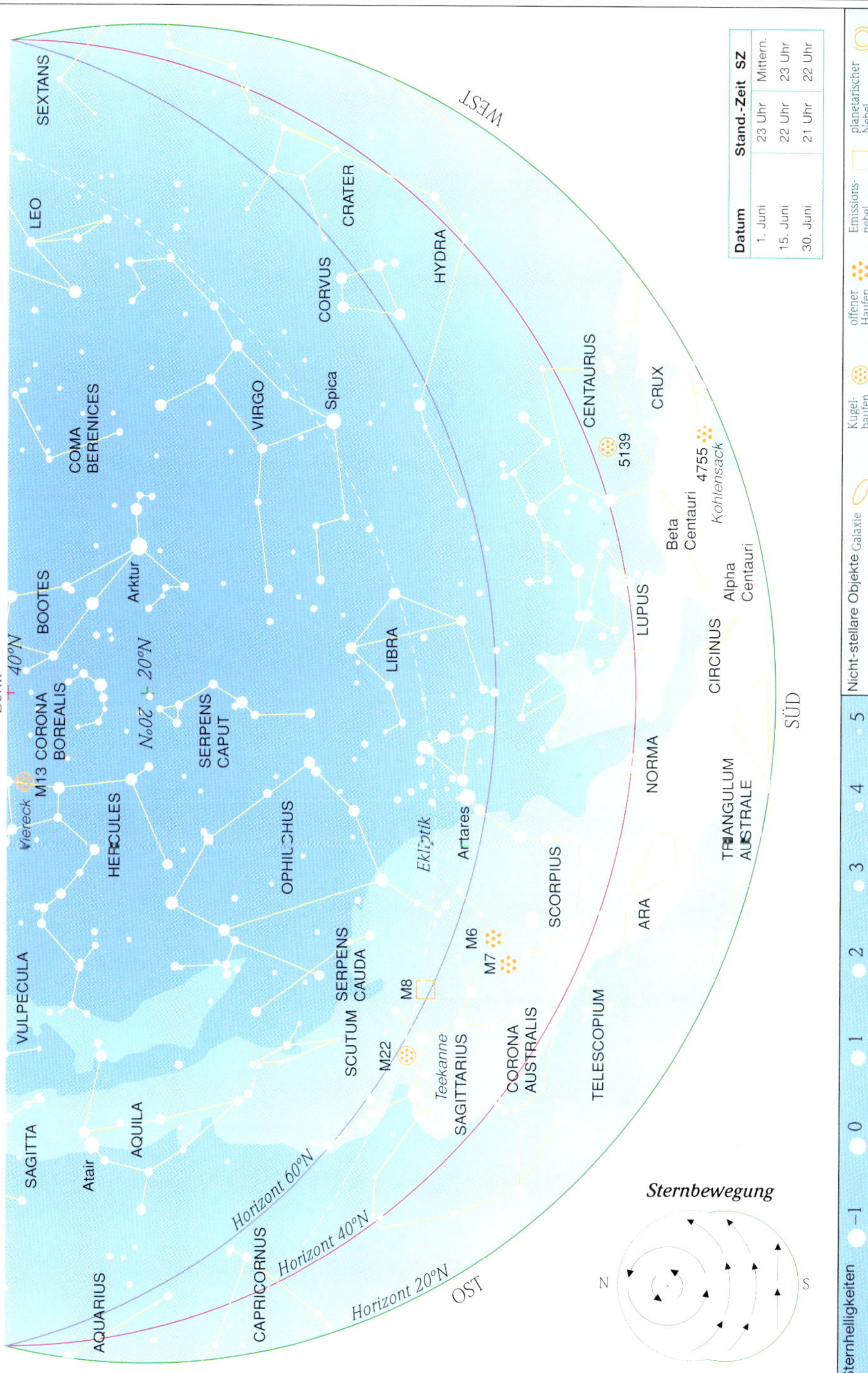

Datum	Stand.-Zeit	SZ
1. Juni	23 Uhr	Mittern.
15. Juni	22 Uhr	23 Uhr
30. Juni	21 Uhr	22 Uhr

Himmelskarte

Südliche Breiten

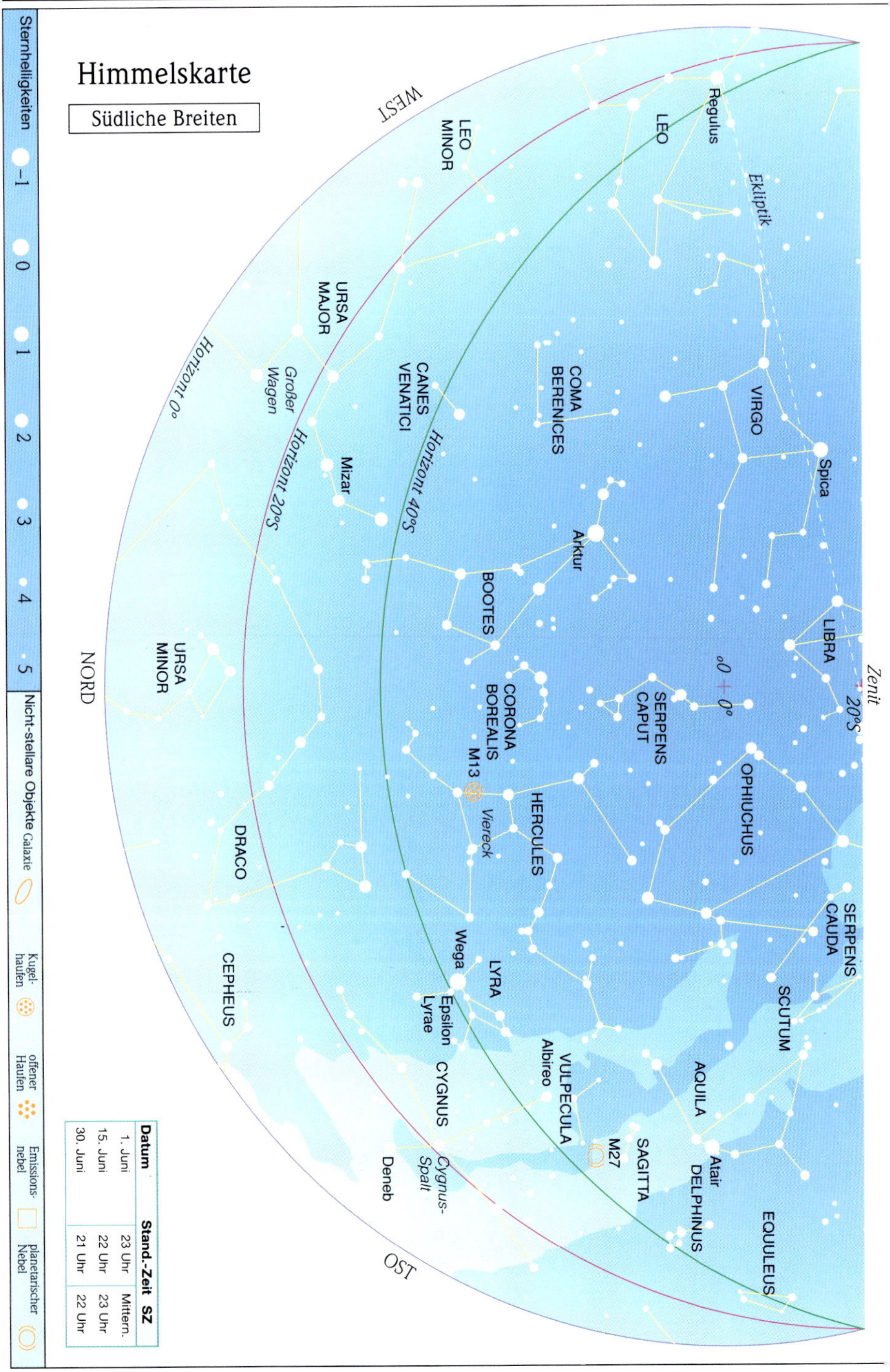

Datum	Stand.-Zeit	SZ
1. Juni	23 Uhr	Mittern.
15. Juni	22 Uhr	23 Uhr
30. Juni	21 Uhr	22 Uhr

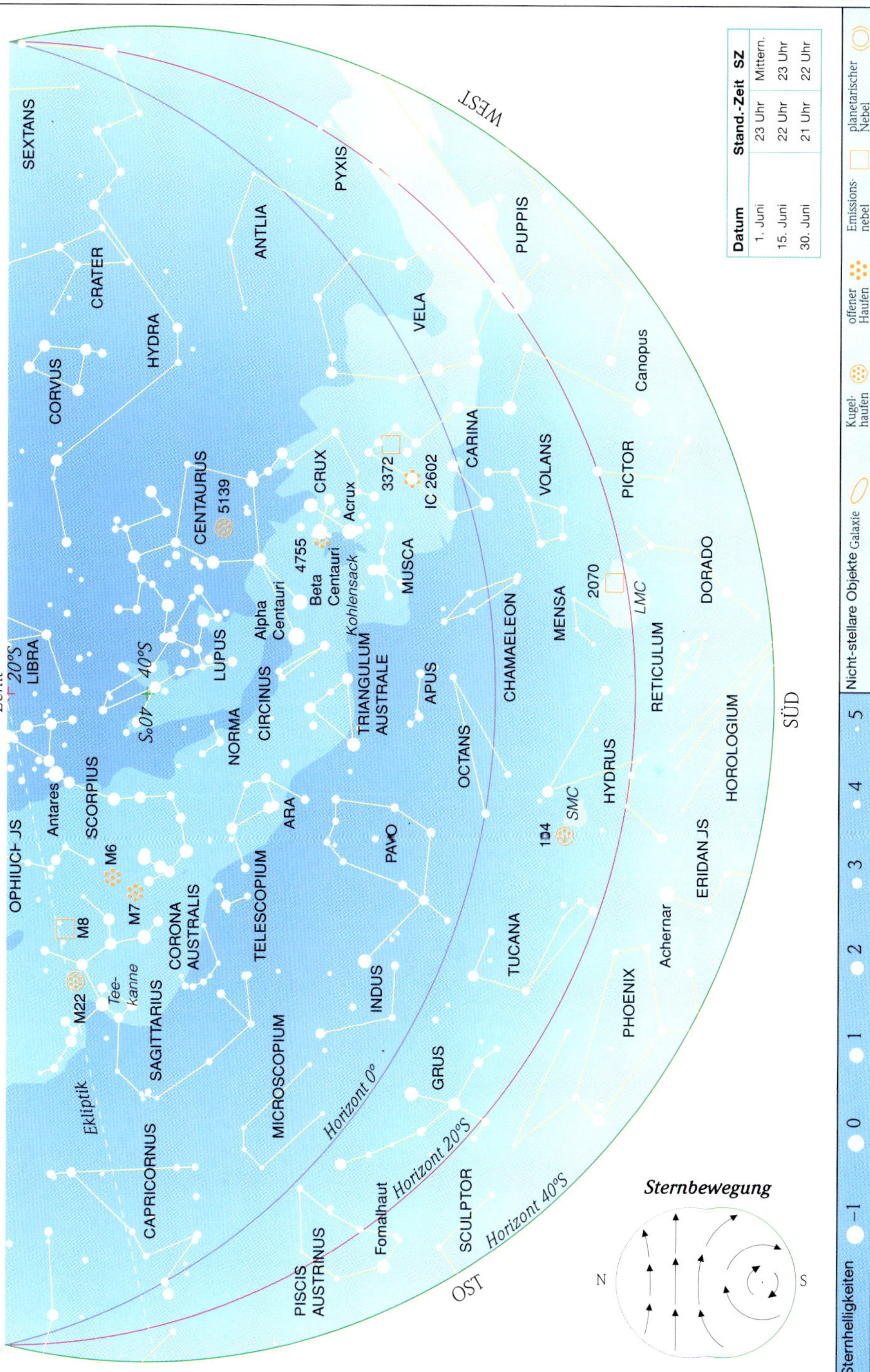

Datum	Stand.-Zeit	SZ
1. Juni	23 Uhr	Mittern.
15. Juni	22 Uhr	23 Uhr
30. Juni	21 Uhr	22 Uhr

Juli

Auf der Nordhalbkugel ist dies die beste Zeit für Beobachtungen der sternreichen südlichen Konstellationen Sagittarius und Scorpius. Da das Zentrum unserer Galaxis in Sagittarius liegt, sind hier die Sternfelder der Milchstraße besonders dicht. Für Beobachter im Süden stehen diese Sternbilder fast im Zenit und beherrschen die Szene.

Sonnenauf- und Untergang am 15. Juli

geo. Breite	Sonnenaufg.	Sonnenunterg.
60°N	03.00	21.10
40°N	04.40	19.30
20°N	05.30	18.40
0°	06.00	18.10
20°S	06.40	17.40
40°S	07.20	16.50

1. Juli Standardzeit SZ	15. Juli Standardzeit SZ	30. Juli Standardzeit SZ

Nördliche Breiten

• **Blick nach Norden** Der Kleine Bär (Ursa Minor), umschlungen von Draco, ist weiterhin gut sichtbar. Der Große Wagen leuchtet im Nordwesten, Cassiopeia und Cepheus zeigen sich im Nordosten. Im Osten geht das Pegasus-Quadrat auf, während Arktur in Bootes noch hoch im Westen steht.

• **Blick nach Süden** Genau im Süden winden sich beide Serpens-Hälften um Ophiuchus, darüber leuchtet Hercules. Im Osten prangt das Sommerdreieck aus Wega, Deneb und Atair. Dicht über dem Südhorizont steht Antares in Scorpius; Beobachter südlicherer Breiten können links neben ihm noch Sagittarius erkennen. Im Westen geht Virgo unter.

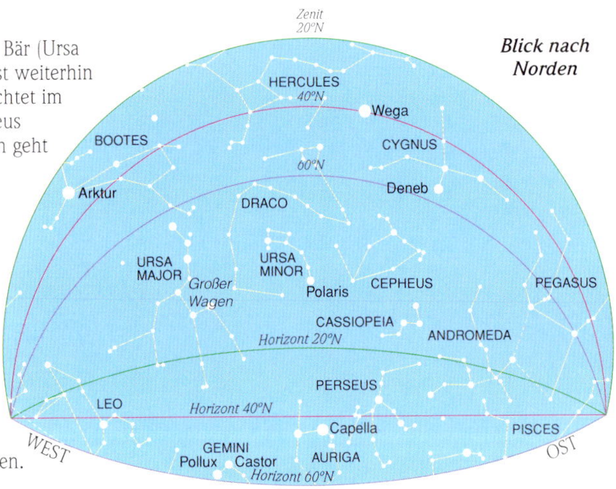

Südliche Breiten

• **Blick nach Norden** Ophiuchus und beide Serpens-Hälften stehen im Zentrum, Aquila rechts. Hercules liegt näher am Nordhorizont, auf halber Strecke zwischen dem rötlichen Arktur im Nordwesten und der bläulichweißen Wega im Norden. Rechts von Wega geht Cygnus auf.

• **Blick nach Süden** Scorpius und Sagittarius mit den dichten Sternfeldern nahe des galaktischen Zentrums liegen fast im Zenit. Nach Südwesten zu, entlang der Milchstraße (s. S. 184–185), liegen Centaurus und Crux; weiter westlich verschwindet Virgo hinter dem Horizont, während Capricornus, Aquarius und der Stern Fomalhaut im Osten aufgehen.

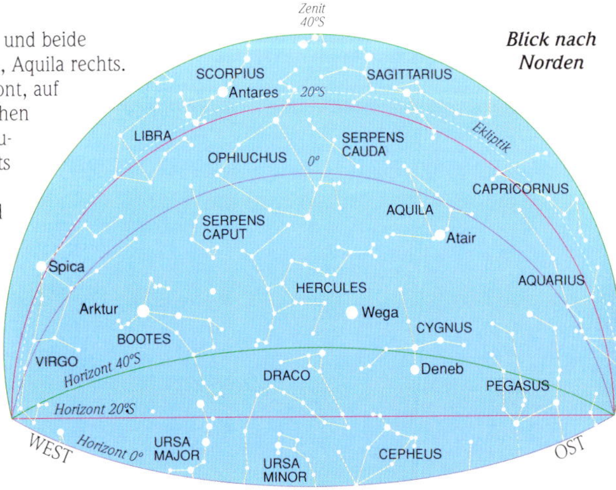

Das galaktische Zentrum (Sagittarius)
Auf der Südhalbkugel liegt das Zentrum unserer Galaxis in Julinächten praktisch im Zenit, zwischen den dichten Sternfeldern in Sagittarius. Acht Sterne dieses Sternbilds (innerhalb des Rechtecks) bilden die sogenannte Teekanne (s. S. 124–125).

Sternhelligkeiten –1 0 1 2 3

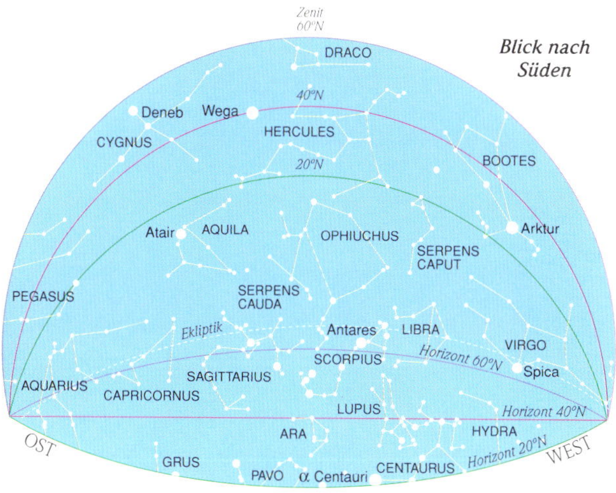

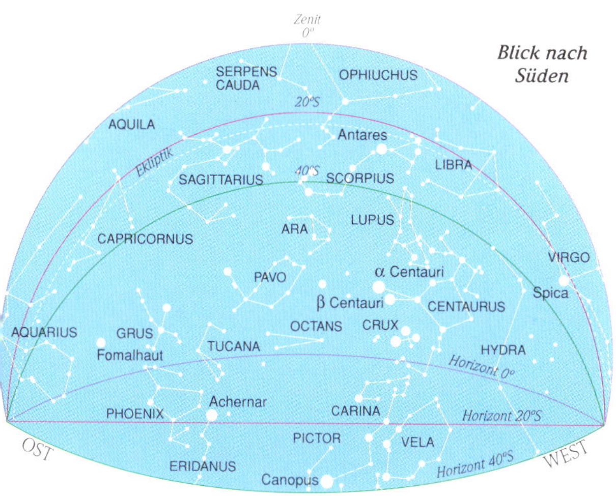

Himmelskarten

Objekte im Juli

Antares (Scorpius). Dieser rote Überriese, auch Alpha (α) Scorpii genannt, zählt mit einem rund 500mal größeren Durchmesser als die Sonne zu den größten mit bloßem Auge sichtbaren Sternen. An den Platz der Sonne gestellt, würde er bis zur Marsbahn reichen. Siehe auch S. 126–127.

Epsilon (ε) Lyrae. Der interessante Mehrfachstern in der Nähe der hellen Wega ist schon mit gutem Sehvermögen als Doppelstern erkennbar. Ein Teleskop löst beide Komponenten wiederum in je ein enges Sternpaar auf – daher der volkstümliche Name des Sterns: Doppel-Doppel. Siehe auch S. 108.

☐ **M8 (Sagittarius).** Dieser Emissionsnebel ist im Fernglas leicht auszumachen. Er ist länglich und weist in seinem Zentrum einen dunklen Staubstreifen auf, der ihm zu seinem volkstümlichen Namen verhalf: Lagunen-Nebel. M8 enthält den im Fernglas sichtbaren Sternhaufen NGC 6530. Siehe auch S. 124–125.

M22 (Sagittarius). Dieser in der Nähe des Deckels der »Teekanne« gelegene Kugelhaufen gilt nach Omega (ω) Centauri und 47 Tucanae als der drittschönste seiner Art. Mit bloßem Auge ist er als nebliger Stern zu sehen und mit dem Fernglas leicht aufzufinden. Siehe auch S. 124–125.

Ebenfalls sichtbar

- **Albireo** (S. 187)
- **M6 und M7** (S. 175)
- **M13** (S. 175)
- **M27** (S. 193)
- **Cygnus-Spalt** (S. 187)

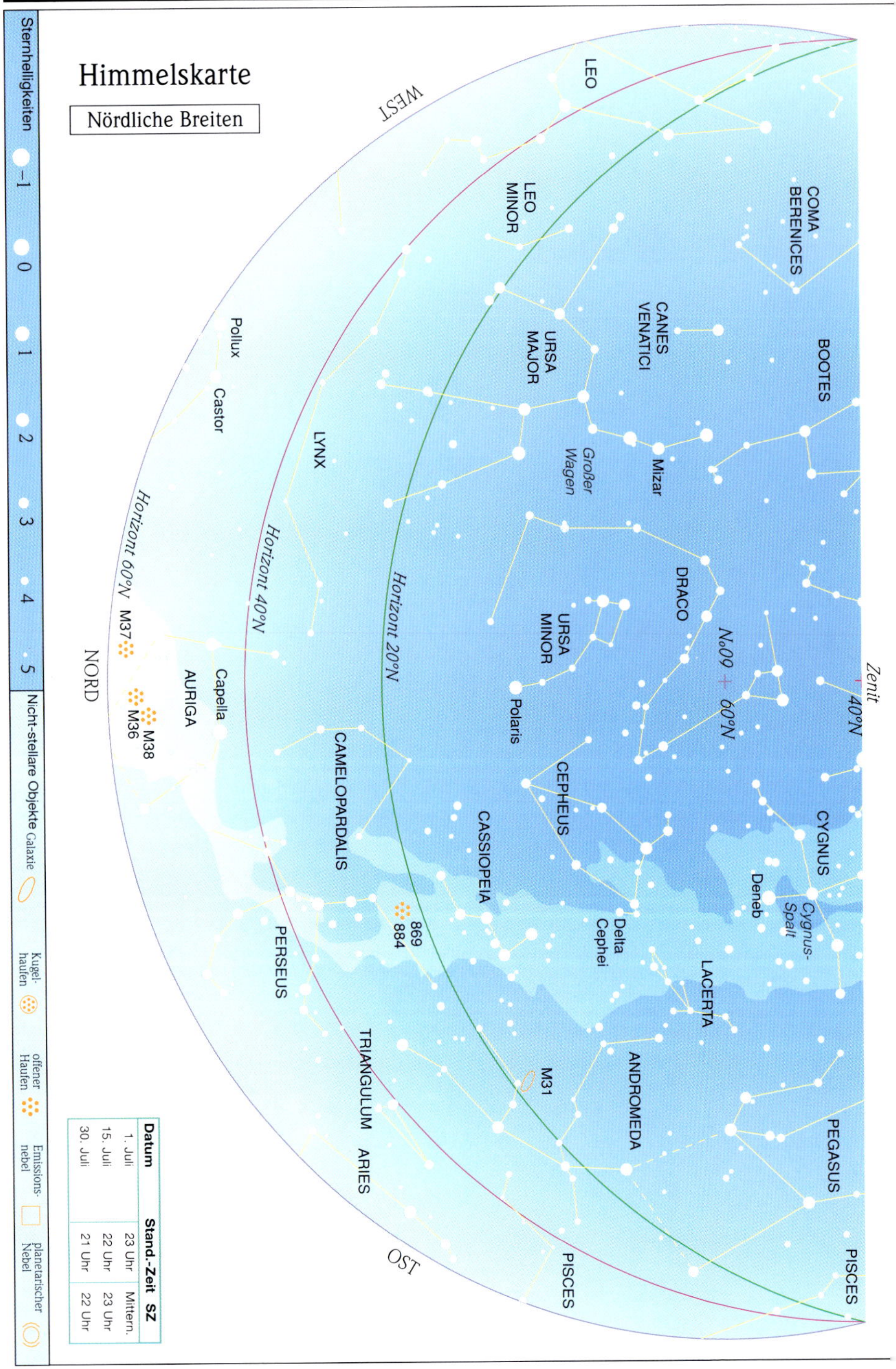

Datum	Stand.-Zeit	SZ
1. Juli	23 Uhr	Mittern.
15. Juli	22 Uhr	23 Uhr
30. Juli	21 Uhr	22 Uhr

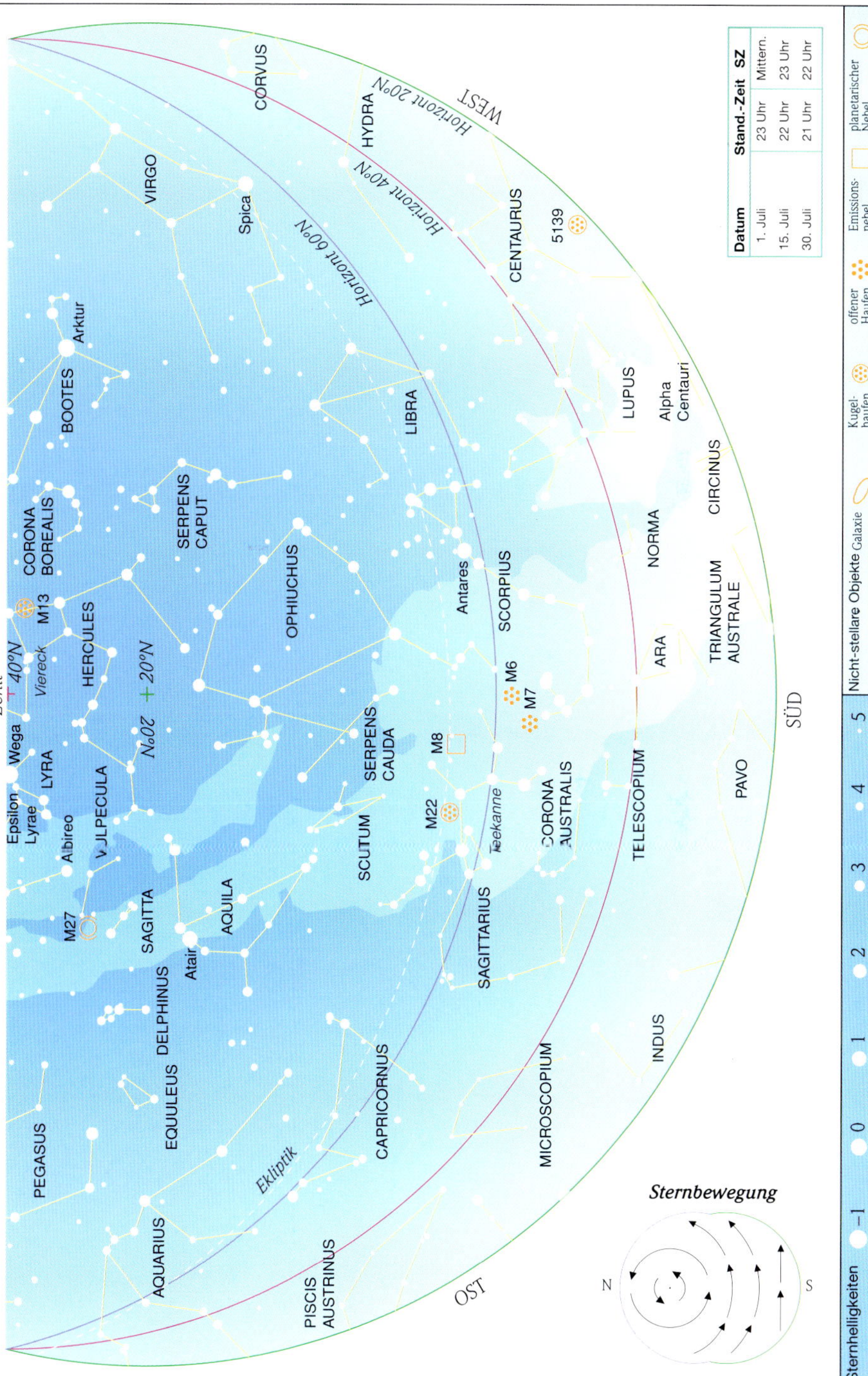

Datum	Stand.-Zeit	SZ
1. Juli	23 Uhr	Mittern.
15. Juli	22 Uhr	23 Uhr
30. Juli	21 Uhr	22 Uhr

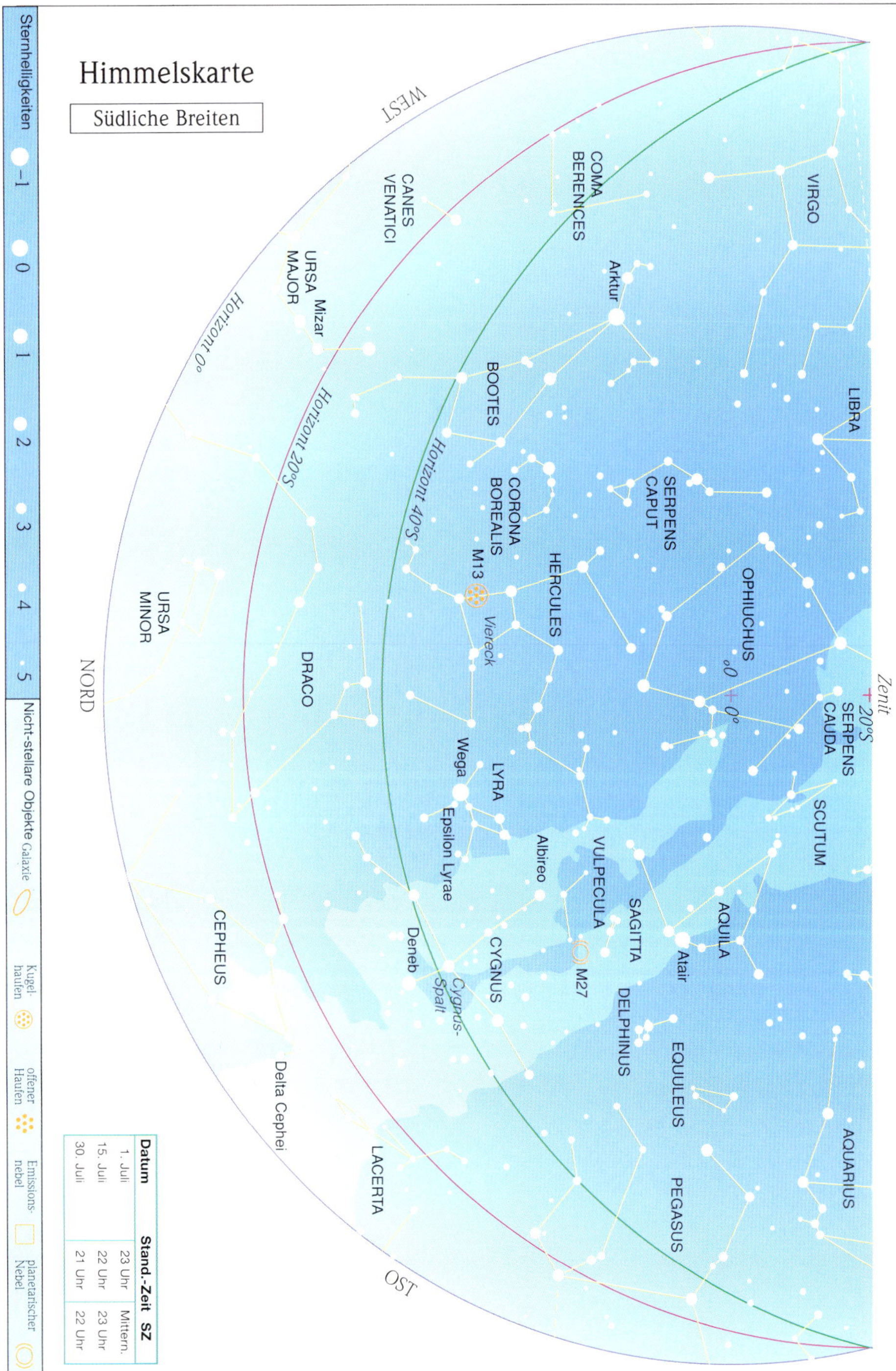

Datum	Stand.-Zeit	SZ
1. Juli	23 Uhr	Mittern.
15. Juli	22 Uhr	23 Uhr
30. Juli	21 Uhr	22 Uhr

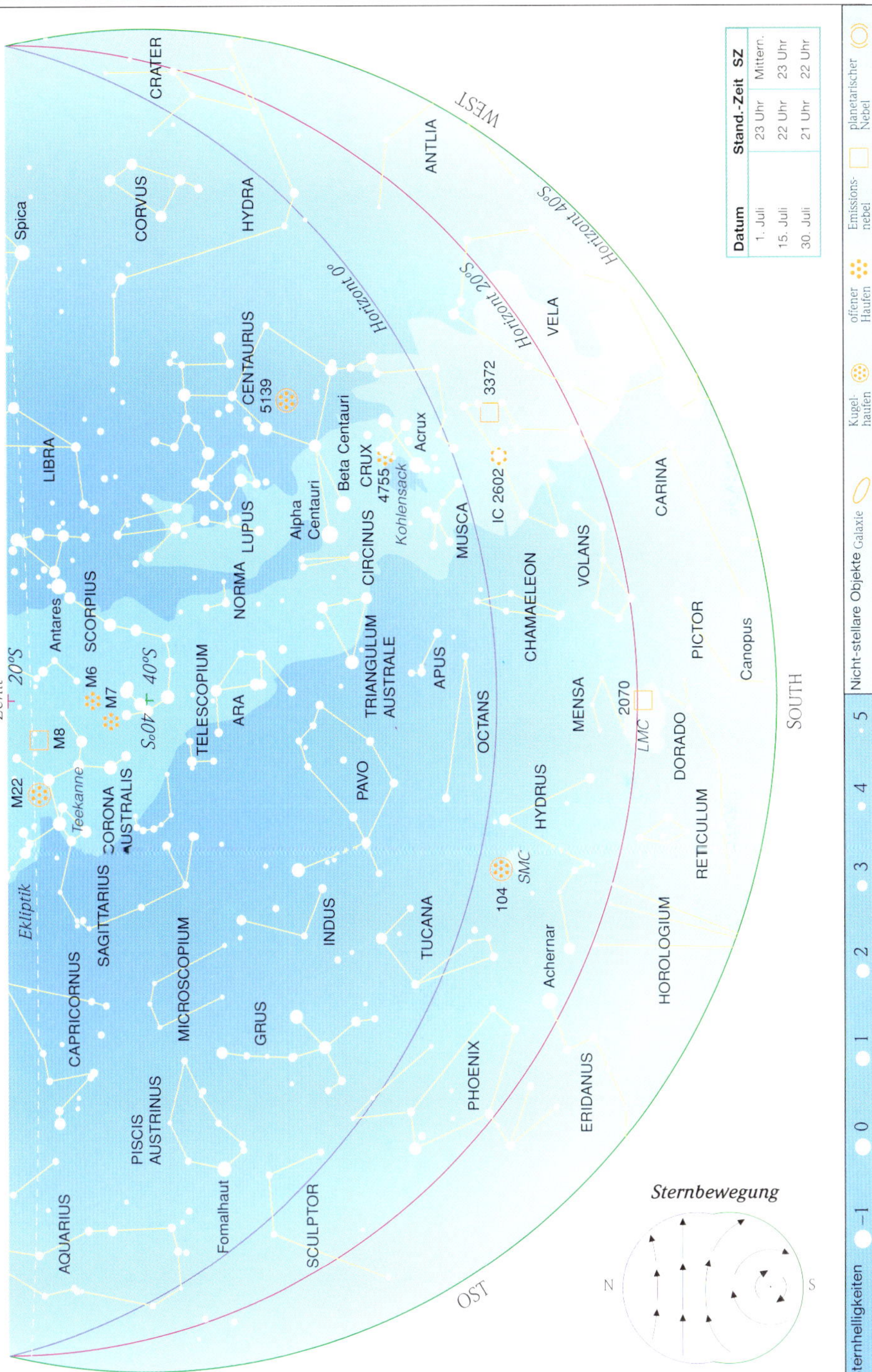
Zenit
20°S
40°S
Ekliptik
Horizont 0°
Horizont 20°S
Horizont 40°S
WEST
OST
SOUTH
Spica
CRATER
CORVUS
HYDRA
ANTLIA
VELA
CENTAURUS
5139
3372
Beta Centauri
Alpha Centauri
CRUX
4755
Acrux
Kohlensack
IC 2602
CARINA
LIBRA
LUPUS
NORMA
CIRCINUS
MUSCA
VOLANS
CHAMAELEON
Antares
SCORPIUS
M6
M7
M8
M22
Teekanne
CORONA AUSTRALIS
TELESCOPIUM
ARA
TRIANGULUM AUSTRALE
APUS
PICTOR
Canopus
OCTANS
MENSA
2070
LMC
DORADO
PAVO
HYDRUS
RETICULUM
SAGITTARIUS
MICROSCOPIUM
INDUS
TUCANA
104
SMC
Achernar
HOROLOGIUM
CAPRICORNUS
GRUS
PHOENIX
ERIDANUS
PISCIS AUSTRINUS
Fomalhaut
AQUARIUS
SCULPTOR
Sternbewegung
N
S
Datum | Stand.-Zeit | SZ
1. Juli | 23 Uhr | Mittern.
15. Juli | 22 Uhr | 23 Uhr
30. Juli | 21 Uhr | 22 Uhr
Sternhelligkeiten
−1
0
1
2
3
4
5
Nicht-stellare Objekte
Galaxie
Kugel-haufen
offener Haufen
Emissions-nebel
planetarischer Nebel

August

Die hellen Sterne Atair, Deneb und Wega bilden ein auffälliges Dreieck, das in Augustnächten überall auf der Erde außer im tiefsten Süden zu sehen ist. Auf der Nordhalbkugel heißt es Sommerdreieck. Eine weitere Glanznummer bietet Beobachtern nördlicher Breiten Mitte des Monats der Perseiden-Meteorschauer.

Sonnenauf- und Untergang am 15. Aug.

geo. Breite	Sonnenaufg.	Sonnenunterg.
60°N	04.10	19.50
40°N	05.10	17.00
20°N	05.40	18.30
0°	06.00	18.10
20°S	06.20	17.50
40°S	06.50	17.20

1. August Standardzeit SZ	15. August Standardzeit SZ	30. August Standardzeit SZ

Nördliche Breiten

• **Blick nach Norden** Der Große Wagen leuchtet im Nordwesten, links neben ihm Arktur. Der Kasten des Kleinen Wagens (in Ursa Minor) hängt links von Polaris, während rechts das Cassiopeia-W auf der Seite liegend einer 3 ähnelt. Darunter geht Perseus auf, weiter östlich erscheinen Pegasus und Andromeda.

• **Blick nach Süden** Das Sommerdreieck aus Wega, Deneb und Atair steht im Zenit. Die Milchstraße (s. S. 188–189) verläuft von Südwest nach Nordost und scheint sich in Cygnus aufzuspalten. Ophiuchus und beide Serpens-Hälften stehen im Westen, Sagittarius und Scorpius unter ihnen. Den Südosten nehmen Aquarius und Capricornus ein.

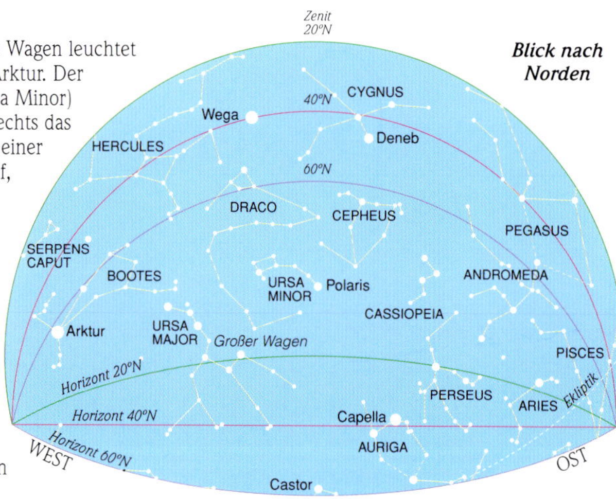

Südliche Breiten

• **Blick nach Norden** Genau im Norden bilden die hellen Sterne Wega, Atair und Deneb ein großes Dreieck. Die vom Zenit nach Nordosten verlaufende Milchstraße (s. S. 190–191) scheint sich in Cygnus aufzuspalten. Ophiuchus und beide Serpens-Hälften beherrschen den Himmel im Westen, Hercules liegt direkt unter ihnen. Im Nordosten geht das Pegasus-Quadrat auf.

• **Blick nach Süden** Im Südosten geht Achernar auf; Fomalhaut steht ein Stück höher und etwas weiter links. Noch weiter oben findet man Capricornus und Aquarius und fast im Zenit Sagittarius mit Scorpius rechts unter ihm. Im Südwesten versinken Centaurus und Crux.

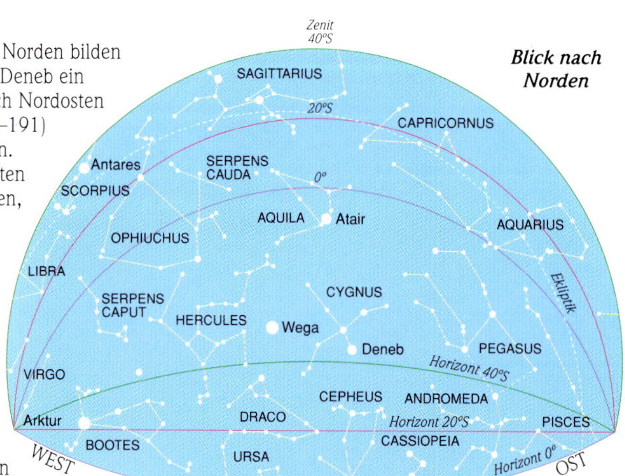

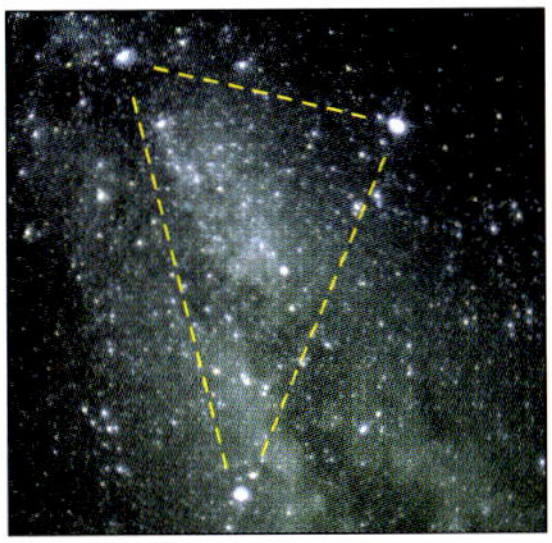

Das Sommerdreieck
Drei Sterne aus drei verschiedenen Konstellationen bilden ein großes gleichschenkliges Dreieck, das am nördlichen Sommer- und Herbst- bzw. südlichen Winter- und Frühjahrshimmel einen vertrauten Anblick bietet. Der hellste der drei ist Wega (oben rechts) in Lyra, gefolgt von Atair (unten) in Aquila und Deneb (oben links) in Cygnus. Der Cygnus-Spalt (siehe Kasten rechts) verläuft mitten durch das Dreieck.

Sternhelligkeiten ○ −1 ○ 0 ○ 1 ○ 2 ○ 3

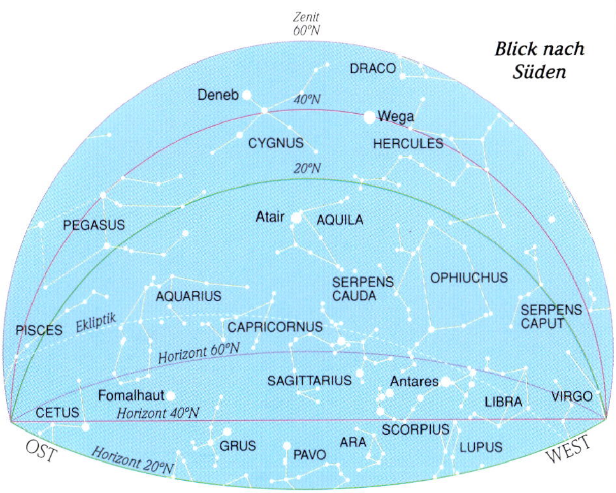

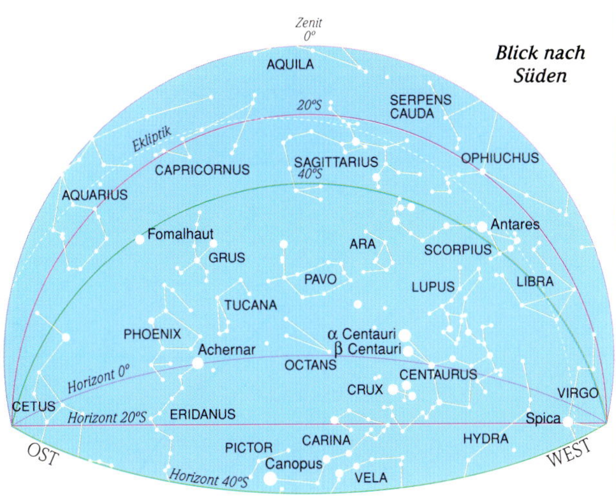

Himmelskarten

Objekte im August

● **Albireo (Cygnus).** Dieser Doppelstern, auch Beta (β) Cygni genannt, zählt wegen der Färbung seiner Komponenten und leichten Trennbarkeit zu den berühmtesten seiner Art. Schon im kleinsten Teleskop sind die beiden Sterne zu sehen – bernsteingelb und grünlich, wie zwei Lichter einer himmlischen Verkehrsampel. Siehe auch S. 88.

● **Cygnus-Spalt (Cygnus).** Dieser auch als Nördlicher Kohlensack bezeichnete Dunkelnebel teilt die Milchstraße in zwei Hälften. Er kann mit bloßem Auge von Cygnus über Aquila bis Ophiuchus verfolgt werden, wo er breiter wird und endet. Siehe auch S. 88.

Ebenfalls sichtbar

- ● **Antares** (S. 181)
- ● **Delta (δ) Cephei** (S. 193)
- ● **Epsilon (ε) Lyrae** (S. 181)
- □ **M8** (S. 181)
- ⊛ **M13** (S. 175)
- ⊛ **M22** (S. 181)
- ◎ **M27** (S. 193)
- ⊛ **NGC 104** (S. 193)

Meteore im August

Perseiden. Der schönste Meteorschauer für Beobachter der Nordhalbkugel. Die Perseiden, die von einem Punkt in der Nähe des Doppelhaufens in Perseus (s. S. 118) auszugehen scheinen, sind hell, können im Flug noch stärker aufflammen und hinterlassen oft Leuchtspuren. Das Maximum wird mit 75 oder mehr Meteoren pro Stunde um den 12. August erreicht, Aktivität ist aber mindestens eine Woche vorher und nachher zu beobachten.

Himmelskarte

Nördliche Breiten

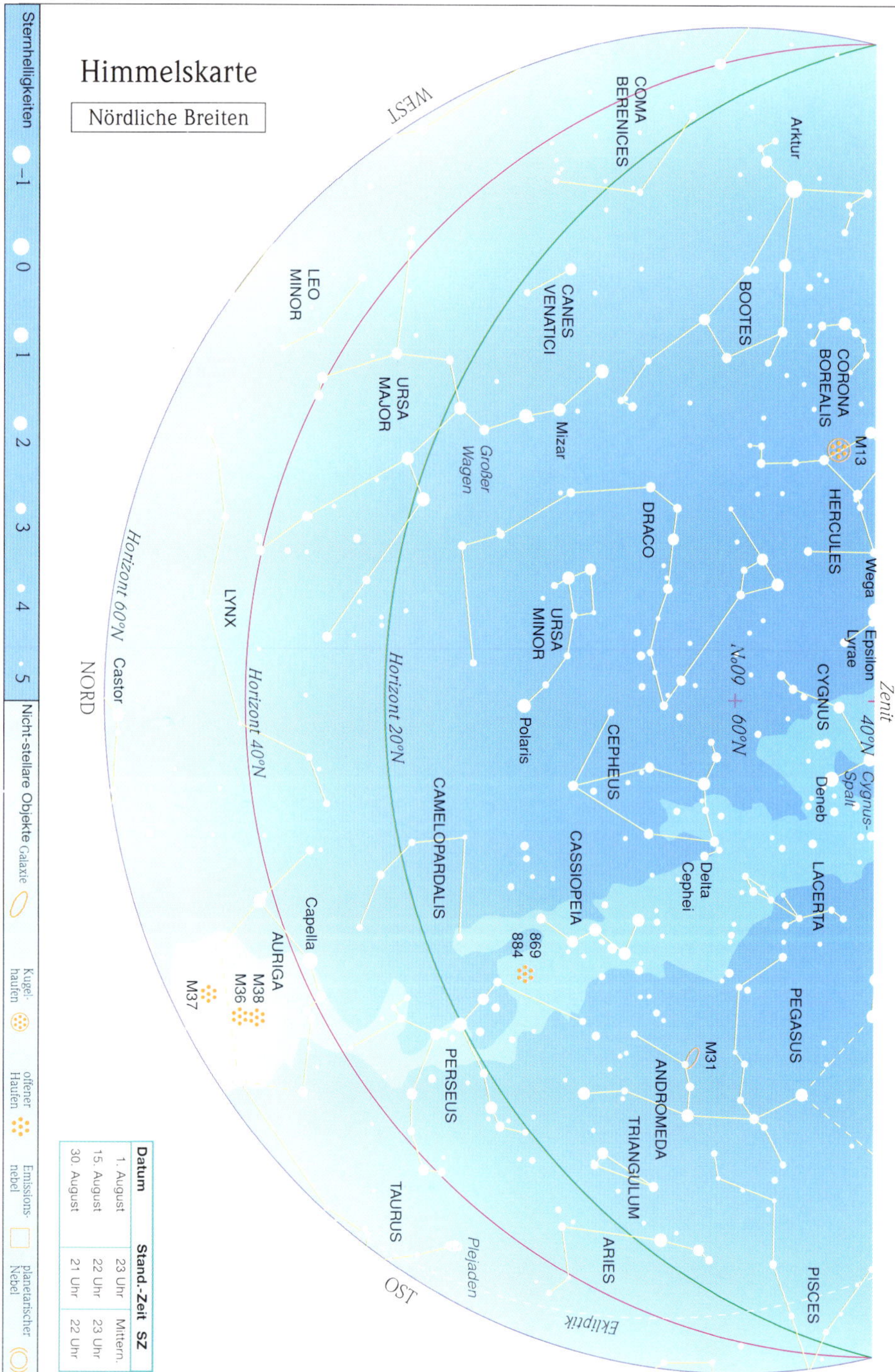

Datum	Stand.-Zeit	SZ
1. August	23 Uhr	Mittern.
15. August	22 Uhr	23 Uhr
30. August	21 Uhr	22 Uhr

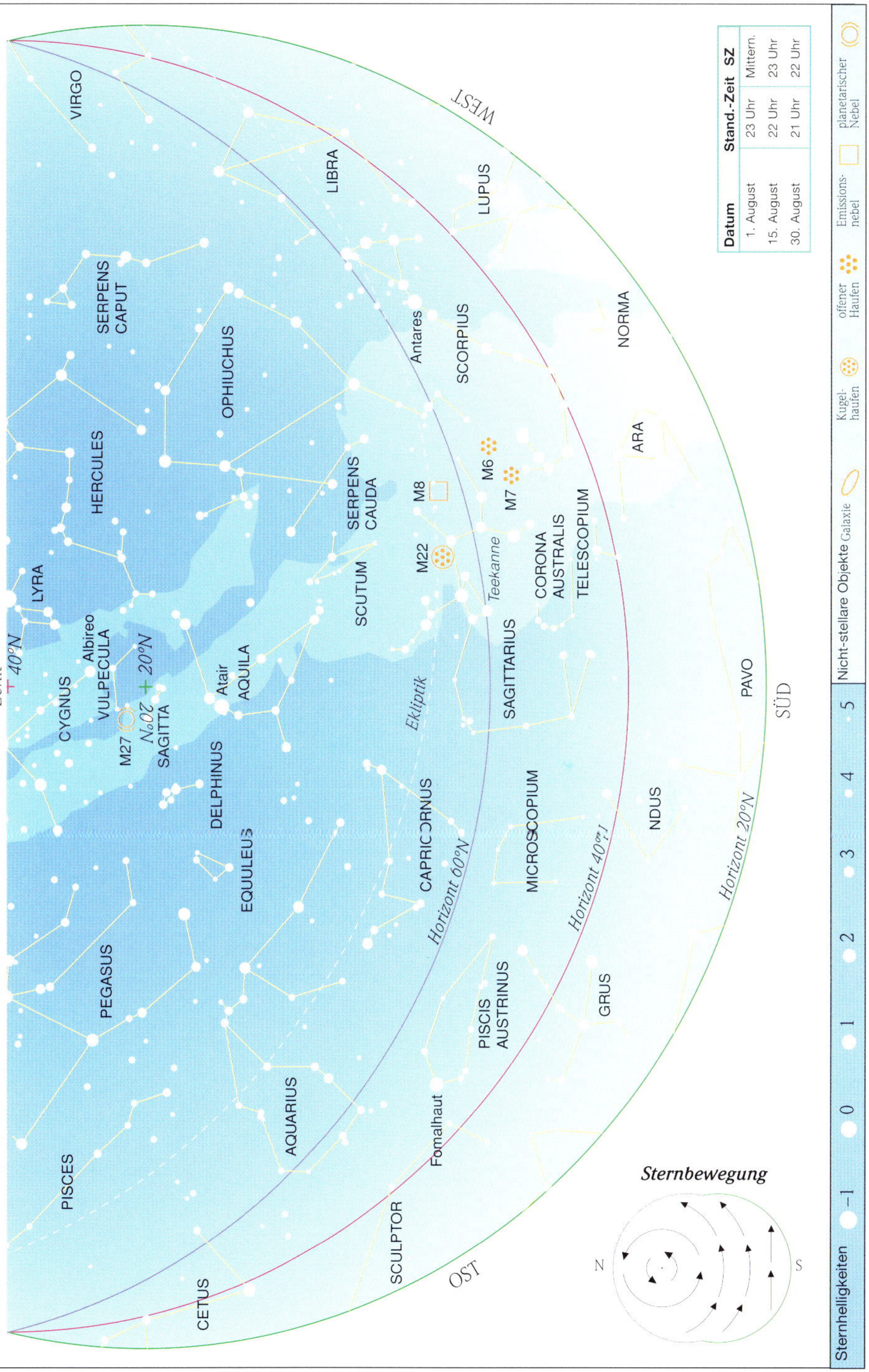

Datum	Stand.-Zeit	SZ
1. August	23 Uhr	Mittern.
15. August	22 Uhr	23 Uhr
30. August	21 Uhr	22 Uhr

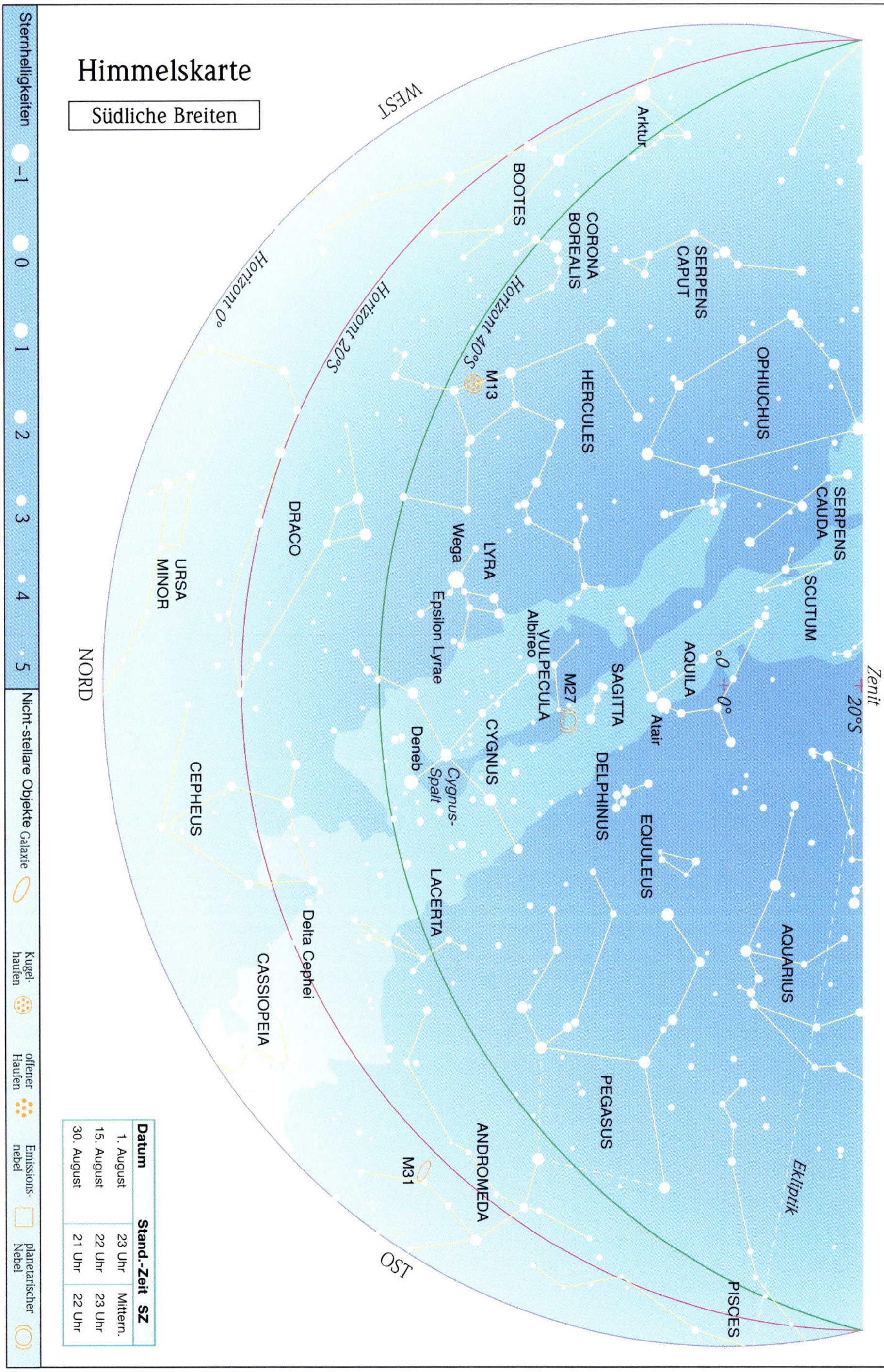

Datum	Stand.-Zeit	SZ
1. August	23 Uhr	Mittern.
15. August	22 Uhr	23 Uhr
30. August	21 Uhr	22 Uhr

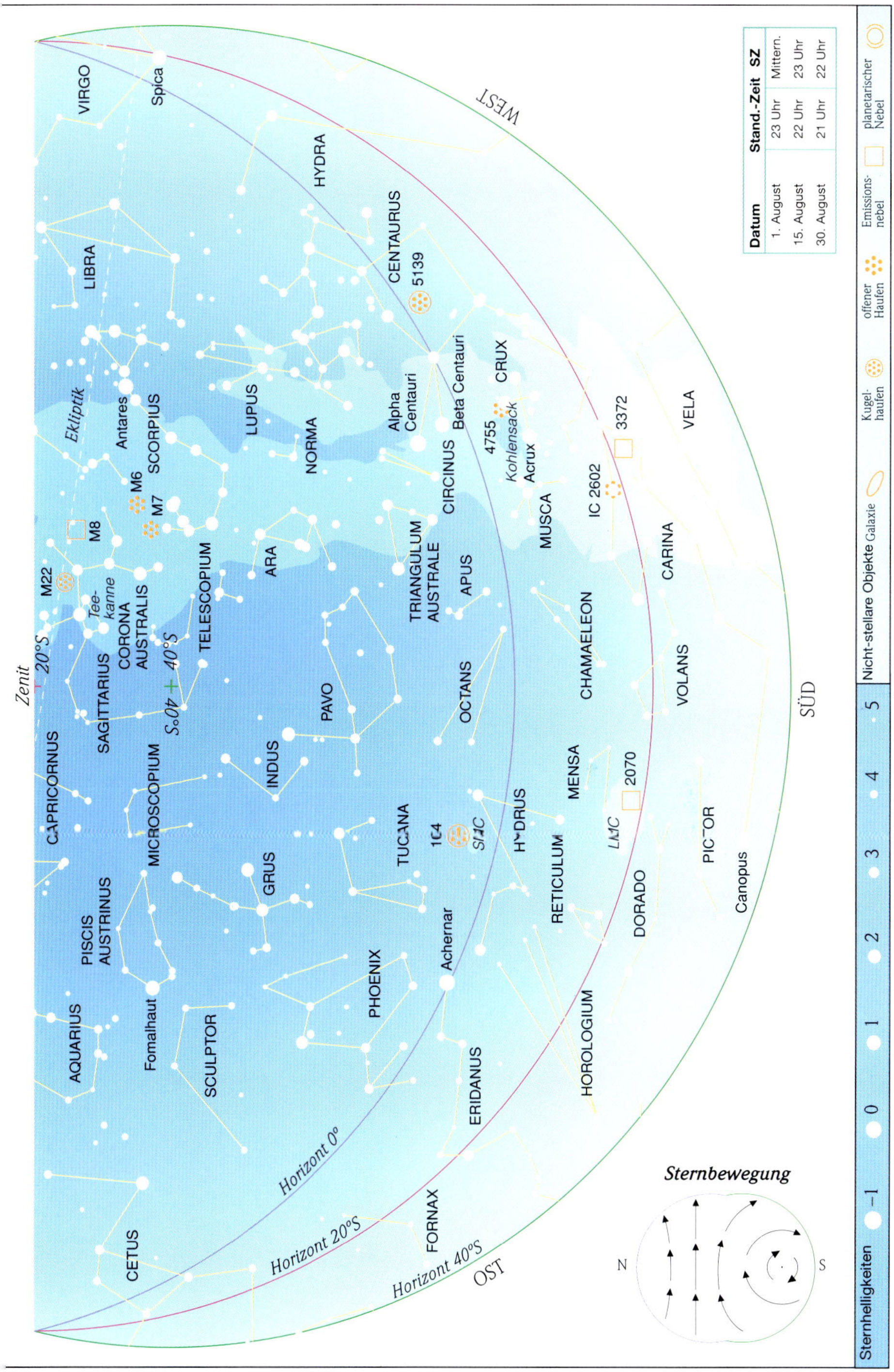

Zenit
WEST
OST
SÜD
Horizont 0°
Horizont 20°S
Horizont 40°S
20°S
40°S
Ekliptik
VIRGO
Spica
LIBRA
HYDRA
CENTAURUS
5139
Alpha Centauri
Beta Centauri
CRUX
4755
Kohlensack
Acrux
3372
VELA
IC 2602
MUSCA
CIRCINUS
NORMA
LUPUS
SCORPIUS
Antares
M6
M7
M8
M22
Tee-kanne
CORONA AUSTRALIS
SAGITTARIUS
TELESCOPIUM
ARA
TRIANGULUM AUSTRALE
APUS
CHAMAELEON
CARINA
VOLANS
MENSA
2070
LMC
OCTANS
PAVO
INDUS
CAPRICORNUS
MICROSCOPIUM
TUCANA
SMC
HYDRUS
RETICULUM
DORADO
PICTOR
Canopus
GRUS
PISCIS AUSTRINUS
AQUARIUS
Fomalhaut
SCULPTOR
PHOENIX
Achernar
ERIDANUS
HOROLOGIUM
CETUS
FORNAX
Sternbewegung
N
S
Datum | Stand.-Zeit | SZ
1. August | 23 Uhr | Mittern.
15. August | 22 Uhr | 23 Uhr
30. August | 21 Uhr | 22 Uhr
Sternhelligkeiten −1 0 1 2 3 4 5
Nicht-stellare Objekte Galaxie
Kugel-haufen
offener Haufen
Emissions-nebel
planetarischer Nebel

September

Mit Herannahen des Äquinoktiums um den 23. September (Herbstanfang auf der Nord- und Frühlingsanfang auf der Südhalbkugel) werden Tage und Nächte allmählich wieder gleich lang. In nördlichen Breiten ist das Pegasus-Quadrat gut zu beobachten, während im Süden die hellsten Sterne am Westhimmel prangen.

Sonnenauf- und Untergang am 15. Sept.

geo. Breite	Sonnenaufg.	Sonnenunterg.
60°N	05.30	18.20
40°N	05.40	18.10
20°N	05.50	18.00
0°	05.50	18.00
20°S	06.00	18.00
40°S	06.00	17.50

1. September Standardzeit SZ	15. September Standardzeit SZ	30. September Standardzeit SZ

Nördliche Breiten

• **Blick nach Norden** Richtung Norden sind diesen Monat relativ wenig helle Sterne zu sehen. Genau nördlich steht Cepheus mit Cassiopeia zu seiner Rechten. Andromeda und Pegasus zeigen sich hoch am östlichen Himmel, während Perseus, gefolgt von Auriga, im Nordosten aufgeht. Am Nordwesthimmel findet man Draco und Hercules.

• **Blick nach Süden** Im Zentrum der Szene stehen Aquarius und Capricornus, Fomalhaut unter ihnen. Das Pegasus-Quadrat und die links unterhalb gelegenen Fische (Pisces) beherrschen den Anblick im Südosten. Das Sommerdreieck aus Atair, Deneb und Wega befindet sich fast im Zenit Richtung Südwest, während weiter westlich Ophiuchus und Serpens Cauda untergehen.

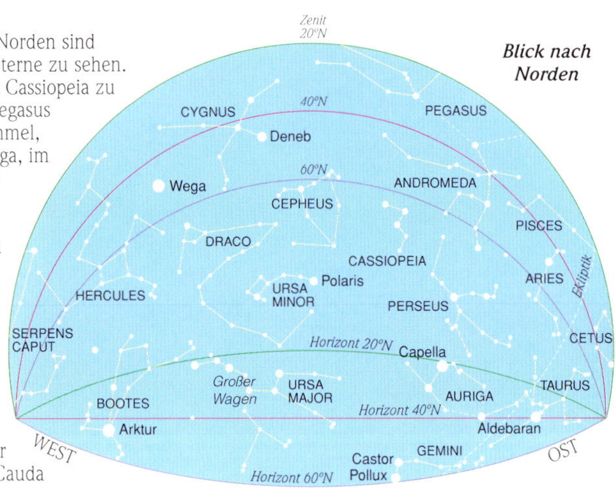

Südliche Breiten

• **Blick nach Norden** Das große Dreieck aus Atair, Deneb und Wega prangt im Nordwesten; das Pegasus-Quadrat beherrscht den nordöstlichen Himmel, darunter liegen Andromeda und weiter östlich Pisces. Capricornus und Aquarius stehen fast im Zenit, und im Westen gehen Ophiuchus und Serpens Cauda unter.

• **Blick nach Süden** Im Südosten, einer ansonsten relativ sternarmen Himmelsgegend, fällt Achernar (Eridanus) ins Auge, rechts von ihm die Kleine Magellansche Wolke (SMC, s. S. 197). Fomalhaut steht nahezu im Zenit, im Südwesten findet man Scorpius und über ihm Sagittarius.

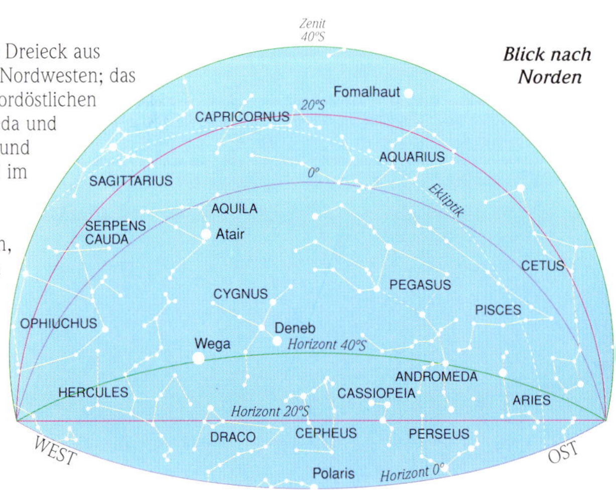

Die Kleine Magellansche Wolke (Tucana)
Dies ist die kleinere, lichtschwächere und entferntere der beiden irregulären Begleitgalaxien unserer Galaxis. Mit bloßem Auge wirkt sie wie ein abgelöstes Stück der Milchstraße. Der Haufen rechts ist NGC 104 (siehe Kasten rechts).

Sternhelligkeiten −1 0 1 2 3

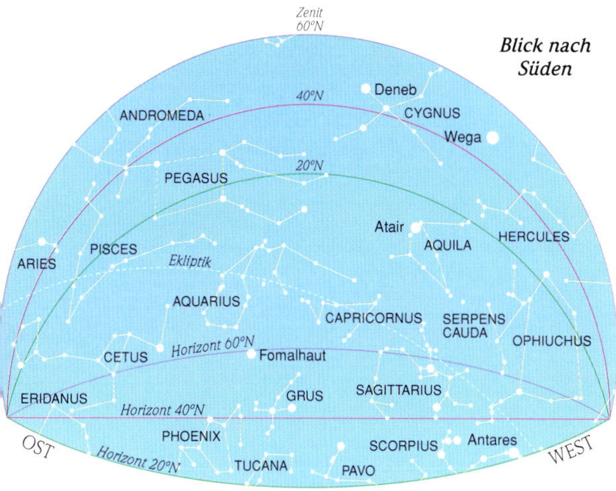

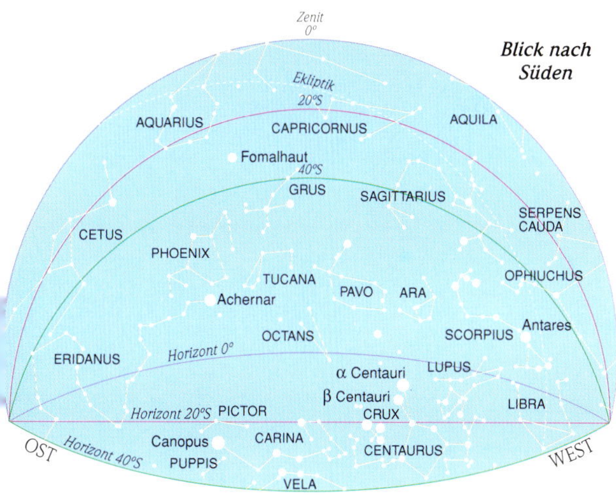

Himmelskarten

Objekte im September

Delta (δ) Cephei. Prototyp der Cepheiden-Veränderlichen, die zur Entfernungsbestimmung im Weltall dienen. Aufgrund von Pulsationen schwankt die Helligkeit des Sterns im Rhythmus von 5 Tagen, wobei er im Maximum mehr als doppelt so hell ist wie im Minimum. Diese Helligkeitsänderungen können durch Vergleich mit Nachbarsternen bekannter Helligkeit mit bloßem Auge verfolgt werden. Zudem ist Delta Cephei ein Doppelstern mit einem lichtschwächeren Begleiter, der schon mit kleinen Teleskopen sichtbar ist. Siehe auch S. 80.

M27 (Vulpecula). Dieser schon mit einem Fernglas beobachtbare planetarische Nebel liegt in Vulpecula zwischen Deneb und Atair. Sein volkstümlicher Name »Hantel-Nebel« geht auf seine Form zurück, die allerdings eher einer Frackschleife als einer Hantel gleicht und nur im Teleskop erkennbar ist. Siehe auch S. 141.

NGC 104 (Tucana). Dieser auch 47 Tucanae genannte Kugelhaufen ist der zweithellste am Himmel – übertroffen nur von Omega (ω) Centauri. Mit bloßem Auge wirkt er wie ein verwaschener Stern. Er liegt nahe der Kleinen Magellanschen Wolke (SMC), gehört aber zu unserer Galaxis. Siehe auch S. 135.

Ebenfalls sichtbar

- **Albireo** (S. 187)
- **Epsilon (ε) Lyrae** (S. 181)
- **M31** (S. 199)
- **NGC 869 und NGC 884** (S. 199)
- **Cygnus-Spalt** (S. 187)

Himmelskarte

Nördliche Breiten

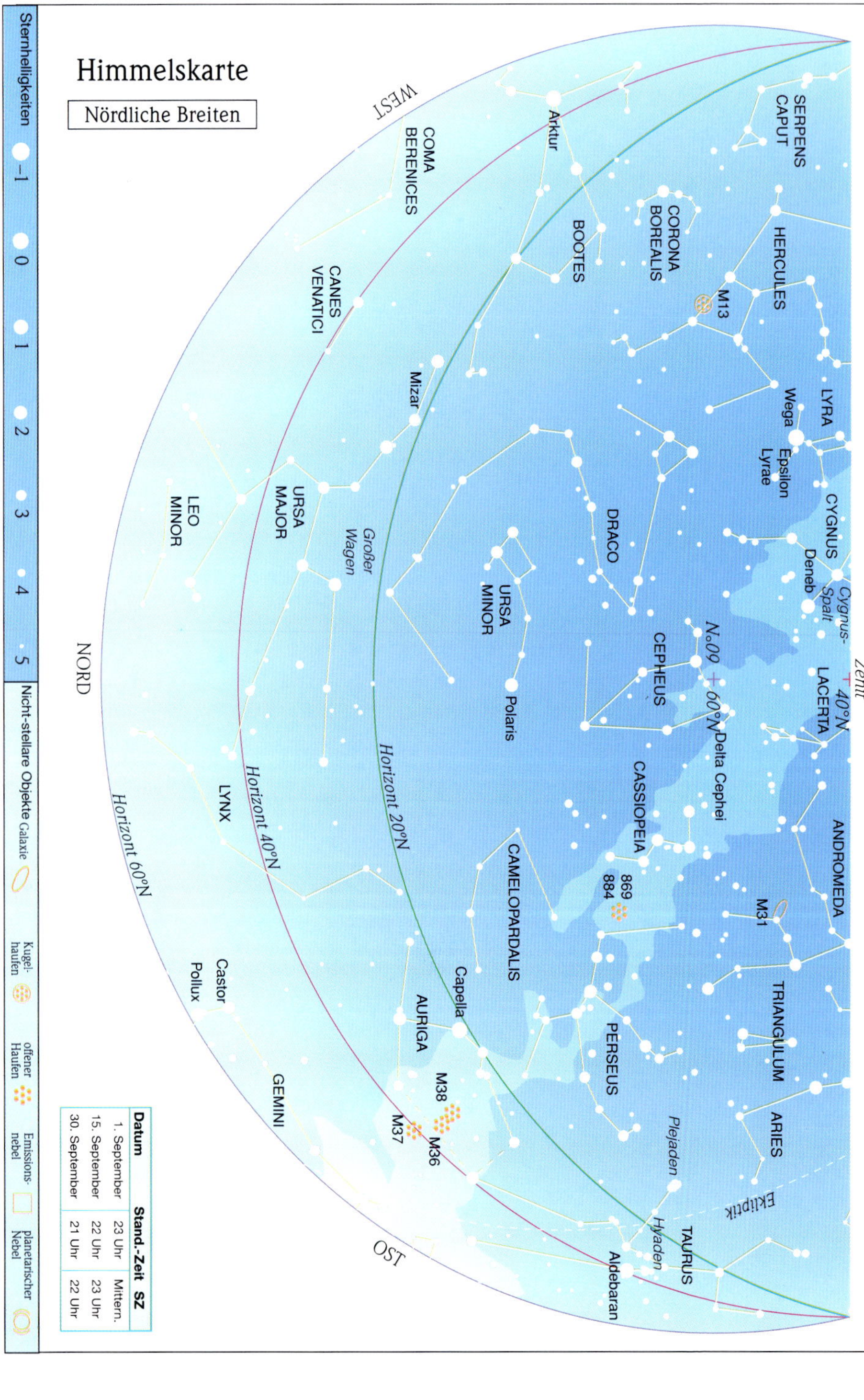

Datum	Stand.-Zeit	SZ
1. September	23 Uhr	Mittern.
15. September	22 Uhr	23 Uhr
30. September	21 Uhr	22 Uhr

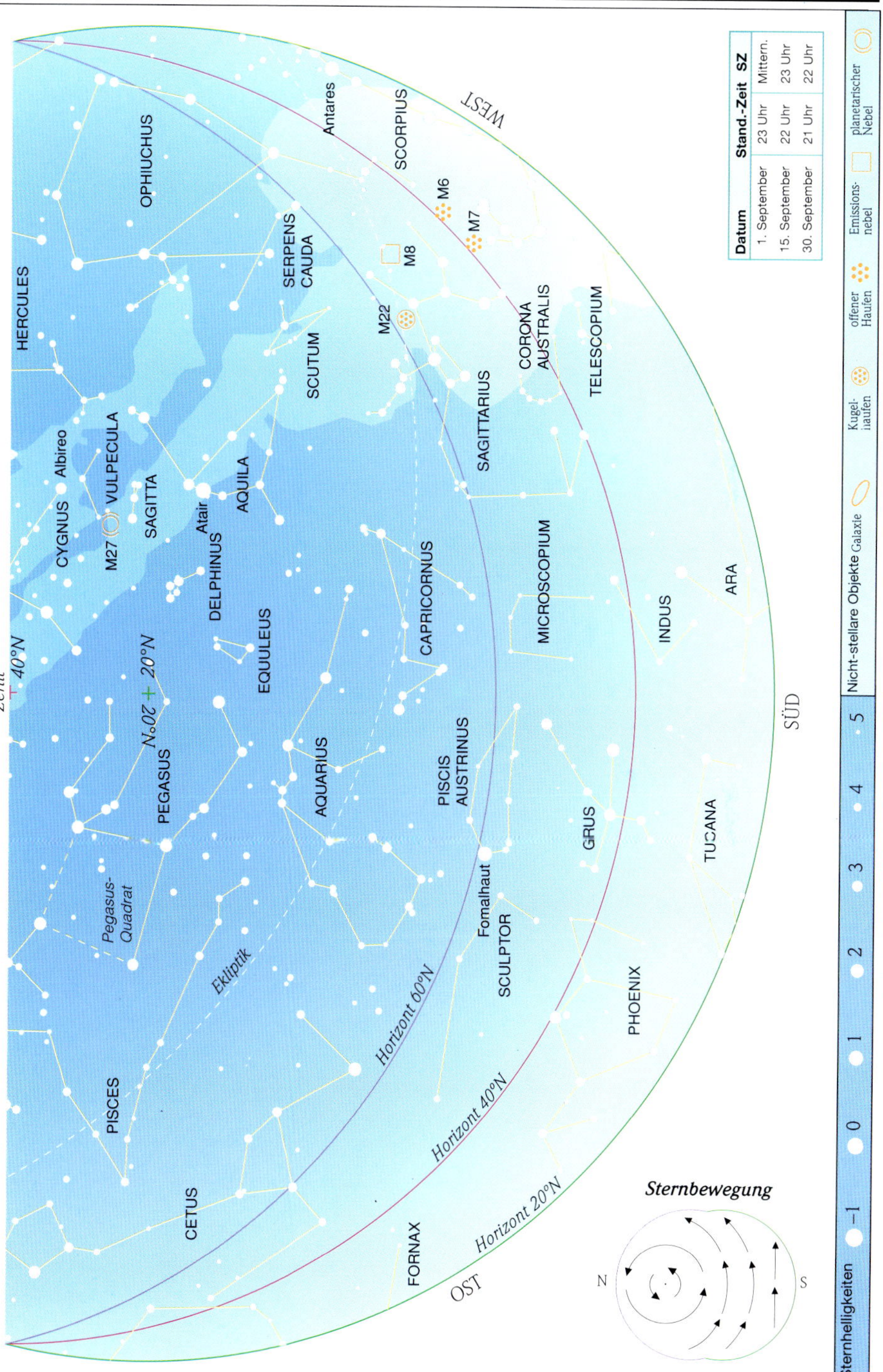

Datum	Stand.-Zeit	SZ
1. September	23 Uhr	Mittern.
15. September	22 Uhr	23 Uhr
30. September	21 Uhr	22 Uhr

Himmelskarte

Südliche Breiten

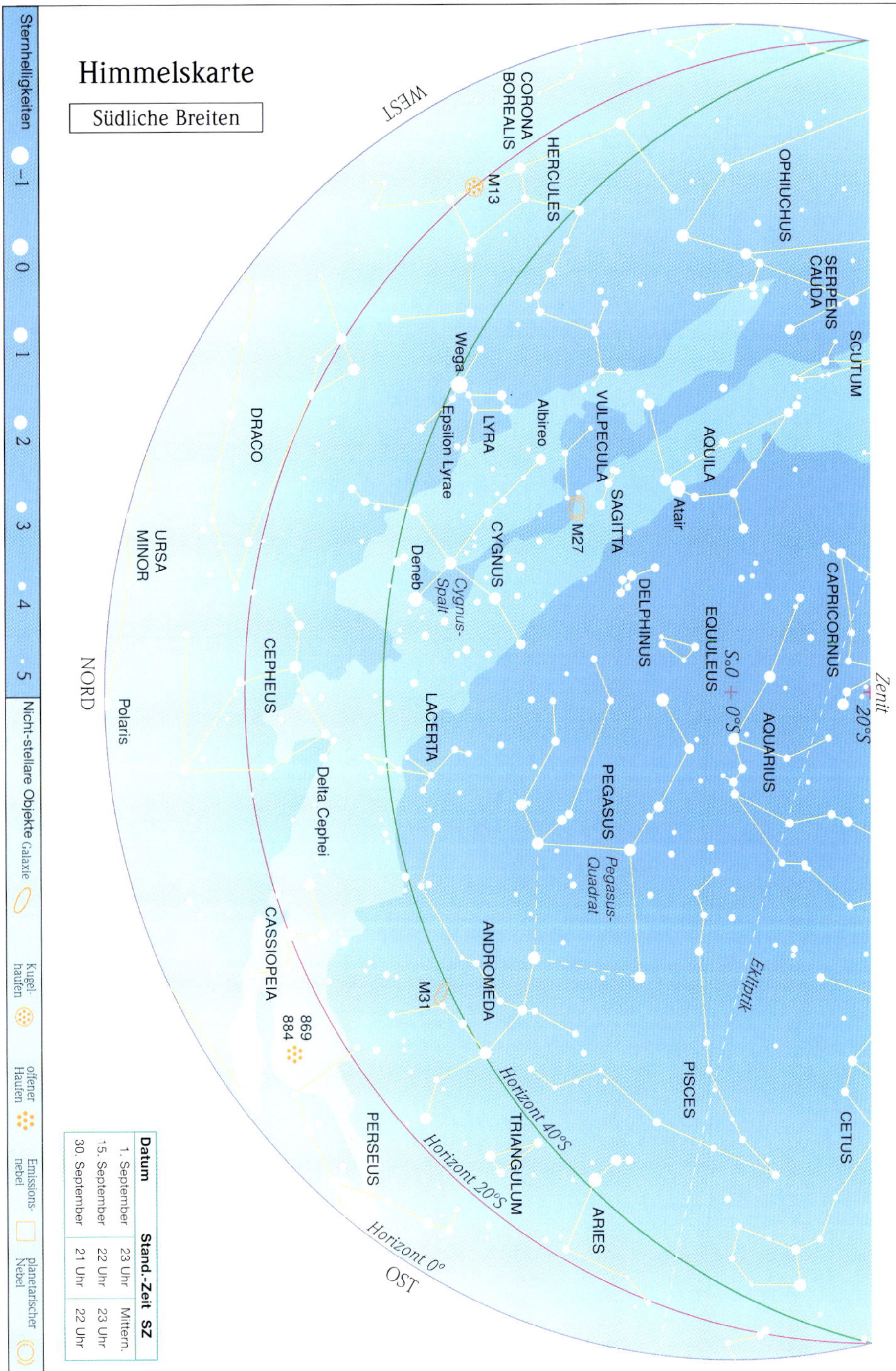

Datum	Stand.-Zeit	SZ
1. September	23 Uhr	Mittern.
15. September	22 Uhr	23 Uhr
30. September	21 Uhr	22 Uhr

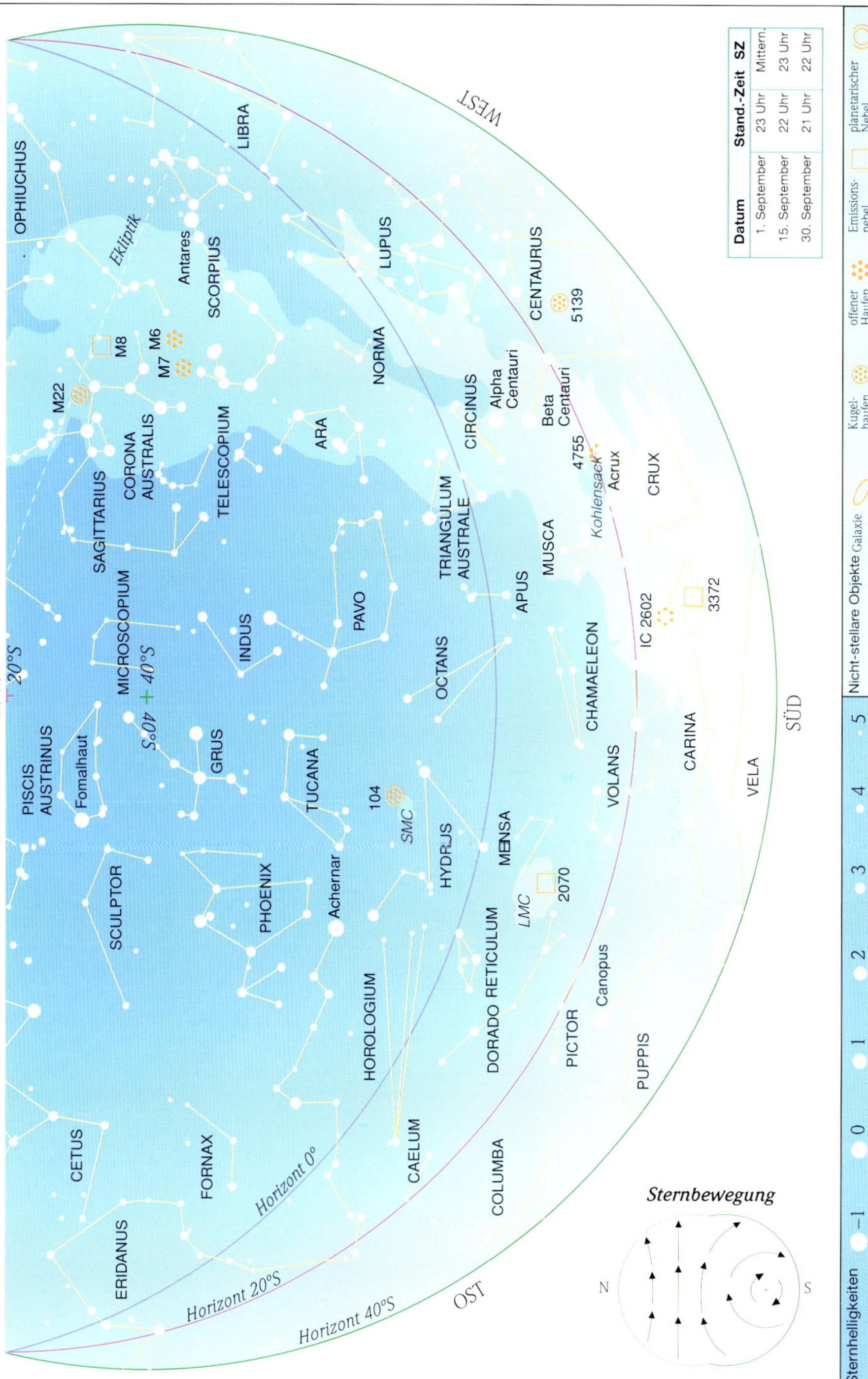
Zenit
20°S
40°S
WEST
OST
SÜD
Horizont 0°
Horizont 20°S
Horizont 40°S
Ekliptik
OPHIUCHUS
LIBRA
SCORPIUS
Antares
LUPUS
CENTAURUS
5139
M8
M6
M7
M22
NORMA
Alpha Centauri
Beta Centauri
CIRCINUS
SAGITTARIUS
CORONA AUSTRALIS
TELESCOPIUM
ARA
4755
Kohlensack
Acrux
CRUX
TRIANGULUM AUSTRALE
MUSCA
MICROSCOPIUM
INDUS
PAVO
APUS
IC 2602
3372
CHAMAELEON
OCTANS
PISCIS AUSTRINUS
Fomalhaut
GRUS
TUCANA
104
SMC
HYDRUS
MENSA
VOLANS
CARINA
VELA
SCULPTOR
PHOENIX
Achernar
2070
LMC
DORADO
RETICULUM
Canopus
PICTOR
PUPPIS
HOROLOGIUM
CETUS
FORNAX
CAELUM
COLUMBA
ERIDANUS
Sternbewegung
N
S

Datum	Stand.-Zeit	SZ
1. September	23 Uhr	Mittern.
15. September	22 Uhr	23 Uhr
30. September	21 Uhr	22 Uhr

Sternhelligkeiten −1 0 1 2 3 4 5
Nicht-stellare Objekte Galaxie
Kugel-haufen
offener Haufen
Emissions-nebel
planetarischer Nebel

Oktober

Für Beobachter in nördlichen Breiten steht die Andromeda-Galaxie (M31) hoch im Zenit, auf der Südhalbkugel bleibt sie jedoch leider tief am Horizont. Zu dieser Jahreszeit gibt es insgesamt überhaupt nur wenige helle Sterne zu bewundern, doch das Pegasus-Quadrat ist von beiden Hemisphären aus gut zu sehen.

Sonnenauf- und Untergang am 15. Okt.

geo. Breite	Sonnenaufg.	Sonnenunterg.
60°N	06.40	16.50
40°N	06.10	17.20
20°N	05.50	17.40
0°	05.40	17.50
20°S	05.30	18.00
40°S	05.10	18.20

1. Oktober Standardzeit SZ	15. Oktober Standardzeit SZ	30. Oktober Standardzeit SZ

Nördliche Breiten

- **Blick nach Norden** Hoch oben überspannt die Milchstraße von West nach Ost den Himmel (s. S. 200–201), Cassiopeia steht ebenfalls hoch, links oberhalb von Perseus. Als Vorboten des Winters gehen im Nordosten Taurus sowie Auriga mit Capella auf. Im Westen ist immer noch das Sommerdreieck mit dem im Südwesten gelegenen Atair sichtbar (ganz rechts auf der Blick-nach-Süden-Karte).
- **Blick nach Süden** Hoch im Süden ist das Pegasus-Quadrat gut sichtbar, links darüber fast im Zenit Andromeda. Links von Pegasus liegt Pisces und rechts unterhalb Aquarius. Tief am Südhorizont leuchtet Fomalhaut, während Cetus den südöstlichen Himmel beherrscht.

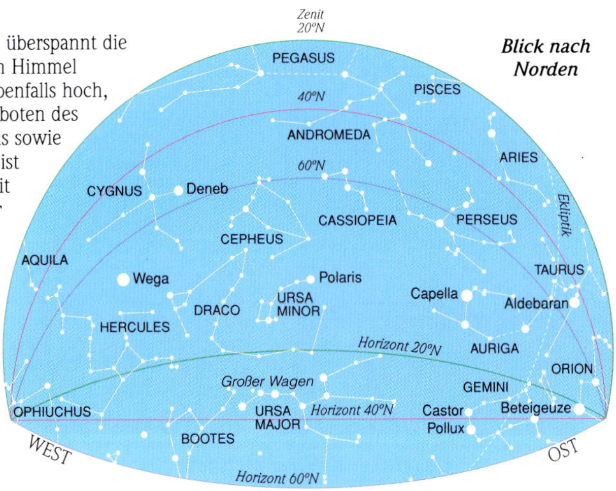

Südliche Breiten

- **Blick nach Norden** Im Zentrum der Szene steht das Pegasus-Quadrat, rechts darunter Andromeda. Rechts oberhalb von Pegasus findet man Pisces, links darüber fast im Zenit Aquarius. Atair, Wega und Deneb gehen im Nordwesten unter, während sich Aldebaran und die anderen Sterne in Taurus gerade über den nordöstlichen Horizont erheben.
- **Blick nach Süden** Hoch im Südosten strahlt Achernar, unterhalb von ihm geht Canopus auf. Ansonsten sind in dieser relativ sternleeren Himmelsgegend nur noch die Große und Kleine Magellansche Wolke (LMC und SMC, s. S. 203) von Interesse. Tief im Südwesten sinkt Scorpius unter den Horizont, gefolgt von Sagittarius.

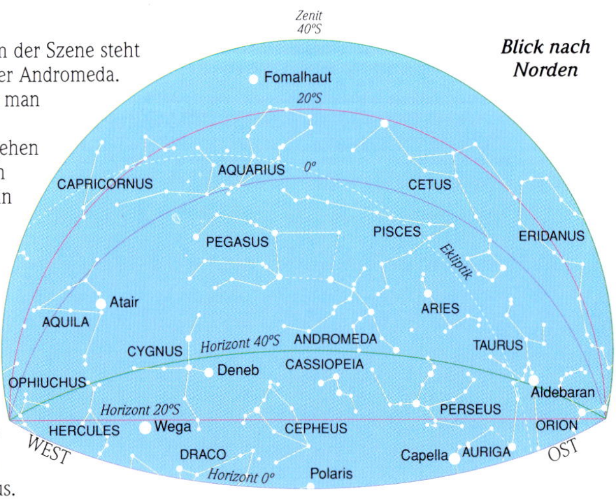

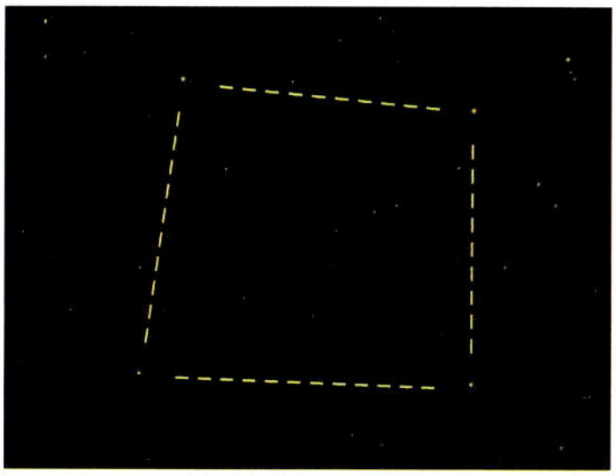

Das Pegasus-Quadrat
Die Ecken dieses riesigen Quadrats bilden drei Sterne in Pegasus und einer in Andromeda (oben links). Trotz der beträchtlichen Größe der Figur (etwa 15° Seitenlänge, groß genug, um 900 Vollmonde aufzunehmen), enthält sie nur wenige mit bloßem Auge sichtbare Sterne.

Sternhelligkeiten –1 0 1 2 3

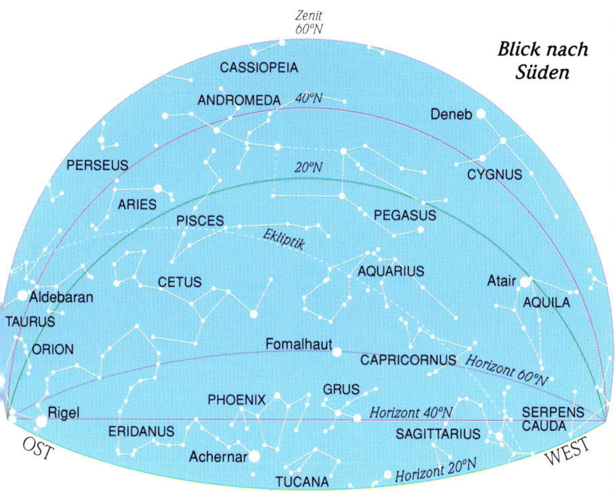

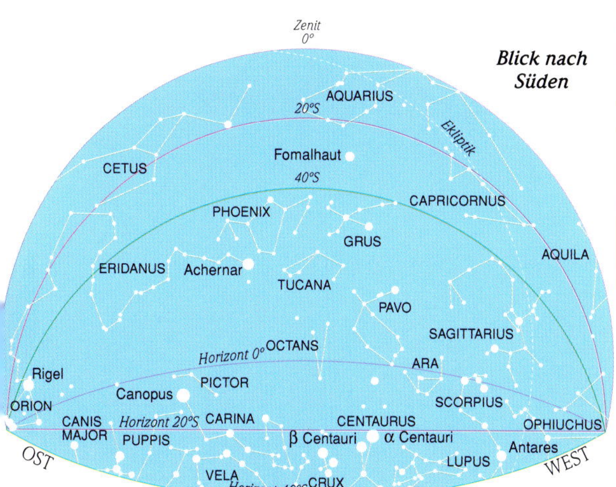

Himmelskarten

Objekte im Oktober

M31 (Andromeda). Dieses entfernteste mit bloßem Auge sichtbare Objekt ist eine Spiralgalaxie ähnlich unserer Galaxis. Doch nur bei sehr dunklem Himmel ist M31, auch Andromeda-Galaxie genannt, mit bloßem Auge erkennbar; ihre volle Größe wird erst im Fernglas offenbar. Sie ist über 2 Millionen LJ von uns entfernt, d. h. das Licht, das wir heute von ihr empfangen, wurde ausgesandt, als unsere Vorfahren noch die Ebenen Afrikas durchstreiften. Siehe auch S. 64.

NGC 869 und NGC 884 (Perseus). Zwei offene Haufen, Doppelhaufen genannt, markieren die Hand des Perseus. Mit bloßem Auge erscheint das Paar als leuchtender Knoten vor der umgebenden Milchstraße, im Fernglas ist es leicht zu beobachten. Siehe auch S. 118.

Ebenfalls sichtbar

- **Albireo** (S. 187)
- **Delta (δ) Cephei** (S. 193)
- **M27** (S. 193)
- **NGC 104** (S. 193)
- **NGC 2070** (S. 205)
- **Cygnus-Spalt** (S. 187)
- **Hyaden und Plejaden** (S. 211)

Meteore im Oktober

Orioniden. Ausgehend vom nördlichen Orion, erreichen die schnellen, aber lichtschwachen Orioniden um den 21. Oktober ihr Maximum mit einer Rate von etwa 25 Meteoren pro Stunde. Da dieses Himmelsgebiet erst spät aufgeht, ist der Schauer am besten nach Mitternacht zu beobachten. Wie die Eta-Aquariden im Mai werden sie von Staub des Kometen Halley verursacht.

Himmelskarte

Nördliche Breiten

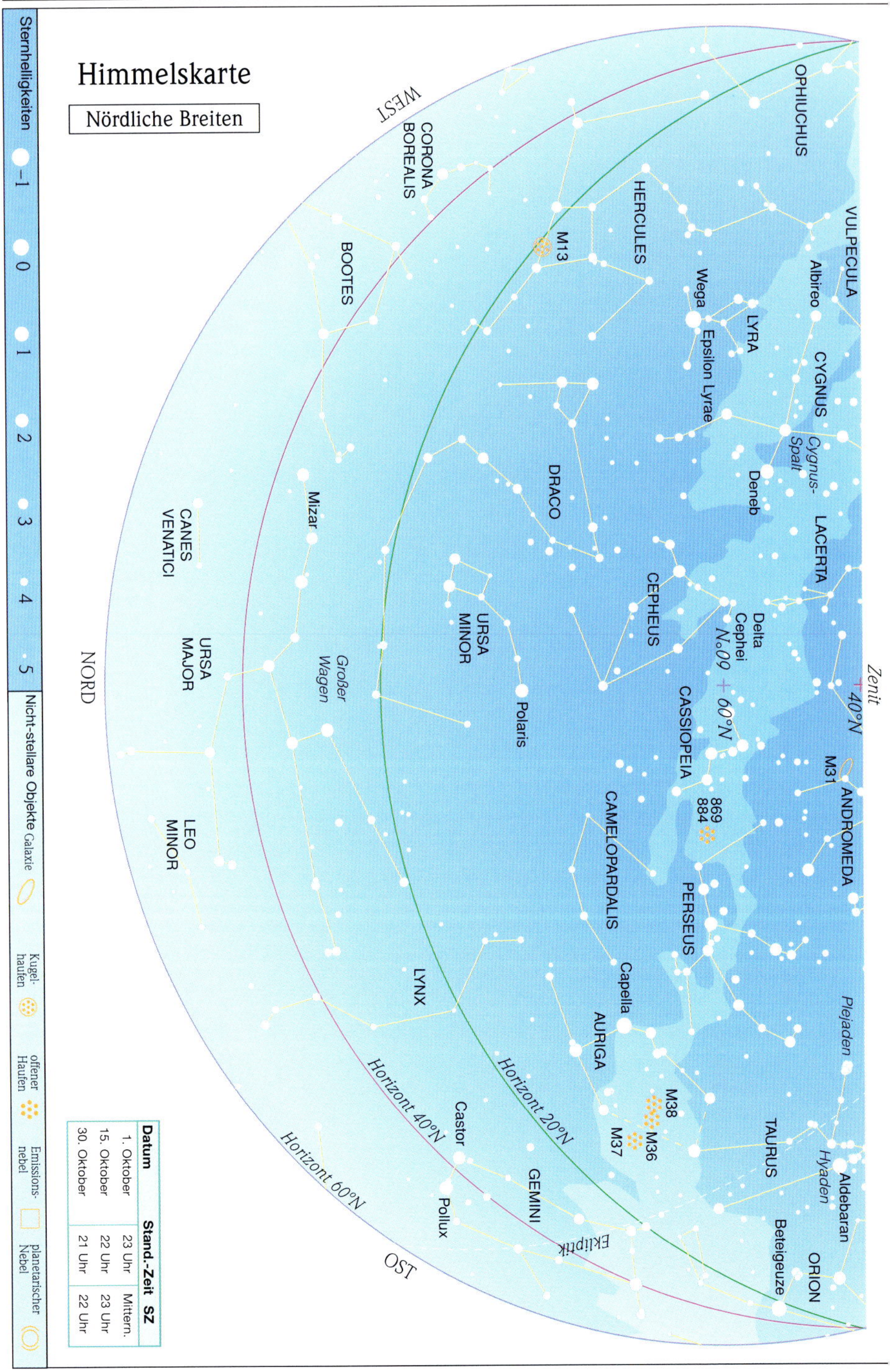

Datum	Stand.-Zeit	SZ
1. Oktober	23 Uhr	Mittern.
15. Oktober	22 Uhr	23 Uhr
30. Oktober	21 Uhr	22 Uhr

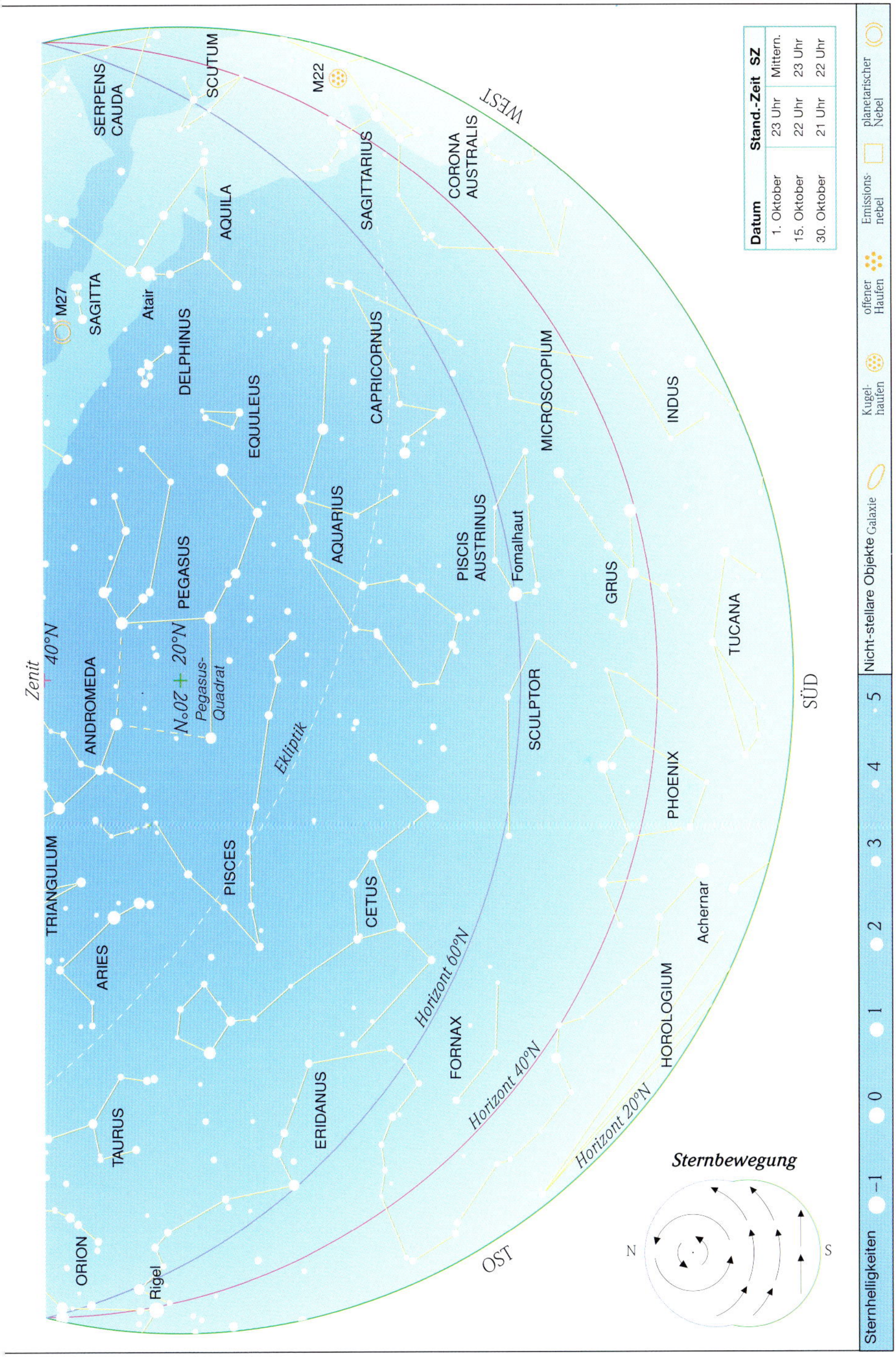

Datum	Stand.-Zeit	SZ
1. Oktober	23 Uhr	Mittern.
15. Oktober	22 Uhr	23 Uhr
30. Oktober	21 Uhr	22 Uhr

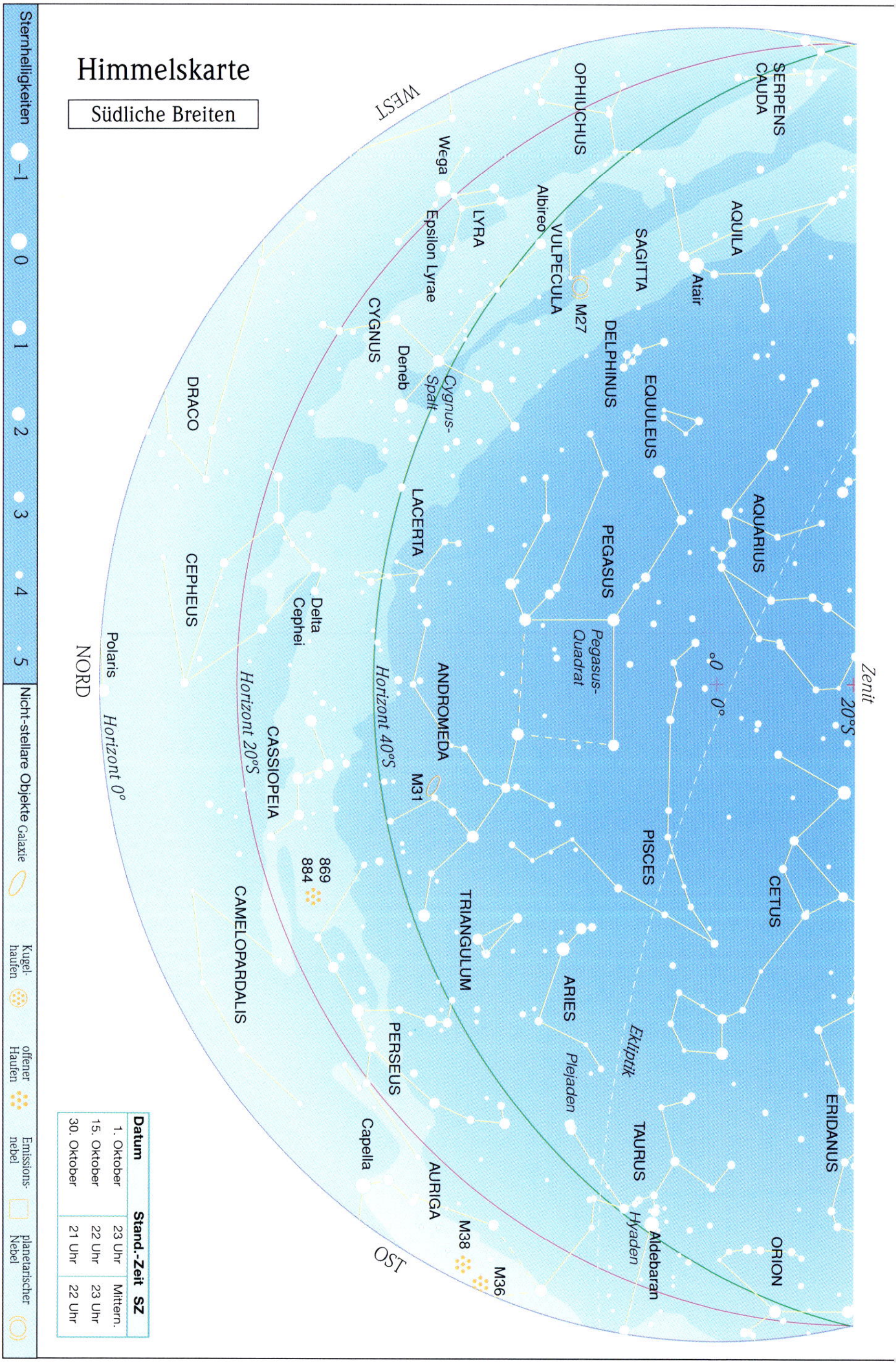

Datum	Stand.-Zeit	SZ
1. Oktober	23 Uhr	Mittern.
15. Oktober	22 Uhr	23 Uhr
30. Oktober	21 Uhr	22 Uhr

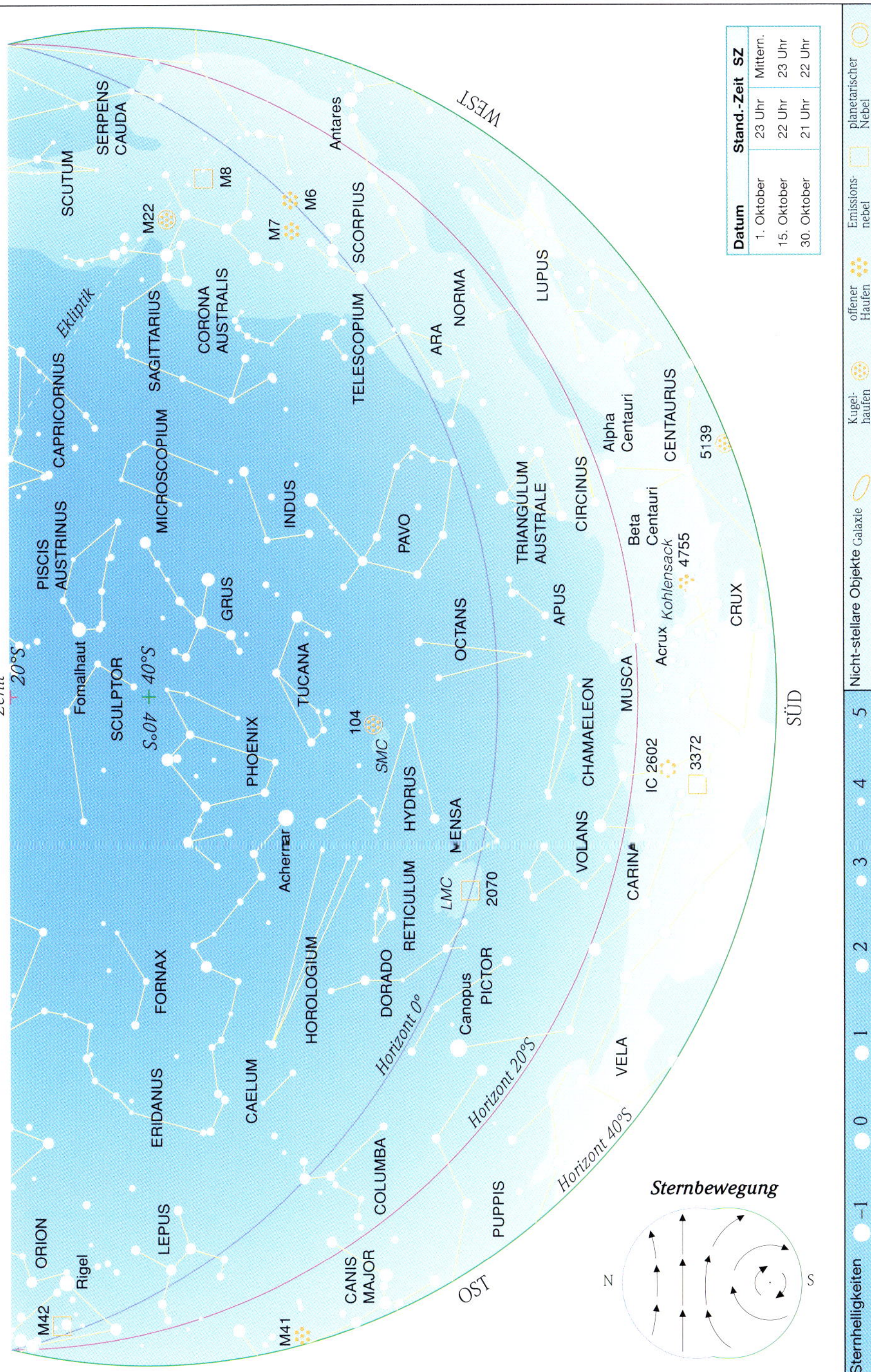

Datum	Stand.-Zeit	SZ
1. Oktober	23 Uhr	Mittern.
15. Oktober	22 Uhr	23 Uhr
30. Oktober	21 Uhr	22 Uhr

November

Diesen Monat sind sämtliche Sternbilder des Perseus-Sagenkreises besonders gut zu sehen – Perseus und Andromeda, deren Eltern Cassiopeia und Cepheus und schließlich noch das Meeresungeheuer Cetus, vor dem der tapfere Held Perseus Andromeda rettete. Auf der Nordhalbkugel ist die Sommerzeit inzwischen beendet.

Sonnenauf- und Untergang am 15. Nov.

geo. Breite	Sonnenaufg.	Sonnenunterg.
60°N	08.00	15.30
40°N	06.50	16.40
20°N	06.10	17.20
0°	05.40	17.50
20°S	05.10	18.20
40°S	04.40	18.50

1. November Standardzeit SZ	15. November Standardzeit SZ	30. November Standardzeit SZ

Nördliche Breiten

• **Blick nach Norden** Die Milchstraße (s. S. 206–207) verläuft von West nach Ost durch den Zenit. Perseus, Andromeda und Cassiopeia stehen hoch am Himmel, unter ihnen liegt Cepheus. Auriga mit seinem hellsten Stern Capella prangt hoch im Nordosten oberhalb von Gemini. Das Sommerdreieck aus Wega, Deneb und Atair ist nur noch tief am nordwestlichen Himmel zu sehen.

• **Blick nach Süden** Direkt im Süden steht Cetus, weiter oben flankiert von Aries und Andromeda. Pisces, Pegasus und Aquarius beherrschen den Himmel im Westen, während im Osten die Wintersterne aufgehen, u. a. Orion und Taurus mit dem roten Aldebaran sowie den Hyaden und Plejaden (s. S. 207).

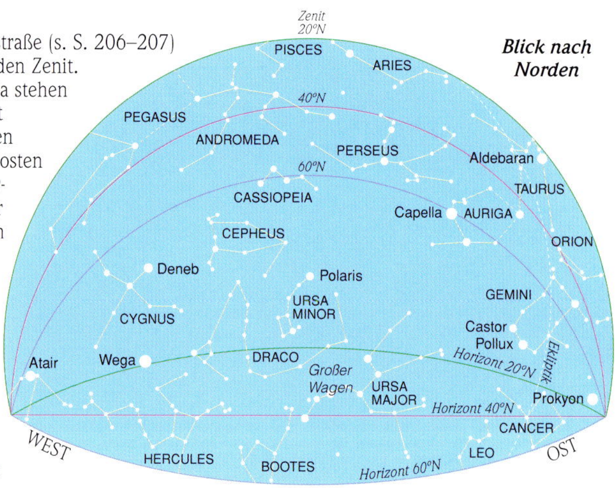

Südliche Breiten

• **Blick nach Norden** Cetus steht fast im Zenit, Pisces und Aries darunter. Perseus, Andromeda und Cassiopeia findet man dicht am nördlichen Horizont. Pegasus nimmt mit seinem großen Quadrat fast den gesamten Nordwesthimmel ein, während im Nordosten Taurus und weiter östlich Orion heraufsteigen – Boten des nahenden Sommers.

• **Blick nach Süden** Genau im Süden leuchtet Achernar, die Große und Kleine Magellansche Wolke (LMC und SMC, s. S. 209) stehen darunter. Um den Zenit gibt es kaum auffällige Sterne, doch im Osten und Südosten prangen die beiden hellsten überhaupt: Sirius und Canopus. Hoch im Westen strahlt Fomalhaut.

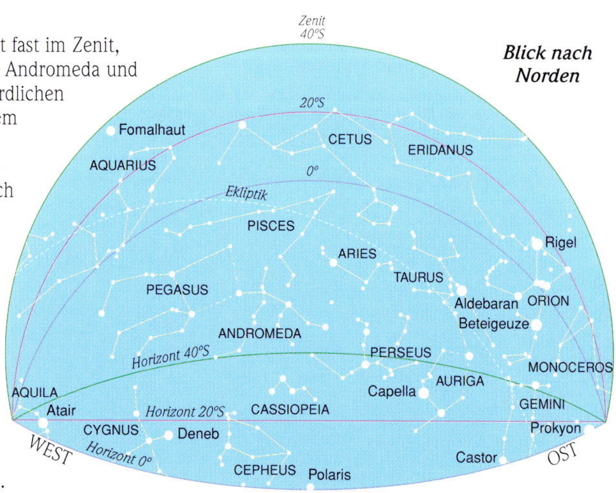

Die Große Magellansche Wolke (LMC)
Diese größere, hellere und nähere der beiden Begleitgalaxien unserer Galaxis – hauptsächlich in Dorado gelegen – erscheint dem bloßem Auge wie ein abgelöster Teil der Milchstraße. Im Fernglas erkennt man eine Vielzahl von Sternhaufen und Nebeln.

Sternhelligkeiten –1 0 1 2 3

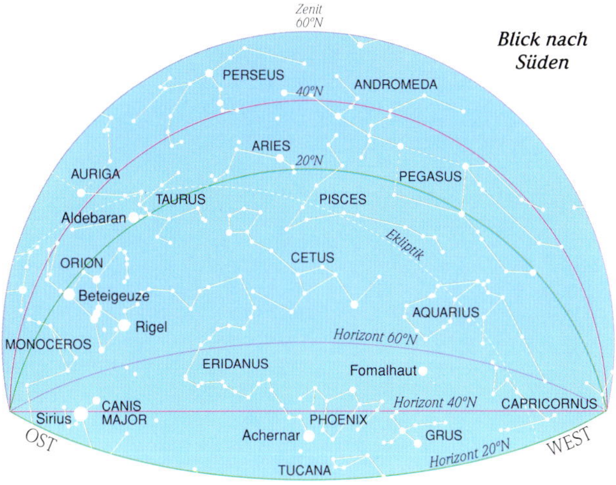

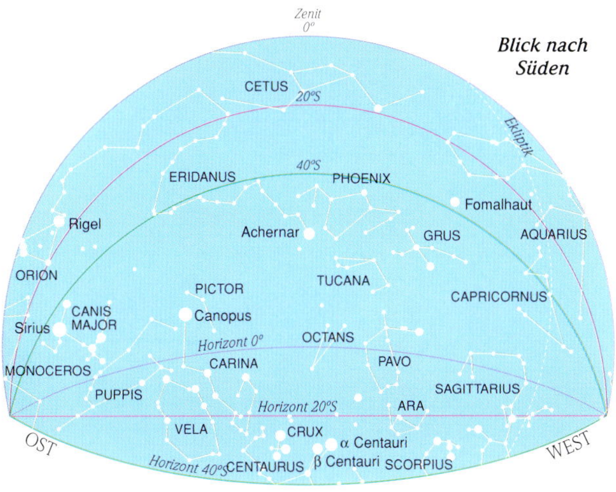

Himmelskarten

Objekte im November

□ **NGC 2070 (Dorado).** Das auffälligste Objekt in der Großen Magellanschen Wolke (LMC) ist ein mit bloßem Auge und im Fernglas sichtbarer Emissionsnebel. Wegen seiner Spinnengestalt, die auf Photos besonders gut zu erkennen ist, wird er im Volksmund auch Tarantel-Nebel genannt. Er ist etwa 50mal größer als der berühmte Orion-Nebel (M42) in unserer eigenen Galaxis. Siehe auch S. 91.

Ebenfalls sichtbar

- **M31** (S. 199)
- **M36, M37 und M38** (S. 211)
- **M41** (S. 151)
- □ **M42** (S. 145)
- **NGC 869 und NGC 884** (S. 199)
- **NGC 2244** (S. 151)
- **Hyaden und Plejaden** (S. 211)

Meteore im November

Tauriden. Der über einen Monat anhaltende Schauer, dessen Radiant südlich der Plejaden liegt, erreicht sein Maximum in der ersten Novemberwoche. Trotz ihrer geringen Aktivität fallen die Tauriden auf, da sie langsam und häufig sehr hell sind.

Leoniden. Dieser Schauer geht um den 17. November vom Kopf des Löwen aus. Gewöhnlich beträgt die Aktivität höchstens etwa 10 Meteore pro Stunde, kann aber alle 33 Jahre steil ansteigen, wenn der Komet Tempel-Tuttle, der Ursprung dieser Meteore, zur Sonne zurückkehrt. Der letzte Leoniden-Sturm trat 1966 auf; für 1998 und 1999 erwartet man ähnlich starke Aktivität.

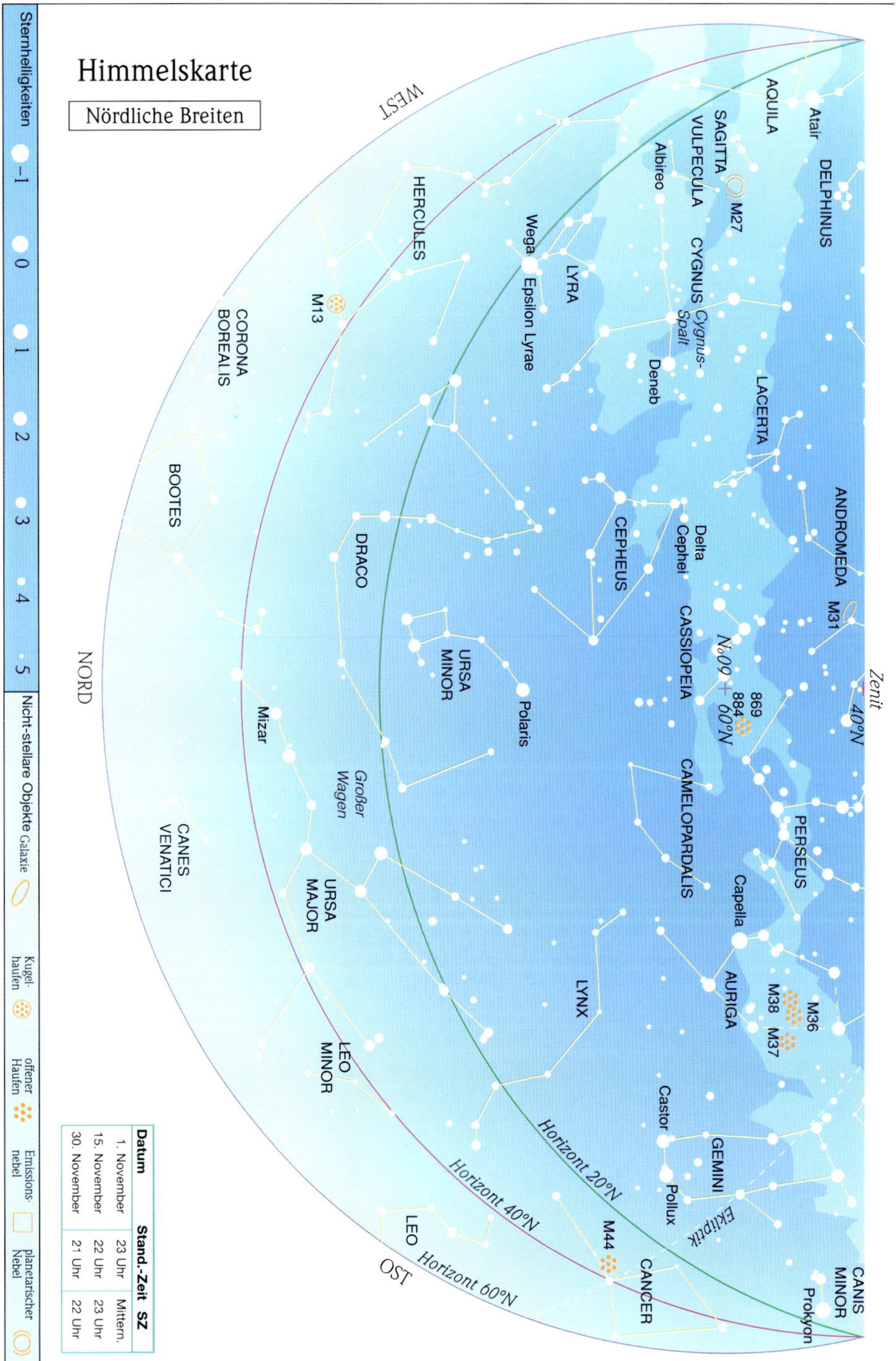

Datum	Stand.-Zeit	SZ
1. November	23 Uhr	Mittern.
15. November	22 Uhr	23 Uhr
30. November	21 Uhr	22 Uhr

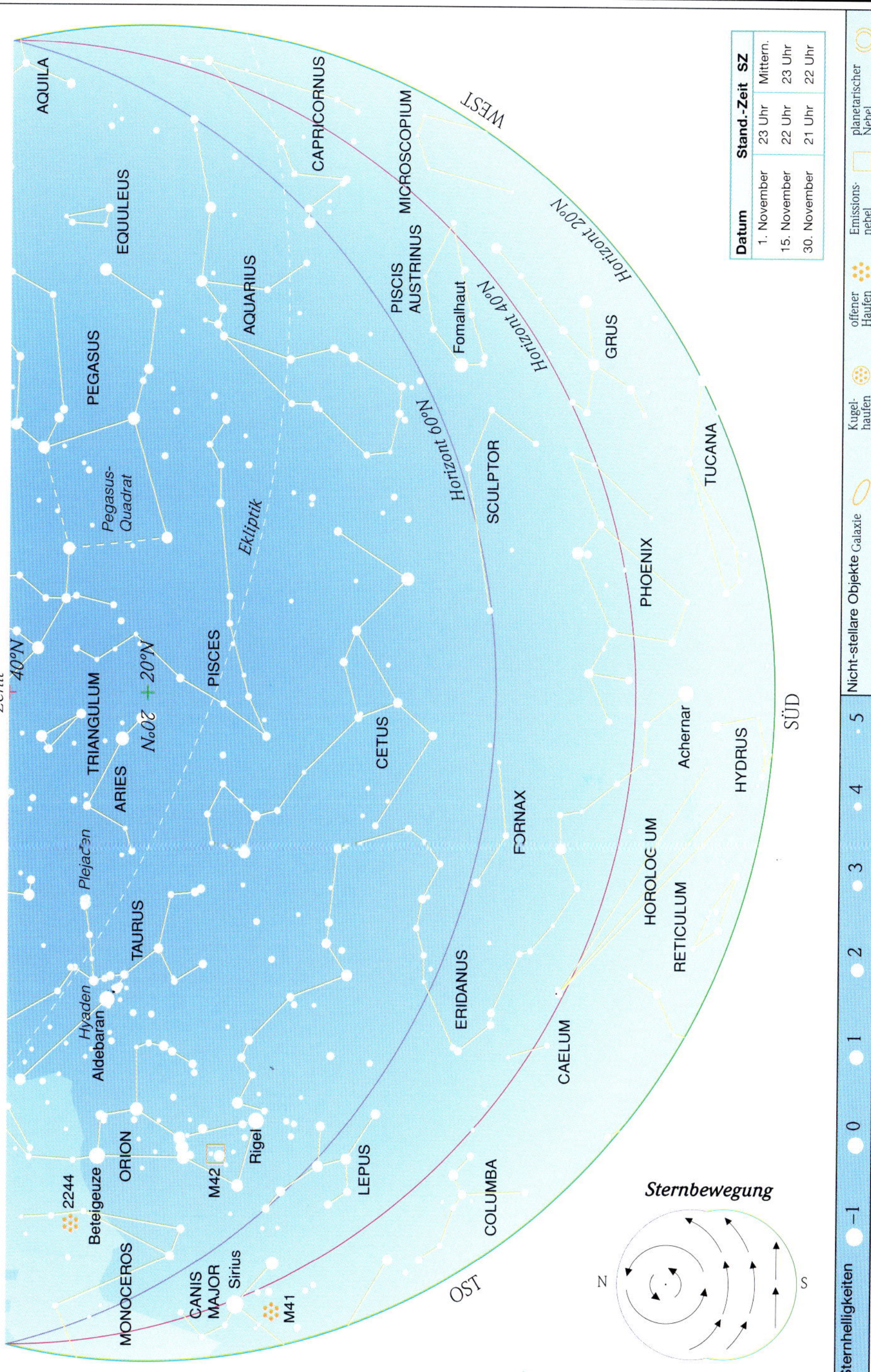

Datum	Stand.-Zeit	SZ
1. November	23 Uhr	Mittern.
15. November	22 Uhr	23 Uhr
30. November	21 Uhr	22 Uhr

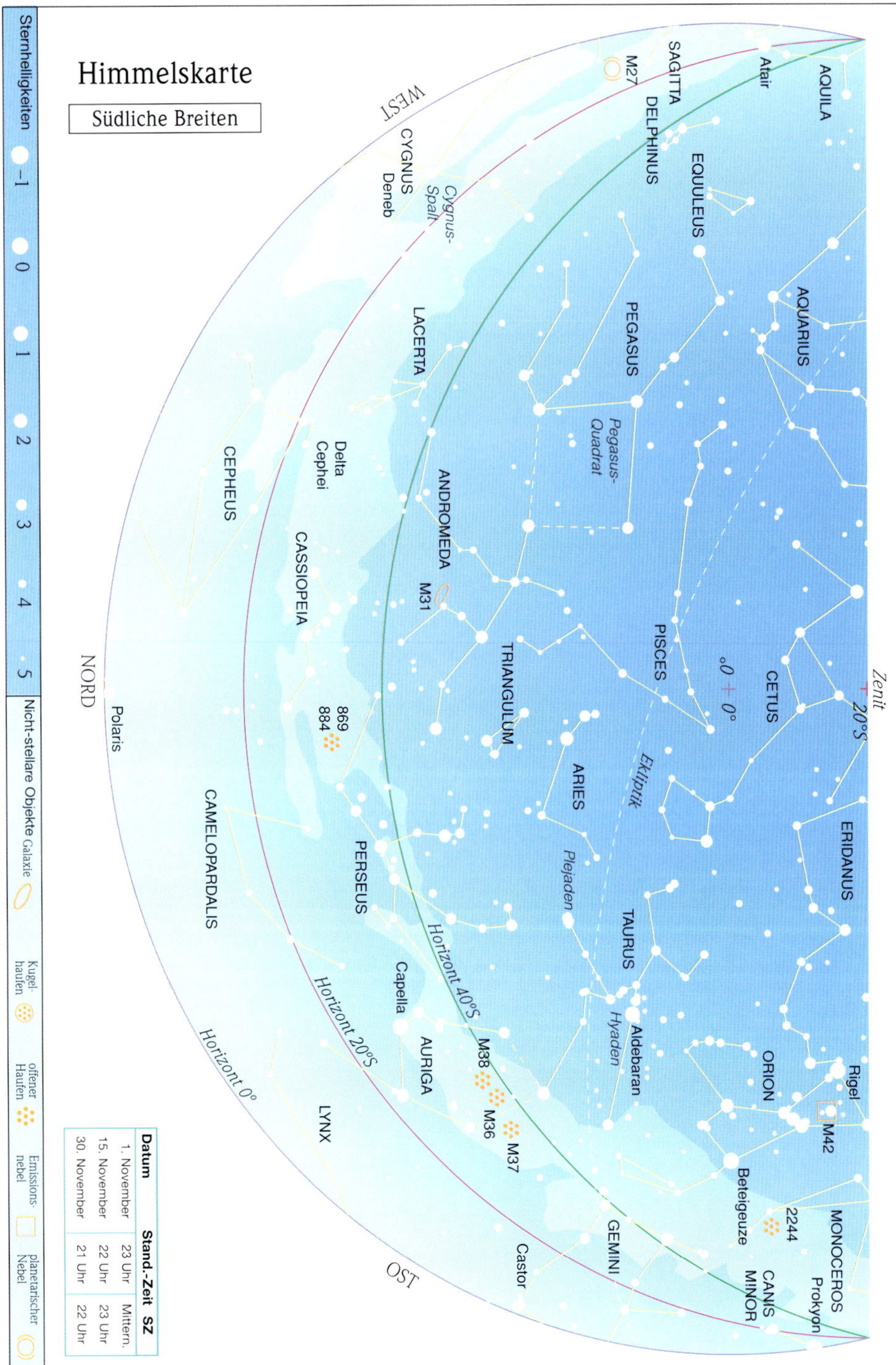

Datum	Stand.-Zeit	SZ
1. November	23 Uhr	Mittern.
15. November	22 Uhr	23 Uhr
30. November	21 Uhr	22 Uhr

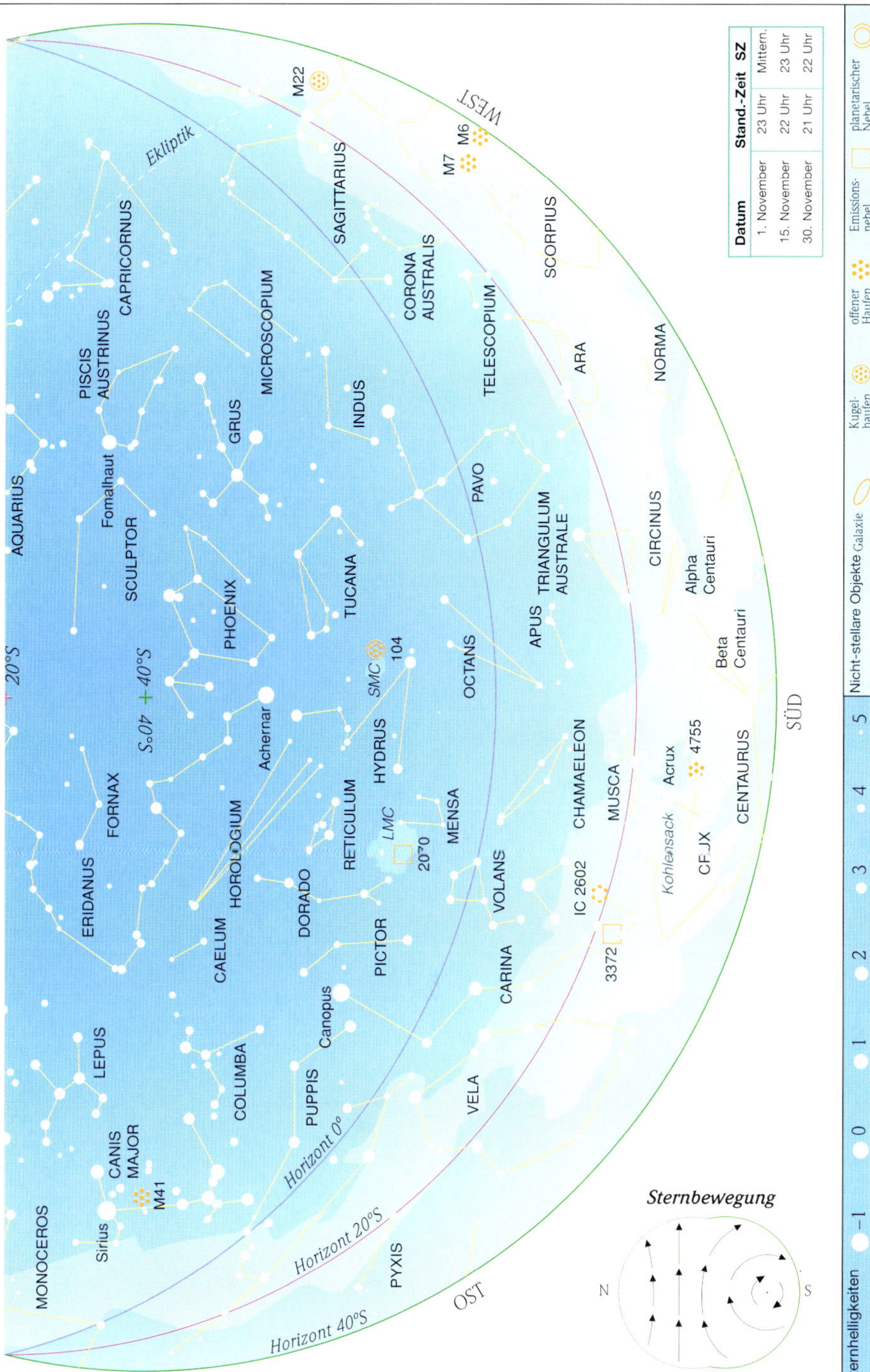

Datum	Stand.-Zeit	SZ
1. November	23 Uhr	Mittern.
15. November	22 Uhr	23 Uhr
30. November	21 Uhr	22 Uhr

Dezember

Auf der Nordhalbkugel sind die Nächte am längsten und die Tage am kürzesten, auf der Südhalbkugel umgekehrt. Der Großteil des Himmels im Süden wird von Sternbildern eingenommen, die die Astronomen des klassischen Altertums nie zu Gesicht bekamen. Mitte des Monats geht von Gemini ein heller Meteorschauer aus.

Sonnenauf- und Untergang am 15. Dez.

geo. Breite	Sonnenaufg.	Sonnenunterg.
60°N	09.00	14.50
40°N	07.10	16.40
20°N	06.30	17.20
0°	05.50	18.00
20°S	05.20	18.40
40°S	04.30	19.20

1. Dezember Standardzeit SZ	15. Dezember Standardzeit SZ	30. Dezember Standardzeit SZ

Nördliche Breiten

• **Blick nach Norden** Perseus steht fast im Zenit, Auriga mit Capella zu seiner Rechten. Weiter östlich geht unterhalb von Gemini Cancer auf. Am nordöstlichen Horizont kommen Regulus und die anderen Sterne von Leo in Sicht. Cassiopeia und Cepheus stehen im Nordwesten, näher am Horizont strahlt Deneb.

• **Blick nach Süden** Hoch im Süden leuchtet Taurus, ideal plaziert für die Beobachtung der Plejaden und Hyaden (s. S. 213). Unter ihm steht Eridanus, während weiter links Orion aufgeht, gefolgt von den hell strahlenden Sirius und Prokyon. Am Südwesthimmel erblickt man Cetus und noch weiter westlich Pisces und Pegasus.

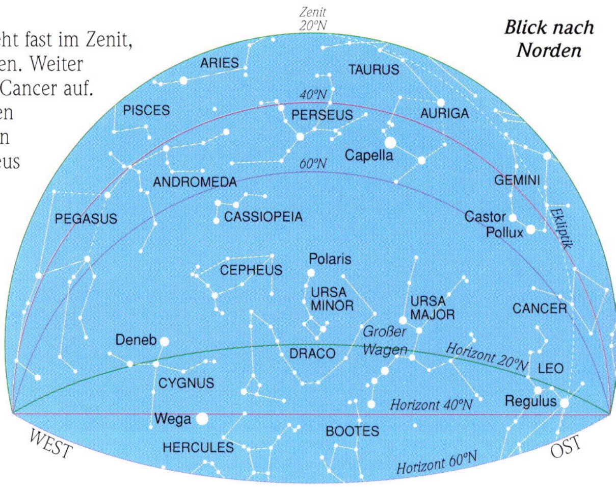

Südliche Breiten

• **Blick nach Norden** Der Himmelsfluß Eridanus schlängelt sich durch den Zenit. Unter ihm findet man Taurus mit den Hyaden und Plejaden (s. S. 214), rechts oberhalb davon Orion. Auriga und Perseus stehen dicht am nördlichen Horizont, mit Gemini im Nordosten. Im Nordwesten geht das Pegasus-Quadrat unter, gefolgt von Pisces.

• **Blick nach Süden** Achernar und Canopus liegen rechts und links der Mitte, zwischen ihnen, etwas tiefer, die Große und Kleine Magellansche Wolke (LMC und SMC, s. S. 215). Hoch am östlichen Himmel prangt Sirius, während Vela und Puppis im Südosten aufgehen. Fomalhaut verschwindet im Südwesten hinter dem Horizont.

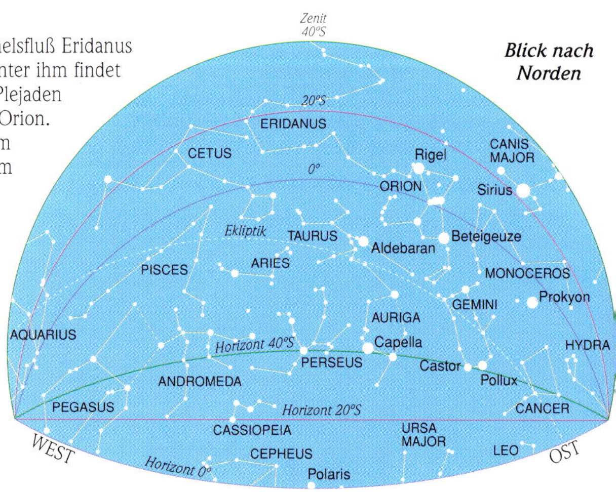

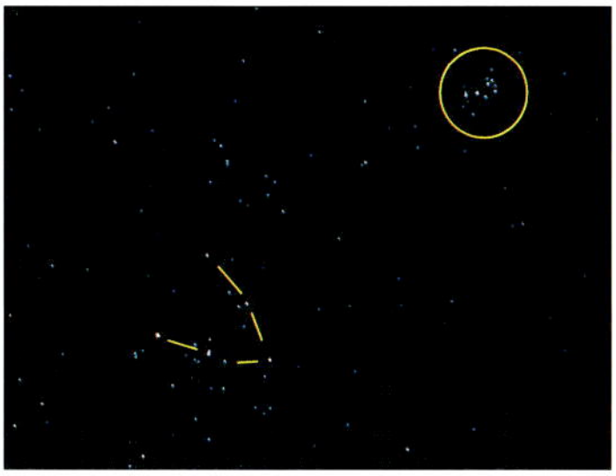

Hyaden und Plejaden (Taurus)
Die Sterne von Taurus sollen die Vorderhälfte eines Stiers darstellen. Der große V-förmige Hyaden-Sternhaufen (links unten) bildet das Gesicht, der rote Stern Aldebaran markiert ein Auge. Die Plejaden (oben rechts) liegen am Rücken des Stiers. Siehe auch Kasten rechts.

Sternhelligkeiten -1 0 1 2 3

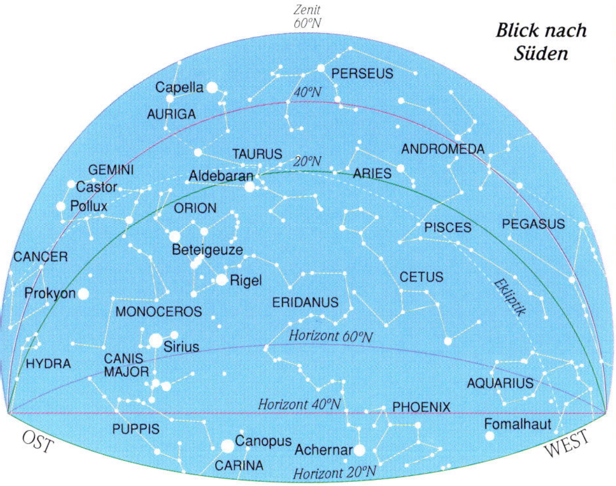

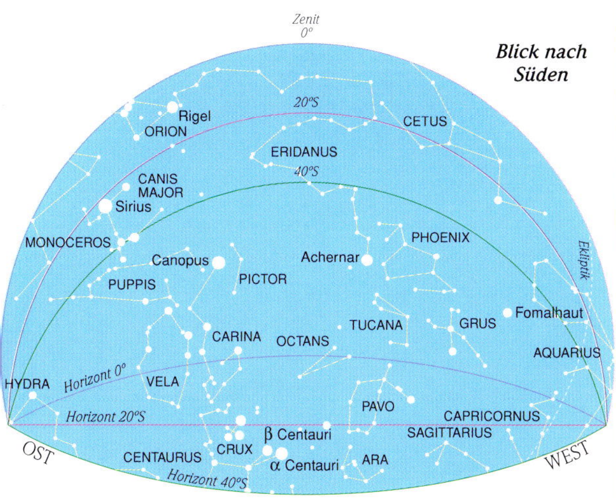

Himmelskarten

Objekte im Dezember

∵ M36, M37 und M38 (Auriga). In den Sternfeldern der Milchstraße in Auriga sind in einem Fernglas mit großem Gesichtsfeld drei offene Haufen erkennbar, die eine gekrümmte Linie bilden. M37 ist der größte, der in der Mitte liegende M36 der kleinste, obwohl er mit einem kleinen Teleskop am leichtesten in seine Einzelsterne aufgelöst werden kann. Siehe auch S. 69.

Hyaden (Taurus). Dieser große, helle offene Haufen, der erdnächste dieser Art, enthält mehr als ein Dutzend mit bloßem Auge sichtbare Sterne. Siehe auch S. 132–133.

Plejaden (Taurus). Auf den ersten Blick wirkt der Haufen wie eine Nebelwolke, doch bei näherem Hinsehen erkennt man einzelne Sterne. Trotz der Bezeichnung »Siebengestirn« sieht man normalerweise nur sechs Sterne. Mit besonders scharfen Augen sind noch einige mehr und im Fernglas sogar einige Dutzend auszumachen. Siehe auch S. 132–133.

Ebenfalls sichtbar

- ∵ **M41** (S. 151)
- ☐ **M42** (S. 145)
- ∵ **M44** (S. 157)
- ☐ **NGC 2070** (S. 205)
- ∵ **NGC 2244** (S. 151)

Meteore im Dezember

Geminiden. Der zweitbeste Schauer des Jahres, dessen Radiant in der Nähe von Castor in Gemini liegt, erreicht sein Maximum am 13. Dezember, wobei bis zu 100 helle Meteore pro Stunde zu sehen sein können. Eine geringere Aktivität ist auch einige Tage vor- und nachher beobachtbar.

Himmelskarte

Nördliche Breiten

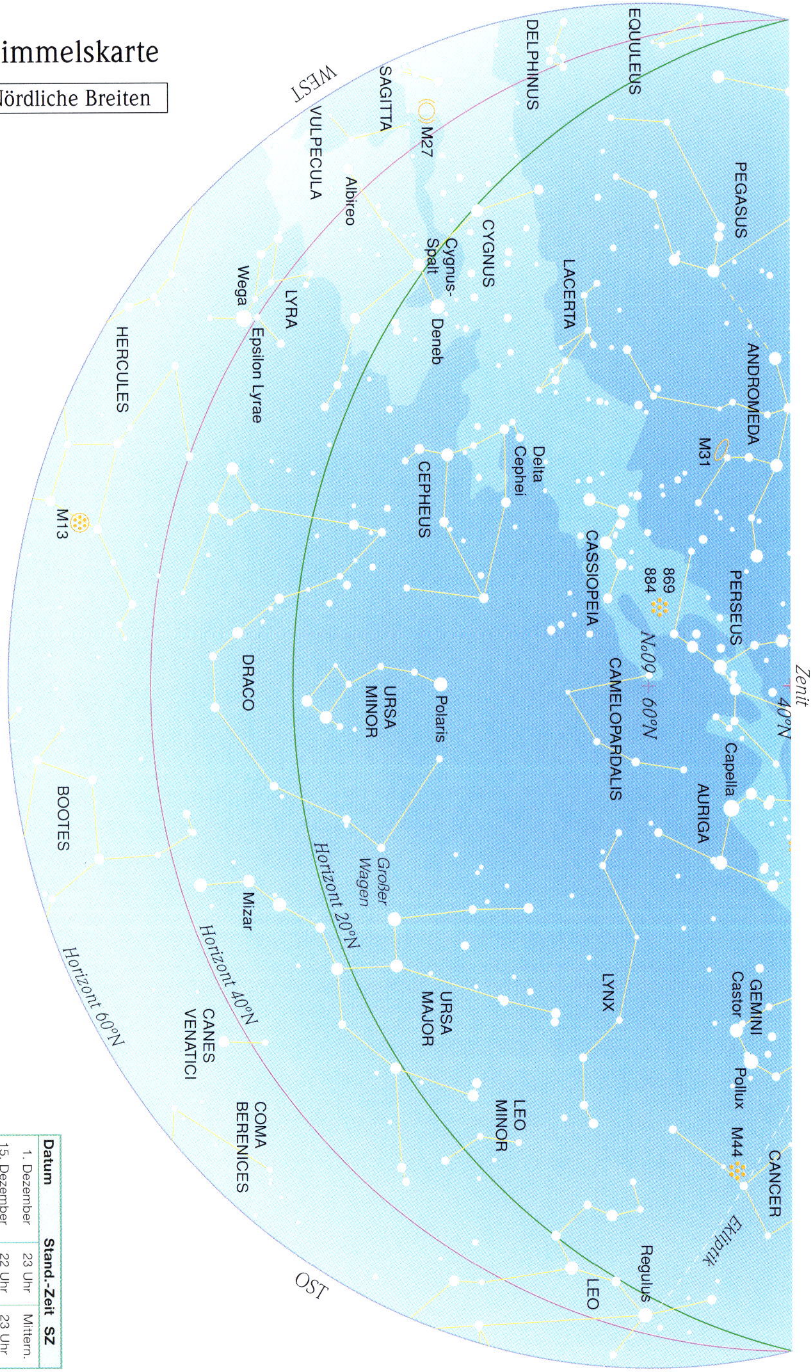

Sternhelligkeiten: –1, 0, 1, 2, 3, 4, 5

Nicht-stellare Objekte: Galaxie, Kugelhaufen, offener Haufen, Emissionsnebel, planetarischer Nebel

Datum	Stand.-Zeit	SZ
1. Dezember	23 Uhr	Mittern.
15. Dezember	22 Uhr	23 Uhr
30. Dezember	21 Uhr	22 Uhr

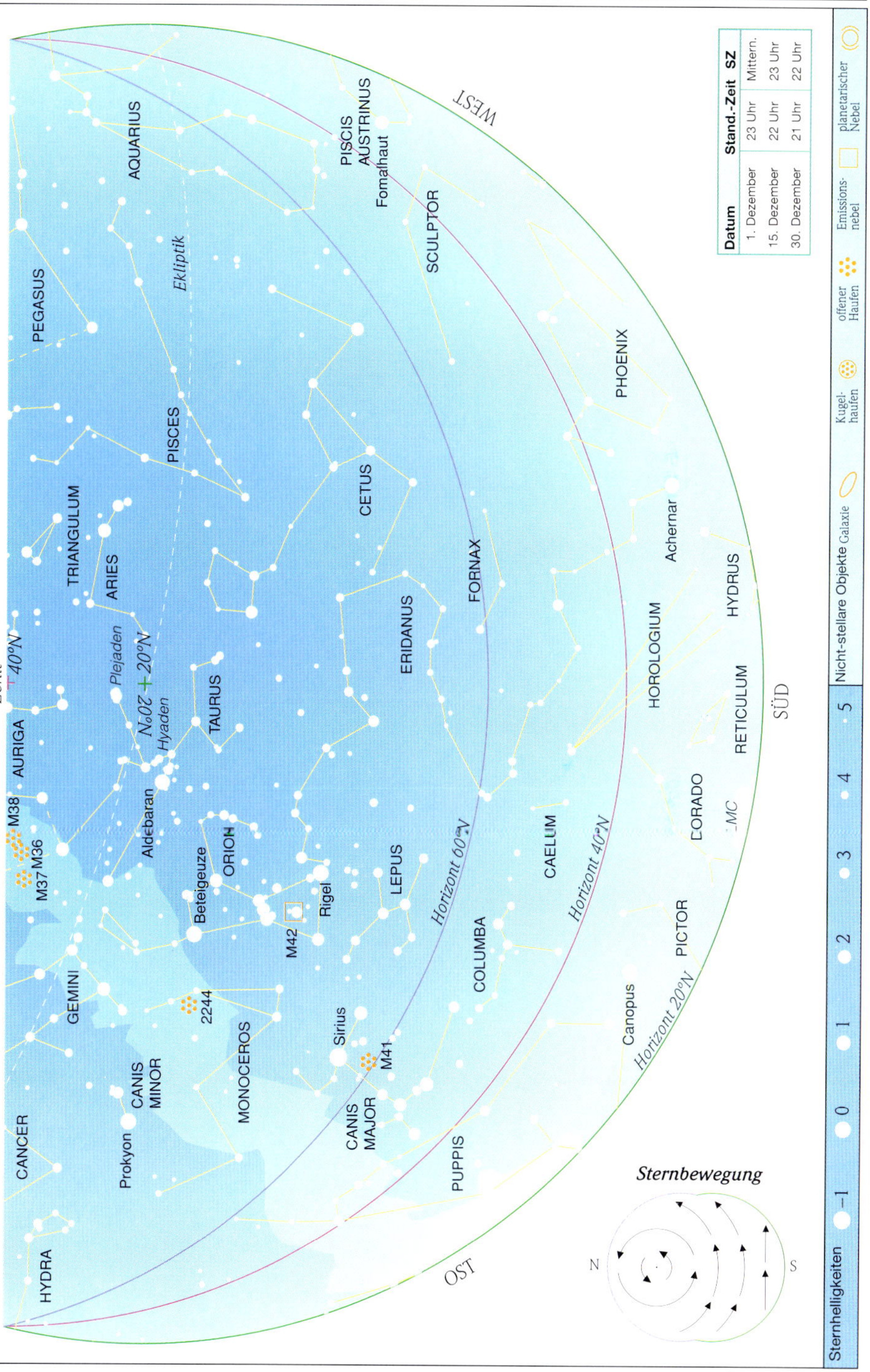

Datum	Stand.-Zeit	SZ
1. Dezember	23 Uhr	Mittern.
15. Dezember	22 Uhr	23 Uhr
30. Dezember	21 Uhr	22 Uhr

Himmelskarte

Südliche Breiten

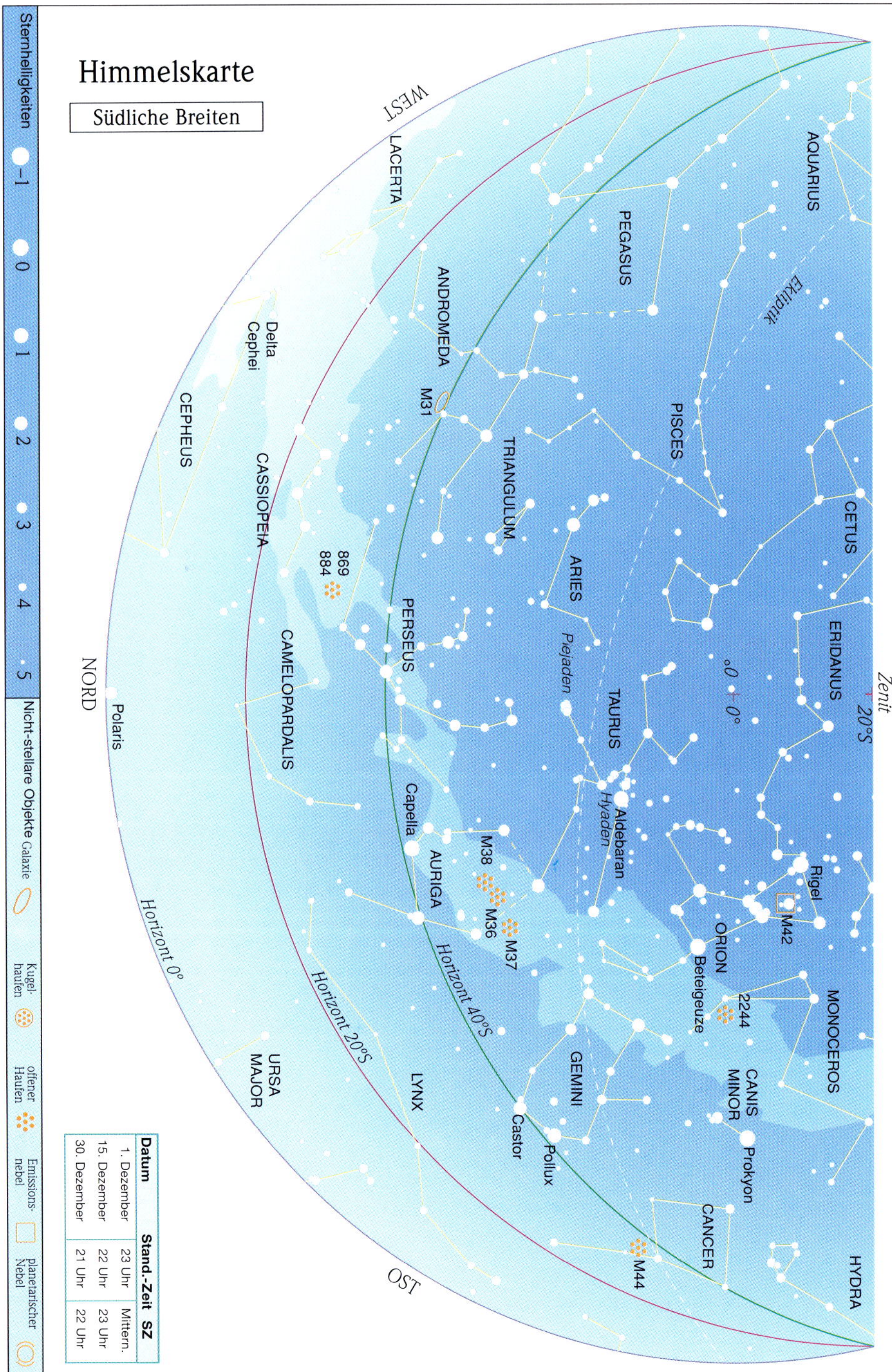

Datum	Stand.-Zeit	SZ
1. Dezember	23 Uhr	Mittern.
15. Dezember	22 Uhr	23 Uhr
30. Dezember	21 Uhr	22 Uhr

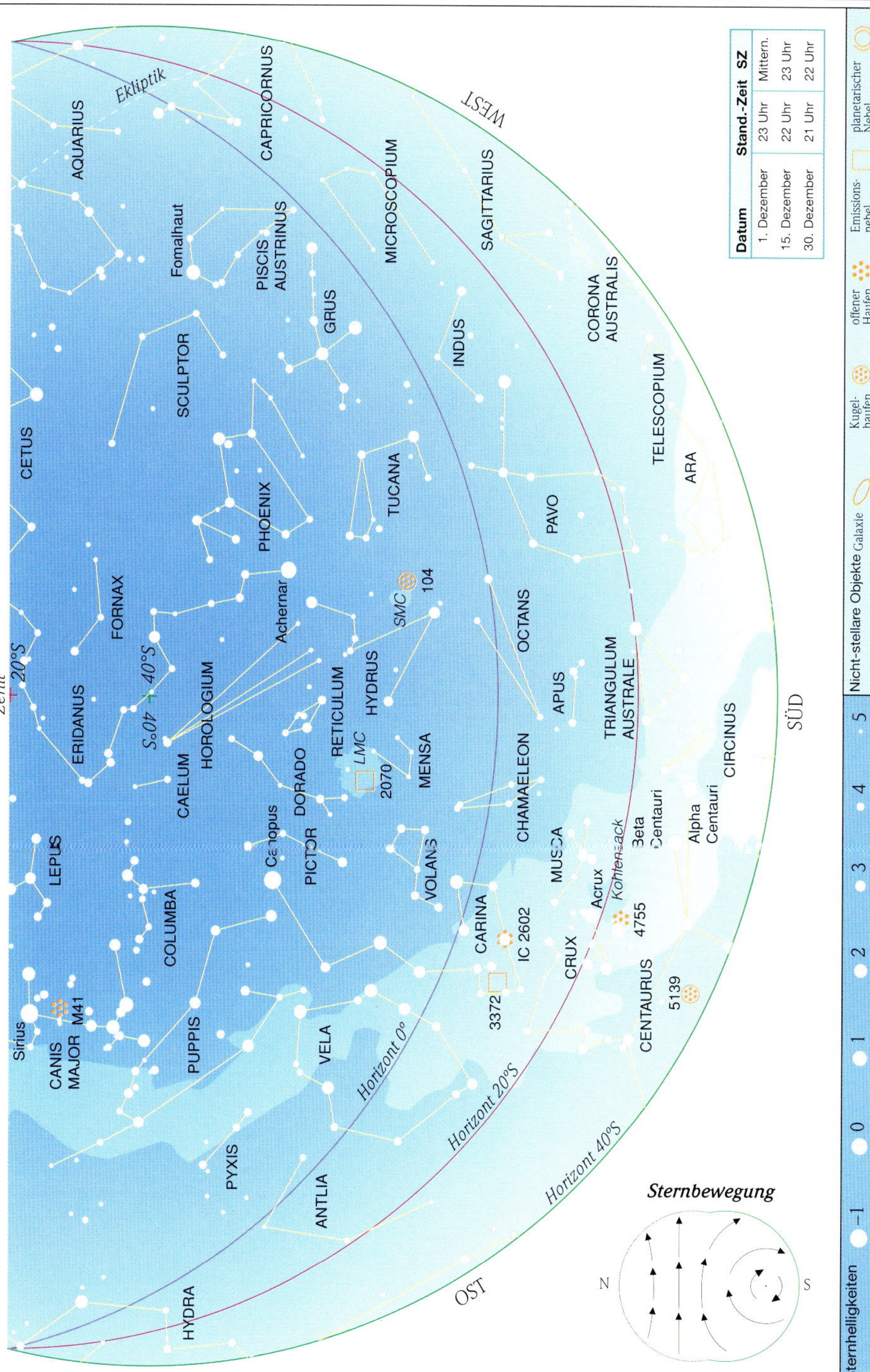

Datum	Stand.-Zeit	SZ
1. Dezember	23 Uhr	Mittern.
15. Dezember	22 Uhr	23 Uhr
30. Dezember	21 Uhr	22 Uhr

Glossar

Anderswo im Glossar erklärte Begriffe sind *kursiv* gedruckt.

• Absolute Helligkeit
Maß für die wahre *Leuchtkraft* eines Objekts, definiert als die *scheinbare Helligkeit,* die das Objekt in einer Standardentfernung von 32,6 *Lichtjahren* (LJ) von der Erde hätte.

• Achse
Gedachte Linie, um die ein kosmisches Objekt rotiert.

• Äquinoktium (Tagundnachtgleiche)
Zeitpunkt, zu dem die Sonne bei ihrer Wanderung entlang der *Ekliptik* den *Himmelsäquator* passiert. Dies geschieht zweimal im Jahr: um den 21. März und 23. September (Frühlings- bzw. Herbstanfang). Im Äquinoktium sind überall auf der Erde Tag und Nacht gleich lang.

• Asteroid
Kleiner felsiger Körper, auch Kleinplanet genannt, der die Sonne umkreist.

• Bedeckung (Verfinsterung)
Ereignis, bei dem ein Himmelsobjekt das Licht eines anderen ganz oder teilweise verdeckt.

• Bedeckungsveränderlicher
Zwei Sterne, die einander umkreisen, wobei der eine von der Erde aus gesehen periodisch vor dem anderen vorüberzieht und dessen Licht verdeckt.

• Cepheiden-Veränderlicher
Regelmäßig pulsierender (größer und kleiner werdender) *Veränderlicher,* dessen Periode (einige Tage bis Wochen) in Relation zu seiner mittleren *Leuchtkraft* steht. Benannt nach Delta Cephei, dem Prototyp dieser Sternklasse.

• Charge-Coupled Device (CCD)
Lichtempfindlicher Silicium-Chip, der statt eines photographischen Films zum Aufnehmen von Bildern von *Himmelsobjekten* verwendet wird.

• Deklination
Winkel zwischen einem *Himmelsobjekt* und dem *Himmelsäquator.* Die Deklination entspricht der geographischen Breite auf der Erde. Sie wird senkrecht vom Himmelsäquator (0°) aus bis zu den *Himmelspolen* (90° Nord oder Süd) gezählt.

• Doppelstern
Zwei Sterne, die von der Erde aus gesehen sehr dicht beieinanderstehen. Siehe auch *Echter Doppelstern, Optischer Doppelstern.*

• Echter Doppelstern
Durch Schwerkraft gebundenes Sternpaar, das einen gemeinsamen Schwerpunkt umkreist. Siehe auch *Bedeckungsveränderlicher, Spektroskopischer Doppelstern.*

• Ekliptik
Auf die *Himmelssphäre* projizierte Bahnebene der Erde. Die scheinbare Bewegung der Sonne entlang der Ekliptik beruht auf der Umlaufbewegung der Erde um die Sonne.

• Elongation
Von der Erde aus beobachteter Winkel zwischen einem Planeten und der Sonne oder zwischen einem Mond und einem Planeten.

• Emissionsnebel
Helle Gaswolke, die durch Sterne in ihrem Inneren zum Leuchten gebracht wird.

• Galaxie
Ansammlung von Millionen oder Milliarden von Sternen, die durch Schwerkraft aneinander gebunden sind. Die Durchmesser der Galaxien liegen zwischen etwa tausend und einigen hunderttausend *Lichtjahren.*

• Galaxis
Unsere Heimatgalaxie. Siehe auch *Milchstraße.*

• Größenklasse (Magnitude, mag)
Maß für die Helligkeit eines kosmischen Objekts, angegeben mittels einer Zahlenskala, nach der helle Objekte niedrige oder sogar negative und lichtschwache Objekte hohe Werte erhalten: Sehr helle Sterne haben 1. Größe, mit bloßem Auge gerade noch sichtbare 6. Größe. Allgemein wird ein Objekt mit einer Helligkeit z. B. zwischen 3,5 und 4,49 mag als Objekt 4. Größe bezeichnet. Siehe auch *Absolute Helligkeit, Scheinbare Helligkeit.* Siehe auch S. 18.

• Himmelsäquator
Himmlisches Gegenstück zum Erdäquator, direkt über diesem auf der *Himmelssphäre* liegend.

• Himmelsobjekt
Kosmisches Objekt wie *Stern, Planet* oder *Galaxie,* das am Erdhimmel sichtbar ist.

• Himmelspole
Himmlische Gegenstücke der Erdpole; um sie scheint sich die *Himmelssphäre* täglich zu drehen.

• Himmelssphäre
Imaginäre unendlich große Kugel um die Erde, auf der die *Himmelsobjekte* zu liegen scheinen. Siehe auch S. 16–17.

• Komet
Körper aus gefrorenem Gas und Staub, der auf einer langen elliptischen Bahn die Sonne umkreist.

• Konjunktion
Stellung, bei der zwei Körper im *Sonnensystem* (gewöhnlich die Sonne und ein Planet) von der Erde aus gesehen auf derselben Sichtlinie liegen. Siehe auch *Untere Konjunktion, Obere Konjunktion.*

• Kugelhaufen
Etwa 100 *Lichtjahre* große kugelförmige Ansammlung aus Tausenden bis Hunderttausenden von Sternen. Derartige Haufen enthalten einige der ältesten bekannten Sterne.

• Leuchtkraft
Energie, die ein Himmelsobjekt pro Sekunde abstrahlt. Ein Maß für die Leuchtkraft ist die *absolute Helligkeit.*

• Lichtjahr (LJ)
Entfernungseinheit, definiert als die Strecke, die ein Lichtstrahl in einem Kalenderjahr zurücklegt (9 460 700 000 000 km).

• Linsenteleskop (Refraktor)
Teleskop, bei dem das Licht von einer Linse gesammelt und fokussiert wird.

• Lokale Gruppe
Galaxienhaufen mit über 30 *Galaxien,* zu dem auch unsere eigene gehört.

• Meteor (Sternschnuppe)
Leuchtspur am Himmel, verursacht durch ein kleines Teilchen (z. B. von einem Kometen), das in der Erdatmosphäre verglüht.

• Meteorit
Bruchstück eines *Asteroiden,* das auf die Oberfläche eines Planeten oder Mondes gefallen ist.

• Milchstraße
Nebliges Band, bestehend aus Milliarden ferner Sterne unserer eigenen *Galaxis,* das in dunklen Nächten den Himmel überspannt; häufig als volkstümlicher Name für die Galaxis in Gebrauch.

• Mira-Veränderlicher
Roter *Riese* oder *Überriese,* der mit einer Periode von Monaten oder Jahren größer und kleiner wird (pulsiert) und dadurch in seiner Helligkeit um bis zu 11 *Größenklassen* schwankt. Benannt nach Mira (Omikron Ceti), dem Prototyp dieser Sternklasse.

• Nebel
Wolke aus Gas und Staub, gewöhnlich in den Spiralarmen einer Galaxie gelegen. Siehe auch *Emissionsnebel, Planetarischer Nebel.*

• Neutronenstern
Kleiner, superdichter Stern aus Neutronen (atomare Teilchen); vermutlich

der Überrest eines massereichen Sterns, der als *Supernova* explodierte.

• Nicht-stellares Objekt
Begriff für Sternhaufen, *Nebel* und *Galaxien.*

• Nova
Stern, der vorübergehend viele tausendmal heller wird. Novae treten in engen *Doppelstern*systemen auf, deren eines Mitglied ein *Weißer Zwerg* ist. Vom Begleiter strömt Gas auf die Oberfläche des Weißen Zwergs und verursacht dort eine kleinere Kernexplosion, die zu dem Helligkeitsanstieg führt.

• Obere Konjunktion
Stellung, in der Merkur oder Venus von der Erde aus gesehen hinter der Sonne steht.

• Öffnung (Apertur)
Durchmesser der lichtsammelnden Linse oder des Hauptspiegels eines astronomischen Instruments.

• Offener Haufen
Unregelmäßig geformte Ansammlung aus einigen Dutzend bis mehreren hundert relativ jungen Sternen, gewöhnlich in den Spiralarmen von *Galaxien* gelegen.

• Opposition
Stellung, in der ein Körper im *Sonnensystem* von der Erde aus gesehen der Sonne gegenübersteht und daher die ganze Nacht sichtbar ist.

• Optischer Doppelstern
Zwei Sterne, die scheinbar sehr nahe beieinanderstehen, tatsächlich aber unterschiedlich weit von der Erde entfernt sind.

• Parallaxe
Positionsverschiebung eines Objekts, wenn es von zwei verschiedenen Standorten aus beobachtet wird. Die Größe der Verschiebung hängt von der Entfernung des Objekts und vom Abstand zwischen den Beobachtungsstandorten ab. Nahe Sterne zeigen aufgrund des Umlaufs der Erde um die Sonne eine leichte Parallaxenverschiebung, aus der sich ihre Entfernung berechnen läßt.

• Phase
Von der Erde aus beobachteter beleuchteter Bruchteil einer Planeten- oder Mondscheibe.

• Planet
Relativ großer Körper, der einen *Stern* umkreist und kein eigenes Licht aussendet.

• Planetarischer Nebel
Leuchtende Gashülle um einen *Stern,* die dieser in einer späten Entwicklungsphase abgestoßen hat.

• Radiant
Punkt am Himmel, von dem die *Meteore* eines Schauers auszugehen scheinen.

• Rektaszension
Koordinate an der *Himmelssphäre,* entsprechend der geographischen Länge auf der Erde. Sie wird in Stunden gemessen (1 Stunde = 15°), ausgehend von dem Punkt, an dem die Sonne jeden März den *Himmelsäquator* kreuzt (Frühlingspunkt).

• Riese
Stern, der in den Spätstadien seiner Entwicklung größer und heller geworden ist.

• Rückläufige Bewegung
Bewegung von Ost nach West (im Uhrzeigersinn, von oberhalb des Nordpols eines Objekts aus gesehen); Gegenteil der allgemeinen Bewegungsrichtung im *Sonnensystem.*

• Scheinbare Helligkeit
Helligkeit, mit der ein kosmisches Objekt dem Beobachter erscheint. Hängt von der Entfernung des Objekts ab.

• Schwarzes Loch
Raumgebiet mit so starker Schwerkraft, daß nichts daraus entweichen kann, nicht einmal Licht, obgleich Objekte hineinstürzen können. Schwarze Löcher entstehen vermutlich beim Kollaps massereicher Sterne.

• Solstitium (Sonnenwende)
Zeitpunkt, zu dem die Sonne ihren weitesten Punkt nördlich oder südlich des *Himmelsäquators* erreicht. Dies ist um den 21. Juni (längster Tag auf der Nordhalbkugel) bzw. um den 22. Dezember (längster Tag auf der Südhalbkugel) der Fall.

• Sonnensystem
Die Sonne und die verschiedenen Körper, die sie umkreisen. Dazu zählen die neun *Planeten* nebst ihren Monden sowie *Asteroiden, Kometen* und kleinere Trümmerstücke.

• Spektroskopischer Doppelstern
Enges Sternpaar, das mit einem Teleskop nicht getrennt werden kann. Allein spektroskopische Untersuchungen zeigen, daß es sich um einen *Doppelstern* handelt.

• Spiegelteleskop.
Teleskop, bei dem das Licht von einem Spiegel gesammelt und fokussiert wird.

• Stern
Gaskugel, die infolge von Kernreaktionen in ihrer Zentralregion Wärme und Licht erzeugt.

• Sternbild
Ursprünglich ein Sternmuster; heute definiert als ein Himmelsgebiet, dessen Grenzen von der Internationalen Astronomischen Union festgelegt wurden.

• Sterngruppe
Muster aus Sternen eines oder mehrerer *Sternbilder.* Beispiele sind der Große Wagen, der Teil von Ursa Major ist, oder das Pegasus-Quadrat, das von Sternen in Pegasus und Andromeda gebildet wird.

• Supernova
Gewaltige Explosion, bei der ein Stern einige Wochen oder Monate lang millionenmal heller wird. Nur sehr massereiche Sterne werden Supernovae.

• Tierkreis
Zone an der *Himmelssphäre* beiderseits der *Ekliptik,* in der sich die Sonne und die Planeten bewegen. Seit den Anfängen der Himmelsbeobachtung in zwölf Tierkreis-*Sternbilder* eingeteilt. Aufgrund neuzeitlicher Änderungen der Sternbildgrenzen durchlaufen Sonne und Planeten mittlerweile noch ein 13. Sternbild: Ophiuchus.

• Überriese
Stern mit mindestens 10facher Sonnenmasse, der sich in späten Entwicklungsstadien aufgebläht hat und heller geworden ist. Überriesen können mehrere 100mal größer und 10 000mal leuchtkräftiger als die Sonne sein.

• Umlaufbahn (Orbit)
Bahn eines Objekts, das sich unter dem Einfluß der Schwerkraft eines anderen massereicheren Körpers durch den Raum bewegt.

• Universum
Alles, was existiert: alle Materie, Raum und Zeit.

• Untere Konjunktion
Stellung, in der Merkur oder Venus zwischen Sonne und Erde steht.

• Veränderlicher
Stern, dessen Helligkeit schwankt, gewöhnlich aufgrund periodischer Änderungen des Durchmessers (Pulsationen); einige Veränderliche sind jedoch enge *Doppelsterne,* bei denen der eine Stern den anderen periodisch verdeckt. Siehe auch *Bedeckungsveränderlicher, Cepheiden-Veränderlicher, Mira-Veränderlicher.*

• Weißer Zwerg
Kleiner, sehr dichter Stern mit einer Masse ähnlich der Sonne, aber einem 100mal kleineren Durchmesser.

• Zenit
Punkt am Himmel direkt oberhalb des Beobachters.

• Zirkumpolarer Stern
Stern, der von einem bestimmten Ort auf der Erde aus gesehen immer über dem Horizont bleibt. Statt auf- und unterzugehen, scheint der Stern einen der *Himmelspole* zu umkreisen.

Register

Sterne, deren Name mit einer Nummer beginnt – z. B. 61 Cygni –, sind am Ende des Registers aufgeführt (S. 223).

A

B

C

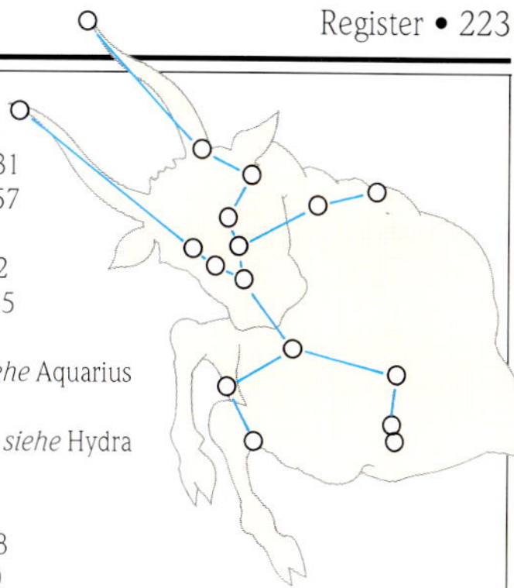

Danksagung

Autor und Verlag danken folgenden Personen für ihre unschätzbare Hilfe: Robin Scagell für Ratschläge zur Photographie; den Mitarbeitern von Her Majesty's Nautical Almanac Office, Cambridge (insbesondere Steve Bell, David Harper, Catherine Hohenkerk und Andrew Sinclair) für ihre Arbeit an den Sternkarten und Positionsdiagrammen der Planeten; sowie John Woodruff für Korrekturlesen und das Erstellen des Registers.

Dorling Kindersley dankt auch: Broadhurst, Clarkson and Fuller Ltd (63 Farringdon Road, London) für zur Verfügung gestellte Teleskope; Lynne Marie Stockman für das Kartenmaterial über die Plejaden auf S. 133; Nick Stevens für die zur Illustration der Mondphasen auf S.40 verwendeten Photographien; Giles Sparrow für die Überprüfung der Sternbildzeichnungen; und Lesley Riley für redaktionelle Unterstützung.

Zeichnungen
Alle Sternkarten und Positionsdiagramme der Planeten gezeichnet von Her Majesty's Nautical Almanac Office, Royal Greenwich Observatory. Zeichnungen zur Lokalisierung von Objekten im Sonnensystem von Rob Campbell. Zeichnungen des inneren Aufbaus der Planeten sowie der Ringe und Monde der Gasplaneten von Luciano Corbella. Graphische Darstellungen der Neigung, Rotation und Umlaufbahnen sowie Tortendiagramme der Zusammensetzung der Atmosphären von Martin Cropper. Sternbildzeichnungen von Gavin Dunn.
Weitere Zeichnungen stammen von folgenden Künstlern/Organisationen: Julian Baum 14 (u), 26 (alle), 29 (M), 32 (M), 38, 41 (M), 42 (Ml & Mr), 46 (M), 50 (M), 51, 54 (M), 56 (M), 58 (M), 59 (o), 60 (o), 61. Richard Bonson 12 (M), 13 (alle), 14 (o & M), 19 (ul), 23 (alle). Rob Campbell 12 (u), 27 (M). Luciano Corbella 9 (u), 19 (ur), 34 (Ml), 44 (Mr). DK Cartography/ Planetary Visions Ltd (London) 36 (M). DK Cartography 142 (o). John Egan 16 (alle), 17 (alle), 53, 60 (ul). Helen Taylor 15 (or, ul & ur), 18 (u), 20 (u), 21 (alle), 33 (M), 36 (u), 39 (M), 40 (O), 43 (M), 44 (Ml), 47 (o), 59 (M). King and King 28 (alle), 40 (u), 62.

Photographien
Folgende Bilder wurden von der Galaxy Picture Library zur Verfügung gestellt: Robin Scagell 12, 17,22 (alle), 27 (Mlu), 30 (or), 33 (or), 43 (oM & or), 47 (Ml), 51 (or), 60, 64, 67 (beide), 68, 69, 70, 72, 78, 81, 85, 86 (or & ul), 87 (alle), 88 (beide), 90 (Mr), 93, 95, 96, 97, 99, 103, 105, 108, 121, 124, 126, 133, 137, 138 (beide), 145, 157, 163, 169, 175, 187, 199, 211, hintere Umschlagklappe; Stan Armstrong 28 (or, Mr & oM); Howard Brown-Greaves 28 (M); Adrian Catterall 108 (ur); Stephen Fielding 129; Chris Floyd 127 (ur); Bob Garner 43 (M), 47, 51 (Mr); Gordon Garradd 30 (ol), 74, 76, 77, 79, 91, 94, 106, 114, 116, 122, 127 (ul), 134, 139, 151; Maurice Gavin 33 (M), 41 (u), 47 (Mr), 51 (m), 107; Y. Hirose 40; Eric Hutton 115 (ol kleines Bild); JPL 31 (r), 35 (alle) 45 (alle), 48, 49 (alle); Chris Livingstone 205, 193; Rob McNaught 181; Brian Manning 90 (ur); Michael Maunder 28; Stan Moore 111; Bob Mizon 141; NASA 53 (ur), 311 (Calvin J. Hamilton), 41 (l), 53 (Ml), 57; Terry Platt 137 (or); Pedro Re 99 (or), 100, 113, 117, 130, 140; Royal Observatory, Edinburgh und Anglo-Australian Observatory (©) 1982 10 (beide); Trevor Searle & Phil Hodgins 137 (ul); Charles Smith 22 (ur); Michael Stecker 13, 64, 66, 73, 77, 89 (or), 110, 115, 115 (ur), 118, 125 (alle), 127 (ol), 128, 131, Vorderseite Umschlag (ur); Nick Szymanek/Ian King 83, 89 (ul), 120, 132, 137 (ur); STScI 10, 59, 131 (or); US Geological Survey 39.
Bilder aus anderen Quellen: Anglo-Australian Observatory: 9 (alle), 13 (M), 135. Corbis: Roger Ressmeyer 8-9 (o). Andy Crawford 20 (alle), 21, 22 (Ml), 23 (alle), 24 (alle), 143. Dave King 22 (Mr). Science Photo Library: NASA/GSFC 37; Hale Observatory 27 (or); Frank Zullo 2.

Abkürzungen
l = links, M = Mitte, o = oben, r = rechts, u = unten

Südliche Himmelshemisphäre

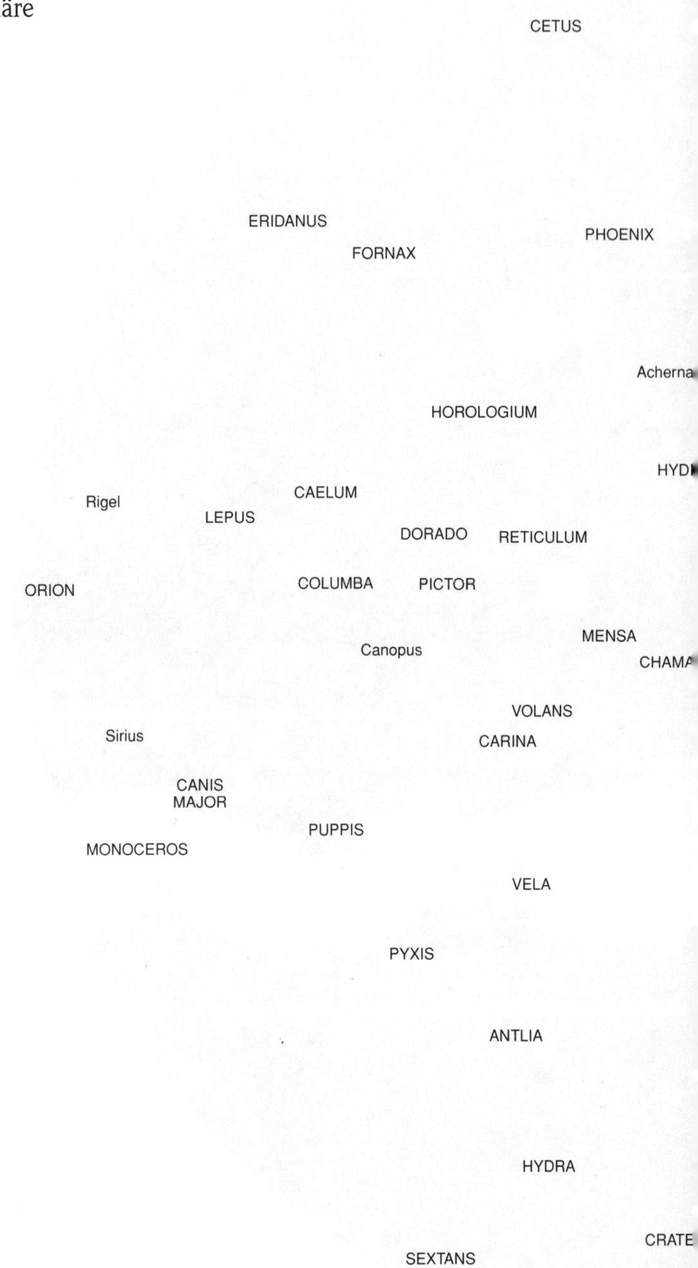